预拌混凝土试验员手册

主　编　杨绍林　袁兴龙　杨绍梁　乔欣欣
副主编　李军生　桑朝阳　邹宇良　董永杰　韩红明　张纪涛

中国建筑工业出版社

图书在版编目（CIP）数据

预拌混凝土试验员手册 / 杨绍林等主编；李军生等副主编. — 北京：中国建筑工业出版社，2023.12
ISBN 978-7-112-29539-5

Ⅰ. ①预… Ⅱ. ①杨… ②李… Ⅲ. ①预搅拌混凝土-试验-技术手册 Ⅳ. ①TU528.52-62

中国国家版本馆 CIP 数据核字（2023）第 253910 号

责任编辑：张　磊
文字编辑：王　治
责任校对：姜小莲

预拌混凝土试验员手册

主　编　杨绍林　袁兴龙　杨绍梁　乔欣欣
副主编　李军生　桑朝阳　邹宇良　董永杰　韩红明　张纪涛

*

中国建筑工业出版社出版、发行（北京海淀三里河路 9 号）
各地新华书店、建筑书店经销
北京鸿文瀚海文化传媒有限公司制版
北京圣夫亚美印刷有限公司印刷

*

开本：787 毫米×1092 毫米　1/16　印张：19¾　字数：492 千字
2024 年 5 月第一版　2024 年 5 月第一次印刷
定价：**78.00** 元

ISBN 978-7-112-29539-5
（41888）

预拌混凝土试验员手册

编写人员名单

主　　编　杨绍林　袁兴龙　杨绍梁　乔欣欣

副 主 编　李军生　桑朝阳　邹宇良　董永杰　韩红明　张纪涛

参编人员　李金洋　郭　靖　潘　伟　王红亮　耿志刚　顾崇喜　刘玉彬　白　进　段　威　李祥河　陈　佳　冷秀辉　姚　磊　张晓辉　葛三刚　杨　雄　赵　飞　李艳娜　王数祥　袁青波　王　超　陈　鹏　锁春晖　张　剑　王广亮　沈　鹏　邱迎春　张书志　张朝政　朱彦伟　方　伟　陈景献　何建勋　孟繁华　郝斐哲　李长富　朱彦伟　孙玉川　段海军　董少杰　李卫军　王昆朋　陈　佳（女）　杨孟雨　张军杰　曾利军

前　言

预拌混凝土是工厂化生产并运送到约定地点交付给需方使用的半成品工程结构材料。其生产质量不仅关系到生产企业的声誉和经济效益，同时对工程结构实体质量将产生显著影响。试验室作为预拌混凝土生产质量控制的主管部门，责任重大。

材料试验是一项比较精细的工作，是预拌混凝土生产质量控制和评判的重要数据来源，而试验室的建设和管理水平将直接影响试验数据的客观性和准确性。试验人员要做好检验工作，就必须熟悉各种材料的性能、质量要求和检验方法，正确处理试验数据，不断提高理论知识和操作技术水平。

为方便预拌混凝土生产企业试验室负责人进行日常管理，试验人员能高效、准确地开展检验工作，我们依据国家、行业相关现行标准、规范，并结合预拌混凝土生产企业试验室的建设和管理要求、工作范围等编写了本书。其内容包括试验室基本条件与管理；各种管理制度和人员岗位职责；预拌混凝土常用原材料的质量要求与检验方法；混凝土性能检验；混凝土配合比设计及预拌混凝土生产质量管理等。同期，编者还根据预拌混凝土的特点和施工应用需要，另编写了《预拌混凝土应用技术》，可作为本书的下册使用。

全书共分十章。可作为预拌混凝土企业试验人员的专业性读物，也可供预拌混凝土生产管理人员、销售人员及施工管理人员参考。

本书在编写过程中，得到了河南神力混凝土有限公司马红杉总经理的鼎力支持与帮助，在此表示衷心的感谢。

由于编者水平有限，书中难免有错误和不妥之处，恳请专家和读者批评指正。

杨绍林

2023 年 9 月

目　录

第1章 基本知识

1.1 混凝土的组成与分类

1.1.1 混凝土的组成

混凝土工程结构常用的是普通混凝土。它是由胶凝材料（水泥、粉煤灰、矿渣粉等）、骨料（粗骨料、细骨料和轻骨料等）、水及外加剂、掺合料，按一定比例配制，经计量、搅拌、捣实成型，并在一定条件下硬化而成的一种人造石材。

普通混凝土广泛应用于工业与民用建筑工程、水利工程、地下工程、公路、铁路、桥涵等工程中。是当今世界上用途最广，用量最大的人造建筑材料。

1.1.2 混凝土的分类

混凝土品种繁多，其分类方法也各不相同。常见的分类有以下几种：

1. 按干表观密度分类

重混凝土（大于 2800kg/m^3）、普通混凝土（2000～2800kg/m^3，一般在 2400kg/m^3 左右）、轻混凝土（不大于 1950kg/m^3）。

2. 按胶凝材料分类

（1）无机胶凝材料混凝土，如水泥混凝土、石膏混凝土、硅酸盐混凝土、水玻璃混凝土等。

（2）有机胶结料混凝土，如沥青混凝土、聚合物混凝土等。

3. 按使用功能分类

结构混凝土、保温混凝土、装饰混凝土、防水混凝土、耐火混凝土、水工混凝土、海工混凝土、道路混凝土、防辐射混凝土等。

4. 按施工工艺分类

离心混凝土、真空混凝土、灌浆混凝土、喷射混凝土、碾压混凝土、挤压混凝土、泵送混凝土等。

5. 按抗压强度分类

低强混凝土（$<$30MPa）、中强混凝土（30～55MPa）、高强混凝土（$\geqslant$60MPa）、超高强混凝土（$\geqslant$100MPa）。

6. 按配筋方式分类

素混凝土（无筋混凝土）、钢筋混凝土、钢丝网混凝土、纤维混凝土，预应力混凝土等。

7. 按拌合物稠度分类

干硬性混凝土、半干硬性混凝土、塑性混凝土、流动性混凝土、高流动性混凝土、流态混凝土等。

1.2 混凝土的特点

混凝土问世至今，已经成为现代社会的基础。“凡有人群的地方，就有混凝土在闪光”。混凝土结构主宰了土木工程、建筑业，混凝土在土木工程中得以广泛应用是由于它具有以下优点：

(1) 原料丰富，成本低廉。原材料中砂、石等地方材料占80%以上，符合就地取材的经济原则。

(2) 具有良好的可塑性。可以按工程结构要求浇筑成任意形状和尺寸的构件或整体结构。

(3) 抗压强度高。传统的混凝土抗压强度为10～50MPa，近30年来，混凝土向高强方向发展，60～100MPa的混凝土已经较广泛地应用于工程中。在技术上可以配出300MPa以上的超高强混凝土。

(4) 与钢筋粘结牢固，与钢材有基本相同的线膨胀系数。混凝土与钢筋二者复合成钢筋混凝土，利用钢材抗拉强度的优势弥补混凝土脆性弱点，利用混凝土的碱性保护钢筋不生锈，钢筋混凝土大大扩展了混凝土的应用范围。

(5) 具有良好的耐久性。木材易腐朽，钢材易生锈，而混凝土在自然环境下的使用其耐久性比木材和钢材优越得多。

(6) 生产能耗低，维修费用少。其能源消耗较烧土制品和金属材料低，且使用中一般不需维护保养，故维修费用少。

(7) 有利于环境保护。混凝土可以充分利用工业废料，如粉煤灰、磨细矿渣粉、硅粉等，降低环境污染。

(8) 耐火性好。普通混凝土的耐火性远比木材、钢材和塑料好，可耐数小时的高温作用而保持其力学性能。

混凝土的主要缺点：自重大，比强度小，抗拉强度低，呈脆性，易裂缝；保温性能较差；生产周期长；视觉和触觉性能欠佳等。这些缺陷使混凝土的应用受到了一定的限制。

1.3 预拌混凝土的概念、优点、分类、性能等级及标记

我国预拌混凝土生产规模从小到大，技术从落后到先进，已经历了40年的发展历程。为响应国家“节能减排，发展绿色经济”的产业政策，预拌混凝土生产企业已逐步提高到现代化绿色环保型生产模式。

1.3.1 概念

预拌混凝土是指由水泥、集料、水以及根据需要掺入的外加剂、矿物掺合料等组分按

一定比例，在搅拌站经计量、拌制后出售，并采用运输车运至使用地点的混凝土拌合物。多作为商品出售，故也称商品混凝土。

预拌混凝土是城市发展和施工技术进步的产物。是从过去施工现场搅拌脱离出来推向市场，在工厂集中搅拌再运送到建筑工地，成为需方根据工程结构设计要求向供方采购的一种半成品建筑材料。

1.3.2　优点

混凝土集中搅拌有利于采用先进的工艺技术，实行专业化生产管理。设备利用率高，计量准确，产品质量好、材料消耗少、工效高、成本较低，又能改善劳动条件，减少环境污染。

1. 环保

预拌混凝土搅拌站主要设置在城市边缘区域，相对于施工现场搅拌的传统工艺减少了粉尘、噪声、污水等对环境的污染，改善了市民工作和居住环境。随着预拌混凝土行业的发展和壮大，在工业废渣和废弃物处理及综合利用方面发挥了很大的作用，预拌混凝土的应用对环保治理作出重大贡献。

2. 半成品

预拌混凝土是一种特殊的建筑材料。在交货时是塑性、流态状的，因此实际上是“半成品”。在所有权转移后，还需要使用方精心施工才能成为满足设计要求的成品。

3. 质量稳定

过去的施工现场搅拌一般都是临时性设施，生产条件差，搅拌设备小且计量精度不高，质量难以保证。而以集中预拌的生产方式便于管理，专业化、精细化程度高，生产设备大且配置先进，计量较精确，拌合物搅拌较均匀，有专项试验室和专职的质量检验及管理人员，使混凝土质量更稳定可靠。

4. 利于技术进步

随着混凝土工程的大型化、多功能化、施工与应用环境的复杂化、应用领域的扩大化以及资源与环境的优化，人们对传统的混凝土材料提出了更高的要求。而预拌混凝土生产集中、规模大，便于管理；试验设备较齐全，生产人员水平相对较高，有利于新技术、新材料的推广应用，特别有利于散装水泥、外加剂和矿物掺合料的推广应用，这是提高混凝土性能的必要条件，基本能够生产满足工程设计各种要求的混凝土，同时节约资源和能源。

5. 提高工效

预拌混凝土大规模的现代化生产技术和大方量的连续罐装运送，满足了采用泵送工艺的施工浇筑，不仅提高了生产效率，施工效率也得到了很大的提高，大大缩短了在建工程的工期，使投资更快产生效益。

6. 利于文明施工

应用预拌混凝土后，减少了施工现场建筑材料的运输和堆放，明显改变了施工现场脏、乱、差现象。当施工现场场地较为狭窄时，这一作用更显示出其优越性，施工的文明程度得到了根本性提高。

1.3.3 分类

预拌混凝土分为常规品和特制品。

1. 常规品

常规品应为除表 1-1 特制品以外的普通混凝土，代号 A，混凝土强度等级代号 C。

2. 特制品

特制品代号 B，包括的混凝土种类及其代号应符合表 1-1 的规定。

特制品的混凝土种类及其代号 **表 1-1**

混凝土种类	高强混凝土	自密实混凝土	纤维混凝土	轻骨料混凝土	重混凝土
混凝土种类代号	H	S	F	L	W
强度等级代号	C	C	C(合成纤维混凝土) CF(钢纤维混凝土)	LC	C

1.3.4 性能等级

（1）混凝土强度等级划分：

混凝土强度等级应划分为：C10、C15、C20、C25、C30、C35、C40、C45、C50、C55、C60、C65、C70、C75、C80、C85、C90、C95 和 C100。

（2）混凝土拌合物坍落度和扩展度的等级划分见表 1-2。

混凝土拌合物的坍落度和扩展度等级划分 **表 1-2**

坍落度		扩展度	
等级	坍落度(mm)	等级	扩展直径(mm)
S1	10～40	F1	≤340
S2	50～90	F2	350～410
S3	100～150	F3	420～480
S4	160～210	F4	490～550
S5	≥220	F5	560～620
—	—	F6	≥630

（3）混凝土耐久性能的等级划分见表 1-3。

混凝土抗冻性能、抗水渗透性能和抗硫酸盐侵蚀性能的等级划分 **表 1-3**

抗冻等级(快冻法)		抗冻标号(慢冻法)	抗渗等级	抗硫酸盐等级
F50	F250	D50	P4	KS30
F100	F300	D100	P6	KS60
F150	F350	D150	P8	KS90
F200	F400	D200	P10	KS120
>F400		>D200	P12	KS150
			>P12	>KS150

1.3.5　标记

1. 预拌混凝土标记应按下列顺序

(1) 常规品或特制品的代号，常规品可不标记。

(2) 特制品混凝土种类的代号，兼有多种类情况可同时标出。

(3) 强度等级。

(4) 坍落度控制目标值，后附坍落度等级代号在括号中；自密实混凝土应采用扩展度控制目标值，后附扩展度等级代号在括号中。

(5) 耐久性等级代号，对于抗氯离子渗透性能和抗碳化性能，后附设计值在括号中。

(6)《预拌混凝土》标准号：GB/T 14902—2012。

2. 标记示例

示例1：采用通用硅酸盐水泥、河砂（也可是人工砂或海砂）、石、矿物掺合料、外加剂和水配制的普通混凝土，强度等级为C50，坍落度为180mm，抗冻等级为F200，抗氯离子渗透性能电通量Q_s为1000C，其标记为：

A-C50-180（S4）-F200 Q-Ⅲ（1000）-GB/T 14902

示例2：采用通用硅酸盐水泥、砂（也可是陶砂）、陶粒、矿物掺合料、外加剂、合成纤维和水配制的轻骨料纤维混凝土，强度等级为LC30，坍落度为180mm，抗渗等级为P8，抗冻等级为F200，其标记为：

B-LF-LC30-180（S4）-P8F200-GB/T 14902

1.4　混凝土相关术语和定义

1. 混凝土

混凝土是指由无机胶凝材料（水泥、石灰、硫磺、菱苦土、水玻璃等）或有机胶凝材料（沥青、树脂等）、水、骨料（粗骨料、细骨料和轻骨料等）及外加剂、掺合料，按一定比例配制，经计量、搅拌、捣实成型，并在一定条件下硬化而成的一种人造石材。

一般所称的混凝土是指普通混凝土。是以水泥为主的胶凝材料，采用普通骨料配制而成的混凝土，其质量干密度为2000～2800kg/m^3。

2. 预拌混凝土

预拌混凝土又称商品混凝土。是由水泥、骨料、水及根据需要掺入的外加剂、矿物掺合料等组分按一定比例计量，在搅拌站（楼）生产的，通过运输设备运送至使用地点，交货时为拌合物的混凝土。

3. 干硬性混凝土

混凝土拌合物坍落度小于10mm，且必须用维勃稠度（s）来表示其稠度的混凝土。

4. 塑性混凝土

混凝土拌合物坍落度为10～90mm的混凝土。

5. 流动性混凝土

混凝土拌合物坍落度为100～150mm的混凝土。

6. 大流动性混凝土

混凝土拌合物坍落度等于或大于 160mm 的混凝土。

7. 抗渗混凝土

抗渗等级等于或大于 P6 级的混凝土。

8. 抗冻混凝土

抗冻等级等于或大于 F50 级的混凝土。

9. 泵送混凝土

混凝土拌合物的坍落度不低于 100mm 并用泵送施工的混凝土。

10. 大体积混凝土

混凝土结构物实体最小尺寸不小于 1m 的大体量混凝土，或预计会因混凝土中胶凝材料水化引起的温度变化和收缩而导致有害裂缝产生的混凝土。

11. 自密实混凝土

是具有高流动度、不离析、均匀性和稳定性，浇筑时依靠其自重流动，无需振捣而达到密实的混凝土。

12. 清水混凝土

直接利用混凝土成型后的自然质感作为饰面效果的混凝土。

13. 补偿收缩混凝土

由膨胀剂或膨胀水泥配制的自应力为 0.2～1.0MPa 的混凝土。

14. 膨胀加强带

通过在结构预设的后浇带部位浇筑补偿收缩混凝土，减少或取消后浇带和伸缩缝、延长构件连续浇筑长度的一种技术措施，可分为连续式、间歇式和后浇式三种。

15. 再生骨料混凝土

掺用再生骨料配制而成的混凝土。

16. 重晶石防辐射混凝土

重晶石骨料占骨料总质量不少于 70%，表观密度不小于 $2800kg/m^3$ 的混凝土，用于防护和屏蔽辐射的混凝土。

17. 高强混凝土

强度等级不低于 C60 的混凝土。

18. 胶凝材料

混凝土中水泥和活性矿物掺合料的总称。

19. 水胶比

混凝土中用水量与胶凝材料的质量百分比。

20. 矿物掺合料掺量

混凝土中矿物掺合料用量占胶凝材料用量的质量百分比。

21. 外加剂掺量

混凝土中外加剂用量相对于胶凝材料用量的质量百分比。

22. 交货地点

供需双方在合同中确定的交接预拌混凝土的地点。

23. 出厂检验

在预拌混凝土出厂前对其质量进行的检验。

24. 交货检验

在交货地点对预拌混凝土质量进行的检验。

25. 里表温差

混凝土浇筑体中心与混凝土浇筑体表层温度之差。

26. 降温速率

散热条件下，混凝土浇筑体内部温度达到温升峰值后，单位时间内温度下降的值。

27. 入模温度

混凝土拌合物浇筑入模时的温度。

28. 有害裂缝

影响结构安全或使用功能的裂缝。

29. 贯穿性裂缝

贯穿混凝土全截面的裂缝。

30. 绝热温升

混凝土浇筑体处于绝热状态，内部某一时刻升值。

31. 温升峰值

混凝土浇筑体内部的最高升值。

32. 龄期

自加水搅拌开始，混凝土所经历的时间，按天或小时计。

33. 受冻临界强度

冬期浇筑的混凝土在受冻以前必须达到的最低强度。

34. 现浇结构

现浇混凝土结构的简称，是在现场支模并整体浇筑而成的混凝土结构。

35. 等效龄期

混凝土在养护期间温度不断变化，在这一段时间内其养护的效果，与在标准条件下养护达到的效果相同时所需的时间。

36. 蓄热法

混凝土浇筑后，利用原材料加热以及水泥水化放热，并采取适当保温措施延缓混凝土冷却，在混凝土温度降到0℃以前达到受冻临界强度的施工方法。

37. 综合蓄热法

掺早强剂或早强型复合外加剂的混凝土浇筑后，利用原材料加热以及水泥水化放热，并采取适当保温措施延缓混凝土冷却，在混凝土温度降到0℃以前达到受冻临界强度的施工方法。

38. 负温养护法

在混凝土中掺入防冻剂，使其在负温条件下能够不断硬化，在混凝土温度降到防冻剂规定温度前达到受冻临界强度的施工方法。

39. 起始养护温度

混凝土浇筑结束，表面覆盖保温材料完成后的起始温度。

1.5 试验数据的数学处理

1.5.1 误差分析与计算

1. 误差的产生与分类

材料的质量用数据来描述。数据通过试验取得。然而由试验观察所得到的数值（即试验数据）并不完全等于试验对象的真正数值（即或称真值），它只是客观情况的近似结果。试验数据与真值之间的差异称为误差。误差依据产生的原因可分为系统误差、过失误差和偶然误差。

由于试验设备的不准确，试验条件的非随机性变化，试验方法的不合理以及试验人员不良的操作习惯而产生的误差称为系统误差。由于试验人员的疏忽大意以致操作错误而产生的误差称为过失误差。

通过对试验过程的质量控制，上述两种误差基本可以避免产生。

除系统误差和过失误差以外的一切误差称为偶然误差。产生偶然误差的原因都具有无规则性。例如试验人员对仪表最小分格的判读，试验条件（温度、电压等）无规则的涨落以及仪器性能的不稳定等。当反复观察一个量时，这种误差表现为有时大有时小，不能人为地加以控制。由于偶然误差具有随机性的特点，它必然服从于正态分布规律。因此可以运用数学方法对试验数据进行处理，从而达到提高试验准确度的目的，使试验结果最大限度地接近于真值。

2. 算术平均值

当试验次数极大地增加时，算术平均值接近于真值。但事实上试验次数不可能太多，所以在很多试验项目中规定进行 3 次（有时为 6 次）平行试验，取试验所得的数据计算出算术平均值作为试验结果。算术平均值按下式计算：

$$\overline{x}=\frac{x_1+x_2+x_3+\cdots+x_n}{n} \tag{1-1}$$

式中 $\overline{x}$——算术平均值；

x_1、x_2 $x_3 \cdots x_n$——各个试验数据；

n——试验次数。

3. 剩余误差

各个试验数据与算术平均值之差称为剩余误差，按下式计算：

$$\upsilon_i=x_i-\overline{x} \tag{1-2}$$

式中 υ_i——某个试验数据的剩余误差；

x_i——某个试验数据。

4. 平均误差

所有试验数据的平均误差按下式计算：

$$\upsilon=\frac{|x_1-\overline{x}|+|x_2-\overline{x}|+|x_3-\overline{x}|+\cdots+|x_n-\overline{x}|}{n}=\frac{\sum_{i=1}^{n}|\upsilon_i|}{n} \tag{1-3}$$

式中　υ——平均误差。

5. 标准差

在试验数据比较分散的情况下，将算术平均值作为试验结果时，个别的大误差在平均过程中会被众多的小误差所淹没，导致对试验对象作出不准确的评价。为了恰当地评价试验对象，需要采用标准差。

标准差即标准误差，在实际工作中由于试验次数有限，所以按下式计算：

$$\sigma=\sqrt{\frac{(x_1-\overline{x})^2+(x_2-\overline{x})^2+(x_3-\overline{x})^2+\cdots+(x_n-\overline{x})^2}{n-1}}=\sqrt{\frac{\sum_{i=1}^{n}\upsilon_i^2}{n-1}} \tag{1-4}$$

式中　σ——标准差。

标准差对最大误差和最小误差比较敏感。数据愈分散，标准差愈大；数据愈接近，标准差愈小。根据误差分布函数，可以计算出绝对值大于标准差的误差，其出现概率约32%，也就是说约有68%的试验数据，其误差都在标准差的数值以内。

6. 变异系数

变异系数是表示标准差占算术平均值的百分数。由于标准差所表示的是绝对误差，变异系数可以表示相对误差，便于不同项目之间有关试验精度的比较。

变异系数按下式计算：

$$\delta=\frac{\sigma}{\overline{x}}\times 100 \tag{1-5}$$

式中　δ——变异系数（%）。

7. 强度保证率

（1）计算概率度系数 t

$$t=\frac{m_{\mathrm{fcu}}-f_{\mathrm{cu,\,k}}}{\sigma}\times 100 \tag{1-6}$$

式中　t——概率度系数；

m_{fcu}——混凝土试件强度的平均值（MPa）；

$f_{\mathrm{cu,k}}$——混凝土设计强度标准值（MPa）；

σ——混凝土强度标准差（MPa）。

（2）保证率 P 和概率度系数 t 的关系

可由表1-4查得。

保证率和概率度系数关系　　**表1-4**

保证率 P(%)	70.0	75.0	80.0	84.1	85.0	90.0	95.0	97.7	99.9
概率度系数 t	0.525	0.675	0.840	1.0	1.040	1.280	1.645	2.0	3.0

1.5.2　数值修约规则

本节摘自《数值修约规则与极限数值的表示和判定》GB/T 8170—2008标准。

适用于科学技术与生产活动中测试和计算得出的各种数值。当所得数值需要修约时，应按以下给出的规则进行。

1.5.2.1 术语与定义

1. 数值修约

通过省略原数值的最后若干位数字，调整所保留的末位数字，使最后所得到的值最接近原数值的过程。

注：经数值修约后的数值称为（原数值的）修约值。

2. 修约间隔

修约值的最小数值单位。

注：修约间隔的数值一经确定，修约值即为该数值的整数倍。

例 1：如指定修约间隔为 0.1，修约值应在 0.1 的整数倍中选取，相当于将数值修约到一位小数。

例 2：如指定修约间隔为 100，修约值应在 100 的整数倍中选取，相当于将数值修约到“百”数位。

1.5.2.2 数值修约规则

1. 确定修约间隔

（1）指定修约间隔为 10^{-n}（n 为正整数），或指明将数值修约到 n 位小数；

（2）指定修约间隔为 1，或指明将数值修约到“个”数位；

（3）指定修约间隔为 10^{n}（n 为正整数），或指明将数值修约到 10^{n} 数位，或指明将数值修约到“十”“百”“千”……数位。

2. 进舍规则

（1）拟舍弃数字的最左一位数字小于 5，则舍去，保留其余各位数字不变。

例：将 12.1498 修约到个数位，得 12；将 12.1498 修约到一位小数，得 12.1。

（2）拟舍弃数字的最左一位数字大于 5，则进一，即保留数字的末位数字加 1。

例：将 1268 修约到“百”数位，得 13×10^{2}（特定场合可写为 1300）。

注：“特定场合”系指修约间隔明确时。

（3）拟舍弃数字的最左一位数字是 5，且其后有非 0 数字时进一，即保留数字的末位数字加 1。

例：将 10.5002 修约到个数位，得 11。

（4）拟舍弃数字的最左一位数字为 5，且其后无数字或皆为 0 时，若所保留的末位数字为奇数（1、3、5、7、9）则进一，即保留数字的末位数字加 1；若所保留的末位数字为偶数（0、2、4、6、8）则舍弃。

例 1：修约间隔为 0.1（或 10^{-1}）

拟修约数值	修约值
1.050	10×10^{-1}（特定场合可写成为 1.0）
0.350	4×10^{-1}（特定场合可写成为 0.4）

例 2：修约间隔为 1000（或 10^{3}）

拟修约数值	修约值
2500	2×10^{3}（特定场合可写为 2000）

3500　　　　　4×10^3（特定场合可写为 4000）

（5）负数修约时，先将它的绝对值按上述的规定进行修约，然后在所得值前面加上负号。

例 1：将下列数字修约到“十”数位

拟修约数值	修约值
−355	-36×10（特定场合可写为−360）
−325	-32×10（特定场合可写为−320）

例 2：将下列数字修约到三位小数，即修约间隔为 10^{-3}

拟修约数值	修约值
−0.0365	-36×10^{-3}（特定场合可写为−0.036）

3. 不得连续修约

（1）拟修约数字应在确定修约间隔或指定修约数位后一次修约获得结果，不得多次按 1.5.2.2 第 2 条规则连续修约。

例 1：修约 97.46，修约间隔为 1。

正确的做法：97.46→97；

不正确的做法：97.46→97.5→98。

例 2：修约 15.4546，修约间隔为 1。

正确的做法：15.4546→15；

不正确的做法：15.4546→15.455→15.46→15.5→16。

（2）在具体实施中，有时测试与计算部门先将获得数值按指定的修约数位多一位或几位报出，而后由其他部门判定。为避免产生连续修约的错误，应按下述步骤进行。

① 报出数值最右的非零数字为 5 时，应在数值右上角加“＋”或加“－”或不加符号，分别表明已进行过舍、进或未舍未进。

例：16.50^{+}表示实际值大于 16.50，经修约舍弃为 16.50；16.5^{-}表示实际值小于 16.50，经修约进一为 16.50。

② 如对报出值需进行修约，当拟舍弃数字的最左一位数字为 5，且其后无数字或皆为零时，数值右上角有“＋”者进一，有“－”者舍去，其他仍按本节 1.5.2.2 第 2 条的规则进行。

例：将下列数字修约到个数位（报出值多留一位至一位小数）。

实测值	报出值	修约值
15.4546	15.5^{-}	15
−15.4546	-15.5^{-}	−15
16.5203	16.5^{+}	17
−16.5203	-16.5^{+}	−17
17.5000	17.5	18

4. 0.5 单位修约和 0.2 单位修约

在对数值进行修约时，若有必要，也可采取 0.5 单位修约与 0.2 单位修约。

（1）0.5 单位修约（半个单位修约）

0.5 单位修约是指按指定修约间隔对拟修约的数值 0.5 单位进行的修约。

0.5 单位修约方法如下：

将拟修约数值 X 乘以 2，按指定修约间隔对 $2X$ 依 1.5.2.2 第 2 条的规则修约，所得数值（$2X$ 修约值）再除以 2。

例：将下列数字修约到“个”数位的 0.5 单位修约。

拟修约数值 X	$2X$	$2X$ 修约值	X 修约值
60.25	120.50	120	60.0
60.38	120.76	121	60.5
60.28	120.56	121	60.5
−60.75	−121.50	−122	−61.0

（2）0.2 单位修约

0.2 单位修约是指按指定修约间隔对拟修约的数值 0.2 单位进行的修约。

0.2 单位修约方法如下：

将拟修约数值 X 乘以 5，按指定修约间隔对 $5X$ 依 1.5.2.2 第 2 条的规则修约，所得数值（$5X$ 修约值）再除以 5。

例：将下列数字修约到“百”数位的 0.2 单位修约

拟修约数值 X	$5X$	$5X$ 修约值	X 修约值
830	4150	4200	840
842	4210	4200	840
832	4160	4200	840
−930	−4650	−4600	−920

1.6 标准规范

标准规范是人们对以往实践的认识和总结，是规范人们从事社会生产实践活动的准则，并不是无条件必须遵守的法律或法规，只有在委托方和承担方（如建设方和实施方）双方契约的情况下才具有法律效力。

1.6.1 分类

1. 按使用范围或等级划分

国家标准、行业标准、地方标准、企业标准。

2. 按内容划分

（1）基础标准

指在一定范围内作为其他标准的基础，并普遍使用具有广泛指导意义的标准。一般包括名词术语、符号、代号、机械制图、公差等。

（2）产品标准

是衡量产品质量好坏的技术依据。如《通用硅酸盐水泥》GB 175—2007 等。

（3）方法标准

是指以试验、检查、分析、抽样、统计、计算、测定作业等各种方法为对象制定的标准。如《水泥化学分析方法》GB/T 176—2017 等。

3. 按成熟程度划分

法定标准、推荐标准、试行标准、标准草案。

1.6.2　标准的制定

国家标准由国务院标准化行政主管部门制定；行业标准由国务院有关行政主管部门制定；地方标准由地方有关行政主管部门制定。

1.6.3　标准代号

标准的表示方法由：标准名称、部门代号、编号和批准年份等组成。如国家推荐性标准《预拌混凝土》表示为 GB/T 14902—2012。标准的部门代号为 GB/T，编号为 14902，批准年份为 2012 年。标准代号与类别见表 1-5。

标准代号与类别　　表 1-5

一、国家标准类			
标准代号	类别	标准代号	类别
GB	国家标准	GJB	国家军用标准
GBJ	工程建设国家标准	JJF	国家计量技术规范
GBZB	国家环境质量标准	JJG	国家计量检定规程
GWPB	国家污染物排放标准	GWKB	国家污染物排放标准
二、行业标准类			
标准代号	类别	标准代号	类别
JG	建筑行业标准	JC	建材行业标准
JGJ	建筑行业工程建设规程	CJJ	城建行业工程建设规程
JT	交通行业标准	TB	铁道行业标准
QX	气象行业标准	YB	黑色冶金行业标准
SL	水利行业标准	YS	有色冶金行业标准
JB	机械行业标准	HJ	环保行业标准
HG	化工行业标准	HGJ	化工行业工程建设规程
CJ	城建行业标准	CECS	工程建设推荐性标准

注：地方标准代号为：DB；企业标准代号为：Q/××。

第2章 预拌混凝土企业试验室基本条件与管理

预拌混凝土生产企业试验室是企业质量管理、技术开发、成本控制和处理外部技术事务的关键部门，对企业的经济效益和成败影响较大，因此，企业应牢固确立试验室在企业质量管理体系中的核心地位和作用。

试验工作是质量管理中的重要组成部分，也是产品质量科学控制的重要技术手段。客观、准确、及时的试验数据，是指导、控制和评价产品质量的科学依据。通过试验，可以合理地选择原材料，优化原材料的组合，提高混凝土工程质量，降低生产成本；通过试验，可以提高混凝土工程内在和外观质量；通过试验，可以正确掌握新材料在混凝土中的合理应用，为企业寻求获得更好的经济效益起到极为重要的作用。

试验室的人员素质、试验设备、试验能力、技术与管理水平的高低，决定和代表了预拌混凝土生产企业的管理水平和企业形象。地方主管部门、质量体系认证机构、建设单位、工程监理及需方等，无不把试验室作为重点检查和考评的对象。因此，加强试验室的投入与管理，配备完善且技术先进的试验仪器设备，组建一支技术优异的试验团队，不断提高试验水平，为顾客提供更好的产品和服务，对企业的生存与发展具有十分重要的意义。

2.1 组织机构

一个工作卓有成效的试验室，在确保质量的前提下所降低的综合成本将远远大于在加强试验室资源投入和管理的费用，从而取得明显的经济效益。

企业投资者应充分认识到试验室在企业生存与发展中的重要性，加强试验室资源的投入；为确保试验工作能良好开展，赋予试验室及其负责人合理职责和权限；明确企业内与试验室有潜在利益冲突的部门，如采购、生产、营销等部门，不得随意对试验室的工作进行干预。而试验室为了确保各项工作的正常开展，始终保持严密的受控状态，应设置一个合理的组织机构加强内部管理。混凝土公司可将现场服务人员（调度）归入试验室管理，因为现场服务人员的工作不仅仅是合理掌控供应运输车辆，紧密配合现场施工，而且还要对交付的混凝土质量承担一定义务，配合需方做好交货检验工作。因此，现场服务人员必须具备一定的专业知识和技能，归试验室管理便于技术培训和工作指导，有利于内部管理和服务质量的提高。

试验室由主任全面负责本室的行政与技术工作，副主任（可兼试验组组长）协助主任做好相关工作。组织机构见图 2-1。

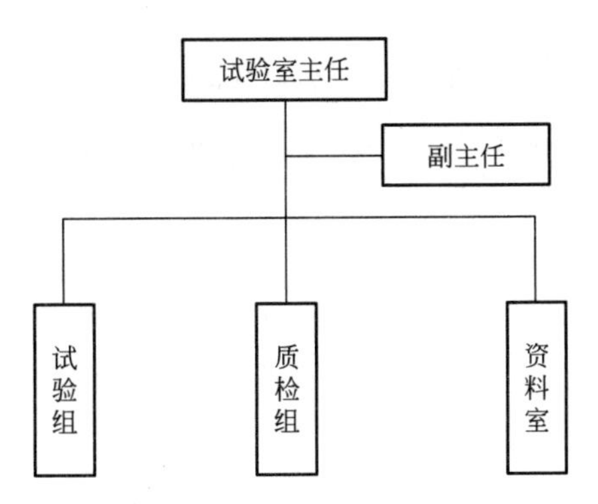

图 2-1　试验室组织机构设置框图

2.2　人员

2.2.1　人员配备

由于预拌混凝土生产企业是全天候服务的行业，而试验室工作范围较大，责任重大。作为企业经营中的重要部门，试验室应根据生产规模、工作范围和工作量的需要合理配置相关技术人员。确保各项试验、混凝土生产质量控制、出厂和交货检验等工作有序正常开展。对于混凝土年产量 20 万～40 万 m^3 的搅拌站，试验室人员配备参考如下：

（1）管理人员：试验室主任、副主任各 1 名。

（2）试验组：试验人员不宜少于 4 人。

（3）质检组：出厂检验 2～4 人；交货人员 8～10 人；原材料验收 2 人。

（4）资料室：资料员 2 人。

2.2.2　人员要求

质量是企业的生命，也是明日的市场。预拌混凝土的生产质量主要靠试验室来管理和控制。一个试验室的水平高低，很大程度上取决于人员素质与水平，人员素质与水平是保证质量的重要因素，而一个人的知识主要是在工作实践和职业学习中获得的，因此在选任时，除了要注重学历，还必须考察实际的专业知识水平。

1. 试验室主任

应具有工程序列中级（含中级）以上技术职称，5 年以上的试验工作经历；熟悉预拌混凝土生产工艺，能够根据原材料品质设计符合有关标准规范要求和合同规定的混凝土；有较丰富的管理经验和良好职业道德；具有较好的组织协调、沟通以及解决和处理问题的能力；不得同时兼任本企业以外的相同职务；并取得相关资格证书。

2. 试验室副主任（兼试验组组长）

具有工程序列初级及以上职称或注册建造师执业资格，有良好职业道德，经过专业培训，熟悉混凝土配合比设计和材料试验技术，熟知有关的标准和规章制度，坚持原则，责任心强。

3. 生产技术员（品控调料员）

具有高中或相当于高中以上文化水平，责任心强，熟悉混凝土配合比设计、检验规则及混凝土拌合物性能测试，具有较高的混凝土生产配合比调整能力。经专门培训、考核合格后方可上岗。

4. 试验员

具有高中或相当于高中以上文化程度，应熟练掌握专业基础知识、试验方法和工作程序，能够熟练操作试验设备、规范，客观、准确地填写各种原始记录。工作认真负责，经专门培训、考核合格后方可上岗。

5. 交货检验员

具有初中或相当于初中以上文化水平，责任心强，熟知预拌混凝土检验规则及混凝土拌合物性能测试。经专门培训、考核合格后上岗。

6. 资料员

具有高中或相当于高中以上文化水平，应熟悉现行国家、行业有关档案资料管理基础知识和要求，能够严格执行档案资料管理制度，及时、规范地完成各种资料填写、汇总、试验报告的打印和整理归档等工作。

2.2.3 人员培训和考核

人是质量管理中最关键的因素。如果人的素质不高，没有树立“质量第一，用户至上”的思想，没有高度的责任心和旺盛的工作热情，即使有先进的设备和优质原材料，也不一定能生产出性能优异的预拌混凝土，更谈不上为需方提供良好的服务，更难以为企业取得良好的经济效益和为社会信誉作出贡献。因此，试验室应高度重视人员培训工作，不断提高试验人员业务水平，保证其专业基础知识和试验能力与所从事的工作岗位相适应。

试验室应组织本室人员积极参加继续教育和新标准、规范等培训，使全室员工知识与技能不断更新，熟练掌握各种材料的试验技术，让每一个员工都成为企业最有价值的资源。培训是保证工作质量的重要环节，工作质量是保证产品质量的重要因素。试验室应在每年年初制定人员培训和考核计划，对试验人员、新进人员、转岗（换岗）人员进行适时的培训和考核，当使用的各类标准、规范、作业指导书等发生较大变化时，应及时进行培训。考核成绩可作为评价人员技术水平的依据之一，对不胜任者，应调离其岗位。

2.2.4 人员管理

（1）应建立试验人员管理制度，加强人员考勤管理，确保人员实际在岗和相对稳定，关键骨干人员的调动应征求试验室主任意见。

（2）建立健全人员档案（一人一档）。内容包括：劳动合同、职务任命文件、岗位资格证书、技术职称、培训与考核记录、个人简历、学历证书、身份证、科研成果、奖惩、学术论文等。

（3）加强试验人员职业道德培训和教育，严格遵守国家法律法规和行业管理规定，规范开展试验工作。

2.3　试验能力

试验室应按照相关产品、试验方法标准、行业和地方规定，确定应具备的原材料及混凝土性能试验项目参数，并通过质量方针、质量目标、审核结果、数据分析、纠正措施、预防措施和管理评审来不断持续提高试验能力。

试验室应具备的试验能力，可根据企业使用的原材料及生产的混凝土质量控制需要配置试验仪器设备，试验项目及参数一般不宜少于表 2-1 所列。

预拌混凝土企业专项试验室试验能力一览　　　　**表 2-1**

材料名称	试验参数
水泥	细度或比表面积、凝结时间、胶砂流动度、安定性，胶砂强度
砂	颗粒级配、含泥量、泥块含量、含水率、堆积密度、紧密密度、表观密度、人工砂应增加压碎值指标、石粉含量(亚甲蓝法)等
石	颗粒级配、含泥量、泥块含量、含水率、压碎值指标、堆积密度、紧密密度、表观密度、针片状颗粒总含量等
粉煤灰	细度、烧失量、需水量比、活性指数、含水量、安定性(C类)
矿渣粉	流动度比、比表面积、烧失量、活性指数、含水量等
石灰石粉	细度、流动度比、含水量、活性指数、碳酸钙含量、亚甲蓝值
高效、高性能减水剂	pH 值、密度、固含量、氯离子含量、减水率、泌水率比、含气量、凝结时间之差、抗压强度比、收缩率比、总碱量、坍落度经时变化量
防水剂	抗压强度比、凝结时间差、密度(或细度)、含固量(或含水率)、安定性、渗透高度比、收缩率比(28d)、总碱量、氯离子含量
防冻剂	氯离子含量、密度(或细度)、含固量、总碱量、抗压强度比、含气量、复合类防冻剂还应检减水率
膨胀剂	细度、限制膨胀率、凝结时间、抗压强度
混凝土	配合比设计、表观密度、坍落度、含气量、泌水性、凝结时间、抗压、抗折、抗渗、抗冻、氯离子含量、总碱量、回弹法测强等

2.4　试验仪器设备

试验仪器设备是试验室开展各项试验活动必不可缺少的工具和手段，其配置应满足试验项目的需求，并与企业的生产能力相匹配。对仪器设备从选型、购置、验收、安装、调试、使用、维护乃至整个寿命周期进行全过程的系统管理，是保证试验数据准确、可靠的必须条件。为此，混凝土企业应按照有关现行国家标准规定，配置精度符合要求的试验仪器设备，并进行有效管理。

2.4.1　一般要求

(1) 应严格执行国家标准，不符合要求的试验仪器设备必须依据新标准更换。

（2）仪器设备布局应遵循操作便捷、便于维护保养、干净整洁原则。

（3）各种计量试验仪器设备应经具有计量检定资格的机构进行检定或校准，并保留检定或校准证书。

（4）在用试验仪器设备的完好率应达到100%，布置摆放合理。

（5）对大型、精密、复杂的试验仪器设备应编制使用操作规程，并做好使用、维护保养记录。

（6）应建立试验仪器设备台账、档案等。

2.4.2 试验仪器设备的配置与分类

（1）预拌混凝土企业试验室的试验仪器设备配置，应根据有关标准规范、行业规定、试验参数，配置必要的试验仪器设备和辅助工具，确保试验仪器性能良好。

（2）试验室应将仪器设备分为A、B、C三类，实行分类管理。

1）A类

① 本单位的标准物质（如果有时）。

② 精密度高或用途重要的试验仪器设备。

③ 使用频繁，稳定性差，使用环境恶劣的试验仪器设备。

2）B类

检定或校准周期应根据试验仪器设备使用频次、环境条件、所需的测量准确度，以及由于试验仪器设备发生故障所造成的危害程度等因素确定。

① 对测量准确度有一定要求，但寿命较长、可靠性较好的试验仪器设备。

② 使用不频繁，稳定性较好，使用环境较好的试验仪器设备。

3）C类

首次使用前应进行检定或校准，经技术负责人确认可使用至报废。

① 只作一般指标，不影响试验结果的试验仪器设备。

② 准确度等级较低的工作测量器具。

（3）主要试验仪器设备的配置与分类，可参考表2-2。

主要试验仪器设备的配置与分类　　表2-2

分类	主要试验设备名称
A类	*2000kN压力试验机、*300kN压力试验机、*5000N抗折试验机、台秤、案秤、混凝土含气量测定仪、混凝土贯入阻力仪、砝码、游标卡尺、*恒温恒湿箱(室)、干湿温度计、*冷冻箱、试验筛(金属丝)、天平、千分表、百分表、*回弹仪、*氯离子测定仪、*混凝土快速冻融试验机
B类	*抗渗仪、雷氏夹、透气法比表面积仪、砝码、游标卡尺、高精密玻璃水银温度计、钢直尺、测量显微镜、*低温试验箱、水泥维卡仪、*水泥净浆搅拌机、*水泥胶砂搅拌机、*水泥胶砂振实台、*水泥流动度仪、混凝土标准振动台、水泥抗压夹具、水泥胶砂试模、干燥箱、混凝土试模、水泥负压筛析仪、pH值酸度仪、压力泌水仪、贯入阻力仪、试验筛、*高温炉
C类	钢卷尺、寒暑表、低准确度玻璃量器、普通水银温度计、雷氏夹测定仪、金属容量筒、沸煮箱、针片状规准仪、振筛机、混凝土搅拌机、压碎指标测定仪、坍落度筒

注：带“*”的设备为应编制使用操作规程和做好使用记录的设备。

2.4.3　试验仪器设备的购置与验收

（1）应优先采购和使用市场上技术成熟、服务可靠，且符合新标准规定的试验仪器设备。

（2）新购置的试验仪器设备应按照使用说明书要求进行安装、调试，运转正常应办理验收手续，属于计量试验仪器设备的应经检定或校准合格后才能办理验收手续。

2.4.4　试验仪器设备的使用

（1）对于主要、复杂、精密的仪器设备，应编制操作规程。

（2）严格按操作规程或使用方法要求，正确操作试验仪器设备，并保持其运转正常。

（3）每项试验的主要仪器设备应做好使用记录，其内容包括：

1）仪器设备的名称、管理编号。

2）试样名称、编号、数量。

3）每组试样的试验操作开始时间和结束时间（精确到分钟）。

4）试验操作过程中仪器设备的异常情况及处理措施。

5）操作人签名。

（4）当仪器设备出现下列情况之一时应进行检定或校准，证明满足使用要求后方能投入使用：

1）可能对检测结果有影响的改装、移动和维修后。

2）停用后再次投入使用前。

3）仪器设备出现不正常工作情况。

4）使用频繁或经常携带运输到现场的，以及恶劣环境下使用的试验仪器设备。

（5）应制订计量器具期间核查计划，确保其符合使用要求，并做好相应记录。计量器具期间核查工作计划应包括期间核查对象、期间核查时间间隔、方法和结果判断等内容。计量器具期间核查可采用下列方法：

1）选用高一准确度等级的计量器具进行核查。

2）采用同准确度等级的计量器具进行比对。

3）选用稳定性好的样品在不同时期进行重复测量，并对测量结果进行评估。

（6）当仪器设备出现下列情况不得继续使用，并贴上“停用”标志，直到修复为止：

1）当试验设备指示装置损坏、刻度不清或其他影响试验精度时。

2）试验仪器设备的性能不稳定，漂移率偏大时。

3）当试验仪器设备出现显示缺损或按键不灵敏等故障时。

4）其他影响试验结果的情况。

（7）仪器设备操作人员应经专门培训、考核合格，大型、精密、复杂试验仪器设备的操作应由试验室主任对操作者专门授权，未经授权者不得随意操作。

（8）仪器设备发生异常或故障后，应由专业人员进行维修和调试，试验室主任应核实是否已造成试验结果的影响，如果有影响，应及时采取妥善处理措施。

（9）应保护设备的硬件和软件，防止发生导致试验结果失效的调整，即在设备的硬件、软件已校准后，应采取良好的保护措施，防止未经准许的调整。

(10) 应定期或不定期地对仪器设备进行检查，以便及时发现问题或故障，确保仪器设备的正常运转。

(11) 各种用电仪器设备使用完后应随手关闭电源、清扫现场和仪器设备。

2.4.5 试验仪器设备的维护与保养

(1) 仪器设备使用、维护保养的有效版本说明书和设备制造商提供的相关手册（复印件也可），应便于相关人员取用。

(2) 为确保仪器设备符合使用要求，应制订的维护保养计划，并做好相应记录。

(3) 为提高试验仪器设备的使用寿命，应及时对仪器设备进行维护与保养，并遵循“清洁、润滑、紧固、调整、防腐”的十字方针。

1) 清洁。清洁就是要求机械各部位保持无油泥、污垢、尘土，按规定时间检查清洗，减少运动零件的磨损。

2) 润滑。润滑是按照规定的要求，选择并定期加注或更换润滑油，以保持机械运动零部件间的良好润滑，减少运动零件的磨损、保持机械正常运转。

3) 紧固。紧固就是要对各部的连接件及时检查紧固。机械运转中产生的振动，容易使连接件松动，如不及时紧固，不仅可能产生漏油、漏电等，有些关键部位的螺栓松动，还会改变原设计部件的受力分布情况，轻者导致零件变形，重者会出现零件断裂、分离，导致操纵失灵而造成机械事故。

4) 调整。调整就是要对机械众多零件的相关工作参数如：间隙、行程、角度、压力、松紧等及时进行检查调整，以保持机械的正常运行。

5) 防腐。防腐就是要做到防潮、防锈、防酸和防止腐蚀机械部件和电器设备。尤其是机械易生锈的外表面必须进行补漆或涂上油脂等防腐涂料。

2.4.6 试验仪器设备的标识

试验仪器设备的标识管理是检查仪器设备处于受控管理的措施之一。试验室所有试验仪器设备均应有明显的标识来表明其状态。标识方式包括管理卡和使用状态两种。

1. 管理卡标识

仪器设备的管理卡标识内容包括：设备名称、设备编号、规格型号、出厂编号、生产厂家、购置日期、管理人员等。

管理卡可采用金属铭牌和厚纸张打印并塑封制作，不易变形即可，固定在仪器设备上；对于小型仪器，可做成小吊牌系在仪器设备上。

2. 使用状态标识

仪器设备的使用状态标识分为：合格、准用和停用三种。具体应用范围为：

(1) 合格标志（绿色）。

1) 计量检定合格者。

2) 设备不必检定，经检查其功能正常者（如计算机、打印机）。

3) 设备无法检定，经对比或鉴定适用者。

(2) 准用标志（黄色）。

1) 多功能设备某些功能已丧失，但所用功能正常，且经校准合格者；

2）设备某一量程精度不合格，但所用量程合格。

3）降级使用者。

（3）停用标志（红色）。

1）仪器、设备损坏者。

2）仪器、设备经计量检定不合格者。

3）仪器、设备性能无法确定者。

4）仪器、设备超过检定周期者。

2.4.7　试验仪器设备档案管理

为掌握仪器设备的技术状态，便于调查和分析试验事故的原因，仪器设备应从购买环节开始建立档案，并实施动态管理，及时补充相关的信息和资料内容。

（1）每年年初，仪器设备管理人员应清查仪器设备，根据清查结果更新《试验仪器设备台账》；仪器设备完成周期检定或校准后，应及时更新《试验仪器设备周期检定或校准登记表》；《试验仪器设备使用记录》应按年度更换；将上一年的移交资料室保存。

（2）试验仪器设备宜按一机一档的方式建立档案。

（3）同类型的多台（件）小型仪器设备可集中建立一套档案，如百分比、千分表、温度计等，但每台（件）应建立唯一管理标识。

（4）仪器设备档案的内容一般包括：

1）仪器设备履历表：设备名称、设备编号、规格型号、出厂编号、生产厂家、购置日期、购置价格、测量范围、准确度、调配情况、管理人员等。

2）仪器设备的装箱单、说明书、合格证等技术文件。

3）仪器设备的验收记录、历次检定或校准证书。

4）对于主要、复杂、精密的仪器设备，还应包括操作规程、历史使用记录、维护保养、维修记录等。

2.5　试验场所

试验环境条件是试验活动中非常重要的一个子系统，其布局合理与否对试验结果、试验人员的健康、安全都有重要影响。因此，试验室应具备所开展试验项目相适应的场所，房屋建筑面积和工作场地均应满足试验工作需要。

（1）各试验项目应根据不同的试验需求，仪器设备的数量和大小，需要的操作空间和试验流程合理布置，充分考虑使用功能和各室之间的关系，应能确保试验结果的有效性和准确性，确保相邻区域内的工作互不干扰，不得对检验质量产生不良影响（如温湿度、振动、灰尘、供电等）。

（2）试验环境应有利于试验工作的顺利进行，如能源、采光、供暖、通风、卫生、安全、交通工具等。电器管线布置要整齐且具有安全、防火措施；废试件处理应满足环保部门的要求。

（3）试验室应有停水、停电的应急措施，与试验无关的物品不得存放在试验室内，保持试验室的整齐清洁。

(4) 混凝土试块成型室、水泥室、养护室、养护箱的建筑与设施，应能保证环境条件符合国家标准中规定的温度和湿度要求，并作好记录，条件许可时，应配备自动记录仪。其中水泥室、养护室应采取有效措施尽量减少能源的消耗。

(5) 试验工作场所应配备必要的消防器材，存放于明显和便于取用的位置，并应有专人负责管理。

(6) 试验工作场所应配备专用配电箱，配电箱中必须安装漏电自动跳闸装置；设备、照明、空调电线应分开，分别供电，且标准养护室应是专用电路供电。

(7) 试验室应设立独立的试验操作间，包括水泥室、养护室、力学室、天平室、留样室、试配室等，并有专用的办公室和资料室，试验操作间和办公室不得混用。根据预拌混凝土试验工作需要，从节能和方便试验操作角度出发，试验室可参考图 2-2 进行布局。

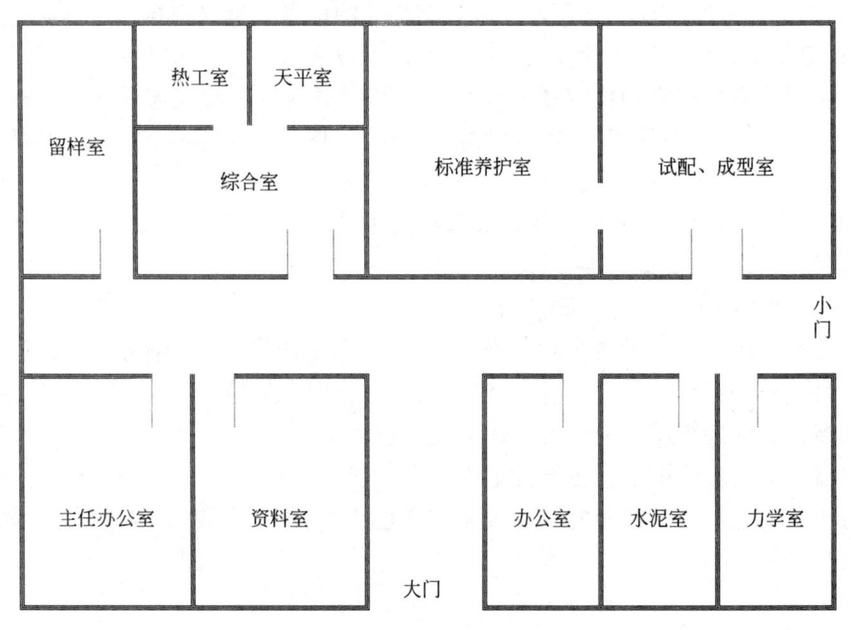

图 2-2　试验室布局示意

1) 力学室：各种试验仪器设备底部应有相应的基础底座平台，底座平台须平稳、水平；混凝土抗压试验设备应有试块防崩裂装置。

2) 胶凝材料室：应有控温、加湿设备。

3) 留样室：应有通风、排气装置。

4) 天平室：封闭干燥、操作平台须平稳，地面须清洁，不得有灰尘。

5) 标准养护室：面积不宜小于 30m^2。新建标养室应注意以下几点：

① 地面可采用防水混凝土浇筑；室内地面、墙面与顶面宜做防水处理，墙面还宜贴防水瓷砖。地面应设置蓄水沉淀池（配置顶盖）；地面应设水槽，水槽断面尺寸和数量满足地面不积水，水槽应与蓄水沉淀池间相通，形成养护水回流使用；水槽不能影响养护架的摆放。

② 从节能角度出发，不宜设窗户；门应采用防潮、防水、保温、隔热、密封性好的材料制作。室内应采用防水电源线和防水灯具，应接入上下水。

③ 根据面积大小合理配置温湿度控制设备，并在适当位置安放温湿度探头，能有效控制该室的温度、湿度。

④ 摆放试块的架子应采用钢质材料焊制，架体的尺寸应满足试块摆放的要求。

⑤ 混凝土试件可分龄期、分类有序排放，并有醒目标识。

(8) 试验工作产生的废弃物、废水、震动和噪声的处置，应符合环境保护和职业健康方面的有关规定。

(9) 为保证试验操作有足够的空间，试验室的总建筑面积不宜少于 200m^2。

试验室试验环境条件的技术要求见表 2-3。

试验环境条件的技术要求　　表 2-3

项目		温度、湿度控制要求	
		温度(℃)	相对湿度(%)
砂、石试验室		15～30	—
水泥试验室		20±2	≥50
精密天平室		20±2	≤50
混凝土试配、成型室		20±5	≥50
外加剂试验室	密度	20±1	60±5
	pH 值及其他	20±3	60±5
胶砂强度试件养护池		20±1	—
水泥恒温、恒湿养护箱		20±1	≥90
标准养护室		20±2	≥95
力学室		20±5	—
混凝土收缩检验及恒温、恒湿箱		20±2	60±5

2.6 试验操作

试验室应建立试验工作程序及质量管理制度，保证试验工作满足相关标准要求和有关规定。

(1) 试验操作应严格按照经确认的试验方法标准进行。

(2) 试验操作应由两名以上的试验人员进行，一名负责设备操作，另一名负责核对和记录。两名试验人员应分别在试验原始记录的试验和复核栏上签名，共同对操作的规范性和记录的准确性负责。无证辅助人员不得进行试验操作。

(3) 试验工作前，应按照相关标准要求，提前做好与所开展试验项目和参数相关的操作室环境条件和仪器设备预热要求等准备工作，并进行性能检查，做好仪器设备使用前的记录。

(4) 试验过程应严格按照相关标准、方法规范操作，不得随意简化或调整操作程序，并同步做好试验原始记录。

（5）试验原始记录应在操作过程中及时真实记录，并应采用统一的格式。原始记录的内容应包括：试样名称、试样编号、试验日期、试验开始及结束的时间、使用的主要试验仪器设备名称和编号、试样状态描述、试验的依据、试验环境记录数据（如有要求）、试验数据或观察结果、计算结果（如有要求时还应有图表、计算公式）、试验方法要求记录的其他内容、试验人、复核人等。

（6）自动采集的原始数据当因试验仪器设备故障导致原始数据异常时，应予以记录，并应由试验人员作出书面说明，由试验室主任批准，方可进行更改。

（7）在试验仪器设备操作过程中，应做好安全防护，注意人身安全；试验完成后，应填写仪器设备使用记录，认真做好现场清洁工作，关闭水电。对已检试件留置处理应符合下列要求：

1）应按有关标准的规定留置已检试件，当有关标准无明确留置时间要求时，留置时间不应少于 72h。

2）已检试件留置应与其他试件有明显的隔离和标识。

3）已检试件留置应有唯一性标识，其封存和保管应由专人负责。

4）已检试件留置应有完整的封存试件记录，并分类、分品种有序摆放，以便于查找。

（8）试验结束后应及时出具试验报告。

2.7 样品

试验室应建立样品管理制度，严格按照相关要求对进厂原材料、出厂混凝土拌合物进行取样、留样、标识与处理等全过程实施严格控制和管理，保证样品取样及制作的真实性、代表性、有效性和完整性。

2.7.1 取样与标识

（1）原材料的样品抽取方法、频次及数量应按企业内部质量管理规定与相关标准规范执行。当企业内部质量管理无具体要求时，检验批量应符合下列要求：

1）散装水泥应按每 500t 为一个检验批；粉煤灰、石灰石粉或矿渣粉等掺合料应按每 200t 为一个检验批；硅灰应按每 30t 为一个检验批；砂、石骨料应按每 400m^3 或 600t 为一个检验批；掺量大于 1%的外加剂应按每 100t 为一个检验批，掺量小于 1%的外加剂应按每 50t 为一个检验批；水应按同一水源不少于一个检验批。

2）当符合下列条件之一时，可将检验批量扩大一倍。

① 对经产品认证机构认证符合要求的产品。

② 来源稳定且连续三次检验合格。

③ 同一厂家的同批次材料，用于同时施工且属于同一工程项目的多个单位工程。

3）不同批次或非连续供应的，不足一个检验批量的原材料应作为一个检验批。

（2）预拌混凝土出厂检验的取样与检验频率应按本章“2.12.10 混凝土出厂检验制度”要求进行。

（3）取样结束后，应及时做好样品取样登记。胶凝材料、外加剂应将样品拌匀缩分为二等份。一份用于按标准规定的项目和方法进行检验，一份用于封存留样。

(4) 样品应有唯一性标识，并应符合下列要求：

1) 原材料应按品种、混凝土应按试验项目，对试验样品按照取样时间顺序、按年度连续编号。

2) 原材料试样标识的内容应根据试样特性确定，宜包括：名称、规格、取样日期、取样人等信息；混凝土试件宜用铁钉在终凝前做好编号、取样日期等标识。

3) 试样标识应字迹清晰、附着牢固。

(5) 样品在交接时，相关人员应对试样进行检查和确认。

2.7.2 留样与处理

试验室应按相关规定要求对每批进厂水泥、外加剂、矿物掺合料进行留样，以备进行复检或仲裁检验。设置样品管理员负责样品留样的登记、封存及处置。

1. 留样数量

每批次水泥、矿物掺合料、膨胀剂不少于 6kg，其他外加剂不少于 2kg。

2. 留样期限

样品留样的存放周期应符合相关标准的要求，水泥、矿物掺合料的保留期限为 90d；外加剂的保留期限为 180d。

3. 留样存放

为确保样品在留样期间质量特性不发生变化，不同样品应采用合适的封装器具进行密封，并贴好标识。

留样室应安全、无腐蚀、清洁，样品贮存环境条件应符合相关样品留置要求。所有留样样品应存放在留样室，分类、整齐有序地摆放在样品架上，并及时填写样品留样登记。

4. 处置与销毁

样品的处置与销毁应符合环保要求，留样样品应至保留期限满无异议后由管理员负责自行处理。

2.8 试验报告

根据《建筑工程检测试验技术管理规范》JGJ 190—2010 规范定义，企业内部设置的为控制生产质量而开展试验工作的部门，其出具的报告为试验报告。而为建筑工程提供试验服务并具备相应资质的社会中介机构，其出具的报告为检测报告。因此，预拌混凝土企业试验室所出具的报告为试验报告。

试验报告是试验工作的最终成果，表明被检对象的质量信息。因此，报告的编制应规范，内容齐全，数据、图片、术语准确无误，判定科学、公正、明确。并应做到：

(1) 试验结束后，应及时出具试验报告，并应按照要求及时发放和归档。

(2) 出具的试验报告宜采用统一的格式。用 A4 纸打印，试验报告纸张不宜小于 70g，页边距宜为上、下 25mm、左 30mm、右 20mm，多页的应有封面和封底。

(3) 试验管理信息系统管理的试验项目，应通过系统出具试验报告。试验报告内容至少包括：试验报告名称、工程名称、工程地点、报告编号、取样日期、试验日期、报告日期、试样名称、生产单位、规格型号、出厂批号、代表批量、试样的特性和状态描述、试验依据及执行标准、试验数据及结论、必要的试验说明、试验单位名称、地址及通信信息等。

（4）试验报告编号应按年度编号，编号应连续，不得重复和空号。

（5）各种试验报告必须按原始记录的内容出具，经试验人、审核人、批准（签发）人签字并加盖试验专用章后方可发放；多页试验报告还应加盖骑缝章。

（6）对发放的试验报告应进行登记。登记内容主要有：报告编号、份数、领取日期及领取人（本人签字）等。

（7）试验报告结论应根据相关材料、质量标准给出明确的判定；当有试验方法而无质量标准时，应按设计要求给出明确的判定。

（8）应建立试验结果不合格项目台账，不合格项目的处理按有关规定进行。

（9）试验室应对试验取得的数据进行积累整理，并应定期对试验数据进行统计分析。

2.9 试验档案

试验资料档案是对已完成的试验活动和管理体系运行活动或者达到的结果所作的记载，以及将要计划进行活动的记载，为追溯性提供客观证据，必须控制，立卷归档。可按单位工程或材料类别分别建立试验资料档案。

（1）试验室应建立试验资料档案管理制度，并做好相关档案的收集、整理、归档、分类编目和利用工作。

（2）试验室资料档案应包括试验委托合同、试验原始记录、试验报告、试验台账、检验结果不合格项目台账、试验仪器设备档案，以及委托有资质的社会中介机构试验所出具的检测报告和其他与试验有关的重要文件等。

（3）各种原始记录应采用耐久性强的书写材料，如碳素墨水、蓝黑墨水，不得使用易褪色的书写材料，如红色墨水、纯蓝墨水、圆珠笔、铅笔等。

（4）各种试验原始记录必须手工填写，做到准确完整、字迹清楚、整洁，签字盖章手续完备。

（5）出现笔误时不得随意涂改，特别是数据，应在笔误的数据中央划两道横杠，并在笔误处的上方或下方书写正确的数据，改动人应在更改处签名或盖章。

（6）各种记录应分类归档、按年度统一编号、相互衔接。

相互衔接是指取样登记表或委托试验单、仪器设备使用记录、试验原始记录、试验报告、材料进厂台账、试验台账等信息相互对应和关联，具有可追溯性。

（7）记录方式可采用书面记录、磁盘、光盘、照片等形式，并应采取适当措施，防止伪造、随意抽撤、损毁、数据丢失等。

（8）试验原始记录必须做到具有可追溯性、真实性、完整性和准确性。

1）可追溯性：是指通过记录的信息可追溯试验过程的各环节和要素并能还原整个试验过程，因此记录的信息应尽可能详尽。

2）真实性：是指如实地记录当时当地进行的试验情况，包括试验过程中的数据、现象、仪器设备、环境条件等信息。

3）完整性：是指记录中涉及或影响报告中检验结果、数据和结论的因素都必须完整、详细，应能使未参加试验的人员从记录上查得审核报告所需要的全部信息。

4）准确性：是指包括试验所测得原始数据、计算、修约的正确性，以及环境条件、设备状态等信息的准确性。

（9）试验资料档案的保存。

1）试验资料档案管理应由试验室主任负责，并由专（兼）职档案管理员管理。

2）试验资料档案的保存、识别、收集、索引、存取、存放环境、安全保护和保密，以及日常维护、清理销毁等应符合有关规定要求。

3）对于 U 盘、硬盘中的记录还应做到防压、防磁、防晒，并及时备份，防止贮存的内容丢失或遭受未经授权的侵入或修改。

4）对损坏或变质的记录资料应及时修补和复印，确保档案的完整、安全。

5）试验资料档案归档应易于存取和检索。归档后存放在安全、干燥的地方，存放应做到防霉、防潮、防鼠、防虫蛀、防盗、防火。

6）试验资料档案的保存期限。

按现行国家标准《房屋建筑和市政基础设施工程质量试验技术管理规范》GB 50618—2011 标准第 6.0.5 条的规定，试验资料档案的保存期限分为 5 年和 20 年两种。涉及结构安全的试块、试件及结构建筑材料的试验资料等宜为 20 年；其他试验资料宜为 5 年。

保存期限到期的试验资料档案销毁应进行登记、造册后经技术负责人批准。销毁登记册保存期限不应少于 5 年。

2.10　常用标准、规范

标准、规范是科学技术研究成果和实践经验的总结。应成为设计、施工、生产和使用等单位共同遵循的准则，也是质量控制和检查的重要依据。随着科学发展和技术实践经验的不断丰富，标准、规范是一个不断演进的动态过程。

（1）试验室应建立标准、文件管理制度，根据开展的试验项目和参数，配备齐全相应标准、规范、规程等技术资料，并进行确认和受控管理，打印“现行标准、规范一览表”，便于查阅和管理。并建立“受控文件借阅登记表”，防止无期限借阅和丢失。

（2）对使用的标准、规范可通过标准查新机构或网站等有效可靠的途径进行不间断地跟踪确认和更新，确保在用的均为现行有效版本。

（3）为防止错用，应对在用的现行标准规范实施标识管理。在标准规范封面的右上角，盖“受控”红色印章；若已被更新，应在“受控”印章的下方盖上“作废”红色印章，并注明新版本编号；过期的标准、规范，在“现行标准、规范一览表”中也应标注上“作废”字样。

（4）试验室应按照相关技术标准或规范要求，使用适合的方法和程序实施试验活动，一般优先选择国家标准、行业标准、地方标准；当行业标准独立于国家标准时，优先选用行业标准；当行业标准引自于国家标准时，优先选用最新标准；如果缺少指导书可能影响试验结果，应制订相应的作业指导书。试验方法与结果判定依据应相匹配。试验室常用的标准规范见表 2-4。

试验室常用的标准规范 表 2-4

序号	类别	标准名称	标准编号
1	水泥	水泥标准稠度用水量、凝结时间、安定性检验方法	GB/T 1346—2011
2		通用硅酸盐水泥	GB 175—2007
3		水泥化学分析方法	GB/T 176—2017
4		水泥胶砂强度检验方法(ISO 法)	GB/T 17671—2021
5		水泥胶砂流动度测定方法	GB/T 2419—2005
6		水泥细度检验方法筛析法	GB/T 1345—2005
7		水泥比表面积测定方法 勃氏法	GB/T 8074—2008
8	掺合料	砂浆和混凝土用硅灰	GB/T 27690—2011
9		用于水泥和混凝土中的粉煤灰	GB/T 1596—2017
10		石灰石粉在混凝土中应用技术规程	JGJ/T 318—2014
11		用于水泥、砂浆和混凝土中的粒化高炉矿渣粉	GB/T 18046—2017
12		用于水泥、砂浆和混凝土中的石灰石粉	GB/T 35164—2017
13		高强高性能混凝土用矿物外加剂	GB/T 18736—2017
14	骨料	普通混凝土用砂、石质量及检验方法标准	JGJ 52—2006
15		建设用砂	GB/T 14684—2022
16		建设用卵石、碎石	GB/T 14685—2022
17		人工砂混凝土应用技术规程	JGJ/T 241—2011
18		人工碎卵石复合砂应用技术规程	JGJ 361—2014
19	外加剂	混凝土外加剂	GB 8076—2008
20		混凝土外加剂术语	GB/T 8075—2017
21		砂浆、混凝土防水剂	JC/T 474—2008
22		聚羧酸系高性能减水剂	JG/T 223—2017
23		混凝土外加剂应用技术规范	GB 50119—2013
24		混凝土外加剂匀质性试验方法	GB/T 8077—2012
25		混凝土防冻剂	JC/T 475—2004
26		水泥与减水剂相容性试验方法	JC/T 1083—2008
27		混凝土膨胀剂	GB/T 23439—2017
28	水	混凝土用水标准	JGJ 63—2006
29		预拌混凝土生产企业废水回收利用规范	JC/T 2647—2021
30	混凝土	普通混凝土配合比设计规程	JGJ 55—2011
31		水工混凝土配合比设计规程	DL/T 5330—2015
32		预拌混凝土	GB/T 14902—2012
33		清水混凝土应用技术规程	JGJ 169—2009
34		补偿收缩混凝土应用技术规程	JGJ/T 178—2009
35		混凝土泵送施工技术规程	JGJ/T 10—2011
36		人工砂混凝土应用技术规程	JGJ/T 241—2011

续表

序号	类别	标准名称	标准编号
37	混凝土	地下工程防水技术规范	GB 50108—2008
38		大直径扩底灌注桩技术规程	JGJ/T 225—2010
39		大体积混凝土施工标准	GB 50496—2018
40		超大面积混凝土地面无缝施工技术规范	GB/T 51025—2016
41		大体积混凝土温度测控技术规范	GB/T 51028—2015
42		混凝土中氯离子含量检测技术规程	JGJ/T 322—2013
43		混凝土结构耐久性设计标准	GB/T 50476—2019
44		混凝土耐久性检验评定标准	JGJ/T 193—2009
45		高性能混凝土评价标准	JGJ/T 385—2015
46		高性能混凝土应用技术规程	CECS 207—2006
47		混凝土结构工程施工质量验收规范	GB 50204—2015
48		建筑地基基础工程施工质量验收标准	GB 50202—2018
49		地下防水工程质量验收规范	GB 50208—2011
50		建筑工程冬期施工规程	JGJ/T 104—2011
51		建筑桩基技术规范	JGJ 94—2008
52		石灰石粉混凝土	GB/T 30190—2013
53		混凝土强度检验评定标准	GB/T 50107—2010
54		混凝土质量控制标准	GB 50164—2011
55		钢纤维混凝土	JG/T 472—2015
56		普通混凝土拌合物性能试验方法标准	GB/T 50080—2016
57		混凝土物理力学性能试验方法标准	GB/T 50081—2019
58		高强混凝土应用技术规程	JGJ/T 281—2012
59		纤维混凝土应用技术规程	JGJ/T 221—2010
60		普通混凝土长期性能和耐久性能试验方法	GB/T 50082—2009
61		建筑工程裂缝防治技术规程	JGJ/T 317—2014
62		自密实混凝土应用技术规程	JGJ/T 283—2012
63		轻骨料混凝土应用技术标准	JGJ/T 12—2019
64		公路水泥混凝土路面施工技术细则	JTG/T F30—2014
65		公路桥涵施工技术规范	JTG/T 3650—2020
66	结构检测	回弹法检测混凝土抗压强度技术规程	JGJ/T 23—2011
67		高强混凝土强度检测技术规程	JGJ/T 294—2013
68		钻芯法检测混凝土强度技术规程	JGJ/T 384—2016
69	数值	数值修约规则与极限数值的表示和判定	GB/T 8170—2008

2.11 试验室各级人员岗位职责

岗位职责是试验室的一项重要制度，对各级人员的职责和权限作出明确的规定，使各级人员在不同岗位上同心协力、各负其责、相互配合、共同做好相关工作。当发生问题时可以及时查明原因、分清责任、以便今后工作的改进。

2.11.1 试验室主任岗位职责

（1）全面负责试验、混凝土生产及交付质量控制的管理工作。

（2）认真执行现行标准规范及有关政策法规，并不断完善试验室的质量管理体系文件及各项规章制度。

（3）监督质量管理体系的有效运行，发现问题及时制定纠正或预防措施，并跟踪验证，持续改进管理体系。

（4）确定试验室各岗位人员职责；不定时监督检查、指导各岗位人员的工作，不断提高全室人员工作质量，确保产品生产过程质量处于受控状态。

（5）监督收集有关标准规范的最新版本，及时更新试验方法、修改记录表格，并根据试验需要及时添置或更新仪器设备。

（6）积极开展新技术、新产品的技术开发、创新和技术储备。

（7）签发各种试验报告，对试验报告的真实性负领导责任。

（8）负责试验室人员培训及考核计划的编制与落实，努力提高人员的技能和业务素质，尽力确保所有人员胜任相应的工作岗位。

（9）经常深入施工现场，熟悉工程施工进展及结构设计要求，了解顾客对半成品的需求、期望和抱怨，不断提高质量和服务水平。

（10）负责混凝土配合比的设计与储备，根据工程结构设计及施工要求提出生产配合比，保证所出具的配合比既满足结构设计和施工要求，又经济合理。

（11）每天不定时按《生产质量控制巡检制度》做好相关工作。

（12）合理采用统计方法，及时对原材料和混凝土性能试验数据进行统计分析，对存在问题采取有效措施，以促进试验工作和产品生产质量的不断提高。

（13）每月初应举行一次本室的质量会议，根据上月存在的问题提出要求，并交流好的工作经验，加强人员之间相互学习的机会。

（14）负责外部技术的协调工作，解决工作中存在的各种问题，必要时提出有关的防范措施。

（15）负责质量事故的调查与处理，并编写事故报告。

（16）完成总经理下达的任务和其他工作。

2.11.2 试验室副主任岗位职责

（1）严格执行公司和本室制定的有关规章制度，协助主任做好试验室的日常管理工作。

（2）监督相关人员搞好试验环境的清洁卫生工作，清除与检测无关的物品。

（3）掌握进厂原材料质量变化，经常开展生产用混凝土配合比的验证工作，为生产质量控制提供可靠依据。

（4）负责生产过程的监督检查和指导工作。包括：不同骨料的混合情况、生产原材料的使用情况、生产配合比的计量与调整情况、出厂检验控制情况、进厂原材料的验收与入库情况等。

（5）严格按有关规定，监督指导试验人员材料的取样和试验工作。

（6）了解运输车辆的供应情况，对不合理现象提出纠正措施。

（7）做好标准养护室试件的摆放和温湿度的监控工作，确保符合规定要求。

（8）指导试验人员做好试验仪器设备的维护、保养工作，保证运转正常，摆放有序。

（9）做好试验仪器设备的“三色”标识和标识的维护更新。

（10）做好留样样品的分类存放工作，保证账物一致。

（11）根据试验人员的工作表现，以及其他与质量相关人员的工作表现，提出奖罚建议。

（12）及时完成领导安排的其他工作。

2.11.3　试验组组长岗位职责

（1）全面负责试验组的日常管理工作，确保各项试验及时、数据准确真实、记录清晰完整。

（2）随时了解原材料进厂情况，指导试验人员按现行国家及行业标准进行原材料的复试工作。

（3）试验原始记录必须做到具有可追溯性、真实性、完整性和准确性。做到字迹清晰、杜绝随意涂改，妥善保管相关记录，及时移交资料室存档。

（4）经常检查试验仪器设备的运转情况，以及试验对环境和仪器设备有温湿度要求的控制情况；检查相关记录是否完整等。

（5）负责落实开展试验员间和试验室间的能力对比试验，认真分析产生误差的原因，努力提高试验水平，并妥善保存相关记录备查。

（6）指导和监督试验人员严格按操作规程使用仪器、设备，并做到事前检查，事后维护保养，保持检测环境清洁卫生。拒绝与检测无关的物品放入室内。

（7）加强原材料的试验工作，紧盯原材料质量变化，了解生产情况，经常开展“生产配合比”的验证工作，充分发挥以试验指导生产的作用。

（8）负责按地方主管部门规定或施工单位要求，及时做好“外检”的样品送检及检测报告的索取工作。

（9）配合相关部门做好试验工作，督促试验人员及时将原始记录移交资料室。

（10）配合主任处理“外部”事务；随时向主任汇报试验工作情况。

（11）及时完成主任下达的试验任务和其他工作。

2.11.4　试验组工作职责

（1）负责严格按照相关标准规定要求进行原材料的取样工作，所有试验要做到及时准确，对试验样品的代表性和试验数据的真实性负责。

（2）根据相关标准规定、工程结构设计要求和试验需要，负责混凝土生产过程中的取样和试件成型工作，不得漏样和弄虚作假。

(3) 做好主要试验仪器设备的运转记录和试验环境有温湿度要求的记录。

(4) 严格按操作规程使用试验仪器设备，并做到事前检查，事后维护保养，不得使用存在问题的仪器设备检验试样。当仪器设备发生故障造成试验数据失准时，待修复确认正常后应对样品进行重新检验，必要时做好委托试验工作。

(5) 各项试验原始记录和质量记录必须符合规定要求，妥善保管，及时移交资料室存档。

(6) 负责经常开展混凝土生产配合比的验证工作，为生产质量控制提供可靠依据。

(7) 负责做好试验仪器设备的维护保养工作，保证其正常运转，并做好维护保养和使用记录。

(8) 密切配合本部门其他岗位人员的工作，特别是要做好原材料进厂质量验收的试验工作。

(9) 负责严格按规定要求做好试件的养护和规定龄期的试验工作。

(10) 负责做好试验能力的对比试验和样品的外检送样。

(11) 做好试验样品的留样登记、标识、保管及处置工作。

(12) 负责随时保持试验工作区域的清洁卫生工作。

(13) 按时完成其他试验任务。

2.11.5 试验员岗位职责

(1) 认真遵守公司制定的各项规章制度，按时完成各项试验任务。

(2) 加强标准规范和试验方法的学习，熟练掌握试验参数的操作步骤，不断提高技术水平。

(3) 应熟练掌握所用试验仪器设备的使用方法，保证能正确使用，确保试验数据的可靠性。

(4) 按规定要求维护保养试验仪器设备，并及时做好记录。

(5) 必须严格按相关标准规定要求进行各种原材料的取样和试验，对所取试样的代表性和试验数据的正确性负责，记录清晰完整。

(6) 在进行各项材料的试验时，必须认真按照相关标准规定要求精准称取试样，确保试验结果的准确性与公正性。

(7) 每次试验前，应对所用试验仪器设备进行认真检查，带电仪器设备通电运转，发现漏电或异常应立即向主任汇报。

(8) 在试验过程中，试验未结束或设备在运转的情况下，试验人员不得离开工作现场，避免造成试验结果失准或仪器设备损坏。

(9) 每次试验结束后，应将工作场所和仪器设备打扫干净，用具摆放整齐，并做好主要试验仪器设备的运转记录。

(10) 每一品种材料试验结束后，应及时计算试验结果和评定其所检项目品质，然后将原始记录移交资料室，以便资料员及时打印试验报告，并负责认真对试验报告进行校对或审核，确认无误后签字。

(11) 有温湿度要求的试验环境和试件养护设备，应认真做好温湿度控制记录。

（12）密切配合材料验收人员做好原材料进厂的验收工作，及时将检验结果告知相关人员。

（13）按规定要求认真做好试件的编号、脱模和养护工作。

（14）有权拒绝行政或其他方面对正常试验工作的干预；有权越级向上级领导反映各级领导违反检测规程或对试验数据弄虚作假的现象。

（15）与试验工作无关的物品不得带入工作场所。

（16）认真按照《留样样品管理制度》规定要求进行样品留样。

（17）做好换班交接工作，包括混凝土与原材料的取样、成型及试验情况等。

（18）按时完成主任或组长下达的试验任务及其他工作。

2.11.6　质检组工作职责

（1）严格按国家标准、规范、合同要求及本公司的相关规定，做好原材料进厂质量验收、混凝土生产及出厂质量控制、交货等相关工作。

（2）根据“混凝土生产配合比通知单”及骨料含水率测定结果，负责及时向生产部下达“混凝土生产配合比调整通知单”，并在生产前复核配合比及原材料的输入无误后方可同意生产。

（3）负责实施混凝土生产开盘鉴定的相关工作。

（4）负责做好生产过程中混凝土拌合物和易性的调整工作，尽力确保出厂质量和交付质量满足施工要求；配合比的调整必须符合规定要求。

（5）负责随时对生产过程中的配合比执行情况、生产计量偏差、搅拌，以及原材料进厂质量的监督检查，发现或判断可能将明显影响混凝土生产质量的问题时，有权提出暂停生产，并及时上报。

（6）密切配合相关部门和人员做好需方的服务工作，按时完成生产任务，发生异常情况时应积极参与处理和情况上报。

（7）负责退（剩）混凝土的调整和处理工作。

（8）加强本班组人员的质量教育和管理工作，不断提高人员的质量意识和业务水平。

（9）负责相关质量记录的填写和整理工作，按时移交资料室归档。

（10）应每月进行一次生产质量控制总结，针对存在的问题采取纠正或预防措施。

2.11.7　质检组长岗位职责

不同混凝土企业对该岗位人员有不同的称谓。如质检组长、生产技术员、品控员、调料员等，实际上其工作范围大同小异。

主要负责混凝土生产配合比的及时调整，以混凝土拌合物状态满足施工要求为主要目标，还兼顾混凝土质量与成本的控制。同时负责交货检验人员、原材料验收人员、出厂检验人员、取样人员的工作安排与技术指导，并密切配合其他部门的工作。具体岗位职责如下：

（1）认真执行公司制定的各项规章制度，坚守工作岗位；带领本班组人员做好混凝土生产质量控制的相关工作；积极配合主任解决技术难题和突发问题，当好主任的好助手。

（2）上班时应提前到岗，与上一班的组长认真做好换班的交接工作。并组织本班人员召开班前会议，将换班交接时了解的情况向上本班组人员讲解，根据实际情况对本班人员的工作做出合理安排，使本班人员尽快进入工作状态。

(3) 指导本班组人员做好混凝土出厂检验、原材料进厂质量验收、混凝土交货等相关工作，确保各项工作能高效有序进行。

(4) 上班时应先到骨料堆场目测骨料质量，必要时可要求试验员取样重新试验，如含水率、含泥量、颗粒级配等，以便调整生产配合比时心中有数。

(5) 负责不同结构部位、不同强度等级的混凝土开盘前，根据试验室主任批准的“生产混凝土配合比通知单”（干料比）和骨料含水率，向生产部下达“生产混凝土配合比调整通知单”(湿料比)，并认真核对输入生产计量系统中的配合比及原材料是否正确，确认无误后方可允许生产。

(6) 负责认真做好不同结构部位、不同强度等级混凝土的生产“开盘检验”工作，生产特殊混凝土、大方量混凝土前，应通知主任。

(7) 混凝土生产配合比的调整严格按照《混凝土生产配合比管理制度》执行，严格控制混凝土水胶比、拌合物和易性及坍落度等，对出厂混凝土的质量负责。

(8) 对每一生产任务单的内容必须充分了解和理解。如施工单位名称、工程名称、结构部位、技术要求、浇筑方式、浇筑厚度或方量、运输时间及坍落度要求等。为防止出错和责任分明，“生产任务通知单”必须是纸质的书面通知，否则有权拒绝该次生产任务。

(9) 在生产过程中，应不定时查看各种材料的计量误差情况，经常抽查生产方量与磅房计量的方量情况，确保计量误差有效控制在允许的范围内。

(10) 值班期间随时与现场交货人员保持沟通联系，根据反馈的施工信息及时对相关工作进行调整，确保混凝土拌合物的质量、运输与交货能正常进行。

(11) 应经常提醒混凝土运输司机在接料前必须将罐内刷车水放净；经常检查混凝土运输车辆是否随车带有减水剂，以便需要时现场调整混凝土使用。

(12) 在混凝土产生过程中，严格按照《生产废水废浆应用制度》应用废水废浆。

(13) 密切关注原材料质量变化和环境气温变化，经常开展生产混凝土配合比的验证工作，有利于调整配合比时心中有数。

(14) 参与生产计量装置的周期检定和自校工作，掌握各种材料的计量精度情况。

(15) 生产过程中发生存异常情况，且判断将明显影响生产混凝土质量时，应果断要求停止生产，待查明原因且排除问题后方可允许继续生产；当异常情况不能及时有效解决时，应向主任、生产经理或值班领导汇报。

(16) 负责严格按《退（剩）混凝土处置制度》做好退（剩）混凝土的合理处置工作。含有退（剩）混凝土的车辆，应及时通知现场交货人员，以便该车混凝土到达交货地点后能尽快安排交付。

(17) 监督检查本班组人员填写的相关质量记录是否完整齐全、符合要求，认真详细做好生产值班记录，换班时做好交接工作。

(18) 每月根据本组人员的工作质量情况提出奖惩意见。

2.11.8 资料员岗位职责

(1) 负责根据现有技术资料储备和“供货通知单”要求，及时向需方提交混凝土出厂质量保证技术资料。

(2) 负责按原始记录打印试验报告，保证打印的每一份试验报告试验数据、结论及其他相关内容与原始记录相一致，并尽快将打印的试验报告提交相关人员签字。

(3) 在发放技术资料前，应认真核对原材料出厂质量证明资料是否齐全、是否与试验报告相对应，以及签字、盖章是否齐全（复印件必须盖本室试验报告专用章）等，确认无误后方可发放。

(4) 28d 或其他龄期的试验报告应在试验结束后十天内出具，经销售经理同意后报送需方；或移交销售部，由销售部负责报送需方。

(5) 负责填写或打印“技术资料移交签收单”表格的内容，在需方接收技术资料时，要求需方接收人员签字；要求需方接收人员签字的还应包括“工作联系函”“预拌混凝土使用说明书”等与质量相关的文件。对于他人移交的，应及时做好“移交”表格的回收与存档工作。

(6) 负责各种文件和试验资料的收集、分类、登记、编目、归档整理和保存，各种资料的采保存应按《试验档案管理制度》执行，并做好保密工作。

(7) 负责按统计方法按月进行混凝土抗压强度和水泥抗压强度统计评定，并上报主任。

(8) 应汇集各种资料表格样本，并建立本室的“质量记录清单”，以便查索和管理。

(9) 应主动与需方资料员联系，确保所报送的技术资料满足要求、正确无误。

(10) 提交需方的技术资料应按工程楼号分别、集中存放，试验原始记录与其他质量记录应按年度分类或分项装订成册，便于检索。

(11) 建立归档资料总台账，内容包括类别、编号，提交需方的技术资料还应包括施工楼号（或工程名称）、存放位置等，便于存取和检索。

(12) 过期资料的销毁应严格履行报批手续，造册登记，经试验室主任批准后方可处置。

(13) 负责及时向原材料供方或生产厂家索要每批原材料的 28d 试验报告及型式检验报告等。

(14) 及时完成上级领导安排的其他工作。

2.11.9　原材料质检员岗位职责

原材料质检员是严格执行《原材料进场验收与管理实施细则》及《原材料内控质量指标》的主要人员。具体岗位职责如下：

(1) 在试验室和材料采购部的领导下，负责进厂混凝土用原材料的验收、取样、入库、标识、保管、记账等工作。

(2) 各种原材料应按产地、生产厂家、品种、规格分批或每车进行验收，存放地点应有明显标志。

(3) 忠于企业，不得弄虚作假，为企业的利益而努力工作，对工作范围内的失误负责。

(4) 指挥车辆将材料卸在指定地点或罐仓。对重要的水泥、外加剂、粉煤灰、矿粉等材料，必须每车亲自开锁和监督入库，防止意外情况发生。

(5) 随时掌握各种材料的库存情况，及时与供方联系，保证供应满足生产需要。

(6) 每车胶凝材料和外加剂进场时，必须向供方索取出厂合格等质量证明文件，登记后交试验室资料室保存。

(7) 胶凝材料入库前应认真检查运输车是否有正常的铅封，无铅封或对其存疑者可拒收。

(8) 对原材料进厂取样样品的真实性和代表性负责，及时开展进厂质量验收检验项目的检验，工作忙时可委托专职试验员检验。

(9) 严格按照有关规定进行库存材料的保管，特别是如袋装材料，要做到防变质、防受潮、防污染、防破损。

(10) 按“原材料进厂台账”表格，及时、真实地记录每批次材料进货的详细情况。

(11) 每工作班下班前应统计胶凝材料和减水剂的库存量，并及时将情况传递到生产调度、试验室、销售部、材料采购部和总经理。

(12) 认真详细记录“不合格品”的处理情况，并做好换班时的交接工作。

2.11.10 原材料取样员岗位职责

试验室可根据实际情况，合理安排本室人员的工作，本岗位可由试验员或原材料质检员兼任。

(1) 严格遵守公司制定的各项规章制度，听从领导工作安排。

(2) 严格按相关标准规范及本公司制定的制度对不同进厂原材料进行取样，对所抽样品的代表性、真实性负责；取样数量必须满足试验与留样的需要。

(3) 根据原材料生产厂家的出厂合格证或发货单等，及时登记并统计不同生产厂家、不同品种、不同规格、不同批号原材料的进厂数量，以便取样批次符合相关规定要求，不得弄虚作假或漏样。

(4) 做好取样样品的维护、标识及登记工作。标识内容应包括生产厂家或产地、品种、规格、批号、代表数量、取样时间等信息。

(5) 发现所取样品的品质、色泽或气味等存在明显异常时，应立即通知本班组长进行重新识别，必要时通知主任进行处理。

(6) 取样样品必须按相关规定要求及时进行试验，为原材料进厂质量验收提供可靠依据；当样品需移交其他人员进行试验时，应及时做好交接工作。

(7) 按时完成上级领导交办的其他任务。

2.11.11 样品管理员岗位职责

样品管理员一般由试验员兼任。

(1) 负责抽（送）检样品的登记、编号、标识和留样工作。

(2) 应按年度建立样品留样与处理登记台账，并做到账、物一致。

(3) 留样样品必须密封严密，并应分类存放于样品架上。

(4) 严格按照有关规定期限保存样品，销毁过期样品时，应请示试验室主任批准，并做好登记和处理工作。

(5) 对保存样品的失真、丢失和保管不善负责。

(6) 做好防潮、防火、防盗工作，确保样品安全。

(7) 负责做好样品留样室的清洁卫生工作。

2.11.12　混凝土出厂检验员岗位职责

混凝土拌合物在搅拌结束往运输车罐体内放料时，受条件所限，有时不能准确判别其工作性是否满足施工要求。特别是强度等级高的混凝土，由于其黏性大于低等级混凝土，更增加了准确判别的难度，况且运输车罐体中有多少积水也不得而知。这些因素的存在如果对出厂的拌合物进行二次把关，在需要时进行适当的调整，必将提高在厂区调整的效率和交货验收时的合格率。因此，生产企业在厂区合适的位置设置一个“出厂检验观察台”，便于出厂检验员对每车出厂的混凝土拌合物工作性进行目测检验，是非常有必要的。可杜绝明显离析的混凝土、坍落度偏小的混凝土出厂，减少其在现场调整或退货的概率；在降低运输成本的同时，又增加了需方对半成品质量的认可，减少质量纠纷的发生，所生产的明面和隐形利益不可估量。

专职出厂检验员（非搅拌操作室调料技术人员）具体岗位职责如下：

（1）严格遵守各项规章制度，服从组长安排。

（2）熟悉混凝土拌合物常规性能的检验，特别是对拌合物的工作性能具有一定的判断能力。

（3）参加不同结构部位、不同强度等级混凝土的生产“开盘检验”工作，做到出厂检验目测时心中有数。

（4）负责每车混凝土出厂前的目测检验，当拌合物工作性不能满足施工要求时，在征求组长意见后立即进行调整，对不符合要求的混凝土拌合物不得放行出厂。

（5）密切关注混凝土拌合物的交付情况，随时与交货人员沟通联系，确保出厂状态满足施工要求。

（6）符合出厂要求的车辆，应在“发货单”上签字，对出厂拌合物质量负责。签字时认真核对“发货单”信息是否与实际生产一致。特别是车号、工程名称、强度等级，结构部位等不得有错。

（7）认真做好每车混凝土的出厂检验记录，特别是对发生的拌合物调整，应详细记录混凝土拌合物状态及调整过程与结果。

（8）出厂车辆含有退（剩）混凝土的，必须取样检验坍落度和扩展度，符合要求的方可放行出厂，同时成型抗压强度试件，为合理处置退（剩）混凝土积累经验。

（9）严格按照预拌混凝土出厂检验、特制品或特殊部位的质量检验要求，提前通知取样员做好混凝土出厂检验的取样工作；当同时兼任取样员时，应同时做好“混凝土取样员岗位”的相关工作。

（10）做好换班时的交接工作。

2.11.13　混凝土取样员岗位职责

试验室可根据实际情况，合理安排本室人员的工作，本岗位可由试验员或出厂检验员兼任，也可配置专人负责。

（1）严格遵守各项规章制度，服从组长安排，积极配合出厂检验员做好混凝土的出厂检验工作。

（2）接到取样通知后，应立即带上取样工具赶到取样地点，并了解所取混凝土的基本信息。如施工单位、工程名称、结构部位、强度等级、代表方量及坍落度要求等。

（3）为确保取样具有代表性，取样时，应在同一运输车接完第二盘或第三盘料后进行，且应先快速旋转搅拌罐筒 1min 左右后再放料，取样量应满足试验项目的需要。

（4）严格按相关规定要求与试验需要成型试件，其他项目的性能检验应及时通知专职试验员进行。

（5）成型试件时不得弄虚作假，对其真实性和代表性负责。

（6）应及时做好成型试件的唯一性标识（按年度连续编号），并填写“混凝土出厂检验试件成型记录”。

（7）应对成型的混凝土试件在初凝前进行第二次抹面，确保混凝土表面与试模上口齐平。

（8）若混凝土拌合物不再进行其他性能的检验，试件成型后，将剩余混凝土应倒在指定地点，不许随意乱倒，冲洗取样工具，不应附有混凝土残留物。

（9）做好换班时的交接工作。

2.11.14 交货服务员工作细则

预拌混凝土属于半成品，交货后还需要需方继续尽一定的质量责任和义务才能满足结构设计要求。因此，交货是质量责任划分的关键环节，在现场服务的人员应在混凝土拌合物交货过程中做好以下岗位工作：

2.11.14.1 基本要求

（1）服从工作安排，自觉遵守各项规章制度。

（2）必须熟悉预拌混凝土的交货规则及常规性能的检验方法，对混凝土拌合物和易性有准确的判断能力，由经专门培训及考核合格的人员担任。

（3）克服困难，努力做到现场服务让需方满意，塑造良好的个人和企业形象。

2.11.14.2 出发前准备

（1）上班时穿统一工装，备好安全帽、对讲机、现场记录相关表格、试模和自留试件的“见证取样标识条”（公司应配备背包），做好随时出发准备。

（2）认真聆听本班组长讲解的所去工地施工情况，必须牢记施工单位、工程名称、结构部位、强度等级、施工对混凝土拌合物的坍落度要求，供应车辆以及其他注意事项。

（3）应到资料室询问，若有向需方提供的技术资料，应随身携带。

2.11.14.3 到达交货地点首要工作

到达交货地点后，应及时做好以下工作：

（1）应及时与需方验收人员会面，进一步了解施工情况与需求，以便交货工作的顺利进行。同时，若有上一班本部门现场服务人员时，应做好换班交接工作。

（2）将随身携带的浇筑部位技术资料移交需方技术人员，并妥善保管“技术资料移交签收单”，该单待回厂后立即转交资料室存档。若未能携带技术资料，应催促资料员尽快想办法送到交货地点。

（3）应尽快熟悉施工现场环境，将施工现场的交通及施工情况告知厂内相关人员，以便合理安排生产和供应车辆。

（4）服从施工单位的安全管理规定，随时注意自身安全。未经允许不得随意进入现场办公及职工休息区域，否则因个人行为造成的后果由当事人承担。

2.11.14.4　交货与施工服务环节

交货服务工作应尽力做到“紧密配合施工，加强质量意识”。

（1）每辆运输车到达现场时，必须认真核对磅单上的施工单位、工程名称、结构部位、强度等级是否与本工程结构需要的一致，防止混凝土送错施工单位，结构浇错强度等级。

（2）为保证混凝土拌合物交付质量，每辆运输车到达现场时应立即上车看料，发现混凝土拌合物状态不能满足施工要求时，必须立即通知厂内调料技术员对后续生产的混凝土加强控制，并根据实际情况及时采取处理措施。如混凝土坍落度偏小（注意罐口的混凝土往往比内部坍落度小，根据经验准确判断），可采用适量的减水剂进行调整，调整时搅拌罐至少高速搅拌 2min；如果混凝土已严重离析，可采用不同品种的减水剂进行调整（如生产时使用的是碱性减水剂，可用少量的酸性减水剂进行调整）；对已交付完毕的车辆应在“发货单”上签字，并检查需方验收人员是否已签字。

（3）当交货前调整稠度使用的减水剂用量超过 2kg/m^3 仍然不能满足施工要求时，或发生严重离析无法调整时，应要求运输车辆立即回厂处理，不得将存在明显问题的混凝土拌合物交付使用。

（4）做好每车混凝土的进场时间记录（需方验收人应签字），当运输车在现场等待时间过长，且坍落度损失过大造成采用减水剂调整仍然无法使用时，若需方原因造成的，应要求需方在“发货单”上签字（承认责任和费用），然后要求司机立即回厂处理；若需方不同意退货，并采取加水方式调整后使用时，应立即详细写好书面的情况说明（浇筑位置必须写清楚），并要求需方验收人或主要负责人签字，无论需方相关人员是否签字，该车混凝土的使用说明回厂后立即上交上级管理人员。

（5）在施工过程中，要准确掌握施工情况，并及时向厂内相关人员详细反馈信息。如泵送设备增加或减少、堵泵、接管、浇筑变慢或变快、暂停浇筑等情况，避免造成车辆在现场积压，长时间等待。

（6）发现施工单位向罐车内混凝土拌合物中任意加水或其他材料时应进行阻止，阻止无效宜留证并保存。

（7）变换混凝土强度等级时，尽量督促混凝土浇捣过程，发现强度等级浇错部位应立即制止，及时向需方技术负责人和本公司相关领导汇报，做好详细记录或情况说明，并争取得到需方主管领导的签证认可或与对方沟通过程进行的录音。

（8）积极配合需方做好混凝土拌合物交货检验时的取样、性能检验及试件成型工作，并做好自留试件的标识工作。自留试件的标识条应有需方或监理单位验收人员的签名，在成型试件前将标识条正面朝下放入试模底部，并负责将成型好的试件及时妥善运回试验室；试件成型好后采用塑料薄膜覆盖表面。

（9）加强按施工图纸结算工程的施工浇筑，当浇捣部位与供货通知单不一致及供应量有较大差异时，应及时向销售经理汇报，并做好详细记录，必要时还应拍摄视频留证。

（10）为防止浇筑后混凝土结构产生有害裂缝，应提醒施工单位及时收面和采取保温保湿养护措施（一边收面一边覆盖塑料薄膜是防裂的有效方法）。

（11）经常检查或提醒运输司机随车备好减水剂，以便不时之需使用。

（12）当施工人员对混凝土质量或供应速度不满意时，应尽力做好解释和安抚工作，根据具体情况将信息反馈业务经理、生产调度或相关技术人员。不得随意与施工人员发生口角、产生矛盾或故意回避。

（13）混凝土浇捣即将结束前，应配合施工人员做好混凝土剩余量的准确估算，尽量减少浪费。

（14）无论什么原因，当施工过程中发生退（剩）混凝土时，应第一时间通知厂内生产调度和调料技术员，以便他们提前做好处理准备工作。

（15）含有退（剩）混凝土的车辆，运送到交货地点后应尽快安排交付；当拌合物用于承重或重要结构部位时，应记录该车混凝土的具体浇筑位置。

（16）现场值班期间不得在运输车内或现场睡觉，严禁擅自离岗。对于不提供伙食的工地，应提前自行解决伙食问题，做到混凝土供应期间现场不断人，接班人员未到场不离岗。

（17）认真填写“混凝土交货现场试件成型记录”和“现场值班记录”。现场值班记录要尽量详细，特别是在浇筑过程中出现异常情况时，应详细记录全过程情况，回厂后及时移交试验组长保管。

（18）做好换班时的交接工作。

2.12 试验室管理制度

俗话说：“不成规矩，何以成方圆”。因此，若想成功地领导下属，必须建立完善的规章制度。采取系统、透明的方式进行管理，并在执行过程中不断完善和提高执行力，以法管人，这种从人治到法治的管理模式，才能使执行者心服口服。

2.12.1 试验质量保证制度

（1）使用的相关试验标准规范应齐全，且必须现行有效。

（2）根据产品生产和试验需要，制定本室人员年度培训与考核计划，并按期实施。

（3）必须严格按相关规定要求进行各种材料的取样、制备和试验。

（4）各项试验工作，环境温湿度达到规定的要求后方可展开，并做好温湿度控制记录。

（5）各项试验的参与人员，不应少于两人。

（6）各种原始记录的填写，做到信息数据准确、清晰完整，具有可追溯性。

（7）试验人员必须经岗位培训、考核合格后方能从事试验工作。

（8）在用的计量仪器设备，必须按规定要求提前做好周期检定或校准工作，并取得有效的检定合格证书或校准证书。并确认仪器设备的精度和使用范围，确保试验结果具有良好的准确性和可靠性。

（9）试验仪器设备的配备应满足产品质量控制的需要，并做好维护保养工作，确保正常运转，完好率应达到100%，如有异常，试验人员应及时汇报。

（10）每年应开展试验员间的比对试验和试验室间的比对试验，不断提高试验水平。

（11）当停水、停电中断试验而影响结果时，待恢复后及时重新试验，并记录情况；因仪器设备故障中断试验时，可用相同等级满足试验要求的代用仪器重新试验，无代用仪器且一时无法修复时，应及时委托“外检”。

（12）试验仪器设备布局合理，不应产生相互干扰（如灰尘、电磁干扰、辐射、温度、湿度、光照和振动等）。

（13）加强标准养护室、各种养护箱（槽）温湿度的控制，超出规定要求及时维修控制设备或进行更换，确保试件的养护满足规范要求。

（14）试验室主任应定期或不定期监督、检查和指导试验人员的试验工作，确保试验质量和水平的不断提高。

（15）加强混凝土生产配合比的验证工作，保证所生产的混凝土性能满足工程结构设计、相关标准规范和施工要求。

（16）不得出现有影响试验质量的环境因素，若存在要待排除后方可开展试验工作，以保证试验工作质量。

（17）按规定要求对混凝土强度、原材料的质量进行统计分析，必要时对混凝土生产配合比进行合理调整。

2.12.2　试验室管理制度

（1）全体试验人员必须坚持原则、忠于职守、作风正派、秉公办事、遵守公司和本室制定的各项规章制度。

（2）严格按规定时间上下班，不得无故迟到、早退、旷工；遵守请销假制度。

（3）坚守工作岗位，不得无故串岗、聊天、打闹、喧哗、看小说、上网以及做与工作无关的事情。

（4）试验工作场所及仪器设备必须保持清洁卫生，不得有积尘，不得放置与试验无关的物品；工作过程移动的工具、设备、文件、记录等要及时放回原位；禁止随地吐痰、吸烟。

（5）非试验人员未经允许不得随意进出试验室，有温度湿度控制要求的环境，试验人员也应避免频繁进出，以免影响环境条件的控制。

（6）仪器设备的零部件要妥善保管，常用工具应排列整齐。

（7）本室放置的消防设施任何人不得私自挪动位置或挪作他用。

（8）各类图书、文件、标准规范以及记录表格，由资料员统一管理，其他人员需要时应办理借阅手续。

（9）为保障检测工作过程中人身和仪器设备安全，试验人员应严格遵守有关安全管理的规定。

（10）正在使用的各种记录表格（如试验原始记录、温湿度记录、仪器设备使用记录等），相关试验人员应妥善保管，不得随意乱放。

（11）不准假公济私、弄虚作假、利用职权和工作条件接受礼品。

（12）各岗位人员，除做好本职工作外，需要时还应做好相互间的密切配合，分工不分家，不得懈怠和无故推诿。

（13）下班之前要认真检查水、电是否关闭，并关好门窗。

2.12.3　委托试验管理制度

由于试验室是一个企业内部产品质量控制的主要部门，且各企业的管理方式也不尽相同，往往原材料进厂时是试验人员自己取样自己负责试验，不存在委托试验，但也有取样与试验是由两个部门负责的，这种情况就需要在样品交接时办理“委托试验”的相关手续。具体制度如下：

（1）原材料进厂时，必须严格按现行国家或行业标准规范要求进行取样。

（2）取样的人员在取好试样后，应立即将样品送到试验室，并填写“委托试验单”。填写内容应包括：材料名称、生产厂家或产地、等级、规格或型号、代表数量、样品数量、出厂编号及委托日期等，要求字迹清楚无误。

（3）试验室收样人接收样品时，应检查样品和委托单是否相符，对不符合有关要求的样品（如数量不足、被雨淋、受到污染等）不予接收。

（4）样品符合要求应及时进行登记、编号和标识，双方当事人应在委托试验单上签字。

（5）样品须留样时，收样人员应及时做好留样的相关工作，并将另一份样品移交试验人员进行试验。

（6）属于进厂质量验收的检验项目，试验室收样后应立即安排试验，试验结束后及时将结果通知材料管理人员，尽力减少供货车辆等待卸料的时间。

2.12.4 原始记录管理制度

（1）原始记录应印成一定格式的记录表，其格式根据试验的要求不同可以有所不同。主要内容包括：材料名称、型号规格；批号、代表数量、生产单位或产地；主要仪器及使用前后的状态；检验编号、检验依据、检验项目、环境温湿度；检验原始数据、数据处理结果、试验日期等。

（2）原始记录必须认真、准确、及时、真实地反映试验结果。

（3）原始记录项目必须齐全，不需试验或未试验的项目在相应的空格内画一斜线，以符合规范化要求。

（4）原始记录必须字迹清晰、整洁，不得使用易褪色的笔填写（如圆珠笔、蓝色墨水笔等），必须有试验人员和审核人员的签字，审核人员必须认真审核，确保试验数据、结果计算及评定正确无误。

（5）试验人员和审核人员必须经专业培训，考核合格方有试验和签署权。

（6）为及时向需方提出试验报告，试验结束后试验人员应及时将原始记录移交资料室，并由资料室整理和保管。

（7）原始记录是试验过程的真实记载，不允许随意更改和删除。如需更改时，应在错误处画两条平行线，将正确数据写在更改处的上方或下方，并由当事人签名或加盖个人印章。

（8）各项试验原始记录应分类分项按要求妥善保管。

（9）不得使用非法定计量单位。

2.12.5 试验报告签发制度

试验报告是试验工作的最终成果，表明被检对象的质量信息。因此，报告的编制应规范，内容齐全，数据、图片、术语准确无误，判定科学、公正、明确。并应做到：

（1）试验结束后，资料员应及时出具试验报告，打印数量根据需方需要而定，并应按照要求留底、及时归档。

（2）出具的试验报告应采用统一的格式，多页的应有封面和封底。

（3）所有出具的试验报告必须内容完整。内容至少包括：试验报告名称、施工单位、工程名称、结构部位、报告编号、取样日期、试验日期、报告日期、试样名称、生产单位、规格型号、代表批量、试样的特性和状态描述、试验依据及执行标准、试验数据、评定依据及结论、必要的试验说明、试验单位名称、地址及通信信息等。

（4）出具的试验报告必须实事求是，字迹清楚、数据可靠、结论明确，同时应有试验、复核及负责人签字，并加盖的试验室的专用公章。

（5）各类试验报告应按年度编号，编号应连续，不得重复和空号。

（6）发放的试验报告应进行登记。登记内容主要有：报告名称、报告编号、份数、领取日期及领取人（本人签字）等。

（7）试验报告结论应根据相关材料、质量标准给出明确的判定；当有试验方法而无质量标准时，应按设计要求给出明确的判定。

2.12.6　试验仪器设备管理制度

为提高试验仪器设备的使用寿命、精度和正常使用，保证试验数据的准确性和可靠性，制定本制度。

（1）所有试验仪器设备应按使用说明书要求进行安装和调试。

（2）试验员应熟悉试验仪器设备性能和操作规程，不得违章操作。未经试验室主任授权的其他人员，不得启动试验仪器设备。

（3）主要、精密的试验仪器设备操作规程应悬挂在工作场所显眼位置。

（4）使用仪器设备时，应做到事前检查，事后维护保养，如发现有异常情况应立即停止使用，不得带故操作。

（5）按年度建立“试验仪器设备一览表”及“试验仪器设备周期检定或校准计划表”等。

（6）仪器设备使用、维修、维护、保养要求：

1）应定期或不定期对设备进行检查，使用或检查过程中发现存在问题或故障应及时维修，修复后属于计量仪器设备应重新检定或校准，满足使用精度后方可使用。

2）主要仪器设备应有专人管理，做到管好、用好、会保养、会检查、会排除一般性故障，确保使用的仪器设备处于正常运转状态。

3）仪器设备的保养应遵循“清洁、润滑、紧固、调整、防腐”的十字方针。尤其要注意带有螺纹接触面设备的维护保养。

4）主要仪器设备应及时做好使用、维修、维护和保养记录。

（7）试验仪器设备的检定与标志：

1）计量仪器设备应按周期检定规定实施检定或校准，保证所用的计量仪器设备符合计量法规要求。不符合试验项目精度要求或超过检定周期的仪器设备一律不准使用，无法修理的应申请报废。

2）计量仪器设备必须委托有资质的计量检定机构进行检定或校准。

3）所有计量仪器设备实行标志管理（三色标志）。保管人员要经常检查其状态标识的有效性。

（8）所有仪器设备都应有设备编号，并且登记在相关的台账中。

（9）当试验仪器设备出现故障时，应及时核实对试验结果所造成的影响，如果有影响，应及时采取妥善处理措施。

（10）试验仪器设备的使用环境应符合检验标准的有关要求，防止受到外部不良干扰而影响结果的正确性。

（11）每次使用完毕应把试验仪器设备擦拭干净，有保护罩的需盖上防护罩，带电的应随手切断电源。

（12）主要、精密的试验设备仪器应按规定要求建立技术档案（一机一档）。

2.12.7 标准养护管理制度

2.12.7.1 混凝土试件

（1）试件成型抹面后应立即用塑料薄膜覆盖表面，做好标识，置于温度为20℃±5℃、相对湿度大于50%的室内静置1～2d，静置期间应避免受到振动和冲击；当试件有严重缺陷时，应按废弃处理。

（2）试件静置结束拆膜后，应立即放入温度为20℃±2℃，相对湿度为95%以上的标准养护室中养护。标准养护室内的试件应放在支架上，彼此间隔10～20mm，试件表面应保持潮湿，并不得被水直接冲淋。

（3）试件的养护龄期可分为1d、3d、7d、28d、60d、90d等，也可根据设计或试验需要确定。龄期应从搅拌加水开始计时。不同龄期强度试验在下列时间里进行：

1）1d±30min；　2）3d±2h；　3）7d±6h；

4）28d±20h；　5）60d±24h；　6）90d±48h。

（4）做好养护室温湿度控制的检查和记录工作。可每天8：00时、17：00时左右各进行一次。

（5）出入养护室时应注意随手关门，随手关灯。

（6）养护室内要经常打扫、冲洗，保持清洁卫生。

2.12.7.2 胶砂强度试件

（1）试件成型后做好标识，并立即放入温度保持在20℃±1℃，相对湿度不低于90%的雾室或湿箱中水平养护，养护时不应将试模放在其他试模上，直到规定的时间取出脱模。

（2）试件脱模做好标识后，立即水平或竖直放在20℃±1℃的水中养护，水平放置时刮平面应朝上。

（3）试件放在不易腐烂的箅子上，并彼此间保持一定间距，让水与试体的六个面接触。养护期间试件之间间隔或试体上表面的水深不得小于5mm。

（4）每个养护池只养护同类型的胶砂试件。

（5）强度试验试件的养护龄期，从搅拌加水开始计时。不同龄期强度试验在下列时间里进行：

1）24h±15min；　2）48h±30min；

3）72h±45min；　4）7d±2h；

5）≥28d±8h。

2.12.8　混凝土配合比设计管理制度

混凝土配合比设计是保证混凝土工程质量的关键环节之一，必须严格按以下要求做好不同混凝土配合比的设计工作：

（1）混凝土配合比设计由试验室主任负责。应根据相关技术标准、合同规定、工程结构设计要求、施工及环境条件合理选用原材料，并根据原材料性能设计计算理论配合比，经试配试验后确定生产用配合比。

（2）混凝土配合比设计必须符合《普通混凝土配合比设计规程》JGJ 55—2011、《混凝土强度检验评定标准》GB/T 50107—2010、《混凝土结构工程施工质量验收规范》GB 50204—2015、《混凝土结构耐久性设计标准》GB/T 50476—2019 及其他有关标准、规范的规定。

（3）试验室应采用本单位常用的材料，设计并储备一定数量的配合比，并将设计完成的各种混凝土配合比进行统一编号，汇编成册，经公司总工程师批准后方可投入生产使用。当出现下列情况之一时，应重新进行设计：

1）合同对混凝土性能指标有特殊要求时。

2）原材料品种、质量有显著变化时。

（4）设计的混凝土配合比除满足强度、耐久性能和施工的要求外，还应同时符合环保、节约资源、经济合理的原则。

（5）为保证所设计的配合比可靠性，必须进行一定次数的验证。普通混凝土配合比至少验证三次；高强、特殊混凝土配合比至少验证六次。验证内容包括：和易性、凝结时间、坍落度及经时损失、抗压强度等。其中抗压强度的平均值应不得低于配制强度。

（6）设计的混凝土配合比在使用过程中，应根据实际生产的试件抗压强度检验结果进行统计分析，必要时可进行适当调整，使设计的配合比更成熟可靠。

（7）混凝土配合比设计过程的相关记录与资料，包括设计与计算、试配试验、调整确定、配合比验证等全过程的相关记录，以及原材料试验记录及原材料的出厂质量证明文件等，必须归档、完整齐全。

（8）试验室主任应根据销售部下达的“生产任务通知单”内容，结合现有的技术储备资料，及时向生产技术员签发“混凝土生产配合比通知单”。

2.12.9　混凝土生产配合比管理制度

（1）为保证生产配合比的适应性和可靠性，生产常用混凝土配合比应每月至少验证三次。验证内容包括：和易性、凝结时间、坍落度、坍落度经时损失、扩展度及抗压强度等。当环境气温及原材料质量有明显变化时，应增加验证次数，必要时应进行合理调整或重新设计。

（2）设计的混凝土配合比在实际生产使用过程中，每月应根据出厂检验抗压强度结果进行统计分析，必要时配合比可根据统计结果进行合理调整。

（3）设计的配合比必须经总工程师（技术负责人）批准方可使用，试验室主任根据工程结构与施工要求准确执行，并负责签发“混凝土生产配合比通知单”。

（4）在生产过程中，应严格按规定要求测定骨料含水率，并根据骨料含水率对“混凝土生产配合比通知单”中的配合比（干料比）进行调整，再向生产部下达“混凝土生产配合比调整通知单”（湿料比），由生产技术员负责。

一般情况下，骨料含水率每工作班至少测定1次；雨、雪天及含水率有显著变化时，应增加测定次数。当发生变化需要对混凝土配合比进行调整时，生产技术人员应重新签发“混凝土生产配合比调整通知单”。

（5）生产搅拌操作员应按“混凝土生产配合比调整通知单”中的配合比数据输入生产控制系统，并经生产技术员重新确认无误后方可开盘生产。

（6）开盘鉴定

对首次使用、使用间隔时间超过三个月的配合比应进行开盘鉴定。开盘鉴定由总工程师（技术负责人）、试验室主任、生产技术员、出厂检验员等人员参加；当需方、监理单位要求参加时，应提前通知。开盘鉴定应包括下列内容：

1）生产使用的原材料应与配合比设计一致。

2）混凝土拌合物性能应满足施工要求。

3）混凝土强度应符合设计要求。

4）结构设计或合同有其他要求时，尚应按要求检验其他项目。

（7）配合比调整权限

在混凝土生产过程中，可根据原材料质量变化和施工要求及时合理调整生产配合比。调整生产技术人员负责，其他人员不得擅自改变配合比。在以下允许调整范围内若仍不能满足要求，应向上级管理人员汇报。

1）砂率：不得超过设计值（干料比）的±1%。

2）减水剂：不得超过设计值的±1.0kg/m^3。

3）用水量：用水量：生产用水＋骨料含水，与设计值一致。

4）胶凝材料用量：仅限粉煤灰，不得超过设计值的±10kg/m^3。

在以上允许调整范围拌合物内若仍不能满足要求时，应向试验室主任汇报。

（8）生产配合比的调整要求与权限

在混凝土生产过程中，可根据实际情况及时合理调整生产配合比。调整由调料技术员负责，其他人员不得擅自改变配合比。

1）调整应做到合理、见效快，要有足够的理由和依据，防止随意调整。

2）调整时混凝土水胶比不能发生变化。

3）尽量不增加或少增加生产成本。

4）调料技术员应及时做好调整的详细记录。包括调整时间、原因、调整数据及结果等。

（9）混凝土生产配合比的调整方法可参考表2-5进行。

混凝土生产配合比的调整方法参考表 **表2-5**

拌合物不良情况	调整方法
坍落度大于或小于要求，黏聚性和保水性合适	适当调整减水剂用量
坍落度合适，黏聚性和保水性不良	提高砂率；或保持水胶比不变，增加胶凝材料和用水量，可同时提高砂率

续表

拌合物不良情况	调整方法
砂浆含量过多	骨料总量不变,减少砂率
初始发生离析、泌水	降低减水剂掺量;或提高砂率;或调整混合砂比例,控制细度模数;或保持水胶比不变,增加胶凝材料用量
坍落度经时损失过大	增加减水剂或缓凝剂掺量;或控制原材料品质
发生滞后离析、泌水	应减少减水剂掺量;或延长搅拌时间;或调整减水剂复配小料;查找原因,必要时更换原材料

2.12.10　混凝土出厂检验制度

预拌混凝土出厂时应对其质量指标进行检验，以判定混凝土质量是否符合需方要求，做好出厂检验工作也是确保混凝土拌合物顺利交付的重要环节，由生产技术员和出厂检验员配合完成。

（1）应经常监督检查混凝土的生产是否严格按下达的配合比计量生产，原材料的使用是否与配合比设计一致。

（2）当出厂检验发现混凝土拌合物稠度不能满足要求时，应立即分析或查明原因，然后严格按规定要求调整拌合物稠度及生产配合比。

（3）每车混凝土出厂时必须进行目测检验，混凝土拌合物不符合要求的严禁出厂；符合要求放行出厂的车辆，负责出厂检验的人员应在“发货单”上签字。签字时应认真核对“发货单”上的内容是否正确，特别是工程名称、强度等级、结构部位等不能发生错误。

（4）试验室主任应对生产过程进行不定时监督检查。检查内容包括：配合比及使用材料、计量精度、搅拌时间、拌合物性能、试样留置等是否符合要求。

（5）应根据相关标准规范和试验需要，做好混凝土出厂检验的取样、拌合物性能检验及硬化性能检验试件的成型与标识工作。无其他特殊要求时，其取样频率和数量宜按下列规定进行：

1）每浇筑 100m^3 同一配合比的混凝土取样不得少于一次。

2）对房屋建筑，每一楼层、同一配合比的混凝土取样不得少于一次。

3）灌注桩取样频率和数量：

直径大于 1m 或单桩混凝土量超过 25m^3，每根桩应留 1 组试件；直径不大于 1m 或单桩混凝土量不超过 25m^3，每个灌注台班不得少于 1 组；

4）大体积混凝土取样频率和数量：

① 当一次连续浇筑不大于 1000m^3 同配合比的大体积混凝土时，取样不应少于 10 次。

② 当一次连续浇筑 1000～5000m^3 同配合比的大体积混凝土时，超出 1000m^3 的混凝土，每增加 500m^3 取样不应少于一次，增加不足 500m^3 时取样一次；

③ 当一次连续浇筑大于 5000m^3 同配合比的大体积混凝土时，超出 5000m^3 的混凝土，每增加 1000m^3 取样不应少于一次，增加不足 1000m^3 时取样一次。

5）每次取样应至少留置一组标准养护试件，同条件养护试件的留置组数应根据实际需要确定。

（6）混凝土坍落度检验的取样频率应与强度检验相同。

（7）同一配合比的混凝土拌合物中的水溶性氯离子含量检验应至少取样检验一次。

（8）混凝土有含气量、扩展度及其他项目检验的取样频率应符合相关标准规范及合同的规定。

（9）当设计有抗冻、抗渗、抗碳化、抗硫酸盐侵蚀和早期抗裂性能等耐久性要求时，同一工程、同一配合比的混凝土，检验批不应少于一个；同一检验批设计要求的各个检验项目应至少完成一组试验。

（10）认真做好“混凝土出厂检验试件成型记录”“混凝土生产值班记录”等。

（11）相关值班人员在换班时，应认真做好交接工作。

2.12.11 留样样品管理制度

（1）试验员负责对送（取）样样品的符合性进行检查，符合要求的登记编号、入库并分类存放。

（2）应按年度建立样品留样登记台账，并做到账、物一致。

（3）留样容器不得与样品发生化学反应，能保持密闭，并应分类存放于样品架上。

（4）每个样品留样桶必须做出明显标识，标识内容应包括：样品名称、生产厂家、等级或型号、出厂批号、留样日期、保存期限、样品编号及取（送）样人等。

（5）留样样品标识条应有封样人或取样人的签名。封样时，标识条应贴在留样桶体中上部，并用胶带缠绕留样桶盖口，确保样品与空气隔绝。

（6）样品留样室要通风干燥，具有一定的安全性。

（7）样品保留期。样品保留的有效期应符合国家现行规范要求，水泥、矿粉的存放期应不少于三个月，外加剂的存放期应不少于六个月，粉煤灰封存一个月。

（8）样品的保留超过有效期后，由样品管理员提出处理申请，经试验室主任批准后再处理，并作好处理记录。

2.12.12 试验结果比对制度

为不断提高本室及试验人员的试验能力和水平，减小试验误差或发现问题，应符合下列规定。

（1）每年年初，由试验室主任负责制定对比试验实施计划，并按计划及时组织相关人员实施。

（2）本室与其他试验室之间的试验结果比对活动至少每年进行一次；本室试验人员之间的试验结果比对活动应半年进行一次，且每位试验人员必须参加。

（3）对比试验活动结束后，试验室主任应对试验结果进行分析，当试验数据偏差较大时应查明原因，必要时应提出纠正或预防措施。

（4）参加能力对比的人员，其成绩可作为技能考核的主要依据之一。

（5）由资料室保存能力对比试验的所有资料。

2.12.13 人员培训与考核制度

有计划地对人员进行培训和考核，保证各岗位人员具备相应的能力，不断提高人员的工作综合素质，使人员水平满足生产质量控制和试验工作的需要。

（1）培训和考核应涉及试验室的所有人员。包括试验员、材料验收员、生产技术员、出厂检验员、交货服务技术员、资料员及试用期内的人员。

（2）试验室主任应根据上一年度的工作情况，年初制定当年的人员培训计划。并应根据以下内容策划、实施或调整人员的培训计划：

1）外单位人员调入（含临时聘用人员）或人员岗位调动上岗前。

2）每一位人员上一年度的工作情况。

3）新型仪器设备投入使用前需进行培训时。

4）执行新标准或新方法之前。

5）开展新项目之前。

6）由于人员技术缺陷形成质量隐患或造成检测事故后。

7）法律法规或行业管理的要求。

8）继续教育培训的需要。

（3）制定的人员培训计划中应尽可能考虑到人员可能发生的调整情况，并明确培训的科目内容、培训时间、培训要求等。

（4）可以以讲座、论坛等各种形式对人员进行培训，也可以在资深试验人员的指导或监督下进行，这些工作也应纳入培训计划中。

（5）培训和考核计划的执行

1）由试验室主任负责人员培训计划的实施工作。

2）参加外部培训时，由试验室主任负责跟踪联系，并及时组织人员参加。

3）试验室主任应对本部所有人员及时进行必要的应知、应会科目的培训与考核，并应归档保存人员的培训和考核记录。

4）试验室主任负责对实施效果进行评价和改进。

2.12.14 试验异常情况管理制度

为防止试验过程中发生异常情况影响数据的准确性，特制定本制度。

（1）在试验过程中，因发生异常情况而中断工作或无法得出可靠的试验数据时，应采取处理措施，以保证检测工作的质量。

（2）因外界干扰，如停电、停水等而中断试验工作，影响检验结果时，必须在恢复正常后重新对样品进行检验。

（3）当试验仪器设备发生故障或损坏而中断检测时，可用相同等级且满足工作与精度要求的备用或代用仪器重新检验。

（4）无备用或代用仪器，又不能立即重新检验时，应及时采取其他措施解决样品的检验（如委托其他检测机构），并将情况详细记录。

（5）故障试验仪器设备待修复确认正常后方可使用。

（6）出现异常情况所采取的措施，应确保试验工作质量不受不良影响，并有记录以便追溯。

2.12.15 质量事故处理制度

2.12.15.1 总则

（1）为加强质量管理，规范质量事故处理过程，特制定本制度。

（2）凡是因产品质量不合格而给公司造成一定经济或名誉上严重损失的事故即为质量事故。

2.12.15.2 质量事故分类与界定

（1）产品质量事故：由于原材料采购、保管不当或生产控制不当而造成生产的产品不合格，未交付使用但造成企业经济损失的事故。

（2）工程质量事故：本公司生产运送到现场的混凝土质量不合格，造成一定经济损失而形成的事故。

（3）质量事故等级界定

根据直接经济损失数额，界定事故等级如表 2-6 所列。

质量事故等级界定表 **表 2-6**

事故分类 / 事故等级	产品质量事故直接经济损失	工程质量事故直接经济损失
一般质量事故	1000～5000 元	10000～50000 元
严重质量事故	5000～10000 元	50000～100000 元
重大质量事故	＞10000 元	＞100000 元

注：虽没有造成上述数额的经济损失，但给公司造成严重的名誉损失，致使公司在某领域内或某重要工程中无法继续经营的问题，将以质量事故对待。

2.12.15.3 质量事故报告及处理程序

（1）质量事故报告程序

1）一般质量事故：当事人（当班人）应立即通报直接领导，并详细说明事故的经过，由直接领导先行口头通报总经理，并当日补报书面报告，直接领导在事故处理完结后（3日内）将书面报告报总经理，并由试验室备案。

2）严重质量事故和重大质量事故：当事人（当班人）应立即通报直接领导，并详细说明事故的经过，由直接领导先行口头通报总经理，并在事故发生 24h 内书面报总经理。

（2）质量事故的分析与处理程序

质量事故的分析与处理坚持“三不放过”的原则，即：事故原因没有查清不放过；事故纠正及预防措施没有落实不放过；事故责任人没有受到教育不放过。

1）一般质量事故：发生一般质量事故，当事人应立即通知主管领导，由主管领导根据情况采取果断的纠正措施。主管领导把握不准的事故应立即通报总经理，在总经理的指导下采取有效纠正措施，事后应由主管领导形成书面的事故分析与处理报告报总经理，并由试验室备案。

2）严重或重大质量事故：发生严重或重大质量事故，当事人应立即通报主管领导，由主管领导通告总经理，在总经理的指导下采取有效纠正措施，事后应由主管领导形成书面的事故分析与处理报告报总经理。

2.12.15.4 质量事故责任及直接经济损失认定

（1）一般质量事故：事故处理结束后，由主管领导组织，当事人及有关部门参加，召开事故责任及直接经济损失确认会议，主管领导根据会议讨论结果形成质量事故责任与直接经济损失确认报告，报总经理审批。

（2）严重或重大质量事故：公司试验室组织，生产部、经营部、事故发生单位有关人员及有关领导参加，由试验室根据会议精神形成质量事故责任及直接经济损失确认报告，报总经理审批。

2.12.15.5 质量事故责任处罚

事故发生单位应根据质量事故责任及直接经济损失报告，参照以下标准确定对有关责任人的处理，并将处理结果报试验室备案。

（1）直接（主要）责任人

按企业直接损失经济损失的10%～20%进行处罚，并视情况给予直接责任人警告、记过或记大过、降级、撤职或解除劳动合同的处分；若属于个人故意行为造成时，按企业直接损失经济损失的100%进行处罚，且不排除追究法律责任。

（2）相关责任人按直接责任人的30%～50%进行处罚，属他人故意行为造成时将酌情处罚，并给予一定的行政处分。

2.12.16 试验档案管理制度

试验资料档案是对已完成的试验工作活动和管理体系运行活动或者达到的结果所作的记载，以及将要计划进行活动的记载，为追溯性提供客观证据，必须控制，立卷归档。可按单位工程或材料类别分别建立试验资料档案。

（1）试验室应做好试验档案的收集、整理、归档、分类编目和利用工作。

（2）试验资料档案应包括试验委托单、试验原始记录、试验报告、试验台账、不合格品台账、试验仪器设备档案、人员档案以及委托有资质的社会中介机构检测所出具的检测报告和其他与使用有关的重要文件等。

（3）各种原始记录应采用耐久性强的书写材料，如碳素墨水、蓝黑墨水，不得使用易褪色的书写材料，如红色墨水、纯蓝墨水、圆珠笔等。

（4）各种原始记录必须手工填写，做到准确完整、字迹清楚、整洁，签字盖章手续完备。

（5）出现笔误时不得随意涂改，特别是数据，应在笔误的数据中央画两道横杠，并在笔误处的上方或下方书写正确的文字和数据，改动人应在更改处签名或盖章。

（6）各种记录应按专业分类归档、按年度统一编号、相互衔接，不准抽撤。

相互衔接：是指样品取样记录、委托试验单、仪器设备使用记录、试验原始记录、试验报告、材料进厂台账、试验台账等信息相互对应和关联，具有可追溯性。

（7）记录方式可采用书面记录、磁盘、光盘、照片等形式，并应采取适当措施，防止伪造、随意抽撤、损毁、数据丢失等。

（8）试验原始记录必须做到具有可追溯性、真实性、完整性和准确性。

1）可追溯性：是指通过记录的信息可追溯试验过程的各环节和要素并能还原整个检

测过程，因此记录的信息应尽可能详尽。

2）真实性：是指如实地记录当时当地进行的试验情况，包括试验过程中的数据、现象、仪器设备、环境条件等信息。

3）完整性：是指记录中涉及或影响报告中检验结果、数据和结论的因素都必须完整、详细，应能使未参加检验的同专业人员从记录上查得审核报告所需要的全部信息。

4）准确性：是指包括试验所测得原始数据、计算、修约的正确性以及环境条件、设备状态等信息的准确性。

（9）试验资料档案的保存

1）试验资料档案管理由试验室主任指导，资料员负责执行具体工作。

2）试验资料档案的保存识别、收集、索引、存取、存档、存放（环境要求）、安全保护和保密以及日常维护、清理销毁等应符合有关规定要求。

3）对于U盘、光盘中的记录还应做到防压、防磁、防晒，并及时备份，防止贮存的内容丢失或遭受未经授权的侵入或修改。

4）对损坏或变质的记录资料应及时修补和复印，确保档案的完整、安全。

5）试验资料档案归档应易于存取和检索。归档后存放在安全、干燥的地方，存放应做到防潮、防鼠、防虫蛀、防盗、防火。

6）试验资料档案的保存期限。

按相关标准的规定，涉及结构安全的试块、试件及结构建筑材料的试验资料等为20年；其他试验资料宜为5年。

保存期限到期的试验资料档案销毁应进行登记、造册后经技术负责人批准。销毁登记册保存期限不应少于5年。

2.12.17 保密管理制度

2.12.17.1 保密范围

（1）所有新产品存档相关资料，包括试验配方、测试数据、项目报告等资料，包括实物及电子资料。

（2）原始记录包括各种记录本（工艺、质量研究、试验记录等）、照片、分析图谱以及电子资料。

（3）各种与新产品有关的审批意见、通知及批件，包括审查意见、补充资料通知、生产记录等。

（4）试样样品、照片及相关技术资料。

2.12.17.2 保密资料的保管

（1）所有内部资料指定专人统一保管，各类资料均应登记在册，U盘、光盘等数据盘应单独、妥善存放。

（2）项目负责人对技术资料的归档负责。

（3）所有项目资料必须保持成套性、完整性，由交接双方在移交清单上签字。

（4）完成新产品投产后，所有工艺资料、内控质量标准等资料应及时归档。

2.12.17.3 专利申报资料的保管与借阅

（1）资料要求排列整齐有序，严禁借阅人自取自放。

（2）资料至少一个月清点一次，做到账物相符。

（3）借阅、查阅资料，须经管理人员批准，办理登记手续。

（4）试产前的资料、专利申报资料原件、原始记录一般不得借阅；仅供该课题负责人提取利用，但应及时归还。

（5）所有资料一般不得复印，确有必要复印其中部分内容时，由主任签字同意，在办理登记手续后，方可复印，但必须在当天尽快归还。

（6）借阅时间一般不得超过1周，否则应由保管人员查验资料，确认完整后可办理续借手续。

（7）借阅者不得在所借资料上涂改、乱画、污损、撕页、折卷，更不得缺页或丢失，否则将按有关规定追究借阅者责任。

2.12.17.4　电脑及电子档案的保密

（1）所有的电脑均应设定开机密码或屏幕保护密码。

（2）电脑中的各项目申报资料不得一直处于“共享”状态，如果需要共享时，必须设置密码，或设定用户权限，以限制用户；用毕，立即取消共享状态。

（3）所有申报的资料均要保存一个U盘、一个硬盘。不得多存，以防混淆和泄密。

（4）以电子档案形式保存的资料必须专人专柜保管。

2.12.17.5　奖惩

（1）对以任何形式泄露机密的行为均要追究当事人的责任。公司将视情节给予相应的处分，造成严重后果者，要追究法律责任。

（2）保管人因保管不善，或项目负责人使用保密资料时没有尽到注意义务，无意或故意造成资料泄露，均被视为泄露公司机密行为，追究当事人的责任。公司将视情节给予相应的处分，造成严重后果者，可以追究其法律责任。

（3）及时制止他人泄露技术秘密或举报他人泄密属实者，公司将给予表彰和奖励。

2.12.18　生产质量巡查制度

为规范混凝土生产质量控制相关人员工作，保证出厂的混凝土质量满足有关要求，特制定本制度。

（1）在混凝土生产过程中，技术负责人、试验室主任应对生产质量控制全过程的各个环节工作质量进行巡检和指导。

1）检查各种原材料进厂质量验收及入库控制情况，并了解库存量情况。

2）检查混凝土配合比使用情况，包括原材料的使用、配合比的输入数据、搅拌时间、计量误差以及刷车水的应用是否正常或符合要求。

3）检查拌合物的出厂检验情况，包括拌合物存在问题时的调整是否合理、试件成型的数量与标识是否符合规定要求。

4）检查试验人员对各种材料的试验操作、仪器设备的维护保养、相关记录等是否符合要求。

5）了解各个工程混凝土的供应、交货及施工情况。

6）抽查磅房计量（折算方量）与生产方量是否存在异常偏差等。

（2）在巡检中发现问题应及时处理，不能及时处理时应通报有关人员或领导帮助解决。

（3）当施工现场发生异常情况，需要时应尽快赶往现场做好处理事宜。

（4）应详细做好巡检记录。

2.12.19 生产废水废浆应用制度

生产废水废浆是指清洗混凝土搅拌设备、运输设备等所形成的含有一定固体颗粒物的浆水。为避免该浆水的排放对环境造成污染，在保证混凝土质量的前提下，尽量合理应用于混凝土的生产。

（1）为保证混凝土结构质量，C40 及以上等级、长久性路面、清水混凝土、预应力混凝土以及其他对表面质量要求较高的部位，不宜应用废水废浆生产。

（2）合理应用废水废浆，不得对混凝土质量产生明显影响，应通过试验确定。

（3）当生产混凝土全部应用废水废浆时，其固含量不宜大于 5%，否则用清水调整后再使用；当废水废浆与清水分别计量时，在不明显影响混凝土拌合物坍落度经时损失和流动性的情况下，应尽量多用。

（4）生产时，其固体含量的测定每工作班应不少于 2 次。也可采用婆梅氏密度计随时测量并控制其固体含量。

（5）冬期施工应注意混凝土的出厂及入模温度，不宜全部应用废水废浆生产混凝土，否则应采取加热措施或减少废水废浆的用量。

（6）试验室应深入开展废水废浆应用的试验研究，使废水废浆的应用更加合理可靠，不断提升其应用价值。

（7）废水废浆应及时应用，已结块的必须清除，不得用于混凝土的生产。

（8）废水废浆的应用由生产组长和生产技术员共同管理与监控，确保废水废浆的正常应用。

2.12.20 退（剩）混凝土处置制度

为节约资源和能源，对于施工过程中产生的退（剩）混凝土，处置人员必须了解实际情况并做出准确的判断和进行合理处置，处置方法必须保证拌合物质量能满足所浇筑部位的强度、耐久性和施工要求。

（1）当产生退（剩）混凝土时，应首先核实该车退（剩）混凝土的出机时间、强度等级、生产配合比、使用原材料、剩余方量、是否已加水或加减水剂、当前拌合物状态等，以便采取正确的处理方法。

（2）当拌合物出机时间不长、稠度损失也不大，只需适当加入减水剂快速搅拌就能恢复其工作性时，可不降低其使用用途，尽快出厂交付使用。

（3）当拌合物出机时间较长、稠度损失也大，但通过加入一定量的减水剂快速搅拌能恢复其工作性时，若混凝土剩余量过多，应先对拌合物进行适当调整，再放出一部分拌合物到其他运输车中，然后分别调整至需要的状态，接着给载有退（剩）混凝土的运输车进行补方，补方接料过程中应高速旋转搅拌筒，尽量使退（剩）混凝土与新拌混凝土混合均匀，出厂检验合格可不改变其使用用途或只降低一个强度等级交付使用。

（4）当拌合物出机时间较长、稠度损失不大但已加入了一定量的水，若混凝土剩余量过多无法保证调整时拌合物搅拌均匀，应进行分车处理（放一部分料到其他运输车中，站内应建转料台），分车调整至需要的状态后再分别进行补方，补方接料过程中应高速旋转搅拌筒，尽量使退（剩）混凝土与新拌混凝土混合均匀，出厂检验合格应降低一～二个强度等级交付使用；如不降低强度等级交付，补方的新拌混凝土应使用提高一～二个强度等级的配合比生产。

（5）当拌合物离析原因退料，且非特别严重时，视离析稠度可采取加一定量的干硬混凝土、干砂浆、干粉料等进行调整。若搅拌筒旋转看不到粗骨料时，该车拌合物作报废处理，不予进行调整再使用。

（6）低强度等级往高强度等级调整时，必须征求试验室主任同意后方可进行合理调整，不得随意调整。

（7）当运输车罐体内退（剩）混凝土超过罐体容积的 30%时、出厂时间超过 3h 或坍落度损失超过 100mm，应进行分车调整处理。

（8）调整时所用的原材料，应与退（剩）混凝土用料相同。

（9）含有退（剩）混凝土的车辆，应尽量运送到就近的工地，到达交货地点后尽快交付使用；相关人员应及时跟踪了解交付情况，若交付时稠度损失很大不能正常交付使用，应要求运输司机立即回厂，该车拌合物应放弃做稠度调整的处置方式。

（10）当退（剩）混凝土拌合物接近初凝时间时，不得再进行调整使用，必须尽快卸出，并根据实际情况按下列方法进行处理。

1）往搅拌罐筒内大量注水，充分搅拌后慢慢放入砂石分离机中继续进行处理。

2）可与粗骨料混合均匀后再用于生产，混合时粗骨料用量应不少于混合物总用量的 80%，该混合物应尽快使用，并应适当提高减水剂和水泥用量；未混合均匀且已凝结成硬块的不得使用；不宜用于 C35 以上混凝土的生产。

3）经风干后使用

可将退（剩）混凝土铺于硬化地面上，终凝前用铲车碾压、人工充分捣碎进行风干，该风干的混凝土散料在使用时应单独计量，并按以下要求使用。

① 不宜用于 C35 以上混凝土的生产，且用量不宜超过 200kg/m^3，使用前应洒水湿润，并适当提高减水剂和水泥用量。

② 试验室应对不同强度等级的风干混凝土散料，分别进行混凝土的拌制和试验，确保其使用具有可靠的依据。

4）对于退（剩）混凝土质量问题不大，又不能降级使用时，为降低浪费与损失，可将其加工成路沿石、路面板、砖块或其他小型构件等产品。

（11）含有退（剩）混凝土（包括经风干的）的混凝土拌合物，尽量用于不重要的结构部位，根据实际情况酌情处置。

（12）含有退（剩）混凝土的车辆，必须严格出厂检验制度，并应取样成型抗压强度试件，相关人员应密切关注其 28d 抗压强度，不断积累处置经验。

（13）生产技术员必须详细记录退（剩）混凝土的处理情况，当含有退（剩）混凝土的拌合物用于承重或重要结构部位时，现场服务人员应记录该车混凝土的具体浇筑位置。

2.12.21　试验室环保管理制度

（1）试验室各岗位人员负责相应工作区域环境管理制度的实施。

（2）日常试验若产生有害气体，必须通风进行。

（3）对各类有机溶剂废液：醇类、酯类、有机酸类以及其他废液，不得倒入下水道，应分类存放集中处理。

（4）含酸或碱原废液排入或倒入公司污水池进行统一处理。

（5）试验用的化学试剂和材料的存放管理

1）要配备专用试剂架或试样柜，存放少量的化学试剂和材料。

2）各种试剂和材料要分类存放，并做好标识和密封存放工作。

3）对于过期或不再使用的试剂，不得任意倾倒，应送到指定的地点进行相应处理。

（6）环境卫生

1）各岗位下班前要对区域内的卫生做一次清扫。

2）工作过程中产生的杂物、污水，废弃物要及时清理。

（7）主任负责进行环保培训和管理，培训有关国家环保法律和法规，讲解所用的各类化学试剂、材料的用途和毒害性，提高人员的环保与自身安全意识。

（8）各类化学试剂、材料为试验活动所用，任何人严禁挪为他用。

（9）试验人员应保持试验室整洁有序，不准存放其他无关物品。做好安全防范工作，定期检查漏电保护器、灭火器等安全设备，下班前应检查并关好水、电和门窗。

（10）对忽视环保工作，或因管理不善造成环境污染事故的人员，按情节轻重给予批评、教育和一定的经济处罚。

2.12.22 试验室安全管理制度

试验室的安全有序管理是试验工作正常进行的基本保证。凡进入试验室工作、学习的人员，必须遵守安全管理制度。

（1）试验室主任要高度重视安全，应定期检查试验工作环境的安全状况，消除隐患，预防事故发生；定期对试验人员进行安全教育，增强人员安全意识，防患于未然。

（2）使用或操作电器设备时，严禁湿手或湿物直接接触电器设备，以防触电。拆装或移动电器设备前，一定要先切断电源。

（3）新参加工作人员、实习人员到岗后，应进行安全教育。

（4）下班后与节假日必须切断电源、水源、气源，关好门窗，以保证试验室的安全。

（5）带电作业时应由两人以上操作，用水、用电的操作注意不使水流到导线上。

（6）所有带电的设备必须接有地线，电源线应排列整齐，不得横跨过道。

（7）标准养护室必须有可靠的防潮、防爆、安全用电设施。

（8）在试验过程中遇有停水、停电时要必须及时切断电源、水源。

（9）置有精密仪器设备的试验室内，严禁存放具有产生腐蚀性挥发气体的物品。

（10）化学品必须按相关规定要求存放与管理。

（11）试验标准规范、说明书、操作手册和原始记录表等使用人应妥善保管，防止损坏或丢失。

（12）试验室设置的消防栓或灭火器，任何人不得私自挪动位置，不得挪作他用；灭火器应经常检查有效时限。

（13）导线与导线，导线与电气设备的连接要牢固可靠，以防产生过热而引起意外。

如接通电源后，保险丝熔断，必须检查故障原因，在排除障碍后方可重新接通电源。

（14）有人触电时，应立即切断电源，或者用绝缘体将导线与人体分离开后，才能实施抢救。

（15）易燃、易爆及有毒物质要分类贮存，定期检查，使用时试验人员必须事先熟悉其特性、操作方法及注意事项，做到安全使用。

（16）搬运、使用腐蚀性物品要做好个人防护。若不慎将酸或碱溅到衣服或皮肤上，应用大量清水冲洗。如溅到眼睛里，应立即用清水冲洗后就医，以免损伤视力。

（17）电线及电器设备起火时，必须先切断电源，再用干粉灭火器灭火，并及时通知有关部门。未切断电源前，不得用水或泡沫灭火器来扑灭燃烧的电线与电器，以免导电而造成人员的触电事故。

（18）任何仪表和电器，在未熟悉其使用方法前不得使用。

2.12.23　奖罚制度

奖励是提高士气最好的催化剂。员工需要经常性的新奇刺激来激发工作干劲，漠视和无理的批评只会使人沮丧。因此，在管理过程中要坚持以奖励为主，惩罚为辅的原则。

2.12.23.1　目的

加强预拌混凝土生产质量的控制，完善质量管理制度，强化全体员工的质量意识和责任心，不断提升客户满意度。

2.12.23.2　适用范围

本制度适用于公司从原材料进厂、混凝土生产至交付服务全过程的质量奖罚活动。

2.12.23.3　职责

（1）试验室主任、各班组长负责员工奖罚的确定工作，参加确定人员及责任人应在“员工奖罚单”上签字。

确定过程中需要取证或核实时，其内容可根据情况而定。主要有事件的详细记录、试验数据、有效签证、照片和视频等。

（2）总经理负责员工奖罚的批准，决定重大质量事故处理意见。

2.12.23.4　实施细则

1. 奖励

有下列情形之一者，将获得一定的奖励。

（1）由于员工及时发现存在质量隐患，避免了质量故事的发生，奖××～××元/次。

（2）对质量管理方面提出合理化建议被采纳的，奖××～××元/次。

（3）混凝土运输车辆刷车水未放净，造成混凝土拌合物严重离析但未出厂，奖发现人××～××/次。

（4）举报原材料验收人存在潜规则，经查实奖举报人××～××元/次。

（5）凡发现退货车辆原货返回及供货车辆在厂区内放水（扣留当事车辆），奖发现人××～××元/车。

（6）发现原材料供货车辆恶意弄虚作假（上部装好料，下部装伪劣材料），奖励发现人××～××元/车。

（7）除材料验收人外，其他人员发现胶凝材料打错罐仓的，奖××～××元/车。

（8）退（剩）混凝土处置得当并顺利交付使用，奖调整人员××元/m^3。

（9）按施工图纸结算的工程，交货人员发现施工单位浇筑到与供货通知单不一致的其他部位，挽回公司损失时，经查实奖××元/m^3。

（10）发现施工单位混凝土强度等级浇错部位的，且事实得到需方主要管理人员签字认可（内容详细），或有工程主要管理人员口头承认的有效录音（妥善保存）；奖××～××元/次。

（11）交货前发现送往工地的混凝土磅单与实际工程的需方、工程名称、结构部位、强度等级不一致，奖励交货人员××～××元/车。

（12）发现混凝土运输车辆在运输及施工现场等待过程中不转罐（除带砂浆车），奖励××元/车。

（13）废水废浆应用合理，未发生外运处理，奖励生产技术人员××元/月（每人）。

（14）相关人员坚持优质服务，礼貌待客，为客户服务尽心尽责，受到客户的表扬，奖励当事人××～××元/月。

2. 处罚

有下列情形之一者，将给予适当的处罚。

（1）上班期间未穿公司统一着装，到达施工现场未戴安全帽，罚违规者××元/次。

（2）因责任心问题而造成出厂混凝土严重离析（到工地后才发现，但滞后离析泌水现象另论），罚出厂检验员××元/车，交付后造成质量问题的将根据具体情况进行处罚。

（3）有生产任务时，值班期间睡岗、串岗、擅自离岗、打牌、穿拖鞋、上网做与工作无关的事等违规违纪行为的。发现一次罚当事人××元；赌博、酒后上班罚当事人××元；屡教不改者将作辞退处理。

（4）发现材料验收人员工作不认真或故意接收劣质材料，发现一次罚当事人××元；屡教不改者将作辞退处理；造成生产成本提高或质量问题时，还将承担公司全部经济损失。

（5）未按规定要求及时做好相关记录的，罚责任人××元/次。

（6）凡举报材料验收人存在潜规则，一经查实罚责任人××～××元，对情节严重者将予以开除；对行贿的供应商罚××～××元/车。

（7）当目测骨料“不合格”且已卸料，但验收人员未在料堆上部插上“不合格”标识牌，导致铲车司机误用时，罚验收人员××元/车。

（8）胶凝材料入罐时，收料人员必须先认真核对该车材料的出厂合格证明文件，并亲自开锁。若出现不上锁、由他人代替开锁、锁具损坏不更换等问题，罚责任人××元/车；若造成材料误入罐仓，将根据造成的损失进行处罚。

（9）生产过程中原材料使用不对，造成质量问题的，罚值班生产技术人员××～××元/车；造成质量问题的将根据具体情况进行处罚。

（10）退（剩）混凝土处置不当造成无法交付，罚生产技术人员××元/m^3。

（11）因配合比调整不当造成无法交付，罚生产技术人员××元/m^3。

（12）生产时，生产技术人员无故不使用废水废浆，罚当事人××元/次。

（13）工作质量与服务态度差，与客户争吵被投诉。证实一次罚款××元/次；屡教不改者将作辞退处理。

（14）不服从分配、怠工、无理取闹、打架骂人者，轻者罚款××～××元/次，严重者公司酌情处理。

（15）无故不参加部门会议或培训学习者，罚××元/次。

（16）不按规定要求打扫卫生，打扫不干净，罚××元/次；未打扫者，罚××元/次。

（17）凡无故漏取原材料或漏成型混凝土试件，每批次罚责任人××元。

（18）严重失职造成仪器设备损坏，将根据损失的大小酌情处理。

（19）未带砂浆，混凝土运输重车不转罐的，罚责任人××元/次。

（20）站内总调度与现场交货人员配合不[illegible]工现场断车超过 20min，罚责任人××～××元/次；无故[illegible]人××～××元/车；无故压车造成混凝土无法交货，将根据[illegible]

（21）混凝土运输车辆刷[illegible]物严重离析无法交付的，责任人承担直接经济损失的××%[illegible]

（22）除验收人员外，其[illegible]移走的，罚××元/次。

（23）未按规定要求检定或[illegible]责任人××元/次；造成材料计量精度明显超过允许偏差的[illegible]/次；因计量精度问题引发质量事故的，罚主要责任人××[illegible]

（24）未按规定要求维护保[illegible]造成停产超过 1h 或成材料计量明显超过允许偏差的，罚主要[illegible]发质量事故的，罚主要责任人××～××元/次。

（25）需人工添加的材料，[illegible]加的，罚责任人××～××元/次。

（26）未经试验室主任同意[illegible]加其他材料的，罚责任人××～××元/次；引发质量事故[illegible]次。

（27）供货司机不操心，送[illegible]内容不一致且已交付使用，责任人承担直接经济损失的××[illegible]接经济损失的××%作为处罚。

（28）C50 等级以下的混凝土[illegible]50 及以上等级或掺有引气剂、膨胀剂、防水剂、纤维等混凝[illegible]一次处罚××元。

（29）运输车未按要求备减水[illegible]坍落度时间超过 20min，罚司机××元/次。

（30）凡报错或生产时打错混凝[illegible]出运输车罐体容量而造成了浪费，以及人为因素造成了“闷[illegible]济损失处罚责任人。

3. 关于对原材料供方的处罚规[illegible]

供货商或供货司机有下列不良行[illegible]单。凡被列入黑名单的车辆，三个月内拒收其所供材料，被[illegible]货合作。

（1）供货商或供货司机有行贿行[illegible]供货商或同一车辆发生第二次行贿行为将列入黑名单。

（2）退货时，供货车辆装回的料比进厂时多，且超过 0.2t 而拒不返回卸料者，以及退货车辆原料返回者，处罚××元；同一车辆第二次发生同类问题，将其列入黑名单。

（3）供货车辆恶意弄虚作假（上部装好料，下部装劣料），处罚××元；同一车辆被再次发现将其列入黑名单。

（4）供货车辆过磅后在厂区内放水者，处罚××元；同一车辆被再次发现将其列入黑名单。

（5）供货商或供货司机无故不接受退货，且态度恶劣者将其列入黑名单。

2.13 技术资料与报送

混凝土企业应向需方提供哪些技术资料，我国各地区要求不一，主要是看当地工程质量监督站在施工现场监督检查时的要求而定。有些地区质监站要求需方出示供方出具的原材料复试报告及原材料出厂质量证明等文件，而有些地区则不要求。

预拌混凝土是一种建筑材料或工程结构材料，除运距受其性能影响范围较小外，出售方式与其他建筑材料是一样的。而其他任何材料，包括钢筋这种对建筑物来说其重要性可以说毫不亚于预拌混凝土，如此重要的材料，生产厂家都不需要向使用方提供原材料的质量证明文件，却唯独预拌混凝土不少地区或许多使用方要求生产企业提供。

笔者认为，施工、监理、建设等相关单位或部门，应将预拌混凝土作为一种材料或产品来看待，只要求生产企业提供该产品自身的质量证明文件和使用说明即可，要求提供所用的原材料质量证明意义不大，甚至可以说生产企业提供的都是合格的复试报告。另外，使用合格的原材料不一定能生产出合格的混凝土，而使用不合格的原材料生产的混凝土未必不合格，因此，原材料质量证明并非是预拌混凝土的自身质量证明，真的没有必要。否则，不仅大量浪费有限的资源（一般采用A4纸打印，每一楼层、同一配合比的混凝土一式4～5份，共耗纸50～60张），而且给混凝土企业增加了不必要的人力物力投入，但是这些资料由于工程竣工时不能作为工程质量评定与验收的依据，最终工程完工时成为一堆废纸。

为保证工程质量，预防质量问题的发生，对于常规品预拌混凝土所使用的原材料，施工、监理等相关单位或监管部门以抽检的方式进行监督是不错的方式；而对于特殊工程或特制品混凝土，在施工前施工单位可对预拌混凝土配合比及其原材料进行验证试验。

那么，混凝土企业应向需方提供哪些技术资料呢？根据《建设工程文件归档规范》GB/T 50328—2014（2019年版）的规定、混凝土施工浇筑需要以及供货结算来看，供方应向需方提供以下资料：

（1）预拌混凝土发货单（每一运输车，是供货与结算的依据）。

（2）预拌混凝土出厂合格证（同一工程项目、同一配合比的混凝土。应包含所用原材料的品种、规格、级别及其每立方米的用量）。

（3）预拌混凝土开盘鉴定（首次使用的混凝土配合比开盘时）。

（4）混凝土拌合物中水溶性氯离子含量试验报告（同一配合比应至少检验1次）。

（5）混凝土抗压强度试验报告（出厂检验留样试块）。

（6）混凝土强度检验统计评定（按《混凝土强度检验评定标准》GB/T 50107—2010标准评定）。

（7）原材料氯离子、碱含量试验报告和氯离子、碱的总含量计算书（同一配合比至少1次）。

(8) 抗渗试验报告及其他性能检验报告（当设计有要求时）。

(9) 砂、石碱活性试验报告（当设计有要求时）。

(10) 预拌混凝土使用说明书（首次向需方供货时）。

(11) 预拌混凝土基本性能试验报告（大批量、连续生产 $2000m^3$ 以上的同一工程项目、同一配合比混凝土。内容包括稠度、凝结时间、坍落度经时损失、泌水、表观密度等性能；当设计有要求，还应按设计提供其他性能的试验报告）。

(12) 其他必要的资料。

2.14　试验室内部工作质量检查

为确保试验室各项工作正常有效运行，技术负责人或试验室主任应经常组织技术骨干开展试验室工作质量的自查工作，对自查过程中发现的问题应采取纠正或预防措施，必要时应进行跟踪验证。

为方便试验室内部管理与检查，笔者特编制了“预拌混凝土企业试验室内部审核检查表”。在使用时，该表可根据本企业或本试验室的实际情况进行调整，见表 2-7。

试验室内部审核检查表　　**表 2-7**

序号	评审内容	存在问题
1	人 员	
	(1)应配备试验、资料、调料、出厂检验、材料验收、交货等专职人员，且人数应与生产规模及试验需要相适应	
	(2)专职试验员不少于 4 人	
	(3)所有人员应经过与其承担的任务相适应的教育、培训，并经考核合格；有相应的技术知识和经验	
	(4)在岗人员应签订劳动合同并缴纳社会保险	
	(5)应根据人员变动和工作需要，建立人员培训和考核计划，且应如期实施，并保存实施相关资料	
	(6)试验室人员不得与其从事的试验活动以及出具的数据和结果存在利益关系	
	(7)应建立人员档案(一人一档)。内容应包括：履历表、身份证、学历证、职称证、任命文件、科研成果、奖惩、学术论文、劳动合同、社保缴纳证明等原件或复印件	
	(8)主要技术人员应有任命文件	
2	仪器设备	
	(1)应按年度建立“试验仪器设备台账”	
	(2)计量仪器和试验设备的配备应满足产品质量控制要求，不符合要求的应依据新标准更换	
	(3)试验仪器设备应合理布置摆放，完好率应达到 100%	
	(4)仪器设备应由经过授权的人员操作	
	(5)仪器设备使用和维护的技术资料应便于相关人员取用	
	(6)仪器设备应按规定要求进行检定或校准，并按年度建立仪器设备周期检定或校准计划	
	(7)修复的计量仪器设备必须经检定、校准等方式证明其功能指标已恢复	

续表

序号	评审内容	存在问题
2	仪器设备	
	(8)经搬运、显示数据可疑或检定/校准确认不符合要求的仪器设备应立即停止使用,经修复、检定或校准满足要求后才能使用	
	(9)所有仪器设备应有明显的标识来表明其状态(三色标识)	
	(10)应编制“期间核查”程序,确定核查清单,按计划和程序要求实施	
	(11)仪器设备应委托符合检定或校准资格的第三方组织机构进行,并保留检定或校准证书	
	(12)自行校准的仪器设备须编制自校规程并经批准,自校物质必须符合要求,并保存自校记录	
	(13)主要、精密、复杂的仪器设备应编制操作规程,并悬挂在相应操作环境的易见位置	
	(14)所有仪器设备应清洁卫生,定期进行维护保养,并做好维护保养记录	
	(15)主要、精密的仪器设备应有“试验仪器设备使用记录”,并如实填写,悬挂在操作环境易见位置	
	(16)主要、精密的仪器设备应建立档案(一机一档)。档案内容包括:出厂合格证、使用说明书、装箱单、使用验收记录、历次检定或校准证书、操作规程、历史使用记录及维护保养、维修记录等	
3	设施与环境	
	(1)试验场所的环境条件应符合现行标准的规定要求,并有完整的温湿度记录	
	(2)沸煮箱、快速养护箱等在使用时,不得影响其他试验项目对环境条件的技术要求,且不得对其他仪器设备造成不良影响	
	(3)分析天平应有专用空间,使用温度为 18～26℃;相对湿度 65%以下;无阳光直射;房间要清洁,防尘、防震、无空气对流	
	(4)高温设备(高温炉、烘箱)应与其他设备隔离使用	
	(5)试验工作场所应有明显标识,清洁整齐,不存放与检验无关的物品	
	(6)试验工作场所应满足试验设备布局及试验流程合理的要求,确保相邻区域内的工作互不干扰,不得对检验质量产生不良影响(如温湿度、振动、灰尘、供电等)	
	(7)试验室通风、采光、照明良好,仪器设备管道、电路布局合理,便于安全操作	
	(8)胶砂试件应放在 20℃±1℃水中养护,试件之间间隔或试体上表面的水深不小于 5mm;每个养护池只养护同类型的试件	
	(9)水泥等胶凝材料检验前的试样、拌合水、标准砂、仪器设备的温度应符合规定要求,拌合水应有容器储存	
	(10)对有温湿度要求的试验环境、仪器设备应有复测温、湿度的仪表或温度计,并按要求记录温湿度	
	(11)试验工作场所应配备必需的消防器材,存放于明显和便于取用的位置	
4	试验操作	
	(1)应优先选择国家标准、行业标准、地方标准,使用适合的方法和程序实施试验活动	
	(2)与试验工作有关的标准、手册、指导书等都应现行有效,并便于工作人员使用	
	(3)试验前应按照相关标准要求,提前做好操作环境和仪器设备的预热要求等准备工作,并进行性能检查,做好仪器设备使用前的记录	

续表

序号	评审内容	存在问题
4	试验操作	
	(4)仪器设备的操作至少由两名试验人员进行，一名负责操作，一名负责核对和记录。两名试验人员应分别在试验原始记录的试验和复核栏上签名	
	(5)每一个检验项目应在试验操作过程中及时真实记录，信息完整，未进行检验的项目应在表格空格位置画"—"或"/"	
	(6)当利用计算机或自动设备对试验数据进行采集、处理、记录、报告、存储或检索时，应建立并实施数据保护的程序；该程序应包括(但不限于)：数据输入或采集、存储、转移和处理的完整性和保密性	
	(7)试验完成后，应填写仪器设备使用记录，认真做好现场清洁工作	
5	配合比管理	
	(1)混凝土配合比设计应根据工程设计要求、结构形式、施工条件和原材料性能，应按《普通混凝土配合比设计规程》JGJ 55—2011、《混凝土结构耐久性设计标准》GB/T 50476—2019 的规定进行设计和计算，并经试配后调整确定。有特殊要求的混凝土，应按相关标准单独进行配合比设计	
	(2)矿物掺合料在混凝土中的掺量应符合《普通混凝土配合比计规程》JGJ 55—2011、《大体积混凝土施工标准》GB 50496—2018、《高强混凝土应用技术规程》JGJ/T 281—2012 等标准的规定	
	(3)可根据常用材料设计出常用的混凝土配合比备用，并将设计完成的配合比统一编号，汇编成册；所有混凝土配合比设计确定后上报技术负责人审定批准后方可使用	
	(4)当混凝土性能有特殊要求或合同有约定时；原材料品种与质量有明显变化时；配合比间断半年以上未生产或现有配合比不能满足强度、工作性和耐久性等要求时，应重新进行配合比设计	
	(5)应保存完整的配合比设计资料，包括设计与计算过程、试配试验和配合比确定过程的相关记录、原材料试验记录、原材料出厂质量证明文件等	
	(6)混凝土配合比的使用应符合下列要求： 1)应根据生产任务通知单要求，结合现有原材料和配合比储备技术资料等，出具生产混凝土配合比，应经技术负责人或试验室主任签字批准后方可用于生产； 2)在混凝土生产过程中，配合比应根据骨料含水率及时调整为湿料比，应有书面配合比调整通知单，并至少发放到生产部； 3)首次使用或使用间隔时间超过三个月的混凝土配合比，应进行"开盘鉴定"。开盘鉴定应由技术负责人或试验室主任组织有关试验、质检、生产等人员参加，必要时建设、施工及监理单位技术人员可参加开盘鉴定，并做好记录； 4)应有"混凝土生产配合比管理制度"，明确生产配合比的使用和调整权限； 5)技术负责人和试验室主任办公室应配置生产配合比计量监控设施	
6	样品管理	
	(1)各种材料的取样和留样必须严格按相关标准规范要求进行，并及时做好登记	
	(2)各种样品应按取样时间以年度为周期连续编号，不得空号、重号，并分类整齐列队存放于样品架上；样品标识字迹应清晰、附着牢固	
	(3)封存样品有能满足贮存要求的单独样品室，并确保安全、防潮、无腐蚀、清洁	
	(4)为确保样品在留样期间质量特性不发生变化，不同样品应采用合适的封装器具进行封装；盖口宜用胶带缠绕，保证样品被有效密封	
	(5)样品的封存期必须符合规定要求，过期应经相关管理人员批准后处理，并做好处理记录	

续表

序号	评审内容	存在问题
7	试验资料	
	(1)试验室应确保使用的相关标准、试验方法的最新有效版本,可定期通过“工标网”进行查验	
	(2)各种原始记录应采用耐久性强的书写材料,如碳素墨水、蓝黑墨水等,不得使用易褪色的书写材料	
	(3)试验原始记录、试验报告按年度连续唯一编号,不得重复和空号	
	(4)各类试验原始记录如实正确填写,必须清晰、完整,不得任意涂改。当笔误更正时应由记录人进行修改,并在修改处签名或加盖印章	
	(5)确定的混凝土配合比设计经技术负责人批准后,在使用时所出具的生产配合比及各种试验报告,应由技术负责人或试验室主任签字	
	(6)原始记录、试验报告及各类台账应按年度装订成册,由资料员负责管理	
	(7)试验报告应采用计算机打印,检验依据与评定依据应现行有效、完整;有试验人、审核人和签发人签字,并加盖试验报告专用章方可发放,发放时应进行登记	
	(8)保存期限。涉及结构安全的试块、试件及结构建筑材料等试验资料保存期限为 20 年;其他管理类、体系运行类资料档案至少保存 5 年	
	(9)保管到期的资料档案销毁应进行登记,并经主任批准后方可实施,销毁登记册保存期限不应少于 5 年	
	(10)试验资料归档应易于存取和检索,存放整齐,标识清楚,放在干燥的地方,做好防霉、防潮、防鼠、防虫蛀、防盗、防火	
	(11)各类试验原始记录、试验台账、试验报告表格设计合理、信息量充分,相关人员签字齐全;试验原始记录与试验报告的数据必须一致,有效位数和误差表达方式应符合相关规范要求,核查情况应包括(不限于): 1)水泥试验原始记录、试验报告、试验台账、厂家质量证明文件; 2)细骨料试验原始记录、试验报告、试验台账; 3)粗骨料试验原始记录、试验报告、试验台账; 4)矿渣粉试验原始记录、试验报告、试验台账、厂家质量证明文件; 5)粉煤灰试验原始记录、试验台账、试验报告、厂家质量证明文件; 6)减水剂试验原始记录、试验报告、试验台账、厂家质量证明文件; 7)膨胀剂试验原始记录、试验报告、试验台账、厂家质量证明文件; 8)防冻剂试验原始记录、试验报告、试验台账、厂家质量证明文件; 9)混凝土出厂检验拌合物性能试验及试件成型记录; 10)混凝土抗压强度试验原始记录、试验报告、试验台账; 11)混凝土抗渗试验原始记录、试验报告、试验台账; 12)混凝土配合比验证原始记录、混凝土基本性能试验报告(需要时); 13)生产任务通知单、混凝土生产配合比通知单(干料比)、混凝土生产配合比调整通知单(湿料比)、骨料含水量测定记录; 14)预拌混凝土出厂合格证、开盘鉴定报告等质量证明资料	
8	混凝土生产质量控制	
	(1)进厂原材料应按品种、级别、规格、厂家或产地进行存放,并作出明显标识;胶凝材料、外加剂必须实行上锁管理,袋装材料应有防潮措施	
	(2)严格按相关标准规范要求对进厂原材料质量进行验收,不得漏取样	
	(3)混凝土生产配合比应与试验室签发的配合比一致,必须调整时依据要充分,并做好调整情况记录	

续表

序号	评审内容	存在问题
8	混凝土生产质量控制	
	(4)应建立不合格品台账,不合格品的处理按有关规定进行	
	(5)各种原材料计量偏差必须符合规定要求。可现场抽1～3车混凝土核实生产计量与磅房计量误差情况	
	(6)技术负责人和试验室主任应不定时对混凝土生产过程进行监督检查。内容包括:材料使用、配合比、计量、搅拌、拌合物状态等,并做好记录	
	(7)出厂检验时,混凝土强度检验的取样频率应符合以下要求: 1)每一工作班相同配合比的混凝土每100盘取样不应少于一次,不足100盘时也应取一次。每次取样应至少进行一组试验;也可按《混凝土强度检验评定标准》GB/T 50107—2010标准的要求进行取样; 2)同一配合比的大体积混凝土强度检验取样频率和数量: ①当一次连续浇筑不大于1000m^3时,取样不应少于10组; ②当一次连续浇筑1000～5000m^3时,超出1000m^3的混凝土每增加500m^3取样不应少于一次,增加不足500m^3时取样一次; ③当一次连续浇筑大于5000m^3时,超出5000m^3的混凝土,每增加1000m^3取样不应少于一次,增加不足1000m^3时取样一次	
	(8)混凝土坍落度检验的取样频率应与强度检验相同	
	(9)同一工程、同一配合比的混凝土的氯离子含量应至少检验1次;同一工程、同一配合比和采用同一批海砂的混凝土的氯离子含量应至少检验1次	
	(10)混凝土耐久性能检验的取样频率应符合《混凝土耐久性检验评定标准》JGJ/T 193—2009的规定	
	(11)预拌混凝土的含气量、扩展度及其他项目的取样检验频率应符合国家现行标准和合同的规定	
9	混凝土试件制作与标养	
	(1)混凝土试件制作时,混凝土必须填满试模内腔,并应在温度为20℃±5℃、相对湿度大于50%的室内静置1～2d后编号、拆膜	
	(2)成型的混凝土试件按年度时间顺序流水编号,不得重复和空号,字迹清楚、完整	
	(3)标养室温度为20℃±2℃;湿度为95%以上;试件摆放彼此间隔不小于10mm,试件表面应保持潮湿,并不得被水直接冲淋	
10	混凝土抗压强度	
	(1)资料室应按《混凝土强度检验评定标准》GB/T 50107—2010标准要求对混凝土抗压强度进行统计评定,评定周期可取一个月,报表齐全、完整	
	(2)现场抽取"N"组28d抗压强度试件进行检验,其抗压强度: 1)当抽检1组时,应不小于设计强度等级值的110%; 2)当抽检2组及以上时,平均值应不小于设计强度等级值的110%;最小值应≥设计强度等级值的95%	

参加审核人员:　　　　　　　　　　　　　　　　　　　　　　审核负责人:

第3章 水泥

水泥是一种无机水硬性胶凝材料，加入适量的水搅拌成塑性浆体，能在空气和水中硬化，保持并继续发展其强度，是建设工程中应用最广泛的材料。水泥的密度一般为3000～3200kg/m^3；松散堆积密度为1000～1200kg/m^3，紧密时可达1600kg/m^3。

3.1 概述

水泥是一种粉状水硬性无机胶凝材料。加入适量的水搅拌成浆体，能在空气和水中硬化，并能把砂、石等材料牢固地胶结在一起。长期以来，它作为一种重要的胶凝材料，广泛应用于土木建筑、水利、国防等工程。

1796年，英国人派克（J·Parker）将黏土质石灰岩磨细制成料球，在高温下煅烧，然后磨细制成水泥，这种水泥被称为“罗马水泥”。差不多在罗马水泥的同时期，法国人采用泥灰岩来制造水泥。该泥灰岩被称为水泥灰岩，其制成的水泥则称为天然水泥。1824年，英国利兹城的泥水匠约瑟夫·阿斯普丁（Joseph Aspdin），通过把石灰石捣成细粉，配合一定量黏土，掺水后以人工或机械搅和均匀成泥浆。置泥浆于盘上，加热干燥。将干料打击成块，然后装入石灰窑煅烧，烧至石灰石内碳酸气全部逸出。煅烧后的烧块冷却后打碎磨细，制成水泥。因其凝结后的外观颜色与英国波特兰出产的石灰石相似，故称之为波特兰水泥（我国称为硅酸盐水泥），并获得英国第5022号的“波特兰水泥”专利证书。从这时起，水泥及其制造工艺进入了新的发展阶段。

现代水泥的生产工艺过程可概括为“两磨一烧”。即将石灰质原料、黏土质原料以及少量的校正原料，经破碎或烘干后，按一定比例配合、磨细，并制备为成分合适、质量均匀的生料。称之为第一阶段：生料粉磨；然后将生料加入水泥窑中，在1350～1450℃的高温中煅烧，得到以硅酸钙为主要成分的水泥熟料。称之为第二阶段：熟料煅烧；熟料加入适量的石膏，或根据水泥品种组成要求掺入混合材料，共同入磨机中磨至适当细度，便制成水泥成品。称之为第三阶段：水泥粉磨。

我国在1949年水泥产量很低，只有66万t。建设用水泥主要是舶来品，所以在过去被叫作“洋灰”。改革开放以来，我国水泥工业在飞速发展。1985年，我国的水泥产量达1.5亿t，首次位居世界第一；1990年产量为2.1亿t；2000年产量为6.6亿t；2005年产量已达到10.69亿t，占世界总产量的三分之一；随着我国基础设施建设规模不断增大，水泥的生产量也在高速增长，2010年产量达到18.7亿t；2012年产量达到20.1亿t，占世界总产量的一半以上；2014年达到了24.9亿t，创史上最高纪录；2022年全国水泥产量为21.2亿t。巨大的水泥用量背后包含着发展经济的代价，国内知名环保组织在调研后发现，水泥行业是我国重金属汞污染的主要工业排放源之一，对环境造成了严重伤害。

我国于 1956 年正式制定了第一个水泥标准。随着科学技术的不断进步和生产工艺的不断提高，最早的五大通用水泥至今已进行了六次修订，复合硅酸盐水泥进行了三次修订。从 1999 年开始，我国水泥强度的检验方法等同采用了 ISO 国际标准，标志着我国水泥标准已与国际接轨。水泥按性能和用途分为通用水泥和特种水泥两大类。我国最新的水泥标准《通用硅酸盐水泥》GB 175—2007，是将《硅酸盐水泥、普通硅酸盐水泥》GB 175—1999、《矿渣硅酸盐水泥、火山灰质硅酸盐水泥及粉煤灰硅酸盐水泥》GB 1344—1999 和《复合硅酸盐水泥》GB 12958—1999 三合为一，并于 2008 年 6 月 1 日起实施。

最新的水泥标准修订后对水泥强度要求高了，水泥厂多采取提高 C_3A 和 C_3S 以及细度的措施来提高水泥的强度。特别是最近几年越磨越细，导致水泥生产质量的现状存在“四高”问题。即高细度（比表面积普遍达到 $350m^2/kg$ 以上，甚至超过 $400m^2/kg$）、高早强（P • O42.5 水泥 3 天强度一般都超过 25MPa，超过 30MPa 也常见）、高 C_3S（普遍大于 60%）和高 C_3A（普遍大于 8.0%）的含量。所带来的结果则是水化热增大、降低与外加剂的相容性、增加混凝土的用水量、收缩增大、开裂敏感性增加、抗化学腐蚀性下降；早期强度高而后期增长小，有冲劲无后劲甚至发生倒缩现象；使结构自愈能力较差。不同水泥厂生产的相同强度等级和品种的水泥，甚至同一水泥厂不同批次的水泥，其与外加剂的相容性和开裂敏感性可能会有很大的差异。

由于现行国标对水泥的强度和比表面积只规定下限而不规定上限（欧美国家标准中有规定），导致许多水泥厂的产品实际强度比标称强度高出许多，被大多数用户认为是“好水泥”。如 42.5 水泥和 52.5 水泥的 28d 实测强度普遍差距不大，出于价格的考虑，42.5 水泥比 52.5 水泥销路好。但是活性越大的水泥储存性能越差，且强度的大幅度提高增加了水泥的易裂性。因此，单纯以强度评价水泥的“好或坏”是传统思维造成的误区。评价水泥质量优劣不应只看水泥自身强度，而在于它对混凝土各项性能的影响，特别是对混凝土生产、施工性能及对混凝土耐久性的影响尤为重要。要改变水泥强度是唯一指标的传统观念，应当认识到水泥强度的高限比低限还重要；抗裂性比强度更重要；最重要的是质量均匀。求发展讲效益必须尊重科学，牺牲质量的高速度发展应尽量避免。

水泥中用掺合料主要是为了改变品种、调节标号和增加产量。但是，由于矿渣水泥易泌水、抗渗性和抗冻性差；火山灰水泥由于需水量大影响混凝土的流变性和抗冻性；粉煤灰水泥由于粉煤灰含碳量大、早期强度低、质量不稳定，基本上不受欢迎；而硅酸盐水泥由于价格问题市售量也不大。因此，普通水泥成为市场的主流。

3.2 水泥的组成

水泥熟料主要由硅酸三钙（C_3S）、硅酸二钙（C_2S）、铝酸三钙（C_3A）、铁铝酸四钙（C_4AF）等矿物组成。

1. 硅酸三钙（C_3S）

C_3S 是水泥熟料的主要组成部分，其含量为 50%～60%。C_3S 水化反应较快，凝结时间正常，水化反应放热较大。C_3S 对水泥混凝土制品早期强度发展较为有利。含有少量氧化物的 C_3S 称作阿利特（A1ite），其水化反应速度比普通 C_3S 更快。

2. 硅酸二钙（C_2S）

C_2S也是水泥熟料的主要成分，其含量大约20%。C_2S水化反应较慢，凝结时间较长，水化放热较低。C_2S对水泥混凝土制品后期强度发展较为有利。

3. 铝酸三钙（C_3A）

C_3A水化反应极快，凝结时间较短。C_3A水化放热量甚至大于C_3S。在大体积混凝土施工中，采用C_3A与C_3S含量较低、C_2S含量较高的水泥，采取有效的控制措施，可有效地消除温度裂缝，是控制温度应力破坏的有效途径。另一方面，硫酸盐与C_3A水化产物之间复杂的化学反应将会对混凝土产生严重的侵蚀作用，降低C_3A含量，将其转化为C_4AF是控制硫酸盐侵蚀的有效途径。

4. 铁铝酸四钙（C_4AF）

C_4AF是铁相或铁的固溶体。其早期水化速度介于铝酸三钙和硅酸三钙之间，但其后期发展速度不如硅酸三钙。其早期强度类似于铝酸三钙，但其后期强度还能像硅酸二钙一样持续增长。C_4AF水化热较C_3A低，具有良好的抗冲击性能与抗硫酸盐侵蚀性能。纯净的C_4AF呈巧克力色，当MgO存在时，使其显黑色，当MgO含量较低时，使水泥呈褐色，多数情况下，存在的MgO常使水泥呈灰白色。

5. 石膏

水泥熟料磨成粉末之后与水反应常会发生速凝现象。为调节水泥凝结时间，常在熟料中掺入适量的石膏。掺入水泥的石膏主要与铝酸三钙（C_3A）及铁铝酸四钙（C_4AF）发生反应，生成三硫型水化硫铝酸钙（钙矾石），随后三硫型水化硫铝酸钙逐渐转化为单硫型水化硫铝酸钙。在水化过程中，约30%的石膏参与了钙矾石的形成，70%的石膏则进入C-S-H凝胶结构，有助于强度的提高。

石膏掺量过少，不能有效地调节水泥凝结时间；若掺量过多，容易导致水泥发生假凝现象，甚至会导致水泥体积安定性不良。石膏的掺量主要与熟料中铝酸三钙（C_3A）含量及混合材种类有关。

3.3 通用硅酸盐水泥

水泥按性能和用途不同，可分为通用水泥、专用水泥和特性水泥三大类。由于预拌混凝土常用的水泥是通用硅酸盐水泥，因此本节只介绍现行国家标准《通用硅酸盐水泥》GB 175—2007的内容。

3.3.1 术语和定义

以硅酸盐水泥熟料和适量的石膏，及规定的混合材料制成的水硬性胶凝材料，称为通用硅酸盐水泥。

3.3.2 分类

通用硅酸盐水泥按混合材料的品种和掺量分为硅酸盐水泥、普通硅酸盐水泥、矿渣硅酸盐水泥、火山灰质硅酸盐水泥、粉煤灰硅酸盐水泥和复合硅酸盐水泥。各品种的组分和代号应符合表3-1的规定。

3.3.3　组分与材料

1. 组分

通用硅酸盐水泥的组分应符合表 3-1 的规定。

通用硅酸盐水泥的组分　　**表 3-1**

品种	代号	组分(质量分数,%)				
		熟料+石膏	粒化高炉矿渣	火山灰质混合材料	粉煤灰	石灰石
硅酸盐水泥	P·Ⅰ	100	—	—	—	—
	P·Ⅱ	≥95	≤5	—	—	—
		≥95	—	—	—	≤5
普通水泥	P·O	≥80 且<95	>5 且≤20①			—
矿渣水泥	P·S·A	≥50 且<80	>20 且≤50②	—	—	—
	P·S·B	≥30 且<50	>50 且≤70②	—	—	—
火山灰质水泥	P·P	≥60 且<80	—	>20 且≤40	—	—
粉煤灰水泥	P·F	≥60 且<80	—	—	>20 且≤40	—
复合水泥	P·C	≥50 且<80	>20 且≤50③			

注：① 本组分材料为符合标准要求的活性混合材料，其中允许用不超过水泥质量 8%且符合标准要求的非活性混合材料或不超过水泥质量 5%且符合标准要求的窑灰代替。

② 本组分材料为符合《用于水泥中的粒化高炉矿渣》GB/T 203—2008 或《用于水泥、砂浆和混凝土中的粒化高炉矿渣粉》GB/T 18046—2017 的活性混合材料，其中允许用不超过水泥质量 8%且符合标准要求的活性混合材料或非活性混合材料或符合标准要求的窑灰中的任一种材料代替。

③ 本组分材料为两种（含）以上符合标准要求的活性混合材料或/和符合标准要求的非活性混合材料组成，其中允许用不超过水泥质量 8%且符合标准要求的窑灰代替。掺矿渣时混合材料掺量不得与矿渣硅酸盐水泥重复。

2. 材料

（1）硅酸盐水泥熟料

由主要含 CaO、SiO_2、Al_2O_3、Fe_2O_3 的原料，按适当比例磨成细粉烧至部分熔融所得以硅酸钙为主要矿物成分的水硬性胶凝物质。其中硅酸钙矿物含量（质量分数）不小于 66%，氧化钙和氧化硅质量比不小于 2.0。

（2）石膏

天然石膏：应符合《天然石膏》GB/T 5483—2008 中规定的 G 类或 M 类二级及以上的石膏或混合石膏。

工业副产石膏：以硫酸钙为主要成分的工业副产物。采用前应经过试验证明对水泥性能无害。

（3）活性混合材料

应符合《用于水泥中的粒化高炉矿渣》GB/T 203—2008、《用于水泥、砂浆和混凝土中的粒化高炉矿渣粉》GB/T 18046—2017、《用于水泥和混凝土中的粉煤灰》GB/T 1596—2017、《用于水泥中的火山灰质混合材料》GB/T 2847—2022 标准要求的粒化高炉矿渣、粒化高炉矿渣粉、粉煤灰、火山灰质混合材料。

(4) 非活性混合材料

活性指标分别低于《用于水泥中的粒化高炉矿渣》GB/T 203—2008、《用于水泥、砂浆和混凝土中的粒化高炉矿渣粉》GB/T 18046—2017、《用于水泥和混凝土中的粉煤灰》GB/T 1596—2017、《用于水泥中的火山灰质混合材料》GB/T 2847—2022 标准要求的粒化高炉矿渣、粒化高炉矿渣粉、粉煤灰、火山灰质混合材料；石灰石和砂岩，其中石灰石中的三氧化二铝含量（质量分数）不大于 2.5%。

(5) 窑灰

应符合《掺入水泥中的回转窑窑灰》JC/T 742—2009 的规定。

(6) 助磨剂

水泥粉磨时允许加入助磨剂，其加入量应不大于水泥质量的 0.5%。

3.3.4 强度等级

(1) 硅酸盐水泥的强度等级分为：42.5、42.5R、52.5、52.5R、62.5、62.5R 六个等级（R 表示早强型水泥）。

(2) 普通硅酸盐水泥的强度等级分为：42.5、42.5R、52.5、52.5R 四个等级。

(3) 矿渣硅酸盐水泥、火山灰质硅酸盐水泥、粉煤灰硅酸盐水泥的强度等级分为：32.5、32.5R、42.5、42.5R、52.5、52.5R 六个等级。

(4) 复合硅酸盐水泥的强度等级分为：42.5、42.5R、52.5、52.5R 四个等级。

3.3.5 技术要求

1. 化学指标

通用硅酸盐水泥化学指标应符合表 3-2 的规定。

通用硅酸盐水泥化学指标 表 3-2

<table>
<tr><th rowspan="2">品种</th><th rowspan="2">代号</th><th colspan="5">化学指标(质量分数,%)</th></tr>
<tr><th>不溶物</th><th>烧失量</th><th>三氧化硫</th><th>氧化镁</th><th>氯离子</th></tr>
<tr><td rowspan="2">硅酸盐水泥</td><td>P·Ⅰ</td><td>≤0.75</td><td>≤3.0</td><td rowspan="3">≤3.5</td><td rowspan="3">≤5.0①</td><td rowspan="8">≤0.06③</td></tr>
<tr><td>P·Ⅱ</td><td>≤1.50</td><td>≤3.5</td></tr>
<tr><td>普通水泥</td><td>P·O</td><td>—</td><td>≤5.0</td></tr>
<tr><td rowspan="2">矿渣水泥</td><td>P·S·A</td><td>—</td><td>—</td><td rowspan="2">≤4.0</td><td>≤6.0②</td></tr>
<tr><td>P·S·B</td><td>—</td><td>—</td><td>—</td></tr>
<tr><td>火山灰质水泥</td><td>P·P</td><td>—</td><td>—</td><td rowspan="3">≤3.5</td><td rowspan="3">≤6.0②</td></tr>
<tr><td>粉煤灰水泥</td><td>P·F</td><td>—</td><td>—</td></tr>
<tr><td>复合水泥</td><td>P·C</td><td>—</td><td>—</td></tr>
</table>

注：① 如果水泥压蒸试验合格，则水泥中氧化镁的含量（质量分数）允许放宽至 6.0%。
② 如果水泥中氧化镁的含量大于 6.0%时，需进行水泥压蒸安定性试验并合格。
③ 当有更低要求时，该指标由买卖双方确定。

2. 碱含量（选择性指标）

水泥中碱含量按 $Na_2O+0.658K_2O$ 计算值表示。若使用活性骨料，用户要求提供低碱水泥时，水泥中碱含量应不大于0.60%或由买卖双方协商确定。

3. 物理指标

(1) 强度

不同品种不同强度等级的通用硅酸盐水泥，其不同龄期的强度应符合表3-3的规定。

通用硅酸盐水泥强度指标（MPa）　　　　**表3-3**

品种	强度等级	抗压强度		抗折强度	
		3d	28d	3d	28d
硅酸盐水泥	42.5	≥17.0	≥42.5	≥3.5	≥6.5
	42.5R	≥22.0		≥4.0	
	52.5	≥23.0	≥52.5	≥4.0	≥7.0
	52.5R	≥27.0		≥5.0	
	62.5	≥28.0	≥62.5	≥5.0	≥8.0
	62.5R	≥32.0		≥5.5	
普通硅酸盐水泥	42.5	≥17.0	≥42.5	≥3.5	≥6.5
	42.5R	≥22.0		≥4.0	
	52.5	≥23.0	≥52.5	≥4.0	≥7.0
	52.5R	≥27.0		≥5.0	
矿渣硅酸盐水泥、火山灰质硅酸盐水泥、粉煤灰硅酸盐水泥	32.5	≥10.0	≥32.5	≥2.5	≥5.5
	32.5R	≥15.0		≥3.5	
	42.5	≥15.0	≥42.5	≥3.5	≥6.5
	42.5R	≥19.0		≥4.0	
	52.5	≥21.0	≥52.5	≥4.0	≥7.0
	52.5R	≥23.0		≥4.5	
复合硅酸盐水泥	42.5	≥15.0	≥42.5	≥3.5	≥6.5
	42.5R	≥19.0		≥4.0	
	52.5	≥21.0	≥52.5	≥4.0	≥7.0
	52.5R	≥23.0		≥4.5	

(2) 凝结时间

硅酸盐水泥初凝时间不小于45min，终凝时间不大于390min。

普通硅酸盐水泥、矿渣硅酸盐水泥、火山灰质硅酸盐水泥、粉煤灰硅酸盐水泥和复合硅酸盐水泥初凝时间不小于45min，终凝时间不大于600min。

(3) 安定性

沸煮法合格。

(4) 细度（选择性指标）

硅酸盐水泥和普通硅酸盐水泥的细度以比表面积表示，其比表面积不小于300m^2/kg；矿渣硅酸盐水泥、火山灰质硅酸盐水泥、粉煤灰硅酸盐水泥和复合硅酸盐水泥的细度以筛余表示，其80μm方孔筛筛余不大于10%或45μm方孔筛筛余不大于30%。

3.3.6 检验规则

1. 编号及取样

水泥出厂前按同品种、同强度等级编号及取样。袋装水泥和散装水泥应分别进行编号及取样。每一编号为一取样单位。水泥出厂编号按年生产能力规定为：

200×10^4t 以上，不超过 4000t 为一编号；

120×10^4～200×10^4t，不超过 2400t 为一编号；

60×10^4～120×10^4t，不超过 1000t 为一编号；

30×10^4～60×10^4t，不超过 600t 为一编号；

10×10^4～30×10^4t，不超过 400t 为一编号；

10×10^4t 以下，不超过 200t 为一编号。

取样方法按《水泥取样方法》GB/T 12573—2008 进行。可连续取，亦可从 20 个以上不同部位取等量样品，总量至少 12kg。当散装水泥运输工具的容量超过该厂规定出厂编号吨数时，允许该编号的数量超过取样规定吨数。

2. 水泥出厂

经确认水泥各项技术指标及包装质量符合要求时方可出厂。

3. 出厂检验

出厂检验项目为化学指标、凝结时间、安定性和强度检验。

4. 判定规则

化学指标、凝结时间、安定性和强度检验结果符合规定技术要求为合格品。否则，任何一项检验结果不符合规定技术要求为不合格品。

5. 检验报告

检验报告内容应包括出厂检验项目、细度、混合材料品种和掺加量、石膏和助磨剂的品种和掺加量，属旋窑或立窑生产及合同约定的其他技术要求。当用户需要时，生产者应在水泥发出之日起 7d 内寄发除 28d 强度以外的各项检验结果，32d 内补报 28d 强度的检验结果。

6. 交货与验收

(1) 交货时水泥的质量验收可以抽取实物试样检验结果为依据，也可以生产者同编号水泥的检验报告为依据。采取何种方法验收由买卖双方商定，并在合同或协议中注明。卖方有告知买方验收方法的责任。当无书面或未在合同、协议中注明验收方法的，卖方应在发货票上注明“以本厂同编号水泥的检验报告为验收依据”字样。

(2) 以抽取实物试样的检验结果为验收依据时，买卖双方应在发货前或交货地共同取样和签封。取样方法按《水泥取样法》GB/T 12573—2008 进行，取样数量为 20kg，缩分为二等份。一份由卖方保存 40d，一份由买方按相关标准规定的项目和方法进行检验。

在 40d 以内，买方检验认为产品质量不符合标准要求，而卖方又有异议时，则双方应将卖方保存的另一份试样送省级或省级以上国家认可的水泥质量监督检验机构进行仲裁检验。水泥安定性仲裁检验时，应在取样之日起 10d 以内完成。

(3) 以生产者同编号水泥的检验报告为验收依据时，应在发货前或交货时买方在同编号水泥中取样，双方共同签封后由卖方保存 90d，或认可卖方自行取样、签封并保存 90d

同编号水泥的封存样。

在 90d 内，买方对水泥质量有疑问时，则买卖双方应将共同认可的试样送省级或省级以上国家认可的水泥质量监督检验机构进行仲裁检验。

3.4 水泥的检验方法

3.4.1 水泥标准稠度用水量、凝结时间、定安性检验方法

摘自《水泥标准稠度用水量、凝结时间、安定性检验方法》GB/T 1346—2011。

1. 范围

适用于通用硅酸盐水泥以及指定采用本方法检验的其他品种水泥。

2. 原理

(1) 水泥标准稠度

水泥标准稠度净浆对标准试杆（或试锥）的沉入具有一定阻力。通过试验不同含水量水泥净浆的穿透性，以确定水泥标准稠度净浆中所需加入的水量。

(2) 凝结时间

试针沉入水泥标准稠度净浆至一定深度所需的时间。

(3) 安定性

1) 雷氏法是通过测定水泥标准稠度净浆在雷氏夹中沸煮后试针的相对位移表征其体积膨胀的程度。

2) 试饼法是观测水泥标准稠度净浆试饼沸煮后的外形变化表征其体积安定性。

3. 仪器设备

(1) 水泥净浆搅拌机

符合《水泥净浆搅拌机》JC/T 729—2005 的要求。

注：通过减小搅拌翅和搅拌锅之间间隙，可以制备更加均匀的净浆。

(2) 标准法维卡仪

水泥标准稠度和凝结时间用维卡仪及配件示意图，如图 3-1 所示。

标准稠度试杆由有效长度为 50mm±1mm、直径为 ϕ10mm±0.05mm 的圆柱形耐腐蚀金属制成。初凝用试针由钢制成，其有效长度初凝针为 50mm±1mm、终凝针为 30mm±1mm、直径为 ϕ1.13mm±0.05mm。滑动部分的总质量为 300g±1g。与试杆、试针连接的滑动杆表面应光滑，能靠重力自由下落，不得有紧涩和晃动现象。

盛装水泥净浆的试模由耐腐蚀的、有足够硬度的金属制成。试模为深 40mm±0.2mm、顶内径 ϕ65mm±0.5mm、底内径 ϕ75mm±0.5mm 的截顶圆锥体。每个试模应配备一个边长或直径约 100mm、厚度 4～5mm 的平板玻璃底板或金属底板。

(3) 代用法维卡仪

符合《水泥净浆标准稠度与凝结时间测定仪》JC/T 727—2005 的要求。

(4) 雷氏夹

由铜质材料制成，其结构如图 3-2 所示。当一根指针的根部先悬挂在一根金属丝或尼龙丝上，另一根指针的根部再挂上 300g 质量的砝码时，两根指针针尖的距离增加应在

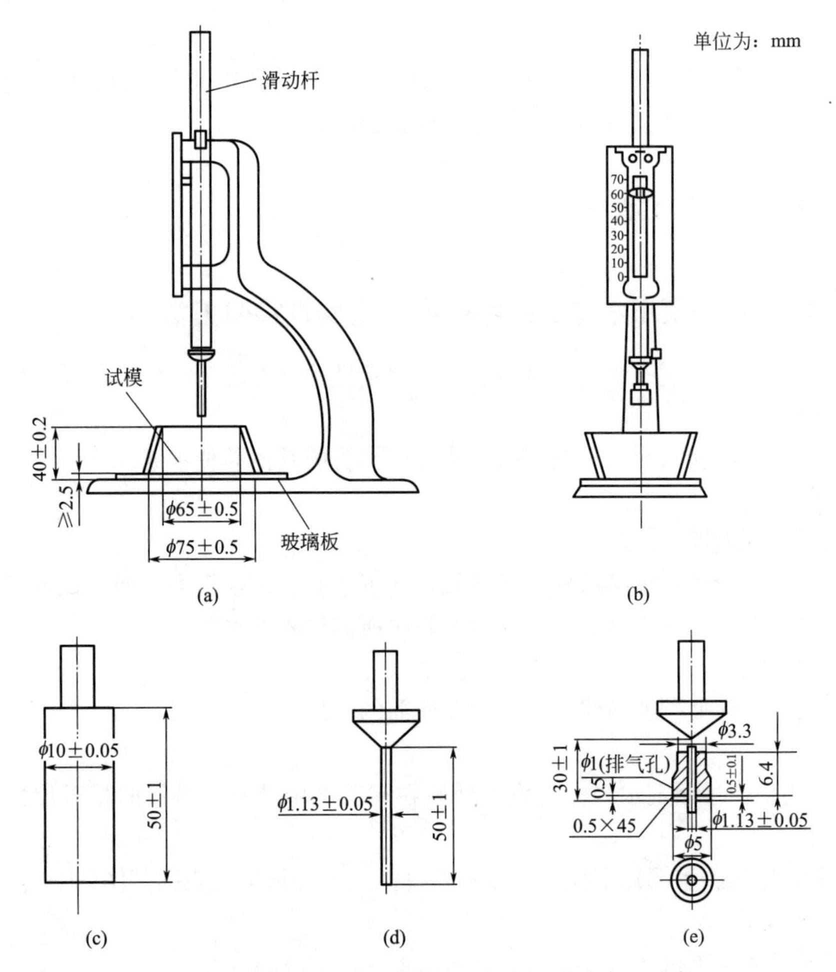

图 3-1　测定水泥标准稠度和凝结时间用维卡仪及配件

（a）初凝时间测定用立式试模的侧视图；（b）终凝时间测定用反转试模的侧视图；

（c）标准稠度试杆；（d）初凝用试针；（e）终凝用试针

17.5mm±2.5mm 范围内，即 $2x$＝17.5mm±2.5mm，如图 3-3 所示，当去掉砝码后针尖的距离能恢复至挂砝码前的状态。

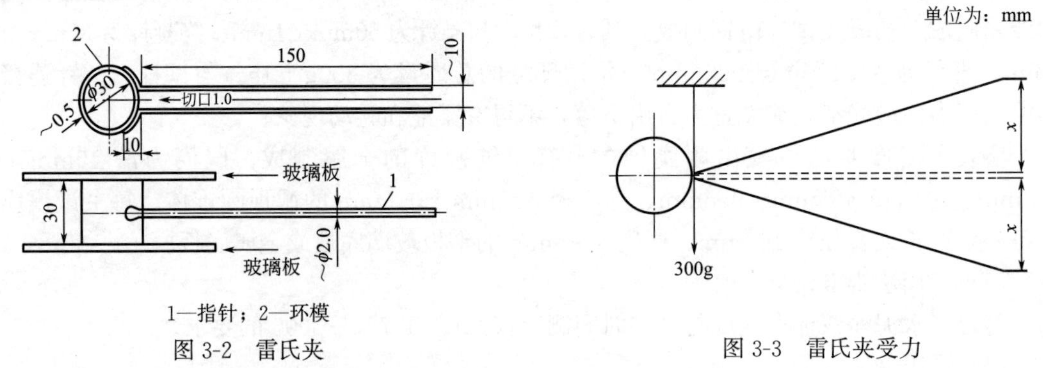

图 3-2　雷氏夹

图 3-3　雷氏夹受力

（5）雷氏夹膨胀测定仪

如图 3-4 所示，标尺最小刻度为 0.5mm。

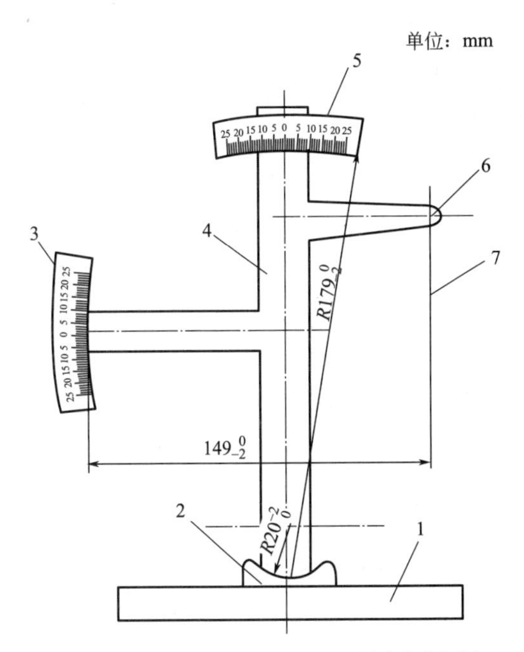

1—底座；2—模子座；3—测弹性标尺；4—立柱；5—测膨胀值标尺；6—悬臂；7—悬丝

图 3-4　雷氏夹膨胀测定仪

（6）沸煮箱

符合《水泥安定性试验用沸煮箱》JC/T 955—2005 的要求。

（7）量筒或滴定管

精度±0.5mL。

（8）天平

最大称量不小于 1000g，分度值不大于 1g。

4. 材料

试验用水应是洁净的饮用水，如有争议时应以蒸馏水为准。

5. 试验条件

（1）试验室温度为 20℃±2℃，相对湿度应不低于 50%；水泥试样、拌合水、仪器和用具的温度应与试验室一致。

（2）湿气养护箱的温度为 20℃±1℃，相对湿度不低于 90%。

6. 标准稠度用水量的测定方法（标准法）

（1）试验前准备工作

1）维卡仪的滑动杆能自由滑动。试模和玻璃底板用湿布擦拭，将试模放在底板上。

2）调整至试杆接触玻璃板时指针对准零点。

3）搅拌机运行正常。

（2）水泥净浆的拌制。

用水泥净浆搅拌机搅拌，搅拌锅和搅拌叶片先用湿布擦过，将拌合水倒入搅拌锅内，然后在 5～10s 内小心将称好的 500g 水泥加入水中，防止水和水泥溅出；拌和时，先将锅放在搅拌机的锅座上，升至搅拌位置，启动搅拌机，低速搅拌 120s，停 15s，同时将叶片和锅壁上的水泥浆刮入锅中间，接着高速搅拌 120s 停机。

（3）标准稠度用水量的测定步骤。

拌和结束后，立即取适量水泥净浆一次性将其装入已置于玻璃板上的试模中，浆体超过试模上端，用宽约 25mm 的直边刀轻轻拍打超出试模部分的浆体 5 次以排除浆体中的孔隙，然后在试模表面约 1/3 处，略倾斜于试模分别向外轻轻锯掉多余净浆，再从试模边沿轻抹顶部一次，使净浆表面光滑。在锯掉多余净浆和抹平的操作过程中，注意不要压实净浆；抹平后迅速将试模和底板移到维卡仪上，并将其中心定在试杆下，降低试杆直至与水泥净浆表面接触，拧紧螺栓 1～2s 后，突然放松，使试杆垂直自由地沉入水泥净浆中。在试杆停止沉入或释放试杆 30s 时记录试杆距底板之间的距离，升起试杆后，立即擦净；整个操作应在搅拌后 1.5min 内完成。以试杆沉入净浆并距底板 6mm±1mm 的水泥净浆为标准稠度净浆。其拌合水量为该水泥的标准稠度用水量（P），按水泥质量的百分比计。

7. 凝结时间的测定

（1）测定前准备工作

调整凝结时间测定仪的试针接触玻璃板时指针对准零点。

（2）试件的制备

以标准稠度用水量制成的标准稠度净浆，一次装满并抹平（按标准稠度用水量的测定步骤操作），立即放入湿气养护箱中。记录水泥全部加入水中的时间作为凝结时间的起始时间。

（3）初凝时间的测定

试件在湿气养护箱中养护至加水后 30min 时进行第一次测定。测定时，从湿气养护箱中取出试模放到试针下，降低试针与水泥净浆表面接触。拧紧螺栓 1～2s 后，突然放松，试针垂直自由地沉入水泥净浆。观察试针停止下沉或释放试针 30s 时指针的读数。临近初凝时每隔 5min（或更短时间）测定一次，当试针沉至距底板 4mm±1mm 时，为水泥达到初凝状态；由水泥全部加入水中至初凝状态的时间为水泥的初凝时间，用 min 表示。

（4）终凝时间的测定

为准确观测试针沉入的状况，在终凝针上安装了一个环形附件如图 3-1e 所示。在完成初凝时间测定后，立即将试模连同浆体以平移的方式从玻璃板取下，翻转 180°，直径大端向上，小端向下放在玻璃板上，再放入湿气养护箱中继续养护。临近终凝时间时每隔 15min（或更短时间）测定一次，当试针沉入试体 0.5mm 时，即环形附件开始不能在试体上留下痕迹时，为水泥达到终凝状态。由水泥全部加入水中至终凝状态的时间为水泥的终凝时间，用 min 表示。

（5）测定注意事项

测定时应注意，在最初测定的操作时应轻轻扶持金属柱，使其徐徐下降，以防试针撞弯，但结果以自由下落为准；在整个测试过程中试针沉入的位置至少要距试模内壁 10mm。临近初凝时，每隔 5min 测定一次，临近终凝时每隔 15min 测定一次，到达初凝时应立即重复测一次，当两次结论相同时才能确定到达初凝状态；到达终凝时，需要在试体另外两个不同点测试，确认结论相同才能确定到达终凝状态。每次测定不能让试针落入原针孔，每次测试完毕须将试针擦净并将试模放回湿气养护箱内，整个测试过程要防止试模受振。

8. 安定性测定方法（标准法）

（1）测定前的准备工作

每个试样需成型两个试件，每个雷氏夹需配备两个边长或直径约 80mm、厚度 4～5mm 的玻璃板，凡与水泥净浆接触的玻璃板和雷氏夹内表面都要稍稍涂上一层油。

有些油会影响凝结时间，矿物油比较合适。

（2）雷氏夹试件的成型

将预先准备好的雷氏夹放在已稍擦油的玻璃板上，并立即将已制好的标准稠度净浆一次装满雷氏夹，装浆时一只手轻轻扶持雷氏夹，另一只手用宽约 25mm 的直边刀在浆体表面轻轻插捣 3 次，然后抹平，盖上稍涂油的玻璃板，接着立即将试件移至湿气养护箱内养护 24h±2h。

（3）沸煮

1）调整好沸煮箱内的水位，使能保证在整个沸煮过程中都超过试件，不需中途添补试验用水，同时又能保证在 30min±5min 内升至沸腾。

2）脱去玻璃板取下试件，先测量雷氏夹指针尖端间的距离（A），精确到 0.5mm，接着将试件放入沸煮箱水中的试件架上，指针朝上，然后在 30min±5min 内加热至沸并恒沸 180min±5min。

3）结果判别。

沸煮结束后，立即放掉沸煮箱中的热水，打开箱盖，待箱体冷却至室温，取出试件进行判别。测量雷氏夹指针尖端的距离（C），准确至 0.5mm，当两个试件煮后增加距离（C-A）的平均值不大于 5.0mm 时，即认为该水泥安定性合格，当两个试件煮后增加距离（C-A）的平均值大于 5.0mm 时，应用同一样品立即重做一次试验。以复检结果为准。

9. 安定性测定方法（代用法）

（1）测定前准备工作

每个样品需准备两块边长约 100mm 的玻璃板，凡与水泥净浆接触的玻璃板都要稍稍涂上一层油。

（2）试饼的成型方法

将制好的标准稠度净浆取出一部分分成两等份，使之成球形，放在预先准备好的玻璃板上，轻轻振动玻璃板并用湿布擦过的小刀由边缘向中央抹，做成直径 70～80mm、中心厚约 10mm，边缘渐薄，表面光滑的试饼，接着将试饼放入湿气养护箱内养护 24h±2h。

（3）沸煮

1）调整好沸煮箱内的水位，使能保证在整个沸煮过程中都超过试件，不需中途添补试验用水，同时又能保证在 30min±5min 内升至沸腾。

2）脱去玻璃板取下试饼，在试饼无缺陷的情况下将试饼放在沸煮箱水中的篦板上，然后在 30min±5min 内加热至沸并恒沸 180min±5min。

3）结果判别。

沸煮结束后，立即放掉沸煮箱中的热水，打开箱盖，待箱体冷却至室温，取出试件进行判别。目测试饼未发现裂缝，用钢直尺检查也没有弯曲（使钢直尺和试饼底部紧靠，以两者间不透光为不弯曲）的试饼为安定性合格，反之为不合格。当两个试饼判别结果有矛盾时，该水泥的安定性为不合格。

3.4.2 水泥胶砂强度检验方法（ISO 法）

引自标准《水泥胶砂强度检验方法（ISO 法）》GB/T 17671—2021。

本方法规定了水泥胶砂强度检验方法（ISO 法）的方法概要、试验室和设备、胶砂组成、胶砂的制备、试体的制备、试体的养护、试验程序、试验结果、中国 ISO 标准砂和代用设备的验收检验。

本方法适用于通用硅酸盐水泥、石灰石硅酸盐水泥胶砂抗折和抗压强度检验，其他水泥和材料可参考使用。本方法可能对一些品种水泥胶砂强度检验不适用，例如初凝时间很短的水泥。

3.4.2.1 方法概要

本方法为 40mm×40mm×160mm 棱柱体的水泥胶砂抗压强度和抗折强度的测定。

试体是由按质量计的一份水泥、三份中国 ISO 标准砂和半份的水（水灰比 w/c 为 0.50）拌制的一组塑性胶砂制成。已证明用中国 ISO 标准砂所得水泥强度结果与用 ISO 基准砂的结果没有明显的差别。

在基准的测试步骤中，胶砂采用行星式搅拌机搅拌，在振实台上成型。可以使用代用设备和操作步骤，只要证明用它们所得水泥强度试验结果与用基准振实台和操作步骤的结果没有明显的差别。

当有争议时，只能使用基准设备和操作步骤。

试体连同试模一起在湿气中养护 24h，脱模后在水中养护至强度试验。

到试验龄期时将试体从水中取出，先用抗折机进行抗折强度试验，折断后对每截再进行抗压强度试验。

3.4.2.2 试验室和设备

1. 试验室

试验室的温度应保持在 20℃±2℃，相对湿度不应低于 50%。

试验室温度和相对湿度在工作期间每天至少记录 1 次。

2. 养护箱

带模养护试体养护箱的温度应保持在 20℃±1℃，相对湿度不低于 90%。养护箱的使用性能和结构应符合《水泥胶砂试体养护箱》JC/T 959—2005 的要求。

养护箱的温度和湿度在工作期间至少每 4h 记录 1 次。在自动控制的情况下记录次数可以酌减至每天 2 次。

3. 养护水池

水养用养护水池（带篦子）的材料不应与水泥发生反应。

试体养护池水温度应保持在 20℃±1℃。

试体养护池的水温度在工作期间每天至少记录 1 次。

4. 试验用水泥、中国 ISO 标准砂和水

应与试验室温度相同。

5. 金属丝网试验筛

应符合《试验筛 技术要求和检验 第 1 部分：金属丝编织网试验筛》GB/T 6003.1—2022 的要求，其筛网孔尺寸为：2.0mm、1.6mm、1.0mm、0.50mm、0.16mm、0.080mm。

6. 设备

（1）总体要求

用于制备和测试用的设备应该与试验室温度相同。在给定温度范围内，控制系统所设定的温度应为给定温度范围的中值。

设备公差，试验时对设备的正确操作很重要。图中给出的近似尺寸供生产者或使用者参考，带有公差的尺寸为强制尺寸。当定期计量检测或校准发现公差不符时，应替换该设备或及时进行调整和修理。计量检测或校准记录应予保存。

对新设备的接收检验应按照《行星式水泥胶砂搅拌机》JC/T 681—2022、《水泥胶砂试体成型振实台》JC/T 682—2022、《40mm×40mm 水泥抗压夹具》JC/T 683—2005、《水泥胶砂振动台》JC/T 723—2005、《水泥胶砂电动抗折试验机》JC/T 724—2005、《水泥胶砂试模》JC/T 726—2005、《水泥胶砂强度自动压力试验机》JC/T 960—2022 的要求进行。

在某些情况下设备材质会影响试验结果，这些材质也应符合要求。

（2）搅拌机

行星式搅拌机应符合《行星式水泥胶砂搅拌机》JC/T 681—2022 的要求，如图 3-5 所示。

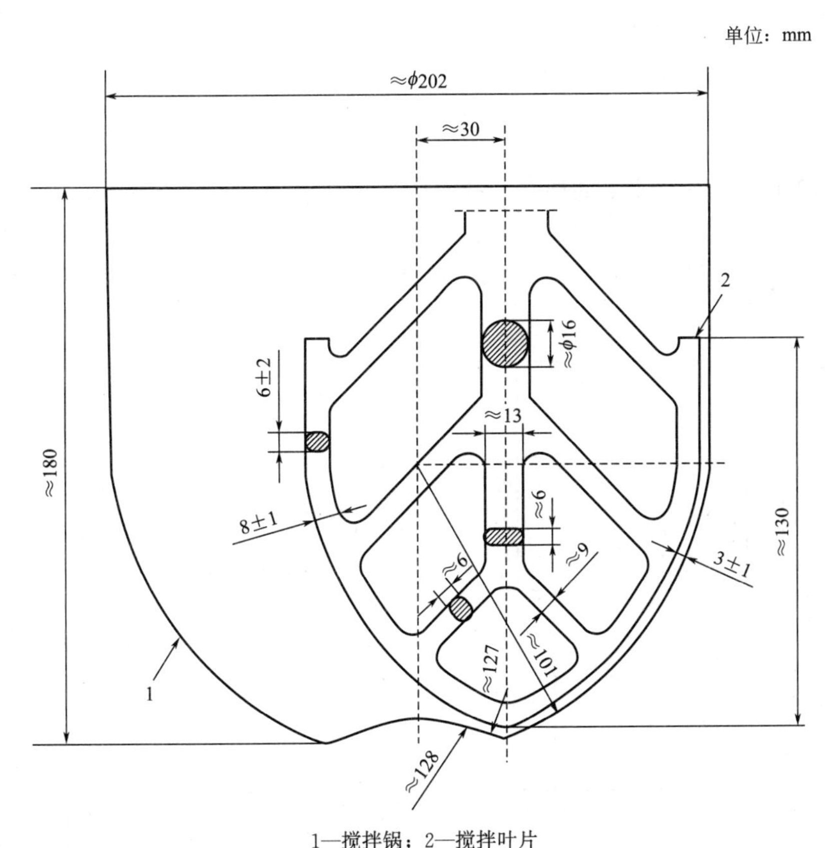

1—搅拌锅；2—搅拌叶片

图 3-5　行星式搅拌机的典型锅和叶片

（3）试模

试模应符合《水泥胶砂试模》JC/T 726—2005 的要求，如图 3-6 所示。

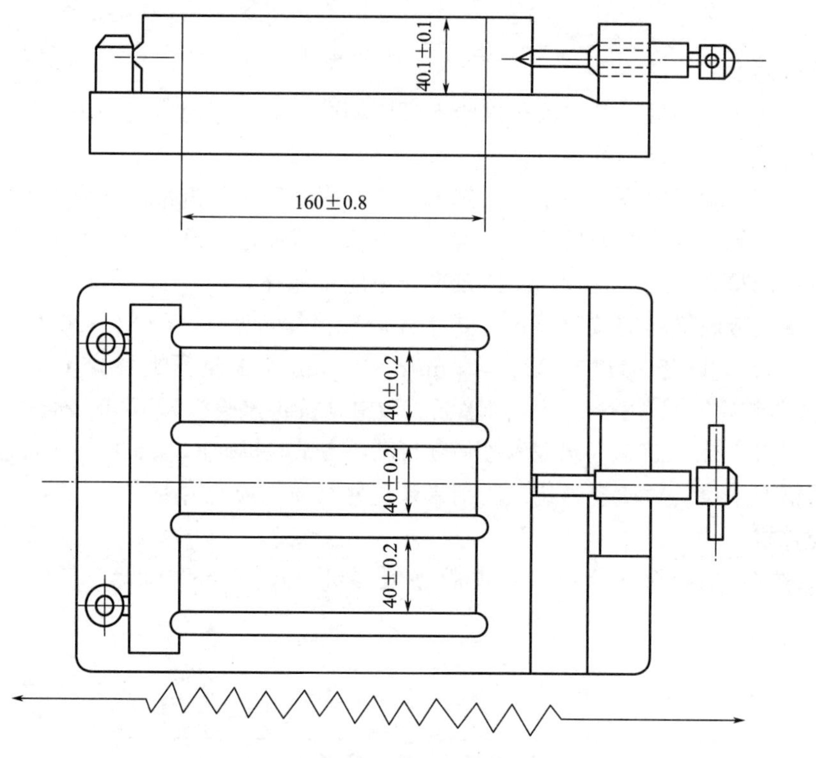

图 3-6　典型的试模

成型操作时，应在试模上面加有一个壁高 20mm 的金属模套，当从上往下看时，模套壁与试模内壁应该重叠，超出内壁不应大于 1mm。

为了控制料层厚度和刮平，应备有图 3-7 所示的两个布料器和刮平金属直边尺。

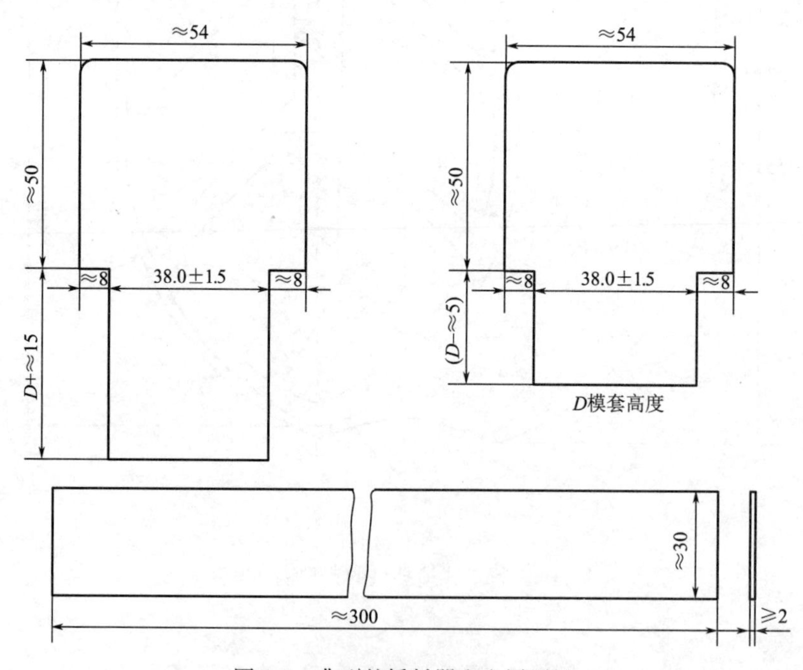

图 3-7　典型的播料器和金属刮尺

（4）成型设备

1）振实台

振实台为基准成型设备，应符合《水泥胶砂试体成型振实台》JC/T 682—2022 的要求。

振实台应安装在高度约 400mm 的混凝土基座上。混凝土基座体积应大于 0.25m^3，质量应大于 600kg。将振实台用地脚螺栓固定在基座上，安装后台盘成水平状态，振实台底座与基座之间要铺一层胶砂以保证它们的完全接触。

2）代用成型设备

代用成型设备为全波振幅 0.75mm＋0.02mm，频率为 2800～3000 次/min 的振动台。振动台应符合《水泥胶砂振动台》JC/T 723—2005 的要求。

（5）抗折强度试验机

抗折强度试验机应符合《水泥胶砂电动抗折试验机》JC/T 724—2005 的要求。试体在夹具中受力状态如图 3-8 所示。

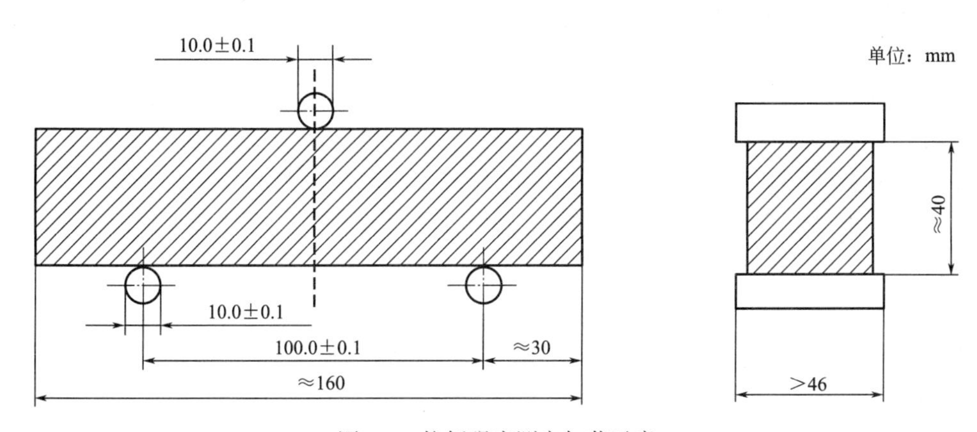

图 3-8　抗折强度测定加荷示意

抗折强度也可用液压式试验机来测定。此时，示值精度、加荷速度和抗折夹具应符合《水泥胶砂电动抗折试验机》JC/T 724—2005 的规定。

（6）抗压强度试验机

抗压强度试验机应符合《水泥胶砂强度自动压力试验机》JC/T 960—2022 的要求。

（7）抗压夹具

当需要使用抗压夹具时，应把它放在压力机的上下压板之间并与压力机处于同一轴线，以便将压力机的荷载传递至胶砂试体表面。抗压夹具应符合《40mm×40mm 水泥抗压夹具》JC/T 683—2005 的要求。

（8）天平

分度值不大于±1g。

（9）计时器

分度值不大于±1s。

（10）加水器

分度值不大于±1mL。

3.4.2.3　胶砂组成

1. 砂

(1) ISO 基准砂

ISO 基准砂是由 SiO_2 含量不低于 98%、天然的圆形硅质砂组成，其颗粒分布在表 3-4 规定的范围内。

ISO 基准砂颗粒分布　　表 3-4

方孔筛孔径(mm)	2.0	1.6	1.0	0.5	0.16	0.08
累计筛余(%)	0	7±5	33±5	67±5	87±5	99±1

(2) 中国 ISO 标准砂

中国 ISO 标准砂应完全符合表 3-4 颗粒分布的规定，通过对有代表性样品的筛析来测定。每个筛子的筛析试验应进行至每分钟通过量小于 0.5g 为止。

中国 ISO 标准砂的湿含量小于 0.2%，通过代表性样品在 105～110℃下烘干至恒重后的质量损失来测定，以干基的质量分数表示。

生产期间这种测定每天应至少进行 1 次。这些要求不足以保证中国 ISO 标准砂与 ISO 基准砂等同。这种等效性是通过中国 ISO 标准砂和 ISO 基准砂的比对检验程序来保持。

中国 ISO 标准砂以 1350g±5g 容量的塑料袋包装。所用塑料袋不应影响强度试验结果，且每袋标准砂应符合表 3-4 规定的颗粒分布以及本条规定的湿含量要求。

使用前，中国 ISO 标准砂应妥善存放。避免破损、污染、受潮。

2. 水泥

水泥样品应贮存在气密的容器里，容器不应与水泥发生反应。试验前混合均匀。

3. 水

验收试验或有争议时应使用符合《分析实验室用水规格和试验方法》GB/T 6682—2008 规定的三级水，其他试验可用饮用水。

3.4.2.4　胶砂的制备

1. 配合比

胶砂的质量配合比为一份水泥、三份中国 ISO 标准砂和半份水（水灰比 w/c 为 0.50）。每锅材料需 450g±2g 水泥、1350g±5g 砂子和 225mL±1mL 或 225g±1g 水。一锅胶砂成型三条试体。

2. 搅拌

胶砂用搅拌机按以下程序进行搅拌，可以采用自动控制，也可以采用手动控制：

(1) 把水加入锅里，再加入水泥，把锅固定在固定架上，上升至工作位置；

(2) 立即开动机器，先低速搅拌 30s±1s 后，在第二个 30s±1s 开始的同时均匀地将砂子加入。把搅拌机调至高速再搅拌 30s±1s；

(3) 停拌 90s，在停拌开始的 15s±1s 内，将搅拌锅放下，用刮刀将叶片、锅壁和锅底上的胶砂刮入锅中；

(4) 再在高速下继续搅拌 60s±1s。

3.4.2.5 试体的制备

1. 尺寸和形状

试体为40mm×40mm×160mm的棱柱体。

2. 成型

(1) 用振实台成型

胶砂制备后立即进行成型。将空试模和模套固定在振实台上，用料勺将锅壁上的胶砂清理到锅内并翻转搅拌胶砂使其更加均匀，成型时将胶砂分两层装入试模。装第一层时，每个槽里约放300g胶砂，先用料勺沿试模长度方向划动胶砂以布满模槽，再用大布料器，垂直架在模套顶部沿每个模槽来回一次将料层布平，接着振实60次。再装入第二层胶砂，用料勺沿试模长度方向划动胶砂以布满模槽，但不能接触已振实胶砂，再用小布料器布平，振实60次。每次振实时可将一块用水湿过，拧干，比模套尺寸稍大的棉纱布盖在模套上以防止振实时胶砂飞溅。

移走模套，从振实台上取下试模，用一金属直边尺以近似90°的角度（但向刮平方向稍斜）架在试模模顶的一端，然后沿试模长度方向以横向锯割动作慢慢向另一端移动，将超过试模部分的胶砂刮去。锯割动作的多少和直尺角度的大小取决于胶砂的稀稠程度，较稠的胶砂需要多次锯割、锯割动作要慢以防止拉动已振实的胶砂。用拧干的湿毛巾将试模端板顶部的胶砂擦拭干净，再用同一直边尺以近乎水平的角度将试体表面抹平。抹平的次数要尽量少，总次数不应超过3次。最后将试模周边的胶砂擦除干净。

用毛笔或其他方法对试体进行编号。两个龄期以上的试体，在编号时应将同一试模中的3条试体分在两个以上龄期内。

(2) 用振动台成型

在搅拌胶砂的同时将试模和下料漏斗卡紧在振动台的中心。将搅拌好的全部胶砂均匀地装入下料漏斗中，开动振动台，胶砂通过漏斗流入试模。振动120s±5s停止振动。振动完毕，取下试模，用刮平尺以规定的刮平手法刮去其高出试模的胶砂并抹平、编号。

3.4.2.6 试体的养护

1. 脱模前的处理和养护

在试模上盖一块玻璃板，也可用相似尺寸的钢板或不渗水的、和水泥没有反应的材料制成的板。盖板不应与水泥胶砂接触，盖板与试模之间的距离应控制在2～3mm之间。为了安全，玻璃板应有磨边。

立即将做好标记的试模放入养护室或湿箱的水平架子上养护，湿空气应能与试模各边接触。养护时不应将试模放在其他试模上。一直养护到规定的脱模时间时取出脱模。

2. 脱模

脱模应非常小心。脱模时可以用橡皮锤或脱模器。

对于24h龄期的，应在破型试验前20min内脱模。对于24h以上龄期的，应在成型后20～24h之间脱模。

如经24h养护，会因脱模对强度造成损害时，可以延迟至24h以后脱模，但在试验报告中应予说明。

已确定作为24h龄期试验（或其他不下水直接做试验）的已脱模试体，应用湿布覆盖至做试验时为止。

对于胶砂搅拌或振实台的对比，建议称量每个模型中试体的总量。

3. 水中养护

将做好标记的试体立即水平或竖直放在 20℃±1℃水中养护，水平放置时刮平面应朝上。

试体放在不易腐烂的篦子上，并彼此间保持一定间距，让水与试体的六个面接触。养护期间试体之间间隔或试体上表面的水深不应小于 5mm。不宜用未经防腐处理的木篦子。

每个养护池只养护同类型的水泥试体。

最初用自来水装满养护池（或容器），随后随时加水保持适当的水位。在养护期间，可以更换不超过 50%的水。

4. 强度试验试体的龄期

除 24h 龄期或延迟至 48h 脱模的试体外，任何到龄期的试体应在试验（破型）前提前从水中取出。

揩去试体表面沉积物，并用湿布覆盖至试验为止。试体龄期是从水泥加水搅拌开始试验时算起。不同龄期强度试验在下列时间里进行：

（1）24h±15min。（2）48h±30min。

（3）72h±45min。（4）7d±2h。

（5）28d±8h。

3.4.2.7　试验程序

1. 抗折强度的测定

用抗折强度试验机测定抗折强度。

将试体一个侧面放在试验机支撑圆柱上，试体长轴垂直于支撑圆柱，通过加荷圆柱以 50N/s±10N/s 的速率均匀地将荷载垂直地加在棱柱体相对侧面上，直至折断。

保持两个半截棱柱体处于潮湿状态直至抗压试验。

抗折强度按式（3-1）进行计算：

$$R_f = \frac{1.5F_f L}{b^3} \tag{3-1}$$

式中　R_f——抗折强度（MPa）；

F_f——折断时施加于棱柱体中部的荷载（N）；

L——支撑圆柱之间的距离（mm）；

b——棱柱体正方形截面的边长（mm）。

2. 抗压强度测定

抗折强度试验完成后，取出两个半截试体，进行抗压强度试验。抗压强度试验通过规定的仪器，在半截棱柱体的侧面上进行。半截棱柱体中心与压力机压板受压中心差应在±0.5mm 内，棱柱体露在压板外的部分约有 10mm。

在整个加荷过程中以 2400N/s±200N/s 的速率均匀地加荷直至破坏。

抗压强度按式（3-2）进行计算，受压面积计为 1600mm^2：

$$R_c = \frac{F_c}{A} \tag{3-2}$$

式中　R_c——抗压强度（MPa）；

F_c——破坏时的最大荷载（N）；

A——受压面积（mm^2）。

3.4.2.8 试验结果

1. 抗折强度

（1）结果的计算和表示

以一组三个棱柱体抗折结果的平均值作为试验结果。当三个强度值中有一个超出平均值的±10%时，应剔除后再取平均值作为抗折强度试验结果；当三个强度值中有两个超出平均值±10%时，则以剩余一个作为抗折强度结果。

单个抗折强度结果精确至0.1MPa，算术平均值精确至0.1MPa。

（2）结果的报告

报告所有单个抗折强度结果以及按规定剔除的抗折强度结果、计算的平均值。

2. 抗压强度

（1）结果的计算和表示

以一组三个棱柱体上得到的六个抗压强度测定值的平均值为试验结果。当六个测定值中有一个超出六个平均值的±10%时，剔除这个结果，再以剩下五个的平均值为结果。当五个测定值中再有超过它们平均值的±10%时，则此组结果作废。当六个测定值中同时有两个或两个以上超出平均值的±10%时，则此组结果作废。

单个抗压强度结果精确至0.1MPa，算术平均值精确至0.1MPa。

（2）结果的报告

报告所有单个抗压强度结果以及按规定剔除的抗压强度结果、计算的平均值。

（3）抗压强度方法的精确性

① 短期重复性

短期重复性给出的是使用同一中国ISO标准砂和水泥样品，在同一试验室、使用同一设备、同一人员操作条件下，在较短的时间内所获得的试验结果的一致性程度。

对于28d龄期抗压强度，在上述条件下，“一般试验室”的短期重复性，以变异系数表示，应小于2%。实践表明，较熟练的试验室可以达到1%。

当用于中国ISO标准砂和代用设备的验收试验时，短期重复性可用于测量试验方法的精确性。

② 长期重复性

长期重复性给出的是使用经均化的同一水泥样品和同一中国ISO标准砂样品，在同一试验室、使用不同设备、不同人员操作条件下，在较长时间所获得的试验结果的一致性程度。

对于28d龄期抗压强度，在上述条件下，“一般试验室”的长期重复性，以变异系数表示，应小于3.5%。实践表明，较熟练的试验室可以达到2.5%。

长期重复性可用于测量中国ISO标准砂月检以及试验室长期试验方法的精确性。

③ 再现性

抗压强度方法的再现性，给出的是同一个水泥样品在不同试验室的不同操作人员在不同的时间，用不同来源的标准砂和不同设备所获得试验结果的一致性程度。

对于28d抗压强度的测定，在“一般试验室”之间的再现性，用变异系数表示，可要求不超过 4%。实践表明，较熟练的试验室可以达到 3%。

再现性可用来评价水泥或中国 ISO 标准砂匀质性试验方法的精确性。

3.4.3 水泥胶砂流动度测定方法

引自标准《水泥胶砂流动度测定方法》GB/T 2419—2005。

1. 范围

本方法规定了水泥胶砂流动度测定方法的原理、仪器和设备、试验条件及材料、试验方法、结果与计算。

适用于水泥胶砂流动度的测定。

2. 方法原理

通过测量一定配比的水泥胶砂在规定振动状态下的扩展范围来衡量其流动性。

3. 仪器设备

（1）水泥胶砂流动度测定仪（简称跳桌）

技术要求及其安装方法应符合《水泥胶砂流动度测定方法》GB/T 2419—2005 附录 A 的要求。

（2）水泥胶砂搅拌机

符合《行星式水泥胶砂搅拌机》JC/T 681—2022 的要求。

（3）试模

由截锥圆模和模套组成。金属材料制成，内表面加工光滑。圆模尺寸为：高度 60mm±0.5mm；上口内径 70mm±0.5mm；下口内径 100mm±0.5mm；下口外径 120mm；模壁厚大于 5mm。

（4）捣棒

金属材料制成，直径为 20mm±0.5mm，长度约 200mm。

捣棒底面与侧面成直角，其下部光滑，上部手柄滚花。

（5）卡尺

量程不小于 300mm，分度值不大于 0.5mm。

（6）小刀

刀口平直，长度大于 80mm。

（7）天平

量程不小于 1000g，分度值不大于 1g。

4. 试验条件及材料

（1）试验室、设备、拌合水、样品

应符合《水泥胶砂强度检验方法（ISO 法）》GB/T 17671—2021 中的有关规定。

（2）胶砂组成

胶砂材料用量按相应标准要求或试验设计确定。

5. 试验方法

（1）如跳桌在 24h 内未被使用，先空跳一个周期 25 次。

（2）胶砂制备按《水泥胶砂强度检验方法（ISO 法）》GB/T 17671—2021 有关规定进行。在制备胶砂的同时，用潮湿棉布擦拭跳桌台面、试模内壁、捣棒以及与胶砂接触的用具，将试模放在跳桌台面中央并用潮湿棉布覆盖。

（3）将拌好的胶砂分两层迅速装入试模，第一层装至截锥圆模高度约三分之二处，用小刀在相互垂直两个方向各划 5 次，用捣棒由边缘至中心均匀捣压 15 次，如图 3-9 所示；随后，装第二层胶砂，装至高出截锥圆模约 20mm，用小刀在相互垂直两个方向各划 5 次，再用捣棒由边缘至中心均匀捣压 10 次，如图 3-10 所示。捣压后胶砂应略高于试模。捣压深度，第一层捣至胶砂高度的二分之一，第二层捣实不超过已捣实低层表面。装胶砂和捣压时，用手扶稳试模，不要使其移动。

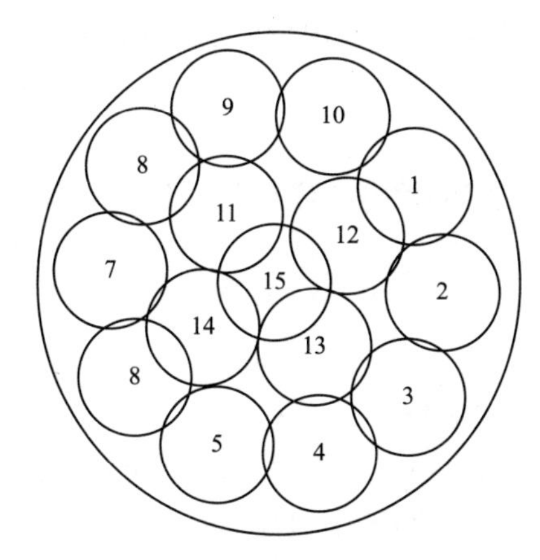

图 3-9 第一层捣压位置示意

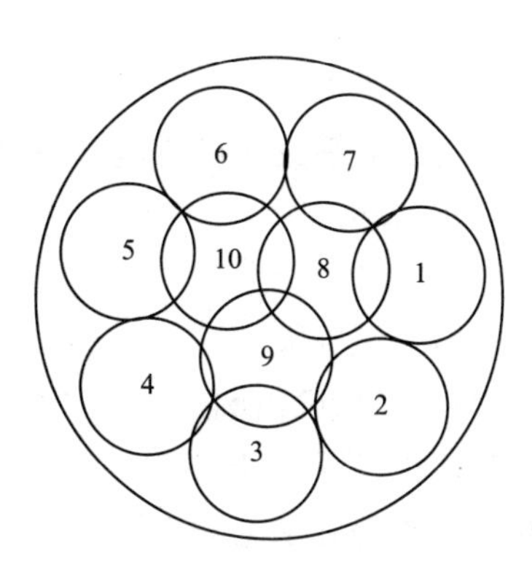

图 3-10 第二层捣压位置示意

（4）捣压完毕，取下模套，将小刀倾斜，从中间向边缘分两次以近水平的角度抹去高出截锥圆模的胶砂，并擦去落在桌面上的胶砂。将截锥圆模垂直向上轻轻提起。立即开动跳桌，以每秒一次的频率，在 25s±1s 内完成 25 次跳动。

（5）流动度试验，从胶砂加水开始到测量扩散直径结束，应在 6min 内完成。

6. 结果与计算

跳动完毕，用卡尺测量胶砂底面互相垂直的两个方向直径，计算平均值，取整数，单位为 mm。该平均值即为该水量的水泥胶砂流动度。

3.4.4 水泥细度检验方法（筛析法）

水泥细度是指水泥颗粒的粗细程度。水泥颗粒的粗细直接影响水泥反应速度、活性和强度。颗粒越细，其比表面积越大，与水接触反应的表面积越大，水化反应快，早期强度高，但在空气中硬化收缩较大，成本也越高；颗粒过粗，不利于水泥活性的发挥。有研究表明，3～30μm 的颗粒是担负水泥强度增长的主要粒级，其他粒度区段的颗粒对水泥强度的增长作用较小，大于 60μm 的颗粒甚至仅起填料作用。

本方法引自标准《水泥细度检验方法 筛析法》GB/T 1345—2005。

1. 范围

本方法规定了 45μm 方孔标准筛和 80μm 方孔标准筛的水泥细度筛析试验方法。适用于通用硅酸盐水泥以及指定采用本方法的其他品种水泥和粉状物料。

2. 方法原理

本方法是采用 45μm 方孔筛和 80μm 方孔筛对水泥试样进行筛析试验，用筛上筛余物的质量百分数来表示水泥样品的细度。

为保持筛孔的标准度，在用试验筛应用已知筛余的标准样品来标定。

3. 术语和定义

（1）负压筛析法

用负压筛析仪，通过负压源产生的恒定气流，在规定筛析时间内使试验筛内的水泥达到筛分。

（2）水筛法

将试验筛放在水筛座上，用规定压力的水流，在规定时间内使试验筛内的水泥达到筛分。

（3）手工筛析法

将试验筛放在接料盘（底盘）上，用手工按照规定的拍打速度和转动角度，对水泥进行筛析试验。

4. 仪器

（1）试验筛

1）试验筛由圆形筛框和筛网组成，筛网应符合《试验筛 金属丝编织网、穿孔板和电成型薄板 筛孔的基本尺寸》GB/T 6005—2008 中 R20/380μm、R20/345μm 的要求，分负压筛、水筛和手工筛三种，负压筛应附有透明筛盖，筛盖与筛上口应有良好的密封性。手工筛结构符合《试验筛 技术要求和检验 第 1 部分：金属丝编织网试验筛》GB/T 6003.1—2022，其中筛框高度为 50mm，筛子的直径为 150mm。

2）筛网应紧绷在筛框上，筛网和筛框接触处，应用防水胶密封，防止水泥嵌入。

3）筛孔尺寸的检验方法按《试验筛 技术要求和检验 第 1 部分：金属丝编织网试验筛》GB/T 6003.1—2022 进行。由于物料会对筛网产生磨损，试验筛每使用 100 次后需重新标定。

（2）负压筛析仪

1）负压筛析仪由筛座、负压筛、负压源和收尘器组成，其中筛座由转速为 30r/min±2r/min 的喷气嘴、负压表、控制板、微电机及壳体构成。

2）筛析仪负压可调范围为 4000～6000Pa。

3）喷气嘴上口平面与筛网之间距离为 2～8mm。

4）负压源和收尘器，由功率≥600W 的工业收尘器和小型旋风收尘筒组成或用其他具有相当功能的设备。

（3）水筛架和喷头

水筛架和喷头的结构尺寸应符合《水泥标准筛和筛析仪》JC/T 728—2005 规定，但其中水筛架上筛座内径为 140^{+0}_{-3}mm。

（4）天平

最小分度值不大于 0.01g。

5. 样品要求

水泥样品应有代表性，样品处理方法按《水泥取样方法》GB/T 12573—2008 第 3.5 条进行。

6. 操作程序

（1）试验准备

试验前所用试验筛应保持清洁，负压筛和手工筛应保持干燥。试验时，80μm 筛析试验称取试样 25g，45μm 筛析试验称取试样 10g。

（2）负压筛析法

1）筛析试验前应把负压筛放在筛座上，盖上筛盖，接通电源，检查控制系统，调节负压至 4000～6000Pa 范围内。

2）称取试样精确至 0.01g，置于洁净的负压筛中，放在筛座上，盖上筛盖，接通电源，开动筛析仪连续筛析 2min，在此期间如有试样附着在筛盖上，可轻轻地敲击筛盖使试样落下。筛毕，用天平称量全部筛余物。

（3）对其他粉状物料，或采用 45～80μm 以外规格方孔筛进行筛析试验时，应指明筛子的规格、称样量、筛析时间等相关参数。

（4）试验筛的清洗

试验筛必须经常保持洁净，筛孔通畅，使用 10 次后要进行清洗。金属框筛、铜丝网筛清洗时应用专门的清洗剂，不可用弱酸浸泡。

7. 结果计算及处理

（1）计算

水泥试样筛余百分数按下式计算（计算至 0.1%）：

$$F=\frac{R_t}{W}\times 100 \tag{3-3}$$

式中　F——水泥试样的筛余百分数（%）；

R_t——水泥筛余物的质量（g）；

W——水泥试样的称取质量（g）。

（2）筛余结果的修正

试验筛的筛网会在试验中磨损，因此筛析结果应进行修正，修正的方法是将式（3-3）的计算结果乘以该试验筛按标定后得到的有效修正系数，即为最终结果。

实例：用 A 号试验筛对某水泥样的筛余值为 5.0%，而 A 号试验筛的修正系数为 1.10，则该水泥样的最终结果为：5.0%×1.10=5.5%。

合格评定时，每个样品应称取二个试样分别筛析，取筛余平均值为筛析结果。若两次筛析结果绝对误差大于 5.0%时（筛余值大于 5.0%时可放至 1.0%）应再做一次试验，取两次相近结果的算术平均值，作为最终结果。

（3）试验结果。

负压筛析法、水筛法和手工筛析法测定的结果发生争议时，以负压筛析法为准。

3.4.5　水泥烧失量的测定——灼烧差减法

引自标准《水泥化学分析方法》GB/T 176—2017。

3.4.5.1　仪器与设备

1. 高温炉

隔焰加热炉，在炉膛外围进行电阻加热。应使用温度控制器准确控制炉温，可控制温度 950℃±25℃。

2. 天平

精确至 0.0001g。

3. 瓷坩埚

带盖，容量 20～30mL。

4. 干燥器

内装变色硅胶。

3.4.5.2　方法提要

试样在 950℃±25℃的高温炉中灼烧，灼烧所失去的质量即为烧失量。

本方法不适用于矿渣硅酸盐水泥烧失量的测定。

3.4.5.3　分析步骤

称取约 1g 试样（m_1），精确至 0.0001g，放入已灼烧恒量的瓷坩埚中，盖上坩埚盖，并留有缝隙，放在高温炉内，从低温开始逐渐升高温度，在 950℃±25℃下灼烧 15～20min，取出坩埚，置于干燥器中冷却至室温，称量，反复灼烧直至恒量或者在 950℃±25℃下灼烧约 1h（有争议时，以反复灼烧直至恒量的结果为准），置于干燥器中冷却至室温后称量（m_2）。

3.4.5.4　结果的计算与表示

烧失量的质量分数 ω_{LOI} 按下式计算：

$$\omega_{LOI}=\frac{m_1-m_2}{m_1}\times 100 \tag{3-4}$$

式中　ω_{LOI}——烧失量的质量分数（%）；

m_1——试样的质量（g）；

m_2——灼烧后试样的质量（g）。

3.4.6　水泥比表面积测定方法（勃氏法）

引自标准《水泥比表面积测定方法勃氏法》GB/T 8074—2008。

1. 范围

本方法适用于测定水泥的比表面积及适合采用本方法的、比表面积在 2000～6000cm²/g 范围的其他各种粉状物料，不适用于测定多孔材料及超细粉状物料。

2. 方法原理

本方法主要是根据一定量的空气通过具有一定空隙率和固定厚度的水泥层时，所受阻力不同而引起流速的变化来测定水泥的比表面积。在一定空隙率的水泥层中，空隙的大小和数量是颗粒尺寸的函数，同时也决定了通过料层的气流速度。

3. 术语和定义

以下术语和定义适用于本方法。

（1）水泥比表面积

单位质量的水泥粉末所具有的总表面积，以平方厘米每克（cm^2/g）或平方米每千克（m^2/kg）来表示。

（2）空隙率

试料层中颗粒间空隙的容积与试料层总的容积之比，以ε表示。

4. 试验设备及条件

（1）透气仪

本方法采用的勃氏比表面积透气仪，分手动和自动两种，均应符合《勃氏透气仪》JC/T 956—2014的要求。

（2）烘干箱

控制温度灵敏度±1℃。

（3）分析天平

分度值为0.001g。

（4）秒表

精确至0.5s。

（5）水泥样品

水泥样品按《水泥取样方法》GB/T 12573—2008进行取样，先通过0.9mm方孔筛，再在110℃±5℃下烘干1h，并在干燥器中冷却至室温。

（6）基准材料

《水泥细度和比表面积标准样品》GSB 14-1511—2019或相同等级的标准物质。有争议时以《水泥细度和比表面积标准样品》GSB 14-1511—2019为准。

（7）压力计液体

采用带有颜色的蒸馏水或直接采用无色蒸馏水。

（8）滤纸

采用符合《化学分析滤纸》GB/T 1914—2017的中速定量滤纸。

（9）汞

分析纯汞。

（10）试验室条件

相对湿度不大于50%。

5. 仪器校准

（1）仪器的校准采用《水泥细度和比表面积标准样品》GSB 14-1511—2019或相同等级的其他标准物质。有争议时以前者为准。

（2）仪器校准按《勃氏透气仪》JC/T 956—2014进行。

（3）校准周期。

至少每年进行一次。仪器设备使用频繁则应半年进行一次；仪器设备维修后也要重新标定。

6. 操作步骤

（1）测定水泥密度

按《水泥密度测定方法》GB/T 208—2014测定水泥密度。

（2）漏气检查

将透气圆筒上口用橡皮塞塞紧，接到压力计上。用抽气装置从压力计一臂中抽出部分气体，然后关闭阀门，观察是否漏气，如发现漏气，可用活塞油脂加以密封。

（3）空隙率（ε）的确定

P·Ⅰ、P·Ⅱ型水泥的空隙率采用0.500±0.005，其他水泥或粉料的空隙率选用0.530±0.005。

当按上述空隙率不能将试样压至规定的位置时，则允许改变空隙率。空隙率的调整以2000g砝码（5等砝码）将试样压至规定的位置为准。

（4）确定试样量

试样量按下式计算：

$$m=\rho V(1-\varepsilon) \tag{3-5}$$

式中 m——需要的试样量（g）；

ρ——试样密度（g/cm^3）；

V——试料层体积，按《勃氏透气仪》JC/T 956—2014测定（cm^3）；

ε——试料层空隙率。

（5）试料层制备

1）将穿孔板放入透气圆筒的边缘上，用捣棒把一片滤纸放到穿孔板上，边缘放平并压紧。称取按式（3-5）计算确定的试样量，精确到0.001g，倒入圆筒。轻敲圆筒的边，使水泥层表面平坦。再放入一片滤纸，用捣器均匀捣实试料直至捣器的支持环与圆筒顶边接触，并旋转1～2圈。慢慢取出捣器。

2）穿孔板上的滤纸直径为12.7mm边缘光滑的圆形滤纸片。每次测定需用新的滤纸片。

（6）透气试验。

1）把装有试料层的透气圆筒下锥面涂一薄层活塞油脂，然后把它插入压力计顶端锥形磨口处，旋转1～2圈。要保证紧密连接不致漏气，并不振动所制备的试料层。

2）打开微型电磁泵慢慢从压力计一臂中抽出空气，直到压力计内液面上升到扩大部下端时关闭阀门。当压力计内液体的凹月面下降到第一条刻度线时开始计时，如图3-11所示，当液体的凹月面下降到第二条刻线时停止计时，记录液面从第一条刻度线到第二条刻度线所需的时间。以秒记录，并记录下试验时温度（℃）。每次透气试验，应重新制备试料层。

7. 计算

（1）当被测试样的密度、试料层中空隙率与标准样品相同，试验时的温度与校准温度之差≤3℃时，可按式（3-6）计算：

$$S=\frac{S_S\sqrt{T}}{\sqrt{T_S}} \tag{3-6}$$

如试验时的温度与校准温度之差>3℃时，则按式3-7计算：

$$S=\frac{S_S\sqrt{\eta_S}\sqrt{T}}{\sqrt{\eta}\sqrt{T_S}} \tag{3-7}$$

式中 S——被测试样的比表面积（cm^2/g）；

S_S——标准样品的比表面积（cm^2/g）；

T——被测试样试验时，压力计中液面降落测得的时间（s）；

T_S——标准样品试验时，压力计中液面降落测得的时间（s）；

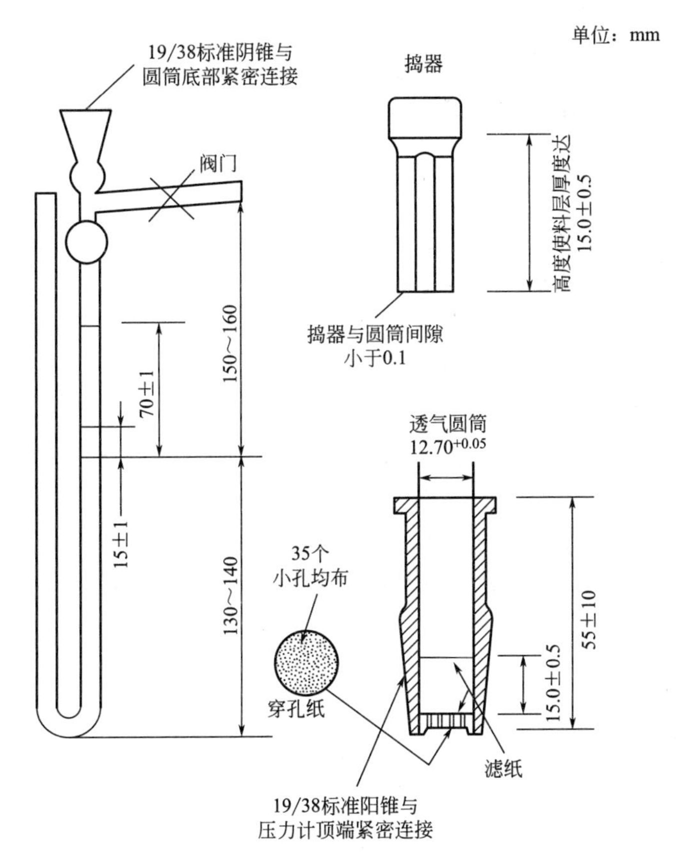

图 3-11 比表面积 U 形压力计示意

η——被测试样试验温度下的空气黏度（μPa·s）；

η_S——标准样品试验温度下的空气黏度（μPa·s）。

（2）当被测试样的试料层中空隙率与标准样品试料层中空隙率不同，试验时的温度与校准温度之差≤3℃时，可按式（3-8）计算：

$$S=\frac{S_S\sqrt{T}(1-\varepsilon_S)\sqrt{\varepsilon^3}}{\sqrt{T_S}(1-\varepsilon)\sqrt{\varepsilon_S^3}} \tag{3-8}$$

如试验时的温度与校准温度之差>3℃时，则按式（3-9）计算：

$$S=\frac{S_S\sqrt{\eta_S}\sqrt{T}(1-\varepsilon_S)\sqrt{\varepsilon^3}}{\sqrt{\eta}\sqrt{T_S}(1-\varepsilon)\sqrt{\varepsilon_S^3}} \tag{3-9}$$

式中 ε——被测试样试料层中的空隙率；

ε_S——标准样品试料层中的空隙率。

（3）当被测试样的密度和空隙率均与标准样品不同，试验时的温度与校准温度之差≤3℃时，可按式（3-10）计算：

$$S=\frac{S_S\rho_S\sqrt{T}(1-\varepsilon_S)\sqrt{\varepsilon^3}}{\rho\sqrt{T_S}(1-\varepsilon)\sqrt{\varepsilon_S^3}} \tag{3-10}$$

如试验时的温度与校准温度之差>3℃时，则按式（3-11）计算：

$$S=\frac{S_S\rho_S\sqrt{\eta_S}\sqrt{T}(1-\varepsilon_S)\sqrt{\varepsilon^3}}{\rho\sqrt{\eta}\sqrt{T_S}(1-\varepsilon)\sqrt{\varepsilon_S^3}} \tag{3-11}$$

式中 ρ——被测试样的密度（g/cm^3）；

ρ_S——标准样品的密度（g/cm^3）。

（4）结果处理

1）水泥比表面积应由二次透气试验结果的平均值确定。如二次试验结果相差2%以上时，应重新试验。计算结果保留至$10cm^2/g$。

2）当同一水泥用手动勃氏透气仪测定的结果与自动勃氏透气仪测定的结果有争议时，以手动勃氏透气仪测定结果为准。

测定比表面积应注意以下几个方面：

① 试样捣实：由于试料层内空隙分布均匀程度对比表面积结果有影响，因此捣实试样应按规定统一操作。

② 空隙率大小：试料层空隙率，对一般硅酸盐水泥为0.5，但对掺有多孔材料的水泥或过细的水泥，需要调整。但在测定需要相互比较的试料时，空隙率不宜改变太多。

③ 透气仪各部分接头应保持紧密。

第4章 矿物掺合料

矿物掺合料，是指在混凝土搅拌过程中加入的，具有一定细度和活性的辅助胶凝材料。

矿物掺合料掺入混凝土中不仅可以取代部分水泥，改善新拌混凝土的工作性，而且能够提高硬化后混凝土的耐久性，延长混凝土结构物使用寿命，是高强混凝土和优质混凝土必不可缺的成分。另一方面，混凝土中大量掺用矿物掺合料，可减少自然资源和能源的消耗，减少对环境的污染，有利于实现混凝土技术的可持续发展。

混凝土中常用的矿物掺合料主要有粉煤灰、矿渣粉、天然沸石粉、硅灰及其复合物等。粉煤灰、天然沸石粉和硅灰属于火山灰质材料。通常情况下其本身无胶凝性，但它们能与石灰或水泥熟料水化时释放出的 $Ca(OH)_2$ 发生反应，生成具有胶凝性的水化产物，这一反应称为火山灰反应。而矿渣粉在活性方面不同于火山灰质材料，它存在着相当数量的水泥熟料矿物，与水的反应不属于火山灰反应，而是类似于水泥熟料的反应，具有胶凝性，但远不及水泥熟料。

由于矿物掺合料在混凝土中的应用具有胶凝性或自身就具有胶凝作用，因此矿物掺合料与水泥一起被称为胶凝材料。

4.1 定义和术语

1. 矿物掺合料

以硅、铝、钙等一种或多种氧化物为主要成分，具有规定细度，掺入混凝土中能改善混凝土性能的粉体材料。

2. 粉煤灰

从煤粉炉烟道气体中收集的粉末。粉煤灰按煤种和氧化钙含量分为 F 类和 C 类。

F 类粉煤灰：由无烟煤或烟煤煅烧收集的粉煤灰。

C 类粉煤灰：由褐煤或次烟煤煅烧收集的粉煤灰，氧化钙含量一般大于 10%。

3. 磨细粉煤灰

干燥的粉煤灰经粉磨达到规定细度的产品。粉磨时可添加适量的水泥粉磨用工艺外加剂。

4. 粒化高炉矿渣

从炼铁高炉中排出，以硅酸盐和铝硅酸盐为主要成分的熔融物，经淬冷而成的粒状矿渣。

5. 粒化高炉矿渣粉

粒化高炉矿渣经干燥、粉磨等工艺达到规定细度的产品。粉磨时可添加适量的石膏和水泥粉磨用工艺外加剂。

6. 硅灰

在冶炼硅铁合金或工业硅时，通过烟道排出的粉尘，经收集得到的以无定形二氧化硅为主要成分的粉体材料。

7. 石灰石粉

是以一定纯度的石灰石为原料，经粉磨至规定细度的粉状材料。

8. 复合矿物掺合料

采用两种或两种以上矿物掺合料按一定比例复合而成的粉状物料。

9. 对比样品

符合《强度检验用水泥标准样品》GSB 14-1510—2018。

10. 试验样品

对比样品和被检验粉煤灰按 7∶3 质量比混合而成。

11. 对比胶砂

对比样品与《中国 ISO 标准砂》GSB 08-1337—2018 中国 ISO 标准砂按 1∶3 质量比混合而成。

12. 试验胶砂

试验样品与《中国 ISO 标准砂》GSB 08-1337—2018 中国 ISO 标准砂按 1∶3 质量比混合而成。

13. 强度活性指数

试验胶砂抗压强度与对比胶砂抗压强度之比，以百分数表示。

14. 基准胶砂

用基准水泥按规定方法配制的作为对比的胶砂。

15. 受检胶砂

矿物外加剂以规定比例取代一定量的基准水泥后，按规定方法制备的检验用胶砂。

16. 需水量比

受检胶砂的流动度达到基准胶砂相同流动度（即基准胶砂流动度±5mm）时两者的用水量之比，以百分数表示。

17. 活性指数

受检胶砂和基准胶砂试件在标准条件下养护至相同规定龄期的抗压强度之比，用百分数表示。

4.2 粉煤灰

4.2.1 概述

粉煤灰是燃煤电厂从烟道气体中收集的细灰。

粉煤灰是我国当前排量较大的工业废渣之一，随着电力工业的发展，燃煤电厂的粉煤灰排放量逐年增加。大量的粉煤灰不加处理，就会产生扬尘，污染大气；若排入水系会造成河流淤塞，而其中的有毒化学物质还会对人体和生物造成危害。

1935年美国学者R•E•戴维斯（Davis）首先进行粉煤灰混凝土应用的研究，他是粉煤灰混凝土技术发展的先驱。1940年美国首先在水坝等水工构筑中使用掺粉煤灰的混凝土，由于其性能优越，所以很快就被广泛使用。随着火力发电业的发展，粉煤灰的排放量日益增多，各国都很重视粉煤灰的应用研究，并先后制定粉煤灰标准。

20世纪50年代初期，我国就对粉煤灰掺入水泥的性能进行了系统的研究，后来在干硬性混凝土中掺入了占水泥重量20%左右的粉煤灰，并在大坝混凝土工程中使用，收到了较好的技术和经济效果。1960年以后，粉煤灰已开始在水工以外的混凝土工程中使用，并成为混凝土的主要掺合料。

20世纪70年代，世界性能源危机，环境污染以及矿物资源的枯竭等强烈地激发了粉煤灰利用的研究和开发，多次召开国际性粉煤灰会议，研究工作日趋深入，应用方面也有了长足的进步。粉煤灰成为国际市场上引人注目的资源丰富、价格低廉，兴利除害的新兴建材原料和化工产品的原料，受到人们的青睐。利用粉煤灰生产的产品在不断增加，技术在不断更新。国内外粉煤灰综合利用工作与过去相比较，发生了重大的变化，主要表现为：粉煤灰治理的指导思想已从过去的单纯环境角度转变为综合治理、资源化利用；粉煤灰综合利用的途径已从过去的路基、填方等方面的应用外，发展到目前的水泥混合材、普通混凝土掺合料、高级填料等高级化利用途径。

1. 粉煤灰的性质

(1) 粉煤灰的物理性质

粉煤灰的物理性质包括密度、堆积密度、细度、比表面积、需水量等，这些性质是化学成分及矿物组成的宏观反映。由于粉煤灰的组成波动范围很大，这就决定了其物理性质的差异也很大。粉煤灰的基本物理性质见表4-1。

粉煤灰的物理性质中，细度和粒度是比较重要的项目。它直接影响粉煤灰的其他性质，粉煤灰越细，细粉占的比例越大，其活性也越大。粉煤灰的细度影响早期水化反应，而化学成分影响后期的反应。

粉煤灰的基本物理特性 **表4-1**

项目		范围	平均值
密度(kg/m^3)		1900～2900	2100
堆积密度(kg/m^3)		530～1260	780
比表面积(cm^2/g)	氮吸附法	800～19500	3400
	透气法	1180～6530	3300
原灰标准稠度(%)		27.3～66.7	48.0
需水量(%)		89～130	106
28d抗压强度比(%)		37～85	66

(2) 化学性质

粉煤灰是一种人工火山灰质混合材料，它本身略有或没有水硬胶凝性能，但当以粉状及水存在时，能在常温，特别是在水热处理（蒸汽养护）条件下，与氢氧化钙或其他碱土金属氢氧化物发生化学反应，生成具有水硬胶凝性能的化合物，成为一种增加强度和耐久性的材料。

2. 粉煤灰在混凝土中的掺用方式

粉煤灰的掺用方式主要取决于所要达到的目的和要求。例如为改善混凝土和易性及可泵性而掺用粉煤灰时，则可保持原有水泥用量不变，即不取代水泥；为了节约水泥而掺用粉煤灰时，则应取代部分水泥；而在大体积混凝土中，为了降低水化热，则应大量取代水泥。

3. 粉煤灰在混凝土中的适宜掺量

关于粉煤灰的适宜掺量，应根据混凝土所处的环境条件而定。当处于比较干燥或现场施工条件不能满足保温保湿的养护条件时，将对粉煤灰混凝土的强度发展产生不利影响，也容易导致薄壁混凝土结构的干缩开裂。因此，粉煤灰的掺量不宜大于25%；而在长期处于潮湿环境中的混凝土，可提高粉煤灰的用量，因为在潮湿环境条件下有利于粉煤灰活性的发挥，可获得较高的后期强度。在潮湿环境或地下混凝土结构中，粉煤灰的掺量可达30%～50%，在日本甚至已高达70%，在举世瞩目的长江三峡大坝混凝土工程中，Ⅰ级粉煤灰的掺量达到了45%。正由于此项技术措施，使新拌混凝土可降温5～10℃，特别是延缓“峰温”的出现，从而使混凝土的抗裂性大为改善。

由于C类粉煤灰（高钙灰，呈浅黄色）氧化钙含量一般大于10%，掺量过多容易出现安定性不良问题，更由于高钙粉煤灰用作混凝土掺合料具有减水效果好、早期强度发展快等优点，容易被误认为是好灰。因此，为保证工程质量，应对浅黄色粉煤灰进行安定性检验。检验时，粉煤灰按30%掺入水泥中，并按“雷氏法”进行检验。高钙粉煤灰在混凝土中的适宜掺量应以安定性合格的掺量为依据，否则，容易引发混凝土结构质量问题。

4. 粉煤灰对混凝土性能的影响

粉煤灰细度细，球形颗粒含量越高，对混凝土性能越有利。原状粉煤灰颗粒较粗，细度一般在30%以上，因此不利于其活性的发挥。原状粉煤灰经球磨机碾磨以后，其活性较之原状灰大为提高。同时，粉煤灰中实心的和厚壁的玻璃球一般碾磨不碎，仅是表面擦痕，有利于化学反应和颗粒界面的结合，从而提高了粉煤灰的质量和适用范围。

（1）对混凝土拌合物性能的影响

在混凝土中掺加粉煤灰代替部分水泥，不仅能降低成本，而且改善了混凝土拌合物的和易性，提高混凝土的可泵性，减轻颗粒分离和泌水现象，易于施工振捣。

（2）对硬化混凝土性能的影响

以粉煤灰取代部分水泥时，混凝土的早期强度一般稍有降低，但后期强度则与基准混凝土相等或略高。

粉煤灰的活性效果反应较慢，即使龄期长达180d仍不能达到充分反应的程度。因此，在保温保湿养护条件较差时，粉煤灰活性得不到充分发挥，使掺粉煤灰的混凝土表面碳化收缩速度比不掺粉煤灰的混凝土快，将影响混凝土的强度和耐久性。

使用优质粉煤灰取代部分水泥能减少混凝土的用水量，相应降低水胶比；能提高混凝土的密实性及抗渗性；能降低混凝土的水化热；减少了混凝土的徐变；提高抗硫酸盐性能和耐化学侵蚀性能；混凝土的弹性模量有所提高；改善混凝土的耐高温性能；减少混凝土的收缩和开裂等优点。因此，优质粉煤灰特别适用于配制泵送混凝土、大体积混凝土、抗渗结构混凝土、抗硫酸盐混凝土及地下、水下工程混凝土等。

粉煤灰对混凝土的抗冻性略有不利影响，当混凝土有抗冻性要求时，应在掺粉煤灰的同时适当加入引气剂。

5. 混凝土掺入粉煤灰的技术经济效益

（1）节约大量水泥和能源。

在混凝土中合理使用 1t 粉煤灰，可以取代 0.6～0.8t 水泥，并节约包括燃料和电力的总能耗 0.12～0.2t 标准煤。

（2）可改善混凝土多种性能。如和易性、可泵性、弹性模量、渗透性、水化热等。

（3）扩大混凝土品种和强度等级的范围。

1979 年，我国首次发布了第一个粉煤灰标准。随着科学技术的不断进步和生产工艺的不断提高，粉煤灰标准至今已进行了三次修订。现行国家标准《用于水泥和混凝土中的粉煤灰》GB/T 1596—2017 标准从 2018 年 6 月 1 日起实施，以下为该标准的内容。

4.2.2　范围

适用于拌制砂浆和混凝土时作为掺合料的粉煤灰及水泥生产中作为活性混合材料的粉煤灰。

4.2.3　分类

（1）根据燃煤品种分为 F 类粉煤灰（由无烟煤或烟煤煅烧收集的粉煤灰）和 C 类粉煤灰（由褐煤或次烟煤熳烧收集的粉煤灰，氧化钙含量一般大于或等于 10%）。

（2）根据用途分为拌制砂浆和混凝土用粉煤灰、水泥活性混合材料用粉煤灰两类。

4.2.4　等级

拌制砂浆和混凝土用粉煤灰分为三个等级：Ⅰ级、Ⅱ级、Ⅲ级。

4.2.5　技术要求

4.2.5.1　理化性能要求

拌制砂浆和混凝土用粉煤灰应符合表 4-2 要求。

拌制砂浆和混凝土用粉煤灰理化性能要求　　表 4-2

项目		技术要求		
		Ⅰ级	Ⅱ级	Ⅲ级
细度(45μm 方孔筛筛余)(%)	F 类、C 类	≤12.0	≤30.0	≤45.0
需水量比(%)	F 类、C 类	≤95	≤105	≤115
烧失量(%)	F 类、C 类	≤5.0	≤8.0	≤15.0
含水量(%)	F 类、C 类	≤1.0		
三氧化硫(SO_3)质量分数(%)	F 类、C 类	≤3.0		
密度(g/cm^3)	F 类、C 类	≤2.6		
安定性(雷氏法)(mm)	C 类	≤5.0		
强度活性指数(%)	F 类、C 类	≥70.0		
游离氧化钙(f-CaO)质量分数(%)	F 类	≤1.0		
	C 类	≤4.0		

续表

项目		技术要求		
		Ⅰ级	Ⅱ级	Ⅲ级
二氧化硅、三氧化二铝和三氧化二铁总质量分数(%)	F类	≥70.0		
	C类	≥50.0		

4.2.5.2 放射性

符合《建筑材料放射性核素限量》GB 6566—2010 中浇筑主体材料规定指标要求。

4.2.5.3 碱含量

按 Na_2O+0.658K_2O 计算值表示。当粉煤灰用于有碱含量要求时，由供需双方协商确定。

4.2.5.4 均匀性

以细度表征，单一样品的细度不应超过前 10 个样品细度平均值（如样品少于 10 个时，则为所有前述样品试验的平均值）的最大偏差，最大偏差范围由买卖双方协商确定。

4.2.5.5 半水亚硫酸钙含量

采用干法或半干法脱硫工艺排出的粉煤灰应检测半水亚硫酸钙（$CaSO_3 \cdot 1/2H_2O$）含量，其含量不大于 3.0%。

4.2.6 检验规则

4.2.6.1 编号及取样

粉煤灰出厂前按同种类、同等级编号和取样。散装粉煤灰和袋装粉煤灰应分别进行编号和取样。不超过 500t 为一编号，每一编号为一取样单位。当散装粉煤灰运输工具的容量超过该厂规定出厂编号吨数时，允许该编号的数量超过取样规定吨数。粉煤灰质量按干灰（含水量小于 1%）的质量计算。

取样方法按《水泥取样方法》GB/T 12573—2008 进行。取样应有代表性，可连续取，也可从 10 个以上不同部位取等量样品，总量至少 3kg。对于拌制混凝土和砂浆用粉煤灰，必要时，买方可对其进行随机抽样检验。

4.2.6.2 出厂检验

拌制混凝土和砂浆用粉煤灰，出厂检验项目为表 4-2 中除烧失量和强度活性指数以外的所有项目；采用干法或半干法脱硫工艺排出的粉煤灰增加半水亚硫酸钙（$CaSO_3 \cdot 1/2H_2O$）项目。

4.2.6.3 型式检验

（1）拌制混凝土和砂浆用粉煤灰型式检验项目为表 4-2、放射性和半水亚硫酸钙（$CaSO_3 \cdot 1/2H_2O$）规定的。

（2）有下列情况之一时，应进行型式检验：

1）原料、工艺有较大改变，可能影响产品性能时；

2）正常生产时，每半年检验一次（放射性除外）；

3）长期停产后，恢复生产时；

4）出厂检验结果与上次型式检验有较大差异时；

5）国家质量监督检验机构提出型式检验的要求时。

4.2.6.4 判定规则

1. 出厂检验

拌制混凝土和砂浆用粉煤灰出厂检验项目符合技术要求时，判为出厂检验合格。若其中任何一项不符合要求，允许在同一编号中重新取样进行全部项目的复检，以复检结果判定。

2. 型式检验

拌制混凝土和砂浆用粉煤灰型式检验项目符合技术要求时，判为型式检验合格。若其中任何一项不符合要求，允许在本批留样中取样进行复检，以复检结果判定。

4.2.6.5 检验报告

检验报告内容应包括出厂编号、出厂检验项目、分类，等级。当用户需要时，生产者应在粉煤灰发出日起 7d 内寄发除强度活性指数以外的各项检验结果，32d 内补报强度活性指数检验结果。

4.2.6.6 仲裁

对粉煤灰质量有争议时，相关单位应将认可的样品签封，送双方共同认可的具有资质的检测机构进行仲裁检验。

4.3 粒化高炉矿渣粉

以粒化高炉矿渣为主要原料，可掺加少量石膏磨制成一定细度的粉体，称作粒化高炉矿渣粉，简称矿渣粉。

用于水泥和混凝土中的粒化高炉矿渣粉，是铁矿石在冶炼过程中与石灰石等溶剂化合所得以硅铝酸钙为主要成分的熔融物，经急速与水淬冷后形成的玻璃状颗粒物质，经粉磨工艺达到规定细度的产品。

粒化高炉矿渣具有潜在水硬性和良好的活性，但需粉磨到一定细度，颗粒愈细，活性愈好。我国的磨细矿渣粉玻璃体含量一般在 85%以上，因此活性比粉煤灰高，是优质的混凝土掺合料和水泥混合材。需注意的是，由于矿渣粉的保水性能差，掺入太多易出现泌水现象，在配制低强度等级混凝土时宜降低掺量。另外，随着矿渣粉掺量的增加，硬化水泥石的收缩也将增大，故应控制其掺量，宜与其他掺合料同时使用。

粒化高炉矿渣粉的活性与其化学成分有很大的关系。矿渣有碱性、酸性和中性之分。酸性矿渣的胶凝性差，而碱性矿渣的胶凝性好，其活性比中性和酸性高。

磨细矿渣粉随着细度增大，密度提高。比表面积 350m^2/kg 其密度为 2.90～2.93g/cm^3；堆积密度为 800～1100kg/m^3。当今，粉体工程迅速进展，已经能开发出比表面积 1100m^2/kg（平均粒径 3.5μm），1700m^2/kg（平均粒径 2.0μm）以及 3000m^2/kg 左右的矿渣超细粉。在 5℃水中养护，与硅灰混凝土相比，不管哪一个龄期，含矿渣超细粉混凝土的强度均高于硅灰混凝土。

以下内容为现行国家标准《用于水泥、砂浆和混凝土中的粒化高炉矿渣粉》GB/T 18046—2017 的规定。

4.3.1 技术要求

矿渣粉应符合表 4-3 的规定。

矿渣粉的技术要求　　表 4-3

项目		级别		
		S105	S95	S75
密度(g/cm^3) ≥		2.8		
比表面积(m^2/kg) ≥		500	400	300
活性指数(%) ≥	7d	95	70	55
	28d	105	95	75
流动度比(%) ≥		95		
初凝时间比(%) ≤		200		
含水量(质量分数)(%) ≤		1.0		
三氧化硫(质量分数)(%) ≤		4.0		
氯离子(质量分数)(%) ≤		0.06		
烧失量(质量分数)(%) ≤		1.0		
不溶物(质量分数)(%) ≤		3.0		
玻璃体含量(质量分数)(%) ≥		85		
放射性		$I_{Ra} \leqslant 1.0$ 且 $I_r \leqslant 1.0$		

4.3.2 检验规则

4.3.2.1 组批及取样

1. 组批

矿渣粉出厂前按同级别进行组批及取样。每一批号为一个取样单位。矿渣粉出厂批号按矿渣粉单线年生产能力规定为：

60×10^4t 以上，不超过 2000t 为一批号；

$30 \times 10^4 \sim 60 \times 10^4$t，不超过 1000t 为一批号；

$10 \times 10^4 \sim 30 \times 10^4$t，不超过 600t 为一批号；

10×10^4t 以下，不超过 200t 为一批号。

当散装运输工具容量超过该厂规定出厂批号吨数时，允许该批号数量超过该厂规定出厂批号吨数。

2. 取样方法

取样按《水泥取样方法》GB/T 12573—2008 的规定进行。取样应有代表性，可连续取，也可以在 20 个以上部位取等量样品，总量至少 20kg。试样应混合均匀，按四分法缩取出比试验所需量大一倍的试样。

4.3.2.2 检验

1. 出厂检验

出厂检验项目为密度、比表面积、活性指数、流动度比、初凝时间比、含水量、三氧化硫、烧失量、不溶物。

2. 型式检验

型式检验项目为表 4-3 全部技术要求。有下列情况之一应进行型式检验：

(1) 原料、工艺有较大改变，可能影响产品性能时。

(2) 新产品试制或产品长期停产后恢复生产时。

(3) 出厂检验结果与上次型式检验有较大差异时。

(4) 正常生产时，每年检验一次。

4.3.2.3 判定规则

1. 出厂检验

(1) 检验结果符合本章表 4-3 中密度、比表面积、活性指数、流动度比、初凝时间比、含水量、三氧化硫、烧失量、不溶物技术要求的为合格品。

(2) 检验结果不符合本章表 4-3 中密度、比表面积、活性指数、流动度比、初凝时间比、含水量、三氧化硫、烧失量、不溶物技术要求的为不合格品。

2. 型式检验

(1) 型式检验符合本章表 4-3 中技术要求的为合格品。

(2) 型式检验不符合本章表 4-3 中任何一项技术要求的为不合格品。

4.3.2.4 检验报告

检验报告内容应包括批号、检验项目、石膏和助磨剂的品种和掺量及合同约定的其他技术要求，还应包括对水泥物理性能检验结果。当用户需要时，生产厂应在矿渣粉发出之日起 11d 内寄发除 28d 活性指数以外的各项试验结果。28d 活性指数应在矿渣粉发出之日起 32d 内补报。

4.3.3 出厂、交货与验收

4.3.3.1 矿渣粉出厂

经确认矿渣粉各项技术指标及包装符合要求时方可出厂。

4.3.3.2 交货与验收

(1) 交货时矿渣粉的质量验收可抽取实物试样以其检验结果为依据，也可以卖方同批号矿渣粉的检验报告为依据。采取何种方法验收由买卖双方商定，并在合同或协议中注明。卖方有告知买方验收方法的责任。当无书面合同或协议，或未在合同、协议中注明验收方法的，卖方应在发货票上注明“以本厂同批号矿渣粉的检验报告为验收依据”字样。

(2) 以抽取实物试样的检验结果为验收依据时，买卖双方应在发货前或交货地共同取样和签封。取样方法按《水泥取样方法》GB/T 12573—2008 进行，取样数量为 10kg，缩分为二等份。一份由卖方保存 40d，一份由买方按标准规定的项目和方法进行检验。

在 40d 以内，买方检验认为产品质量不符合标准要求，而卖方又有异议时，则双方应将卖方保存的另一份试样送双方共同认可的具有资质的检测机构进行仲裁检验。

(3) 以生产厂同批号矿渣粉的检验报告为验收依据时，在发货前或交货时买方（或委托卖方）在同批号矿渣粉中抽取试样，双方共同签封后保存两个月。

在两月内，买方对矿渣粉质量有疑问时，则买卖双方应将共同签封的试样送双方共同认可的具有资质的检测机构进行仲裁检验。

4.4 硅灰

硅灰，又叫硅微粉，也叫微硅粉或二氧化硅超细粉，一般情况下统称硅灰。

硅灰是在冶炼硅铁合金或工业硅时，通过烟道排出的硅蒸气氧化后，经收尘器收集得到的以无定形二氧化硅为主要成分的产品。外观为灰色或灰白色粉末，颗粒极其细微，按氮吸附法测试的比表面积在15000m^2/kg以上，平均粒径为0.1μm，其细度和比表面积约为水泥的80～100倍；密度为2.2～2.5g/cm^3，松散密度为160～320kg/m^3。

硅灰在形成过程中，因相变过程中受表面张力的作用，形成了非结晶相无定形圆球状颗粒，且表面较为光滑，有些则是多个圆球颗粒粘在一起的团聚体。掺有硅灰的物料，微小的球状体可以起到润滑的作用。硅灰由于其超细特性和二氧化硅含量高（85%以上），因此表现出显著的填充作用和火山灰活性材料特征，是高强混凝土理想的掺合料。

由于掺硅灰可显著提高混凝土的强度和耐久性，因此在高强高性能混凝土中被普遍应用。掺硅灰的混凝土具有良好的抗氯离子渗透性能，适用于暴露在氯污染环境的混凝土。掺用硅灰能改善混凝土拌合物的粘附性能和硬化性能，提高混凝土的密实性、稳定性和早期性能等，是喷射混凝土和自密实混凝土的优质掺合料。硅灰已成为多种混凝土的必要组成成分。

4.4.1 硅灰的作用

硅灰能够填充水泥颗粒间的孔隙，同时与水化产物生成凝胶体，与碱性材料氧化镁反应生成凝胶体。在水泥基的混凝土、砂浆与耐火材料浇筑料中，掺入适量的硅灰，可起到如下作用：

（1）显著提高抗压、抗折、抗渗、防腐、抗冲击及耐磨性能。

（2）具有保水、防止离析、泌水、大幅降低混凝土泵送阻力的作用。

（3）显著延长混凝土的使用寿命。特别是在氯盐污染侵蚀、硫酸盐侵蚀、高湿度等恶劣环境下，可使混凝土的耐久性提高一倍甚至数倍。

（4）大幅度降低喷射混凝土和浇筑料的落地灰，提高单次喷层厚度。

（5）是高强混凝土常用的材料，已在C150混凝土的工程应用。

（6）具有约5倍水泥的功效，在混凝土中应用可降低成本，提高耐久性。

（7）有效防止发生混凝土碱骨料反应。

4.4.2 使用方法及注意事项

硅灰的使用受到一定条件的限制，并不适用所有的场合，如果应用不当将得不到特有的效果。

（1）混凝土掺入硅灰时有一定坍落度损失。这点需在进行配合比设计、生产和施工时加以注意。

（2）混凝土掺硅灰宜同时与高效减水剂使用，并复掺粉煤灰和磨细矿渣粉，混凝土性能可以得到更好的改善。且水胶比不宜过大，一般情况下，水胶比小于0.4掺用硅灰才具有技术经济意义。

（3）掺用硅灰的混凝土应适当延长搅拌时间，使硅灰能均匀分散在混凝土中，从而达到预期的效果。切忌将硅灰加入已拌合的混凝土中。

（4）硅灰混凝土与普通混凝土的施工方法并无重大区别，但硅灰混凝土早强的性能会使终凝时间提前，在抹面时应加注意；同时掺加硅灰会提高混凝土的黏滞性和大幅度减少泌水，使抹面稍显困难。

（5）硅灰混凝土施工安全应严格按照混凝土工程的有关国家施工规范进行操作，但因硅灰较轻，严禁高空抛洒材料，防止硅灰飞扬。

（6）由于硅灰的颗粒极其细微，具有非常大的比表面积，需水量较大，且掺用硅灰的混凝土随着硅灰掺量的增加坍落度损失和黏性越大，可泵性越差，因此不宜在混凝土中大量掺用硅灰。一般合适的掺量为取代水泥质量的 5%～10%。

（7）掺用硅灰的混凝土对塑性收缩裂缝很敏感，因此，应加强对混凝土结构的保湿养护，养护时间应不少于 14d。如果掺硅灰的混凝土得不到适当保湿养护，很难得到硅灰带给混凝土的优点。

（8）由于硅灰密度较轻，施工时混凝土不宜过度振捣，也不宜过多收面。否则，将引起其颗粒上浮于混凝土表面，不仅影响硅灰的效果，而且将增加混凝土表面的塑性收缩裂缝。

4.4.3　分类与标记

4.4.3.1　分类

硅灰按其使用时的状态，可分为硅灰（代号 SF）和硅灰浆（代号 SF-S）。

4.4.3.2　标记

产品标记由分类代号和标准号组成。

示例：硅灰标记为：SF GB/T 27690—2011。

4.4.4　要求

硅灰的技术要求应符合表 4-4 的规定。

硅灰的技术要求　　**表 4-4**

项目	指标
总碱量	≤1.5%
比表面积(BET 法)	≥15m^2/g
SiO_2 含量	≥85%
烧失量	≤4.0%
氯含量	≤0.1%
需水量比	≤125%
活性指数(7d 快速法)	≥105%
放射性	I_{Ra}≤1.0 且 I_r≤1.0
抗氯离子渗透性	28d 电通量之比≤40%
抑制碱骨料反应性	14d 膨胀率降低值≥35%
含水率	≤3.0%

注：抑制碱骨料反应性和抗氯离子渗透性为选择性试验项目，由供需双方协商决定。

4.4.5 检验规则

4.4.5.1 批号、取样和留样

1. 批号

以 30t 相同种类的硅灰为一个检验批，不足 30t 计一个检验批。

2. 取样

取样按《水泥取样方法》GB/T 12573—2008 进行，取样应有代表性，可连续取，也可以从 10 个以上不同部位取等量样品，总量至少 5kg，试样应混合均匀。

3. 留样

生产厂的同一批硅灰试样应分为两等份，一份供产品出厂检验用，另一份密封保存 6 个月，以备复验或仲裁时用。

4.4.5.2 检验

1. 出厂检验

每一批号硅灰出厂检验项目包括 SiO_2 含量、含水率、需水量比、烧失量。

2. 型式检验

型式检验项目包括本标准表 4-4 的全部性能指标。有下列情况之一者，应进行型式检验。

(1) 新产品或老产品转厂生产的试制定型鉴定。

(2) 正式生产后，如材料、工艺有较大改变，可能影响产品性能时。

(3) 正常生产时，一年至少进行一次检验。

(4) 产品长期停产后，恢复生产时。

(5) 出厂检验结果与上次型式检验有较大差异时。

(6) 国家质量监督机构提出进行型式试验要求时。

4.4.5.3 判定规则

1. 出厂检验

SiO_2 含量、含水率、需水量比、烧失量的检验结果均应符合表 4-4 的要求，若有一项的检验结果不符合要求，为不合格品，不能出厂。

2. 型式检验

产品所检验的项目均符合表 4-4 的要求，判为合格品；若有一项指标不符合则判为不合格品。

4.4.5.4 复验

在产品贮存期内，用户对产品质量提出异议时，可进行复验。复验可以用同一编号封存样品。如果使用方要求现场取样，应事先在供货合同中规定。生产厂应在接到用户通知 7d 内会同用户共同取样，送双方共同认可的具有资质的检测机构进行仲裁检验。生产厂在规定时间内不去现场，用户可会同检测机构取样检验，结果同等有效。

4.5 石灰石粉

石灰石粉是以一定纯度的石灰石为原料，经粉磨至规定细度的粉状材料。

矿物掺合料已成为现代混凝土不可或缺的组分。但是，随着我国基础设施的大规模展开，对粉煤灰、矿渣粉等传统矿物掺合料的需求量明显增大，在一些地区出现了供不应求的局面，混凝土企业常因掺合料紧缺而苦恼。而石灰石粉资源在我国分布十分广泛，容易获取，且价格低廉，运输方便，因此将石灰石粉作为一种新型矿物掺合料已在行业内逐步得到应用。从成本和能耗方面考虑，石灰石粉宜以生产石灰石碎石和人工砂时所产生的石粉和石屑为原料，通过进一步粉磨制成粒径不大于 0.16mm 的微细粒。

国内外研究表明，石灰石粉是生产水泥和配制混凝土的理想掺合料之一，在混凝土中掺入适量的石灰石粉，可以取代部分水泥、改善新拌混凝土和易性、降低水化热及减小收缩，可降低混凝土的孔隙率，从而提高混凝土的密实性能，对提高混凝土的强度和抗渗性有利，并减少环境污染，其技术性能优良，经济效益明显，成为今后混凝土工业的研究热点和发展趋势。

在我国的一些地区和大型工程中，采用石灰石粉取代部分细骨料或作为辅助胶凝材料取代部分水泥，取得了良好的应用效果。如广州、深圳等南方城市的预拌混凝土普遍掺入石灰石粉；在普定、岩滩、江垭、汾河二库、白石、黄丹、龙滩、漫湾、大朝山、小湾等水电工程中，石灰石粉得到成功应用。将石灰石粉作为矿物掺合料使用，替代日益紧缺的传统矿物掺合料，对于解决实际工程的原材料紧缺问题、降低工程造价和环保等将具有重大的现实意义，能有效推动我国混凝土行业的健康发展。

应当注意的是：石灰石粉取代水泥掺入混凝土后，对混凝土抗冻融及抗硫酸盐侵蚀有一定的不利影响，因此特别在冻融环境和硫酸盐中度以上侵蚀环境中，需要经试验确认混凝土的耐久性。在潮湿、低温（低于 15℃）且存在硫酸盐环境中，需要充分重视 $CaSO_3$ 和水化硅酸钙及硫酸盐生成碳硫硅钙石，防止引起混凝土微结构解体。在这种情况下，原则上不得使用石灰石粉。

我国 2014 年发布了石灰石粉标准。即《石灰石粉在混凝土中应用技术规程》JGJ/T 318—2014，该标准从 2014 年 10 月 1 日起实施。

4.5.1　技术要求

（1）石灰石粉的碳酸钙含量、细度、活性指数、流动度比、含水量、亚甲蓝值应符合表 4-5 的规定。

石灰石粉技术要求　　**表 4-5**

项目		技术指标
碳酸钙含量(%)		≥75
细度(45μm 方孔筛筛余,%)		≤15
活性指数(%)	7d	≥60
	28d	≥60
流动度比(%)		≥100
含水量(%)		≤1.0
亚甲蓝值(g/kg)		≤1.4

（2）石灰石粉的放射性核素限量应符合现行国家标准《建筑材料放射性核素限量》

GB 6566—2010 的规定。

（3）当石灰石粉用于有碱活性骨料配制的混凝土时，可由供需双方协商确定碱含量。石灰石粉的碱含量应按下式计算：

$$M = M_{Na_2O} + 0.658 M_{K_2O} \tag{4-1}$$

式中 M——石灰石粉的碱含量；

M_{Na_2O}——石灰石粉中 Na_2O 含量，应按现行国家标准《水泥化学分析方法》GB/T 176—2017 测定；

M_{K_2O}——石灰石粉中 K_2O 含量，应按现行国家标准《水泥化学分析方法》GB/T 176—2017 测定。

4.5.2 质量检验

（1）进厂时，应按规定划分的检验批验收型式检验报告、出厂检验报告和合格证等质量证明文件。

（2）进场时，应对材料外观、生产日期等进行检查，并按检验批随机抽取样品进行检验。每个检验批检验不得少于 1 次。

（3）石灰石粉进场检验项目应包括碳酸钙含量、细度、活性指数、流动度比、含水量和亚甲蓝值。当使用碱活性骨料的混凝土，石灰石粉进场检验项目尚应包括碱含量。在同一工程中，同一厂家生产的石灰石粉，当连续三次进场检验均一次检验合格时，后续的检验批量可扩大一倍。

（4）石灰石粉应以 200t 为一个检验批，每个批次的石灰石粉应来自同一厂家、同一矿源；非连续供应不足 200t 应作为一个检验批。

4.6 矿物掺合料试验方法

4.6.1 粉煤灰

4.6.1.1 需水量比试验方法

1. 原理

按《水泥胶砂流动度测定方法》GB/T 2419—2005 测定试验胶砂和对比胶砂的流动度，二者达到规定流动度范围时的加水量之比为粉煤灰的需水量比。

2. 材料

（1）对比水泥：符合《强度检验用水泥标准样品》GSB 14-1510—2018 规定，或符合《通用硅酸盐水泥》GB 175—2007 规定的强度等级 42.5 的硅酸盐水泥或普通硅酸盐水泥且按表 4-6 配制的对比胶砂流动度（L_0）在 145～155mm 内。

（2）试验样品：对比水泥和被检验粉煤灰按质量比 7∶3 混合。

（3）标准砂：符合《水泥胶砂强度检验方法（ISO 法）》GB/T 17671—2021 规定的 0.5～1.0mm 的中级砂。

（4）水：洁净的淡水。

3. 仪器设备

（1）天平：量程不小于1000g，最小分度值不大于1g。

（2）搅拌机：符合《水泥胶砂强度检验方法（ISO法）》GB/T 17671—2021规定的行星式水泥胶砂搅拌机。

（3）流动度跳桌：符合《水泥胶砂流动测定方法》GB/T 2419—2005规定。

4. 试验步骤

（1）胶砂配比按表4-6进行。

粉煤灰需水量比试验胶砂配比　　**表4-6**

胶砂种类	对比水泥	试验样品		标准砂
		对比水泥	粉煤灰	
对比胶砂(g)	250	—	—	750
试验胶砂(g)	—	175	75	750

（2）对比胶砂和试验胶砂分别按《水泥胶砂强度检验方法（ISO法）》GB/T 17671—2021规定进行搅拌。

（3）搅拌后的对比胶砂和试验胶砂分别按《水泥胶砂流动测定方法》GB/T 2419—2005测定流动度。当试验胶砂流动度达到对比胶砂流动度（L_0）的±2mm时，记录此时的加水量（m），当试验胶砂流动度超出对比胶砂流动度（L_0）的±2mm时，重新调整加水量，直至试验胶砂流动度达到对比胶砂流动度（L_0）的±2mm为止。

5. 结果计算

（1）需水量比按式（4-2）计算，结果保留至1%。

$$X=\frac{m}{125}\times 100 \tag{4-2}$$

式中　X——水量比（%）；

m——试验胶砂流动度达到对比胶流动度（L_0）的±2mm时的加水量（g）；

125——对比胶砂的加水量（g）。

（2）试验结果有矛盾或需要仲裁检验时，对比水泥宜采用《强度检验用水泥标准样品》GSB 14-1510—2018强度检验用水泥标准样品。

4.6.1.2　粉煤灰含水量试验方法

1. 原理

将粉煤灰放入规定温度的烘干箱内烘至恒重，以烘干前后的质量差与烘干前的质量比确定粉煤灰的含水量。

2. 仪器设备

（1）烘干箱：可控制温度105～110℃，最小分度值不大于2℃。

（2）天平：量程不小于50g，最小分度值不大于0.01g。

3. 试验步骤

（1）称取粉煤灰试样约50g，精确至0.01g，倒入已烘干至恒量的蒸发皿中称量（m_1），精确至0.01g。

（2）将粉煤灰试样放入105～110℃烘干箱内烘至恒重，取出放在干燥器中冷却至室温后称量（m_0），精确至0.01g。

4. 结果计算

含水量按式（4-3）计算，结果保留至0.1%。

$$\omega=\frac{m_1-m_0}{m_1}\times 100 \tag{4-3}$$

式中 ω——含水量（%）；

m_1——烘干前试样的质量（g）；

m_0——烘干后试样的质量（g）。

4.6.1.3 粉煤灰强度活性指数试验方法

1. 原理

按《水泥胶砂强度检验方法（ISO法）》GB/T 17671—2021测定试验胶砂和对比胶砂的28d抗压强度，以二者之比确定粉煤灰的强度活性指数。

2. 材料

（1）对比水泥：符合《强度检验用水泥标准样品》GSB 14-1510—2018的规定，或符合《通用硅酸盐水泥》GB 175—2007规定的强度等级42.5的硅酸盐水泥或普通硅酸盐水泥。

（2）试验样品：对比水泥和被检验粉煤灰按质量比7∶3混合。

（3）标准砂：符合《中国ISO标准砂》GSB 08-1337—2008的规定。

（4）水：洁净的淡水。

3. 仪器设备

天平、搅拌机、振实台或振动台、抗压强度试验机等均应符合《水泥胶砂强度检验方法（ISO法）》GB/T 17671—2021的规定。

4. 试验步骤

（1）胶砂配比按表4-7进行。

强度活性指数试验胶砂配比 **表4-7**

胶砂种类	对比水泥	试验样品		标准砂	水
		对比水泥	粉煤灰		
对比胶砂(g)	450	—	—	1350	225
试验胶砂(g)	—	315	135	1350	225

（2）将对比胶砂和试验胶砂分别按《水泥胶砂强度检验方法（ISO法）》GB/T 17671—2021的规定进行搅拌、试体成型和养护。

（3）试体养护至28d，按《水泥胶砂强度检验方法（ISO法）》GB/T 17671—2021的规定分别测定对比胶砂和试验胶砂的抗压强度。

5. 结果计算

（1）强度活性指数按式（4-4）计算，结果保留算至1%。

$$H_{28}=\frac{R}{R_0}\times 100 \tag{4-4}$$

式中 H_{28}——强度活性指数（%）；

R——试验胶砂28d抗压强度（MPa）；

R_0——对比胶砂28d抗压强度（MPa）。

（2）试验结果有矛盾或需要仲裁检验时，对比水泥宜采用《强度检验用水泥标准样品》GSB 14-1510—2018强度检验用水泥标准样品。

4.6.1.4　粉煤灰细度试验方法

按《水泥细度检验方法筛析法》GB/T 1345—2005中45μm负压筛析法进行，筛析时间为3min。

筛析100个样品后进行筛网的校正，结果处理同《水泥细度检验方法筛析法》GB/T 1345—2005规定。

4.6.1.5　粉煤灰烧失量试验方法

按《水泥化学分析方法》GB/T 176—2017进行。

4.6.1.6　粉煤灰半水亚硫酸钙试验方法

按《石膏化学分析方法》GB/T 5484—2012进行。

4.6.1.7　粉煤灰安定性试验方法

试验样品制备：对比水泥和被检验粉煤灰按质量比7∶3混合；安定性试验按《水泥标准稠度用水量、凝结时间、安定性检验方法》GB/T 1346—2011进行。

4.6.2　粒化高炉矿渣粉试验

4.6.2.1　矿渣粉活性指数、流动度比和初凝时间比试验方法

1. 样品

（1）对比水泥

符合《通用硅酸盐水泥》GB 175—2007规定的强度等级为42.5的硅酸盐水泥或普通硅酸盐水泥，且3d抗压强度25～35MPa，7d压强35～45MPa，28d抗压强度50～60MPa，比表面积350～400m^2/kg，SO_3含量（质量分数）2.3～2.8，碱含量（$Na_2O+0.658K_2O$）（质量分数）0.5%～0.9%。

（2）试验样品

由对比水泥和矿渣粉按质量比1∶1组成。

2. 矿渣粉活性指数、流动度比试验步骤及结果计算

（1）水泥胶砂配比。

对比胶砂和试验胶砂配比如表4-8所示。

水泥胶砂配比　　**表4-8**

胶砂种类	对比水泥	矿渣粉	标准砂	水
对比胶砂(g)	450	—	1350	225
试验胶砂(g)	225	225	1350	225

（2）水泥胶砂搅拌程序

按《水泥胶砂强度检验方法（ISO法）》GB/T 17671—2021进行。

（3）水泥胶砂流动度试验

按《水泥胶砂流动度测定方法》GB/T 2419—2005进行对比胶砂和试验胶砂的流动度

试验。

（4）水泥胶砂强度试验。

按《水泥胶砂强度检验方法（ISO 法）》GB/T 17671—2021 进行对比胶砂和试验胶砂的 7d、28d 水泥胶砂抗压强度试验。

（5）矿渣粉活性指数和流动度比计算。

矿渣粉 7d 活性指数按式（4-5）计算，计算结果保留至整数：

$$A_7 = \frac{A_7 \times 100}{A_{07}} \tag{4-5}$$

式中 A_7——矿渣粉 7d 活性指数（%）；

A_{07}——对比胶砂 7d 抗压强度（MPa）；

A_7——试验胶砂 7d 抗压强度（MPa）。

矿渣粉 28d 活性指数按式（4-6）计算，计算结果保留至整数：

$$A_{28} = \frac{A_{28} \times 100}{A_{028}} \tag{4-6}$$

式中 A_{28}——矿渣粉 28d 活性指数（%）；

A_{028}——对比胶砂 28d 抗压强度（MPa）；

A_{28}——试验胶砂 28d 抗压强度（MPa）。

矿渣粉流动度比按式（4-7）式计算，计算结果保留至整数：

$$F = \frac{L \times 100}{L_m} \tag{4-7}$$

式中 F——矿渣粉流动度比（%）；

L_m——对比胶砂流动度（mm）；

L——试验胶砂流动度（mm）。

3. 矿渣粉初凝时间比试验步骤及结果计算

（1）水泥净浆配比

对比净浆和试验净浆配比如表 4-9 所示。

水泥净浆配比 **表 4-9**

净浆种类	对比水泥	矿渣粉	水
对比净浆(g)	500	—	标准稠度用水量
试验净浆(g)	250	250	标准稠度用水量

（2）水泥净浆初凝时间试验

按《水泥标准稠度用水量、凝结时间、安定性检验方法》GB/T 1346—2011 进行对比净浆和试验净浆初凝时间的测定。

（3）水泥净浆初凝时间比计算

矿渣粉初凝时间比按式（4-8）计算，计算结果保留至整数。

$$T = \frac{I \times 100}{I_m} \tag{4-8}$$

式中 T——矿渣粉初凝时间比（%）；

I_m——对比净浆初凝时间（min）；

I——试验净浆初凝时间（min）。

4.6.2.2　矿渣粉比表面积试验方法

按《水泥比表面积测定方法 勃氏法》GB/T 8074—2008 进行，勃氏透气仪的校准采用《粒化高炉矿渣粉细度和比表面积标准样品》GSB 08-3387—2017 粒化高炉矿渣粉细度和比表面积标准样品或相同等级的其他标准物质，有争议时以前者为准。

4.6.2.3　矿渣粉烧失量试验方法

按《水泥化学分析方法》GB/T 176—2017 进行。

矿渣粉在灼烧过程中由于硫化物的氧化引起的误差，可通过式（4-9）、式（4-10）进行校正：

$$\omega_{O_2}=0.8\times(\omega_{灼SO_3}-\omega_{未灼SO_3}) \tag{4-9}$$

式中　ω_{O_2}——矿渣粉灼烧过程中吸收空气中氧的质量分数（%）；

$\omega_{灼SO_3}$——矿渣粉灼烧后测得的 SO_3 质量分数（%）；

$\omega_{未灼SO_3}$——未经灼烧时的 SO_3 质量分数（%）。

$$X_{校正}=X_{测}+\omega_{O_2} \tag{4-10}$$

式中　$X_{校正}$——矿渣粉校正后的烧失量（质量分数）（%）；

$X_{测}$——矿渣粉试验测得的烧失量（质量分数）（%）。

4.6.2.4　矿渣粉含水量试验方法

可按本章 4.7.1 节“粉煤灰含水量试验方法”进行。

4.6.2.5　矿渣粉密度试验方法

按《水泥密度测定方法》GB/T 208—2014 进行。

4.6.3　硅灰试验

4.6.3.1　硅灰活性指数试验方法

1. 仪器设备

采用《水泥胶砂强度检验方法（ISO 法）》GB/T 17671—2021 中所规定的试验用仪器。

2. 原材料

（1）水泥

采用《混凝土外加剂》GB 8076—2008 附录 C 中规定的基准水泥。允许采用 C_3A 含量 6%～8%，总碱量（$Na_2O\%+0.658K_2O\%$）不大于 1%的熟料和二水石膏、矿渣共同磨制的强度等级大于（含）42.5 的普通硅酸盐水泥，但仲裁仍需用基准水泥。

（2）砂

符合《水泥胶砂强度检验方法（ISO 法）》GB/T 17671—2021 规定的标准砂。

（3）水

采用自来水或蒸馏水。

（4）高效减水剂

采用符合《混凝土外加剂》GB 8076—2008 中标准型高效减水剂要求的奈系减水剂，要求减水率大于 18%。

3. 试验条件及方法

(1) 试验条件

试验室应符合《水泥胶砂强度检验方法（ISO 法）》GB/T 17671—2021 中的规定。试验用各种材料和用具应预先放在试验室内 24h 以上，使其到达试验室相同的温度。

(2) 试验步骤

1) 胶砂配合比，如表 4-10 所示。

胶砂配合比 **表 4-10**

胶砂种类	对比水泥	硅灰	标准砂	水
基准胶砂(g)	450	—	1350	225
受检胶砂(g)	405	45	1350	225

注：受检胶砂中应加入高效减水剂，使受检胶砂流动度达到基准胶砂流动度值的±5mm。

2) 搅拌

把水（水和外加剂）加入搅拌锅里，再加入预先混匀的水泥和硅灰，把锅放置在固定架上，上升至固定位置。然后按《水泥胶砂强度检验方法（ISO 法）》GB/T 17671—2021 中规定进行搅拌，开动机器后，低速搅拌 30s 后，在第二个 30s 开始的同时均匀地将砂子加入。把机器转至高速再拌 30s。停拌 90s，在第一个 15s 内用一个胶皮刮具将叶片和锅壁上的胶砂刮入锅中间。在高速下继续搅拌 60s。各个搅拌阶段，时间误差应在±1s 以内。水泥胶砂流动度测定按照《水泥胶砂流动度测定方法》GB/T 2419—2005 进行。

3) 试件制备

按《水泥胶砂强度检验方法（ISO 法）》GB/T 17671—2021 规定进行。

4) 试件的养护

胶砂试件成型后，1d 脱模。脱模前，试件应置于温度 20℃±2℃、湿度 95%以上的环境中养护；脱模后，试件置于密闭的蒸养箱中，在 65℃±2℃温度下蒸养 6d。

5) 强度测定

胶砂试件养护 7d 龄期后，从蒸养箱中取出，在试验条件下冷却至室温，进行抗压强度试验。抗压强度试验按《水泥胶砂强度检验方法（ISO 法）》GB/T 17671—2021 进行。

(3) 结果计算

7d 龄期硅灰的活性指数按式（4-11）计算，计算结果精确到 1%。

$$A = \frac{R_t}{R_0} \times 100 \quad (4\text{-}11)$$

式中 A——硅灰的活性指数（%）；

R_t——受检胶砂 7d 龄期的抗压强度（MPa）；

R_0——基准胶砂 7d 龄期的抗压强度（MPa）。

4.6.3.2 硅灰需水量比试验方法

1. 原理

测试受检胶砂和基准胶砂的相同流动度时的用水量，两者用水量之比评价硅灰的需水量比。

2. 仪器

(1) 采用《水泥胶砂强度检验方法（ISO 法）》GB/T 17671—2021 中所规定的试验用

仪器。

（2）采用《水泥胶砂流动度测定方法》GB/T 2419—2005 中所规定的试验用仪器。

（3）天平：分度值 0.01g。

3. 测试用材料

（1）水泥：采用《混凝土外加剂》GB 8076—2008 附录 A 中规定的基准水泥。

（2）砂：符合《水泥胶砂强度检验方法（ISO 法）》GB/T 17671—2021 规定的 ISO 标准砂。

（3）水：采用自来水或蒸馏水。

（4）硅灰：受检的硅灰。

4. 测试条件及方法

（1）测试条件

试验室应符合《水泥胶砂强度检验方法（ISO 法）》GB/T 17671—2021 中的规定。试验用各种材料和用具应预先放在试验室内，使其到达试验室相同的温度。

（2）试验步骤

1）胶砂配合比，如表 4-11 所示。

胶砂配合比　　　　**表 4-11**

胶砂种类	对比水泥	硅灰	标准砂	水
基准胶砂(g)	450	—	1350	225
受检胶砂(g)	405	45	1350	记录达到基准胶砂流动度值±5mm 时的用水量

2）搅拌

把水加入搅拌锅里，再加入预先混匀的水泥和硅灰，把锅放置在固定架上，上升至固定位置。然后按《水泥胶砂强度检验方法（ISO 法）》GB/T 17671—2021 中规定进行搅拌，开动机器后，低速搅拌 30s 后，在第二个 30s 开始的同时均匀地将砂子加入。把机器转至高速再拌 30s。停拌 90s，在第一个 15s 内用一个胶皮刮具将叶片和锅壁上的胶砂刮入锅中间。在高速下继续搅拌 60s。各个搅拌阶段，时间误差应在±1s 以内。

3）需水量比测试。

胶砂流动度测定按照《水泥胶砂流动度测定方法》GB/T 2419—2005 进行，调整胶砂用水量使受检胶砂流动度控制在基准胶砂流动度值±5mm 之内。

4）硅灰的需水量比按式（4-12）计算，精确至 1%。

$$R_W = \frac{W_t}{225} \times 100\% \tag{4-12}$$

式中　R_W——硅灰的需水量比（%）；

W_t——受检胶砂流动度达到对比胶砂流动度值±5mm 范围时的加水量（g）。

4.6.3.3　硅灰比表面积试验方法

按《气体吸附 BET 法测定固态物质比表面积》GB/T 19587—2017 进行。

4.6.3.4　硅灰抗氯离子渗透性试验方法

按照《普通混凝土长期性能和耐久性能试验方法标准》GB/T 50082—2009 第 7 章进

行，抗氯离子渗透性能用受检混凝土与基准混凝土电通量之比表示。混凝土配合比用材料应符合《普通混凝土长期性能和耐久性能试验方法标准》GB/T 50082—2009 的规定。基准混凝土配合比水泥用量为 400kg/m^3 ± 5kg/m^3，砂率为 36%～40%，坍落度控制在 80mm±10mm；受检混凝土中掺入硅灰 10%（占胶凝材料总量比例），并采用符合《普通混凝土长期性能和耐久性能试验方法标准》GB/T 50082—2009 标准中标准型高效减水剂要求的奈系减水剂调整受检混凝土坍落度，减水剂的减水率要求大于 18%。

4.6.3.5 硅灰含水率、烧失量试验方法

按《水泥化学分析方法》GB/T 176—2017 进行。

4.6.4 石灰石粉试验方法

4.6.4.1 石灰石粉亚甲蓝值测试方法

本方法按《石灰石粉在混凝土中应用技术规程》JGJ/T 318—2014 附录 A。

（1）本方法适用于石灰石粉亚甲蓝值的测试。

（2）试验仪器设备及其精度应符合下列要求：

1）烘箱：温度控制范围为 105℃±5℃。

2）天平：称量 1000g，感量 0.1g，称量 100g，感量 0.01g。

3）移液管：5mL、2mL 移液管各一个。

4）搅拌器：应为三片或四片式转速可调的叶轮搅拌器：最高转速应达 600r/min±60r/min，直径应为 75mm±10mm。

5）定时装置：精度应为 1s。

6）玻璃容量瓶：容量应为 1L。

7）温度计：精度应为 1℃。

8）玻璃棒：配备 2 支，直径应为 8mm，长应为 300mm。

9）滤纸：应为快速定量滤纸。

10）烧杯：容量应为 1000mL。

（3）试样应按下列步骤制备：

1）石灰石粉的样品应缩分至 200g，并在烘箱中于 105℃±5℃下烘干至恒重，冷却至室温。

2）应采用粒径为 0.5～1.0mm 的标准砂。

3）分别称取 50g 石灰石粉和 150g 标准砂，称量应精确至 0.1g。石灰石粉和标准砂应混合均匀，作为试样备用。

（4）亚甲蓝溶液应按下列步骤配制：

1）亚甲蓝的含量不应小于 95%，样品粉末应在 105℃±5℃下烘干至恒重，称取烘干亚甲蓝粉末 10g，精确至 0.01g。

2）在烧杯中注入 600mL 蒸馏水，并加温至 35～40℃。将亚甲蓝粉末倒入烧杯中，用搅拌器持续搅拌 40min，直至亚甲蓝粉末完全溶解，并冷却至 20℃。

3）将溶液倒入 1L 容量瓶中，用蒸馏水淋洗烧杯等，使所有亚甲蓝溶液全部移入容量瓶，容量瓶和溶液的温度应保持在 20℃±1℃，加蒸馏水至容量瓶 1L 刻度。振荡容量瓶以保证亚甲蓝粉末完全溶解。

4）将容量瓶中溶液移入深色储藏瓶中，置于阴暗处保存。应在瓶上标明制备日期、失效日期。

（5）应按下列步骤进行试验操作：

1）将试样到入盛有500mL±5mL蒸馏水的烧杯中，用叶轮搅拌机以600r/min±60r/min转速搅拌5min，形成悬浮液，然后以400±40r/min转速持续搅拌，直至试验结束。

2）在悬浮液中加入5mL亚甲蓝溶液，用叶轮搅拌机以400r/min±40r/min转速搅拌至少1min后，用玻璃棒蘸取一滴悬浮液，滴于滤纸上。所取悬浮液滴在滤纸上形成的沉淀物直径为8～12mm。滤纸应置于空烧杯或其他合适的支撑物上，滤纸表面不得与任何固体或液体接触。当滤纸上的沉淀物周围未出现色晕，应再加入5mL亚甲蓝溶液，继续搅拌1min，再用玻璃棒蘸取一滴悬浮液，滴于滤纸上。当沉淀物周围仍未出现色晕，重复上述步骤，直至沉淀物周围出现约1mm宽的稳定浅蓝色晕。

3）应继续搅拌，不加亚甲蓝溶液，每1min进行一次蘸染试验。当色晕在4min内消失，再加入5mL亚甲蓝溶液；当色晕在5min内消失，再加入2mL亚甲蓝溶液。在上述两种情况下，均应继续进行搅拌和蘸染试验，直至色晕可持续5min。

4）当色晕可以持续5min时，应记录所加入的亚甲蓝溶液总体积，数值应精确至1mL。

5）石灰石粉的亚甲蓝值按下式计算：

$$MB = V/G \times 10 \tag{4-13}$$

式中 MB——石灰石粉的亚甲蓝值（g/kg），精确至0.01；

G——试样质量（g）；

V——所加入的亚甲蓝溶液的总量（mL）；

10——用于将每千克试样消耗的亚甲蓝溶液体积换算成亚甲蓝质量的系数。

4.6.4.2 石灰石粉细度试验方法

按现行国家标准《水泥细度检测方法筛析法》GB/T 1345—2005所列的负压筛分析法测试。

4.6.4.3 石灰石粉活性指数、流动度比、含水量试验方法

按现行行业标准《水泥砂浆和混凝土用天然火山灰质材料》JG/T 315—2011的有关规定，并将天然火山灰质材料替代为石灰石粉后进行测试。

第5章 建筑用砂石

5.1 概述

所谓骨料，即建筑用砂石，又称集料。骨料是混凝土的主要组成材料之一，在混凝土中起骨架作用。

骨料的品质对混凝土性能具有重要的影响。为保证混凝土质量，一般来说对骨料性能的要求主要有：具有稳定的物理性能与化学性能，不与水泥发生有害反应；有害杂质含量尽可能少，坚固耐久，具有良好的颗粒形状，表面与水泥石粘结牢固；有适宜的颗粒级配和模数。

各种粒径颗粒在骨料中所占的比例构成了骨料的颗粒级配，制备混凝土应尽量选择颗粒级配较好的骨料。用级配较好的骨料拌制的混凝土拌合物流动性、和易性好，易于浇筑振捣和抹面，得到均匀密实的混凝土；颗粒级配较好的骨料空隙率小，可以减少细骨料和胶凝材料的用量，利于实现混凝土配合比经济合理的原则。

混凝土常用的粗骨料为碎石和卵石两种。卵石表面光滑，制成的混凝土和易性好，易捣固密实，缺点是与水泥浆的粘结力较碎石差。碎石表面粗糙且有棱角，与水泥浆的粘结比较牢固，故在配制高强混凝土时宜选用碎石，且其形状越近似球形越好，利于获得理想的抗压强度。

混凝土用骨料必须严格控制含泥量及泥块含量。否则其含量过大不但明显降低混凝土的各种性能，而且将导致生产成本的增加。原因在于，泥的颗粒非常细（大多在0.004～0.06mm之间），比表面积大，并具有干缩性、吸附性、吸水膨胀性等特点。因此，混凝土拌合物需水量会随着含泥量的增大而增加，同时稠度的经时损失也更大；泥具有较强吸附减水剂的能力，为保证混凝土拌合物具有良好的工作性，其含量越大减水剂用量越多。但是，当含泥量比较大时，依靠增加减水剂或水用量也无法解决新拌混凝土坍落度损失快的问题，不仅增加生产成本、影响正常施工浇筑，而且会给工程质量带来隐患；由于泥分散在混凝土中，将降低胶凝材料的胶凝性和体积稳定性，因此，其含量过大不仅降低混凝土的强度，同时也将增大混凝土的收缩，易开裂，对耐久性能不利。当泥以泥块的形态存在于混凝土中时，将削弱结构的断面强度，特别是对梁等构件的安全性不利；在路面混凝土工程中，浇筑时泥块易上浮于表面，通行后将出现凹孔等质量缺陷。因此，必须严格控制骨料中的泥及泥块含量。

我国建筑用细骨料主要以河砂（天然砂）为主。天然砂是经过亿万年的时间形成的，是一种地方资源，在短时间内不能再生。随着我国基本建设的日益发展和环境保护措施的逐渐加强，许多地区出现天然砂资源逐步减少、质量日益下降，供需矛盾日益突出。为解决天然砂供需问题，从 20 世纪 60 年代起，我国水电、建筑部门就开始用当地石材进行人工砂的生产工艺、技术性能和工程使用的研究，并开始工程应用。从 20 世纪 70 年代起，我国贵州省已在建筑上大规模使用人工砂，近年来将 C120 人工砂混凝土泵送到 405m 的高度，C90 人工砂混凝土泵送到 460m 的高度。20 世纪 90 年代以来，北京、天津、上海、重庆、广东、福建、浙江、云南、河南、河北、山西等十几个省市都有人工砂生产线，使用人工砂替代天然砂的地区在迅速增加。通过几十年大量的使用研究和工程实践，证明了人工砂的使用在技术上是可靠的，只是耐磨性比天然砂配制的混凝土稍差，而各项力学性能则比天然砂配制的混凝土更好一些。美、英、日等工业发达国家使用人工砂也有几十年的历史，纳入国家标准的时间已近 40 年。

以下内容引自《普通混凝土用砂、石质量及检验方法标准》JGJ 52—2006。适用于一般工业与民用建筑和构筑物中普通混凝土用砂和石的质量要求及检验。

5.2　术语

（1）碎石：由天然岩石或卵石经机械破碎、筛分而得的，公称粒径大于 5.00mm 的岩石颗粒。

（2）卵石：由自然条件作用而形成的，公称粒径大于 5.00mm 的岩石颗粒。

（3）针、片状颗粒：凡岩石颗粒的长度大于该颗粒所属粒级的平均粒径 2.4 倍者为针状颗粒；厚度小于平均粒径 0.4 倍者为片状颗粒。平均粒径指该粒级上、下限粒径的平均值。

（4）石的泥块含量：石中公称粒径大于 5.00mm，经水洗、手捏后变成小于 2.50mm 的颗粒的含量。

（5）天然砂：由自然条件作用而形成的，公称粒径小于 5.00mm 的岩石颗粒。按其产源不同，可分为河砂、海砂、山砂。

（6）人工砂：岩石经除土开采、机械破碎、筛分而成的，公称粒径小于 5.00mm 的岩石颗粒。

（7）混合砂：由人工砂和天然砂按一定比例组合而成的砂。

（8）含泥量：砂、石中公称粒径小于 80μm 颗粒的含量。

（9）砂的泥块含量：砂中公称粒径大于 1.25mm，经水洗、手捏后变成小于 630μm 的颗粒的含量。

（10）石粉含量：人工砂中公称粒径小于 80μm，且其矿物组成和化学成分与被加工母岩相同的颗粒含量。

（11）表观密度：骨料颗粒单位体积（包括内封闭孔隙）的质量。

（12）紧密密度：骨料按规定方法颠实后单位体积的质量。

（13）堆积密度：骨料在自然堆积状态下单位体积的质量。

（14）坚固性：骨料在气候、环境变化或其他物理因素作用下抵抗破裂的能力。

（15）轻物质：砂中表观密度小于 2000kg/m^3 的物质。

（16）压碎值指标：人工砂、碎石和卵石抵抗压碎的能力。

（17）碱活性骨料：能在一定条件下与混凝土中的碱发生化学反应导致混凝土产生膨胀、开裂甚至破坏的骨料。

（18）海砂：出产于海洋和入口附近的砂，包括滩砂、海底砂（浅海或深海海底的砂）和入海口附近的砂。

（19）相对含水率：含水率与吸水率之比。

（20）微粉含量：再生骨料中公称粒径小于 80μm 的颗粒含量。

（21）亚甲蓝值（*MB* 值）：用于确定细骨料（人工砂、再生砂）中公称粒径小于 80μm 的颗粒中高岭土含量的指标。

5.3 质量要求

在《普通混凝土用砂、石质量及检验方法标准》JGJ 52—2006 中，有两条强制性的条文，分别是：

（1）对于钢筋混凝土用砂，其氯离子含量不得大于 0.06%（以质量百分率计）。

（2）对于预应力混凝土用砂，其氯离子含量不得大于 0.02%（以质量百分率计）。

5.3.1 砂的质量要求

（1）砂的粗细程度按细度模数分为粗、中、细、特细四级，其范围应符合下列规定：

粗　砂：μf=3.7～3.1　　中　砂：μf=3.0～2.3

细　砂：μf=2.2～1.6　　特细砂：μf=1.5～0.7

（2）砂筛应采用方孔筛

砂的公称粒径、砂筛筛孔的公称直径和方孔筛筛孔边长应符合表 5-1 的规定。

砂的公称粒径、砂筛筛孔的公称直径和方孔筛筛孔边长尺寸　　表 5-1

砂的公称粒径	砂筛筛孔的公称直径	方孔筛筛孔边长
5.00mm	5.00mm	4.75mm
2.50mm	2.50mm	2.36mm
1.25mm	1.25mm	1.18mm
630μm	630μm	600μm
315μm	315μm	300μm
160μm	160μm	150μm
80μm	80μm	75μm

（3）砂的颗粒级配

除特细砂外，砂的颗粒级配可按公称直径 630μm 筛孔的累计筛余量（以质量百分率计，下同），分成三个级配区，且砂的颗粒级配应处于表 5-2 中的某一区内。

砂颗粒级配区　　表 5-2

公称粒径 \ 累计筛余(%) \ 级配区	Ⅰ区	Ⅱ区	Ⅲ区
5.00mm	10～0	10～0	10～0
2.50mm	35～5	25～0	15～0
1.25 mm	65～35	50～10	25～0
630μm	85～71	70～41	40～16
315μm	95～80	92～70	85～55
160μm	100～90	100～90	100～90

砂的实际颗粒级配与表 5-2 中的累计筛余相比，除公称粒径为 5.00mm 和 630μm 的累计筛余外，其余公称粒径的累计筛余可稍有超出分界线，但总超出量不应大于 5%。

当天然砂的实际颗粒级配不符合要求时，宜采取相应的技术措施，并经试验证明能确保混凝土质量后，方允许使用。

配制混凝土时宜优先选用Ⅱ区砂。当采用Ⅰ区砂时，应提高砂率，并保持足够的水泥用量，满足混凝土的和易性；当采用Ⅲ区砂时，宜适当降低砂率；当采用特细砂时，应符合相应的规定。配制泵送混凝土宜选用中砂。

(4) 天然砂中含泥量应符合表 5-3 的规定。

天然砂中含泥量　　表 5-3

混凝土强度等级	≥C60	C55～C30	≤C25
含泥量(按质量计,%)	≤2.0	≤3.0	≤5.0

对于有抗冻、抗渗或其他特殊要求的小于或等于 C25 混凝土用砂，其含泥量不应大于 3.0%。

(5) 砂中泥块含量应符合表 5-4 的规定。

砂中泥块含量　　表 5-4

混凝土强度等级	≥C60	C55～C30	≤C25
泥块含量(按质量计,%)	≤0.5	≤1.0	≤2.0

对于有抗冻、抗渗或其他特殊要求的小于或等于 C25 混凝土用砂，其泥块含量不应大于 1.0%。

(6) 人工砂或混合砂中石粉含量

由于人工砂是机械破碎制成，其颗粒尖锐有棱角。石粉主要是由 40～75μm 的微粒组成，经试验证明，人工砂中有适量石粉的存在能起到完善其颗粒级配，提高混凝土密实性等益处。人工砂或混合砂中石粉含量应符合表 5-5 的规定。

人工砂或混合砂中石粉含量　　　　表 5-5

混凝土强度等级		≥C60	C55～C30	≤C25
石粉含量（%）	*MB*<1.40（合格）	≤5.0	≤7.0	≤10.0
	MB≥1.40（不合格）	≤2.0	≤3.0	≤5.0

（7）砂的坚固性

砂的坚固性采用硫酸钠溶液检验，试样经 5 次循环后，其质量损失应符合表 5-6 的规定。

砂的坚固性指标　　　　表 5-6

混凝土所处的环境条件及其性能要求	5 次循环后的质量损失（%）
在严寒及寒冷地区室外使用，并经常处于潮湿或干湿交替状态下的混凝土；有腐蚀介质作用或经常处于水位变化区的地下结构或有抗疲劳、耐磨、抗冲击要求的混凝土	≤8
其他条件下使用的混凝土	≤10

（8）人工砂的总压碎值指标

人工砂的总压碎值指标应小于 30%。

（9）砂的碱活性

对于长期处于潮湿环境的重要混凝土结构用砂，应采用砂浆棒（快速法）或砂浆长度法进行骨料的碱活性检验。经上述检验判断为有潜在危害时，应控制混凝土中的碱含量不超过 3kg/m^3，或采用能抑制碱—骨料反应的有效措施。

（10）海砂质量要求

1）海砂的颗粒级配应符合表 5-2 的要求。

2）海砂的质量应符合表 5-7 的要求。

海砂的质量要求　　　　表 5-7

项目	指标
水溶性氯离子含量（按质量计，%）	≤0.03
含泥量（按质量计，%）	≤1.0
泥块含量（按质量计，%）	≤0.5
云母含量（按质量计，%）	≤1.0
轻物质含量（按质量计，%）	≤1.0
硫化物及硫酸盐含量（折算成 SO_3 按质量计，%）	≤1.0
坚固性指标（%）	≤8.0
有机物含量	颜色不应深于标准色。当颜色深于标准色时，应按水泥胶砂强度试验方法进行强度对比试验，抗压强度比不应低于 0.95

3）海砂应进行碱活性检验，检验方法应符合现行国家标准《建筑用砂》GB/T 14684—2022 的规定。当采用有潜在碱活性的海砂时，应采取有效的预防碱—骨料反应的

技术措施。

4）海砂中贝壳含量应符合表 5-8 的规定。贝壳的最大尺寸不应超过 5.75mm。对于有抗冻、抗渗或其他特殊要求的强度等级不小于 C25 的混凝土用砂，其贝壳含量不应大于 8.0%。

海砂中贝壳含量　　表 5-8

混凝土强度等级	≥C40	C35～C30	C25～C15
贝壳含量(按质量计,%)	≤3.0	≤5.0	≤8.0

5）海砂放射性应符合现行国家标准《建筑材料放射性核素限量》GB 6566—2010 的规定。

5.3.2　石的质量要求

（1）石的公称粒径、石筛筛孔的公称直径与方孔筛筛孔边长

石筛应采用方孔筛。石的公称粒径、石筛筛孔的公称直径与方孔筛筛孔边长应符合表 5-9 的规定。

公称粒径、公称直径和方孔筛筛孔边长尺寸　　表 5-9

石的公称粒径(mm)	石筛筛孔的公称直径(mm)	方孔筛筛孔边长(mm)
2.50	2.50	2.36
5.00	5.00	4.75
10.0	10.0	9.5
16.0	16.0	16.0
20.0	20.0	19.0
25.0	25.0	26.5
31.5	31.5	31.5

（2）石的颗粒级配

碎石或卵石的颗粒级配应符合表 5-10 的要求。混凝土用石应采用连续粒级。单粒级宜用于组合成满足要求的连续粒级；也可与连续粒级混合使用，以改善其级配或配成较大粒度的连续粒级。当卵石的颗粒级配不符合表 5-10 要求时，应采取措施并经试验证实能确保工程质量后，方允许使用。

碎石或卵石的颗粒级配范围　　表 5-10

级配情况	公称粒径(mm)	累计筛余,按质量(%)								
		方孔筛筛孔边长尺寸(mm)								
		2.36	4.75	9.5	16.0	19.0	26.5	31.5	37.5	53
连续粒级	5～10	95～100	80～100	0～15	0	—	—	—	—	—
	5～16	95～100	85～100	30～60	0～10	0	—	—	—	—
	5～20	95～100	90～100	40～80	—	0～10	0	—	—	—
	5～25	95～100	90～100	—	30～70	—	0～5	0	—	—
	5～31.5	95～100	90～100	70～90	—	15～45	—	0～5	—	—
	5～40	—	95～100	70～90	—	30～65	—	—	—	—

续表

级配情况	公称粒径(mm)	累计筛余，按质量(%)								
		方孔筛筛孔边长尺寸(mm)								
		2.36	4.75	9.5	16.0	19.0	26.5	31.5	37.5	53
单粒级	10～20	—	95～100	85～100	—	0～15	0	—	—	—
	16～31.5	—	95～100	—	85～100	—	—	0～10	—	—
	20～40	—	—	95～100	—	80～100	—	—	0～10	0

（3）针、片状颗粒含量

碎石或卵石中针、片状颗粒含量应符合表 5-11 的规定。

针、片状颗粒含量　　表 5-11

混凝土强度等级	≥C60	C55～C30	≤C25
针、片状颗粒含量(按质量计，%)	≤8	≤15	≤25

（4）含泥量

碎石或卵石中含泥量应符合表 5-12 的规定。

碎石或卵石的含泥量　　表 5-12

混凝土强度等级	≥C60	C55～C30	≤C25
含泥量(按质量计，%)	≤0.5	≤1.0	≤2.0

对于有抗冻、抗渗或其他特殊要求的混凝土，其所用碎石或卵石中含泥量不应大于1.0%。当碎石或卵石的含泥是非黏土质的石粉时，其含泥量可由表 5-12 的 0.5%、1.0%、2.0%，分别提高到 1.0%、1.5%、3.0%。

（5）泥块含量

碎石或卵石中泥块含量应符合表 5-13 的规定。

碎石、卵石的泥块含量　　表 5-13

混凝土强度等级	≥C60	C55～C30	≤C25
泥块含量(按质量计，%)	≤0.2	≤0.5	≤0.7

对于有抗冻、抗渗或其他特殊要求的强度等级小于 C30 的混凝土，其所用碎石或卵石中泥块含量不应大于 0.5%。

（6）抗压强度和压碎值指标

1）碎石的抗压强度和压碎值指标

碎石的强度可用岩石的抗压强度和压碎值指标表示。岩石的抗压强度应比所配制的混凝土强度至少高 20%。当混凝土强度等级大于或等于 C60 时，应进行岩石的抗压强度检验。岩石强度首先应由生产单位提供，工程中可采用压碎值指标进行质量控制。碎石的压碎值指标宜符合表 5-14 的规定。

碎石的压碎值指标　　表 5-14

岩石品种	混凝土强度等级	压碎指标值(%)
沉积岩	C60～C40	≤10
	≤C35	≤16
变质岩或深成的火成岩	C60～C40	≤12
	≤C35	≤20
喷出的火成岩	C60～C40	≤13
	≤C35	≤30

注：沉积岩包括石灰岩、砂岩等；变质岩包括片麻岩、石英岩等；深成的火成岩包括花岗岩、正长岩、闪长岩和橄榄岩等；喷出的火成岩包括玄武岩和辉绿岩等。

2）卵石的强度和压碎值指标

卵石的强度可用压碎值指标表示。其压碎值指标宜符合表 5-15 的规定。

卵石的压碎值指标　　表 5-15

混凝土强度等级	C60～C40	≤C35
压碎值指标(%)	≤12	≤16

(7) 有害物质

碎石或卵石中的硫化物和硫酸盐含量以及卵石中有机物等有害物质含量，应符合表 5-16 的规定。

碎石或卵石中的有害物质含量　　表 5-16

项目	质量要求
硫化物及硫酸盐含量 (折算成 SO_3,按质量计,%)	≤1.0
卵石中有机物含量 (用比色法试验)	颜色不应深于标准色。当颜色深于标准色时,应配制成混凝土进行强度比对试验,抗压强度比应不低于 0.95

当碎石或卵石中含有颗粒状硫酸盐和硫化物杂质时，应进行专门检验，确认能满足混凝土耐久性要求后，方可采用。

(8) 坚固性

碎石或卵石的坚固性应用硫酸钠溶液法检验，试样经 5 次循环后，其质量损失应符合表 5-17 的规定。

碎石或卵石的坚固性指标　　表 5-17

混凝土所处的环境条件及其性能要求	5 次循环后的质量损失(%)
在严寒及寒冷地区室外使用,并经常处于潮湿或干湿交替状态下的混凝土;有腐蚀性介质作用或经常处于水位变化区的地下结构或有抗疲劳、耐磨、抗冲击要求的混凝土	≤8
在其他条件下使用的混凝土	≤12

（9）碎石或卵石的碱活性

对于长期处于潮湿环境的重要结构混凝土，其所使用的碎石或卵石应进行碱活性检验。

进行碱活性检验时，首先应采用岩相法检验碱活性骨料的品质、类型和数量。当检验出骨料中含有活性二氧化硅时，应采用快速砂浆棒法或砂浆长度法进行骨料的碱活性检验；当检验出骨料中含有活性碳酸盐时，应采用岩石柱法进行碱活性检验。

经上述检验，当判定骨料存在潜在碱-碳酸盐反应危害时，不宜用作混凝土骨料；否则，应通过专门的混凝土试验，做最后评定。

当判定骨料存在潜在碱-硅反应危害时，应控制混凝土中的碱含量不超过 $3kg/m^3$，或采用能抑制碱-骨料反应的有效措施。

5.4 验收、运输和堆放

（1）供货单位应提供砂或石的产品合格证及质量检验报告。

使用单位应按砂或石的同产地同规格分批验收。采用大型工具（如火车、汽车、货船）运输的，以 $400m^3$ 或 600t 为一验收批；采用小型工具（如拖拉机等）运输的，以 $200m^3$ 或 300t 为一验收批。不足上述数量者，应按一验收批进行验收。

（2）每验收批砂或石至少应进行颗粒级配、含泥量、泥块含量检验。对于碎石或卵石，应检验针片状颗粒含量；对于海砂或有氯离子污染的砂，应检验氯离子含量；对于海砂，应检验贝壳含量；对于人工砂及混合砂，应检验石粉含量。对于重要工程或特殊工程，应根据工程要求增加检测项目。对其他指标的合格性有怀疑时，应予以检验。

当砂或石的质量比较稳定、进量又大时，可以 1000t 为一验收批；当使用新产源的砂或石时，应进行全面检验。

（3）砂或石的数量验收，可按质量计算，也可按体积计算。测定质量，可用汽车地量衡或船舶吃水线为依据；测定体积，可按车皮或船舶的容积为依据。采用其他小型运输工具时，可按方量确定。

（4）砂或石的运输、装卸和堆放过程中，应防止颗粒离析、混入杂质，并应按产地、种类和规格分别堆放。碎石或卵石的堆料高度不宜超过 5m，对于单粒级或最大粒径不超过 20mm 的连续粒级，其堆料高度不宜超过 10m。

（5）堆放场地应进行硬化，并有排水措施，以防止积水或混入泥土。

（6）海砂的质量检验应符合下列要求：

1）海砂的检验项目应包括氯离子含量、颗粒级配、细度模数、贝壳含量、含泥量和泥块含量。

2）海砂应按每 $400m^3$ 或 600t 为一检验批。同一产地的海砂，放射性可只检验一次；当有可靠的放射性检验数据时，可不再检验。

5.5 取样与缩分

5.5.1 取样

（1）每验收批取样方法应按下列规定执行：

1）从料堆上取样时，取样部位应均匀分布。取样前应先将取样部位表层铲除，然后从不同部位抽取大致相等的砂 8 份，石子为 16 份，组成各自一组样品。

2）从皮带运输机上取样时，应在皮带运输机机尾的出料处用接料器定时抽取砂 4 份，石子为 8 份，组成各自一组样品。

3）从火车、汽车、货船上取样时，应从不同部位和深度抽取大致相等的砂 8 份，石子为 16 份，组成各自一组样品。

（2）除筛分析外，当其余检验项目存在不合格时，应加倍取样进行复验。当复验仍有一项不能满足标准要求时，应按不合格品处理。

若经观察，认为各节车皮间（汽车、货船间）所载的砂、石质量相差甚为悬殊时，应对质量有怀疑的每节列车（汽车、货船）分别取样和验收。

（3）对于每一单项检验项目，砂、石的每组样品取样数量应分别满足表 5-18 和表 5-19 的规定。当需要做多项检验时，可在确保样品经一项试验后不致影响其他试验结果的前提下，用同组样品进行多项不同的试验。

每一单项检验项目所需砂的最小取样质量　　表 5-18

检验项目	最小取样质量(g)
筛分析	4400
表观密度	2600
吸水率	4000
紧密密度和堆积密度	5000
含水率	1000
含泥量	4400
泥块含量	20000
石粉含量	1600
人工砂压碎值指标	分成公称粒级 5.00～2.50mm；2.50～1.25mm；1.25 mm～630μm；630～315μm 每个粒级各需 1000g
有机物含量	2000
云母含量	600
硫化物及硫酸盐含量	50
轻物质含量	3200
坚固性	分成公称粒级 5.00～2.50mm；2.50～1.25mm；1.25 mm～630μm；630～315μm；315～160μm 每个粒级各需 100g
氯离子含量	2000
贝壳含量	10000
碱活性	20000

每一单项检验项目所需碎石或卵石的最小取样质量 表 5-19

检验项目	最大公称粒径(mm)					
	10.0	16.0	20.0	25.0	31.5	40.0
筛分析	8	15	16	20	25	32
表观密度	8	8	8	8	12	16
吸水率	8	8	16	16	16	24
紧密密度和堆积密度	40	40	40	40	80	80
含水率	2	2	2	2	3	3
泥块含量	8	8	24	24	40	40
含泥量	8	8	24	24	40	40
针、片状含量	1.2	4	8	12	20	40
硫化物及硫酸盐含量	1.0					

注：有机物含量、坚固性、压碎值指标及碱-骨料反应检验，应按试验要求的粒级及质量取样。

(4) 每组样品应妥善包装，避免细料散失，防止污染，并附样品卡片，标明样品的编号、取样时间、代表数量、产地、样品量、要求检验项目及取样方式等。

5.5.2 样品的缩分

(1) 砂的样品缩分方法可选择下列两种方法之一：

1) 用分料器缩分：将样品在潮湿状态下拌和均匀，然后将其通过分料器，留下两个接料斗中的一份，并将另一份再次通过分料器。重复上述过程，直至把样品缩分至略多于试验所需量为止。

2) 人工四分法：将样品置于平板上，在潮湿状态下拌和均匀，并堆成厚度约为20mm的“圆饼”状，然后沿互相垂直的两条直径把“圆饼”分成大致相等的四份，取其对角的两份重新拌匀，再堆成“圆饼”状。重复上述过程，直至把样品缩分至略多于试验所需量为止。

(2) 碎石或卵石缩分时，应将样品置于平板上，在自然状态下拌和均匀，并堆成锥体，然后沿互相垂直的两条直径把锥体分成大致相等的四份，取其对角的两份重新拌匀，再堆成锥体状。重复上述过程，直至把样品缩分至试验所需量为止。

(3) 砂或石的含水率、紧密密度、堆积密度检验所用的试样，可不经缩分，拌匀后直接进行试验。

5.6 石的检验方法

5.6.1 碎石或卵石的筛分析试验

(1) 本方法适用于测定碎石或卵石的颗粒级配。

(2) 筛分析试验应采用下列仪器设备：

1) 试验筛：筛孔公称直径为 100.0mm、80.0mm、63.0mm、50.0mm、40.0mm、

31.5mm、25.0mm、20.0mm、16.0mm、10.0mm、5.0mm 和 2.5mm 的方孔筛以及筛的底盘和盖各一只，其规格和质量要求应符合现行国家标准《试验筛 技术要求和检验第 2 部分：金属穿孔板试验筛》GB/T 6003.2—2012 的要求，筛框直径为 300mm。

2）天平和秤：天平的称量 5kg，感量 5g；秤的称量 20kg，感量 20g。

3）烘箱：温度控制范围为 105℃±5℃。

4）浅盘。

（3）试样制备应符合下列规定：试验前，应将样品缩分至表 5-20 所规定的试样最小质量，并烘干或风干后备用。

筛分析所需试样的最小质量 **表 5-20**

公称粒径(mm)	10.0	16.0	20.0	25.0	31.5	40.0
试样最小质量(kg)	2.0	3.2	4.0	5.0	6.3	8.0

（4）筛分析试验应按下列步骤进行：

1）按表 5-20 的规定称取试样。

2）将试样按筛孔大小顺序过筛，当每只筛上的筛余层厚度大于试样的最大粒径值时，应将该筛上的筛余试样分成两份，再次进行筛分，直至各筛每分钟的通过量不超过试样总量的 0.1%。

当筛余试样的颗粒粒径比公称粒径大 20mm 以上时，在筛分过程中，允许用手拨动颗粒。

3）称取各筛筛余的质量，精确至试样总质量的 0.1%。各筛的分计筛余量和筛底剩余量的总和与筛分前测定的试样总量相比，其相差不得超过 1%。

（5）筛分析试验结果应按下列步骤计算：

1）计算分计筛余（各筛上筛余量除以试样的百分率），精确至 0.1%。

2）计算累计筛余（该筛的分计筛余与筛孔大于该筛的各筛的分计筛余百分率之总和），精确至 1%。

3）根据各筛的累计筛余，评定该试样的颗粒级配。

5.6.2 碎石或卵石的表观密度试验（标准法）

（1）本方法适用于测定碎石或卵石的表观密度。

（2）标准法表观密度试验应采用下列仪器设备：

1）液体天平：称量 5kg，感量 5g，其型号及尺寸应能允许在臂上悬挂盛试样的吊篮，并在水中称重，如图 5-1 所示。

2）吊篮：直径和高度均为 150mm，由孔径为 1～2mm 的筛网或钻有孔径为 2～3mm 孔洞的耐锈蚀金属板制成。

3）盛水容器：有溢流孔。

4）烘箱：温度控制范围为 105℃±5℃。

5）试验筛：筛孔公称直径为 5.00mm 的方孔筛一只。

6）温度计：0～100℃。

7）带盖容器、浅盘、刷子和毛巾等。

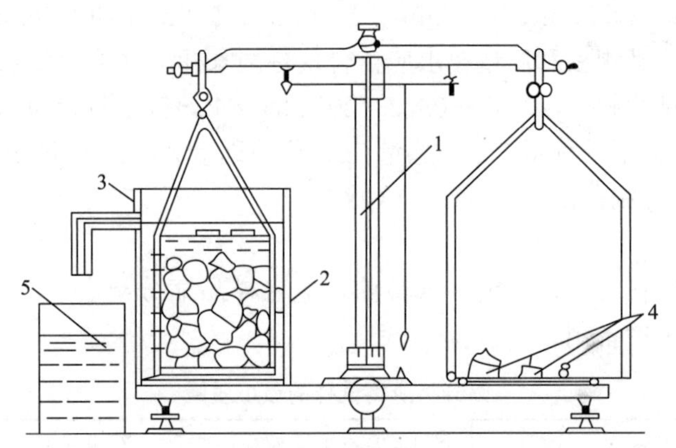

1—5kg 天平；2—吊篮；3—带有溢流孔的金属容器；4—砝码；5—容器

图 5-1　液体天平

（3）试样制备应符合下列规定：

试验前，将样品筛除公称粒径 5.00mm 以下的颗粒，并缩分至略大于两倍于表 5-21 所规定的最小质量，冲洗干净后分成两份备用。

表观密度试验所需的试样最小质量　　　　**表 5-21**

最大公称粒径(mm)	10.0	16.0	20.0	25.0	31.5	40.0
试样最小质量(kg)	2.0	2.0	2.0	2.0	3.0	4.0

（4）标准法表观密度试验应按以下步骤进行：

1）按表 5-21 的规定称取试样。

2）取试样一份装入吊篮，并浸入盛水的容器中，水面至少高出试样 50mm。

3）浸水 24h 后，移放到称量用的盛水容器中，并用上下升降吊篮的方法排除气泡（试样不得露出水面）。吊篮每升降一次约为 1s，升降高度为 30～50mm。

4）测定水温（此时吊篮应全浸在水中），用天平称取吊篮及试样在水中的质量（m_2），称量时盛水容器中水面的高度由容器的溢流孔控制。

5）提起吊篮，将试样置于浅盘中，放入 105℃±5℃的烘箱中烘干至恒重；取出来放在带盖的容器中冷却至室温后，称重（m_0）；

恒重是指相邻两次称量间隔时间不小于 3h 的情况下，其前后两次称量之差小于该项试验所要求的称量精度。

6）称取吊篮在同样温度的水中质量（m_1），称量时盛水容器的水面高度仍应由溢流口控制。试验的各项称重可以在 15～25℃的温度范围内进行，但从试样加水静置的最后 2h 起直至试验结束，其温度相差不应超过 2℃。

（5）表观密度 ρ 应按下式计算，精确至 10kg/m³：

$$\rho=\left(\frac{m_0}{m_0+m_1-m_2}-\alpha_t\right)\times 1000 \tag{5-1}$$

式中　ρ——表观密度（kg/m³）；

m_0——试样的烘干质量（g）；

m_1——吊篮在水中的质量（g）；

m_2——吊篮及试样在水中的质量（g）；

α_t——水温对表观密度影响的修正系数，见表 5-22。

不同水温下碎石或卵石的表观密度影响的修正系数　　表 5-22

水温(℃)	15	16	17	18	19	20	21	22	23	24	25
α_t	0.002	0.003	0.003	0.004	0.004	0.005	0.005	0.006	0.006	0.007	0.008

以两次试验结果的算术平均值作为测定值。当两次结果之差大于 $20kg/m^3$ 时，应重新取样进行试验。对颗粒材质不均匀的试样，如两次试验结果之差大于 $20kg/m^3$ 时，可取四次测定结果的算术平均值作为测定值。

5.6.3 碎石或卵石的表观密度试验（简易法）

（1）本方法适用于测定碎石或卵石的表观密度，不宜用于测定最大公称粒径超过 40mm 的碎石或卵石的表观密度。

（2）简易法测定表观密度应采用下列仪器设备：

1）烘箱：温度控制范围为 105℃±5℃。

2）秤：称量 20kg，感量 20g。

3）广口瓶：容量 1000mL，磨口，并带玻璃片。

4）试验筛：筛孔公称直径为 5.00mm 的方孔筛一只。

5）毛巾、刷子等。

（3）试样制备应符合下列规定：

试验前，筛除样品中公称粒径为 5.00mm 以下的颗粒，缩分至略大于表 5-21 所规定的量的两倍。洗刷干净后，分成两份备用。

（4）简易法测定表观密度应按下列步骤进行：

1）按表 5-21 规定的数量称取试样。

2）将试样浸水饱和，然后装入广口瓶中。装试样时，广口瓶应倾斜放置，注入饮用水，用玻璃片覆盖瓶口，以上下左右摇晃的方法排除气泡。

3）气泡排尽后，向瓶中添加饮用水直至水面凸出瓶口边缘。然后用玻璃片沿瓶口迅速滑行，使其紧贴瓶口水面。擦干瓶外水分后，称取试样、水、瓶和玻璃片总质量（m_1）。

4）将瓶中的试样倒入浅盘中，放在 105℃±5℃的烘箱中烘干至恒重；取出，放在带盖的容器中冷却至室温后称取质量（m_0）。

5）将瓶洗净，重新注入饮用水，用玻璃片紧贴瓶口水面，擦干瓶外水分后称取质量（m_2）。试验时各项称重可以在 15～25℃的温度范围内进行，但从试样加水静置的最后 2h 起直至试验结束，其温度相差不应超过 2℃。

（5）表观密度 ρ 应按下式计算，精确至 $10kg/m^3$：

$$\rho=\left(\frac{m_0}{m_0+m_2-m_1}-\alpha_t\right)\times 1000 \tag{5-2}$$

式中　ρ——表观密度（kg/m^3）；

m_0——试样烘干后的质量（g）；

m_1——试样、水、瓶和玻璃片的总质量（g）；

m_2——水、瓶和玻璃片总质量（g）；

α_t——水温对表观密度影响的修正系数，如表 5-22 所示。

以两次试验结果的算术平均值作为测定值。当两次结果之差大于 20kg/m^3 时，应重新取样进行试验。对颗粒材质不均匀的试样，如两次试验结果之差大于 20kg/m^3 时，可取四次测定结果的算术平均值作为测定值。

5.6.4 碎石或卵石的含水率试验

（1）本方法适用于测定碎石或卵石的含水率。

（2）含水率试验应采用下列仪器设备：

1）烘箱——温度控制范围为 105℃±5℃。

2）秤——称量 20kg，感量 20g。

3）容器——如浅盘等。

（3）含水率试验应按下列步骤进行：

1）按表 5-19 的要求称取试样，分成两份备用。

2）将试样置于干净的容器中，称取试样和容器的总质量（m_1），并在 105℃±5℃的烘箱中烘干至恒重。

3）取出试样，冷却后称取试样与容器的总质量（m_2），并称取容器质量（m_3）。

（4）含水率 ω_{wc} 应按下式计算，精确至 0.01%：

$$\omega_{wc}=\frac{m_1-m_2}{m_2-m_3}\times 100\% \tag{5-3}$$

式中 ω_{wc}——含水率（%）；

m_1——烘干前试样与容器总质量（g）；

m_2——烘干后试样与容器总质量（g）；

m_3——容器质量（g）。

以两次试验结果的算术平均值作为测定值。

5.6.5 碎石或卵石的堆积密度和紧密密度试验

（1）本方法适用于测定碎石或卵石的堆积密度、紧密密度及空隙率。

（2）堆积密度和紧密密度试验应采用下列仪器设备：

1）秤：称量 100kg，感量 100g。

2）容量筒：金属制，其规格如表 5-23 所示。

容量筒的规格要求 **表 5-23**

碎石或卵石最大公称粒径(mm)	容量筒容积(L)	容量筒规格(mm)		筒壁厚度(mm)
		内径	净高	
10.0、16.0、20.0、25	10	208	294	2
31.5、40.0	20	294	294	3

注：测定紧密密度时，对最大公称粒径为 31.5mm、40.00mm 的骨料，可采用 10L 的容量筒。

3）烘箱：温度控制范围为105℃±5℃。

4）平头铁锹。

（3）试样的制备应符合下列要求：

按表5-19的规定称取试样，放入浅盘，在105℃±5℃的烘箱中烘干，也可摊在清洁的地面上风干，拌匀后分成两份备用。

（4）堆积密度和紧密密度试验应按以下步骤进行：

1）堆积密度：取试样一份，置于平整干净的地板（或铁板）上，用平头铁锹铲起试样，使石子自由落入容量筒内。此时，从铁锹的齐口至容量筒上口的距离应保持为50mm左右。装满容量筒除去凸出筒口表面的颗粒，并以合适的颗粒填入凹陷部分，使表面稍凸起部分和凹陷部分的体积大致相等，称取试样和容量筒总质量（m_2）。

2）紧密密度：取试样一份，分三层装入容量筒。装完一层后，在筒底垫放一根直径为25mm的圆钢筋，将筒按住并左右交替颠击地面各25下，然后装入第二层。第二层装满后，用同样方法颠实（筒底所垫钢筋的方向应与第一层放置方向垂直），然后再装入第三层，如法颠实。待三层试样装填完毕，加料直到试样超出容量筒筒口，用钢筋沿筒口边缘滚转，刮下高出筒口的颗粒，用合适的颗粒填平凹处，使表面稍凸起部分和凹陷部分的体积大致相等。称取试样和容量筒总质量（m_2）。

（5）试验结果计算应符合下列规定：

1）堆积密度（ρ_L）或紧密密度（ρ_c）按下式计算，精确至10kg/m³：

$$\rho_L(\rho_c)=\frac{m_2-m_1}{V}\times 1000 \tag{5-4}$$

式中 ρ_L——堆积密度（kg/m³）；

ρ_c——紧密密度（kg/m³）；

m_1——容量筒的质量（kg）；

m_2——容量筒和试样总质量（kg）；

V——容量筒的体积（L）。

以两次试验结果的算术平均值作为测定值。

2）空隙率按式5-5及式5-6计算，精确至1%：

$$\nu_L=\left(1-\frac{\rho_L}{\rho}\right)\times 100\% \tag{5-5}$$

$$\nu_c=\left(1-\frac{\rho_c}{\rho}\right)\times 100\% \tag{5-6}$$

式中 ν_L、ν_c——空隙率（%）；

ρ_L——碎石或卵石的堆积密度（kg/m³）；

ρ_c——碎石或卵石的紧密密度（kg/m³）；

ρ——碎石或卵石的表观密度（kg/m³）。

（6）容量筒容积的校正应以20℃±5℃的饮用水装满容量筒，用玻璃板沿筒口滑移，使其紧贴水面，擦干筒外壁水分后称取质量。用下式计算筒的容积：

$$V=m'_2-m'_1 \tag{5-7}$$

式中 V——容量筒的体积（L）；

m'_1——容量筒和玻璃板质量（kg）；

m'_2——容量筒、玻璃板和水总质量（kg）。

5.6.6 碎石或卵石中含泥量试验

（1）本方法适用于测定碎石或卵石中的含泥量。

（2）含泥量试验应采用下列仪器设备：

1）秤：称量 20kg，感量 20g。

2）烘箱：温度控制范围为 105℃±5℃。

3）试验筛：筛孔公称直径为 1.25mm 及 80μm 的方孔筛各一只。

4）容器：容积约 10L 的瓷盘或金属盒。

5）浅盘。

（3）试样制备应符合下列规定：

将样品缩分至表 5-24 所规定的量（注意防止细粉丢失），并置于温度为 105℃±5℃的烘箱内烘干至恒重，冷却至室温后分成两份备用。

含泥量试验所需的试样最小质量　　表 5-24

最大公称粒径(mm)	10.0	16.0	20.0	25.0	31.5	40.0
试样量不小于(kg)	2	2	6	6	10	10

（4）含泥量试验应按下列步骤进行：

1）称取试样一份（m_0）装入容器中摊平，并注入饮用水，使水面高出石子表面 150mm；浸泡 2h 后，用手在水中淘洗颗粒，使尘屑、淤泥和黏土与较粗颗粒分离，并使之悬浮或溶解于水。缓缓地将浑浊液倒入公称直径为 1.25mm 及 80μm 的方孔套筛（1.25mm 筛放置上面）上，滤去小于 80μm 的颗粒。试验前筛子的两面应先用水湿润。在整个试验过程中应注意避免大于 80μm 的颗粒丢失。

2）再次加水于容器中，重复上述过程，直至洗出的水清澈为止。

3）用水冲洗剩留在筛上的细粒，并将公称直径为 80μm 的方孔筛放在水中（使水面略高出筛内颗粒）来回摇动，以充分洗除小于 80μm 的颗粒。然后将两只筛上剩余的颗粒和筒中已洗净的试样一并装入浅盘，置于温度为 105℃±5℃的烘箱中烘干至恒重。取出冷却至室温后，称取试样的质量（m_1）。

（5）碎石或卵石中含泥量 ω_c 应按下式计算，精确至 0.1%：

$$\omega_c = \frac{m_0 - m_1}{m_0} \times 100\% \tag{5-8}$$

式中　ω_c——含泥量（%）；

m_0——试验前烘干试样的质量（g）；

m_1——试验后烘干试样的质量（g）。

以两次试验结果的算术平均值作为测定值。两次结果之差大于 0.2%时，应重新取样进行试验。

5.6.7 碎石或卵石中泥块含量试验

（1）本方法适用于测定碎石或卵石中泥块的含量。

(2) 泥块含量试验应采用下列仪器设备：

1) 秤：称量 20kg，感量 20g。

2) 试验筛——公称直径为 2.50mm 及 5.00mm 的方孔筛各一只。

3) 烘箱——温度控制范围为 105℃±5℃。

4) 水筒及浅盘等。

(3) 试样制备应符合下列规定：

将样品缩分至略大于表 5-24 所示的量，缩分时应防止所含黏土块被压碎。缩分后的试样在 105±5℃烘箱内烘至恒重，冷却至室温后分成两份备用。

(4) 泥块含量试验应按下列步骤进行：

1) 筛去公称粒径 5.00mm 以下颗粒，称取质量（m_1）。

2) 将试样在容器中摊平，加入饮用水使水面高出试样表面，24h 后把水放出，用手碾压泥块，然后把试样放在公称直径为 2.50mm 的方孔筛上摇动淘洗，直至洗出的水清澈为止。

3) 将筛上的试样小心地从筛里取出，置于温度为 105℃±5℃烘箱中烘干至恒重。取出冷却至室温后称取质量（m_2）。

(5) 泥块含量 $\omega_{c,L}$ 应按下式计算，精确至 0.1%：

$$\omega_{c,L} = \frac{m_1 - m_2}{m_1} \times 100\% \tag{5-9}$$

式中　$\omega_{c,L}$——泥块含量（%）；

m_1——公称直径 5mm 筛上筛余量（g）；

m_2——试验后烘干试样的质量（g）。

以两个试样试验结果的算术平均值作为测定值。

5.6.8 碎石或卵石中针状和片状颗粒的总含量试验

(1) 本方法适用于测定碎石或卵石中针状和片状颗粒的总含量。

(2) 针状和片状颗粒的总含量试验应采用下列仪器设备：

1) 针状规准仪（图 5-2）和片状规准仪（图 5-3），或游标卡尺。

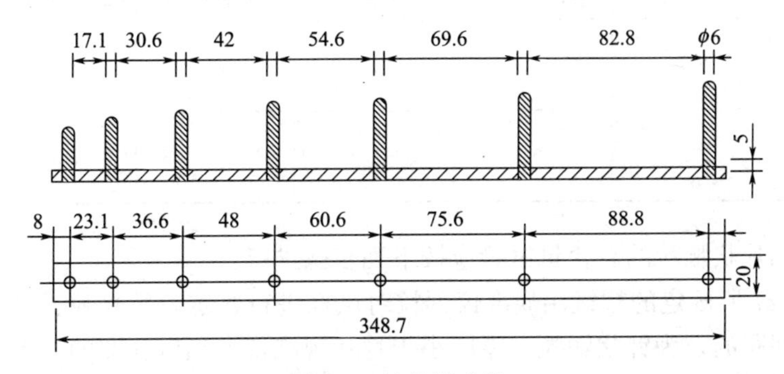

图 5-2　针状规准仪

2) 天平和秤：天平的称量 2kg，感量 2g；秤的称量 20kg，感量 20g。

3) 试验筛：筛孔公称直径分别为 5.00mm、10.0mm、20.0mm、25.0mm、31.5mm、

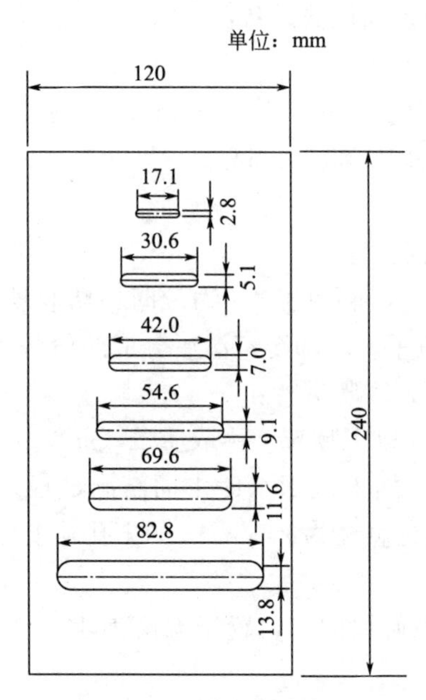

图 5-3　片状规准仪

40.0mm、63.0mm 和 80.0mm 的方孔筛各一只，根据需要选用。

4）卡尺。

(3) 试样制备应符合下列规定：

将样品在室内风干至表面干燥，并缩分至表 5-25 规定的量，称量（m_0），然后筛分成表 5-26 所规定的粒级备用。

针状和片状颗粒的总含量试验所需的试样最小质量　　表 5-25

最大公称粒径(mm)	10.0	16.0	20.0	25.0	31.5	≥40.0
试样最小质量(kg)	0.3	1	2	3	5	10

针状和片状颗粒的总含量试验的粒级划分及其相应的规准仪孔宽或间距　　表 5-26

公称粒级(mm)	5.00～10.0	10.0～16.0	16.0～20.0	20.0～25.0	25.0～31.5	31.5～40.0
片状规准仪上相对应的孔宽(mm)	2.8	5.1	7.0	9.1	11.6	13.8
针状规准仪上相对应的间距(mm)	17.1	30.6	42.0	54.6	69.6	82.8

(4) 针状和片状颗粒的总含量试验应按下列步骤进行：

1）按表 5-27 所规定的粒级用规准仪逐粒对试样进行鉴定，凡颗粒长度大于针状规准仪上相对应的间距的，为针状颗粒。厚度小于片状规准仪上相应孔宽的，为片状颗粒。

2）称取由各粒级挑出的针状和片状颗粒的总质量（m_1）。

(5) 碎石或卵石中针状和片状颗粒的总含量 ω_p 应按下式计算，精确至 1%：

$$\omega_p = \frac{m_1}{m_0} \times 100\% \tag{5-10}$$

式中　ω_p——针状和片状颗粒的总含量（%）；

m_1——试样中所含针状和片状颗粒的总质量（g）；

m_0——试样总质量（g）。

5.6.9　碎石或卵石的压碎值指标试验

（1）本方法适用于测定碎石或卵石抵抗压碎的能力，以间接地推测其相应的强度。

（2）压碎值指标试验应采用下列仪器设备：

1）压力试验机：荷载 300kN。

2）压碎值指标测定仪（图 5-4）。

3）秤：称量 5kg，感量 5g。

4）试验筛：筛孔公称直径为 10.0mm 和 20.0mm 的方孔筛各一只。

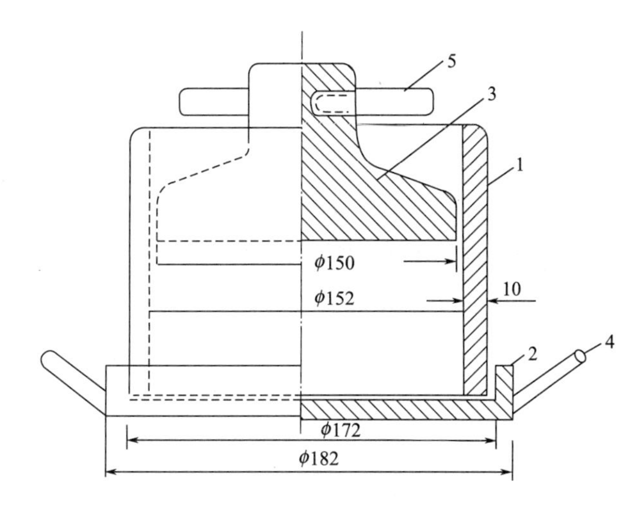

1—圆筒；2—底盘；3—加压头；4—手把；5—把手

图 5-4　压碎值指标测定仪

（3）试样制备应符合下列规定：

1）标准试样一律采用公称粒级为 10.0～20.0mm 的颗粒，并在风干状态下进行试验。

2）对多种岩石组成的卵石，当其公称粒径大于 20.0mm 颗粒的岩石矿物成分与 10.0～20.0mm 粒级有显著差异时，应将大于 20.0mm 的颗粒应经人工破碎后，筛取 10.0～20.0mm 标准粒级另外进行压碎值指标试验。

3）将缩分后的样品先筛除试样中公称粒径 10.0mm 以下及 20.0mm 以上的颗粒，再用针状和片状规准仪剔除针状和片状颗粒，然后称取每份 3kg 的试样 3 份备用。

筛取 10.0～20.0mm 标准粒级时，应增加 16.0mm 筛，以便用针状和片状规准仪剔除针状和片状颗粒。

（4）压碎值指标试验应按下列步骤进行：

1）置圆筒于底盘上，取试样一份，分两层装入圆筒。每装完一层试样后，在底盘下面垫放一直径为 10mm 的圆钢筋，将筒按住，左右交替颠击地面各 25 下。第二层颠实后，试样表面距盘底的高度应控制为 100mm 左右。

2）整平筒内试样表面，把加压头装好（注意应使加压头保持平正），放在试验机上在160～300s内均匀地加荷到200kN，稳定5s，然后卸荷，取出测定筒。倒出筒中的试样并称其质量（m_0），用公称直径为2.50mm的方孔筛筛除被压碎的细粒，称量剩留在筛上的试样质量（m_1）。

（5）碎石或卵石的压碎值指标δ_a，应按下式计算（精确至0.1%）：

$$\delta_a = \frac{m_0 - m_1}{m_0} \times 100\% \qquad (5\text{-}11)$$

式中　δ_a——压碎值指标（%）；

m_0——试样的质量（g）；

m_1——压碎试验后筛余的试样质量（g）。

多种岩石组成的卵石，应对公称粒径20.0mm以下和20.0mm以上的标准粒级（10.0～20.0mm）分别进行检验，则其总的压碎值指标δ_a应按下式计算：

$$\delta_a = \frac{\alpha_1\delta_{a1} + \alpha_2\delta_{a2}}{\alpha_1 + \alpha_2} \times 100\% \qquad (5\text{-}12)$$

式中　δ_a——总的压碎值指标（%）；

α_1、α_2——公称粒径20.0mm以下和20.0mm以上两粒级的颗粒含量百分率；

δ_{a1}、δ_{a2}——两粒级以标准粒级试验的分计压碎值指标（%）。

以三次试验结果的算术平均值作为压碎指标测定值。

5.7　砂的检验方法

5.7.1　砂的筛分析试验

（1）本方法适用于测定普通混凝土用砂的颗粒级配及细度模数。

（2）砂的筛分析试验应采用下列仪器设备：

1）试验筛：公称直径分别为10.00mm、5.00mm、2.50mm、1.25mm、630μm、315μm、160μm的方孔筛各一只，筛的底盘和盖各一只；筛框直径为300mm或200mm。其质量要求应符合现行国家标准《试验筛 技术要求和检验 第1部分：金属丝编织网试验筛》GB/T 6003.1—2022和《试验筛 技术要求和检验 第2部分：金属穿孔板试验筛》GB/T6003.2—2012的要求；

2）天平：称量1000g，感量1g。

3）摇筛机。

4）烘箱：温度控制范围为105℃±5℃。

5）浅盘、硬、软毛刷等。

（3）试样制备应符合下列规定：

用于筛分析的试样，其颗粒的公称粒径不应大于10.0mm。试验前应先将来样通过公称直径10.00mm的方孔筛，并计算筛余。称取经缩分后样品不少于550g两份，分别装入两个浅盘，在105℃±5℃的温度下烘干到恒重。冷却至室温备用。

恒重是指在相邻两次称量间隔时间不小于3h的情况下，前后两次称量之差小于该项试验所要求的称量精度。

（4）筛分析试验应按下列步骤进行：

1）准确称取烘干试样 500g（特细砂可称 250g），置于按筛孔大小顺序排列（大孔在上、小孔在下）的套筛的最上一只筛（公称直径为 5.00mm 的方孔筛）上；将套筛装入摇筛机内固紧，筛分 10min；然后取出套筛，再按筛孔由大到小的顺序在清洁的浅盘上逐一进行手筛，直至每分钟的筛出量不超过试样总量的 0.1%时为止；通过的颗粒并入下一只筛子，并和下一只筛子中的试样一起进行手筛。按这样顺序依次进行，直至所有的筛子全部筛完为止。

① 当试样含泥量超过 5%时，应先将试样水洗，然后烘干至恒重，再进行筛分；

② 无摇筛机时，可改用手筛。

2）试样在各只筛子上的筛余量均不得超过按式（5-13）计算得出的剩留量，否则应将该筛的筛余试样分成两份或数份，再次进行筛分，并以其筛余量之和作为该筛的筛余量。

$$m_{r}=\frac{A\sqrt{d}}{300} \tag{5-13}$$

式中　m_r——某一筛上的剩留量（g）；

d——筛孔边长（mm）；

A——筛的面积（mm^2）。

按式（5-13）计算，筛框直径 300mm 的各只筛上的最大允许剩留量，见表 5-27。

直径 300mm 筛框的各只筛上的最大允许剩留量　　**表 5-27**

筛孔边长	4.75mm	2.36mm	1.18mm	600μm	300μm	150μm
最大允许剩留量	—	362	256	183	129	91

3）称取各筛筛余试样的质量（精确至 1g），所有各筛的分计筛余量和底盘中的剩余量之和与筛分前的试样总量相比，相差不得超过 1%。

（5）筛分析试验结果应按下列步骤计算：

1）计算分计筛余（各筛上的筛余量除以试样总量的百分率），精确至 0.1%。

2）计算累计筛余（该筛的分计筛余与筛孔大于该筛的各筛的分计筛余之和），精确至 0.1%。

3）根据各筛两次试验累计筛余的平均值，评定该试样的颗粒级配分布情况，精确至 1%。

4）砂的细度模数应按下式计算，精确至 0.01：

$$\mu_{f}=\frac{(\beta_{2}+\beta_{3}+\beta_{4}+\beta_{5}+\beta_{6})-5\beta_{1}}{100-\beta_{1}} \tag{5-14}$$

式中　μ_f——砂的细度模数；

β_1、β_2、β_3、β_4、β_5、β_6——分别为公称直径 5.00mm、2.50mm、1.25mm、630μm、315μm、160μm 方孔筛上的累计筛余。

5）以两次试验结果的算术平均值作为测定值，精确至 0.1。当两次试验所得的细度模数之差大于 0.20 时，应重新取试样进行试验。

5.7.2 砂的表观密度试验（标准法）

（1）本方法适用于测定砂的表观密度。

（2）标准法表观密度试验应采用下列仪器设备：

1）天平：称量1000g，感量1g。

2）容量瓶：容量500mL。

3）烘箱：温度控制范围为105℃±5℃。

4）干燥器、浅盘、铝制料勺、温度计等。

（3）试样制备应符合下列规定：

经缩分后不少于650g的样品装入浅盘，在温度为105℃±5℃的烘箱中烘干至恒重，并在干燥器内冷却至室温。

（4）标准法表观密度试验应按下列步骤进行：

1）称取烘干的试样300g（m_0），装入盛有半瓶冷开水的容量瓶中。

2）摇转容量瓶，使试样在水中充分搅动以排除气泡，塞紧瓶塞，静置24h；然后用滴管加水至瓶颈刻度线平齐，再塞紧瓶塞，擦干容量瓶外壁的水分，称其质量（m_1）。

3）倒出容量瓶中的水和试样，将瓶的内外壁洗净，再向瓶内加入水温相差不超过2℃的冷开水至瓶颈刻度线。塞紧瓶塞，擦干容量瓶外壁水分，称质量（m_2）。

在砂的表观密度试验过程中应测量并控制水的温度，试验的各项称量可在15～25℃的温度范围内进行。从试样加水静置的最后2h起直至试验结束，其温度相差不应超过2℃。

（5）表观密度（标准法）应按下式计算，精确至10kg/m³：

$$\rho=\left(\frac{m_0}{m_0+m_2-m_1}-\alpha_t\right)\times 1000 \tag{5-15}$$

式中 ρ——表观密度（kg/m³）；

m_0——试样的烘干质量（g）；

m_1——试样、水及容量瓶总质量（g）；

m_2——水及容量瓶总质量（g）；

α_t——水温对砂的表观密度影响的修正系数，见表5-28。

不同水温对砂的表观密度影响的修正系数　　表5-28

水温(℃)	15	16	17	18	19	20
α_t	0.002	0.003	0.003	0.004	0.004	0.005
水温(℃)	21	22	23	24	25	—
α_t	0.005	0.006	0.006	0.007	0.008	—

以两次试验结果的算术平均值作为测定值。当两次结果之差大于20kg/m³时，应重新取样进行试验。

5.7.3 砂的堆积密度和紧密密度试验

（1）本方法适用于测定砂的堆积密度、紧密密度及空隙率。

(2) 堆积密度和紧密密度试验应采用下列仪器设备：

1) 秤：称量5kg，感量5g。

2) 容量筒：金属制，圆柱形，内径108mm，净高109mm，筒壁厚2mm，容积1L，筒底厚度为5mm。

3) 漏斗（图5-5）或铝制料勺。

4) 烘箱：温度控制范围为105℃±5℃。

5) 直尺、浅盘等。

(3) 试样制备应符合下列规定：

先用公称直径5.00mm的筛子过筛，然后取经缩分后的样品不少于3L，装入浅盘，在温度为105℃±5℃烘箱中烘干至恒重，取出并冷却至室温，分成大致相等的两份备用。试样烘干后若有结块，应在试验前先捏碎。

(4) 堆积密度和紧密密度试验应按下列步骤进行：

1) 堆积密度：取试样一份，用漏斗或铝制勺，将它慢慢装入容量筒（漏斗出料口或料勺距容量筒筒口不应超过50mm）直至试样装满并超出容量筒筒口，然后用直尺将多余的试样沿筒口中心线向相反方向刮平，称其质量（m_2）。

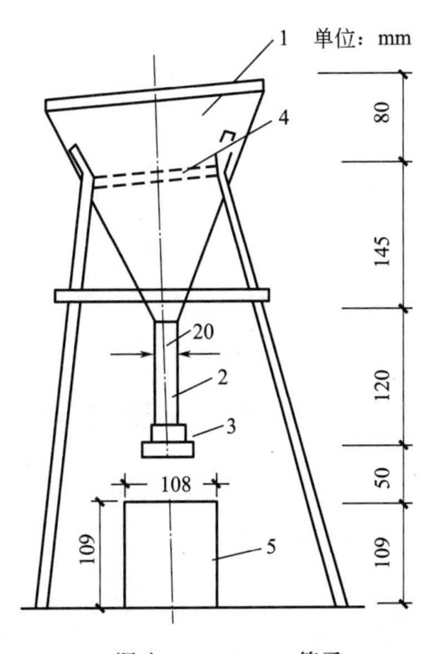

1—漏斗；2—ϕ20mm管子；3—活动门；4—筛；5—金属量筒

图5-5　标准漏斗

2) 紧密密度：取试样一份，分两层装入容量筒。装完一层后，在筒底垫放一根直径为10mm的圆钢筋，将筒按住，左右交替颠击地面各25下，然后再装入第二层；第二层装满后用同样方法颠实（但筒底所垫钢筋的方向应与第一层放置方向垂直）；二层装完并颠实后，加料直至试样超出容量筒筒口，然后用直尺将多余的试样沿筒口中心线向两个相反方向刮平，称其质量（m_2）。

(5) 试验结果计算应符合下列规定：

1) 堆积密度（ρ_L）及紧密密度（ρ_c）按下式计算，精确至10kg/m³：

$$\rho_L(\rho_c)=\frac{m_2-m_1}{V}\times 1000 \tag{5-16}$$

式中　$\rho_L(\rho_c)$——堆积密度（紧密密度）(kg/m³)；

m_1——容量筒的质量（kg）；

m_2——容量筒和砂总质量（kg）；

V——容量筒容积（L）。

以两次试验结果的算术平均值作为测定值。

2) 空隙率按下式计算，精确至1%：

$$\text{空隙率}\ \nu_L=\left(1-\frac{\rho_L}{\rho}\right)\times 100\% \tag{5-17}$$

$$\nu_c=\left(1-\frac{\rho_c}{\rho}\right)\times 100\% \tag{5-18}$$

式中 ν_L——堆积密度的空隙率（%）；

ν_c——紧密密度的空隙率（%）；

ρ_L——砂的堆积密度（kg/m^3）；

ρ——砂的表观密度（kg/m^3）；

ρ_c——砂的紧密密度（kg/m^3）。

（6）容量筒容积的校正方法：

以温度为 20℃±2℃的饮用水装满容量筒，用玻璃板沿筒口滑移，使其紧贴水面。擦干筒外壁水分，然后称其质量。用下式计算筒的容积：

$$V = m'_2 - m'_1 \tag{5-19}$$

式中 V——容量筒容积（L）；

m'_1——容量筒和玻璃板质量（kg）；

m'_2——容量筒、玻璃板和水总质量（kg）。

5.7.4 砂的含水率试验（标准法）

（1）本方法适用于测定砂的含水率。

（2）砂的含水率试验（标准法）应采用下列仪器设备：

1）烘箱：温度控制范围为 105℃±5℃。

2）天平：称量 1000g，感量 1g。

3）容器：如浅盘等。

（3）含水率试验（标准法）应按下列步骤进行：

由密封的样品中取各重 500g 的试样两份，分别放入已知质量的干燥容器（m_1）中称重，记下每盘试样与容器的总重（m_2）。将容器连同试样放入温度为 105℃±5℃的烘箱中烘干至恒重，称量烘干的试样与容器的总质量（m_3）。

（4）砂的含水率（标准法）按下式计算，精确至 0.1%：

$$\omega_{wc} = \frac{m_2 - m_3}{m_3 - m_1} \times 100\% \tag{5-20}$$

式中 ω_{wc}——砂的含水率（%）；

m_1——容器质量（g）；

m_2——未烘干的试样与容器的总质量（g）；

m_3——烘干后的试样与容器的总质量（g）。

以两次试验结果的算术平均值作为测定值。

5.7.5 砂的含水率试验（快速法）

（1）本方法适用于快速测定砂的含水率。对含泥量过大及有机杂质含量较多的砂不宜采用。

（2）砂的含水率试验（快速法）应采用下列仪器设备：

1）电炉（或火炉）；

2）天平——称量 1000g，感量 1g；

3）炒盘（铁制或铝制）；

4）油灰铲、毛刷等。

（3）含水率试验（快速法）应按下列步骤进行：

1）由密封样品中取500g试样放入干净的炒盘（m_1）中，称取试样与炒盘的总质量（m_2）；

2）置炒盘于电炉（或火炉）上，用小铲不断地翻拌试样，到试样表面全部干燥后，切断电源（或移出火外），再继续翻拌1min，稍冷却（以免损坏天平）后，称干样与炒盘的总质量（m_3）。

（4）砂的含水率（快速法）应按下式计算，精确至0.1%：

$$\omega_{wc}=\frac{m_2-m_3}{m_3-m_1}\times 100\% \tag{5-21}$$

式中　ω_{wc}——砂的含水率（%）；

m_1——炒盘质量（g）；

m_2——未烘干的试样与炒盘的总质量（g）；

m_3——烘干后的试样与炒盘的总质量（g）。

以两次试验结果的算术平均值作为测定值。

5.7.6　砂中含泥量试验（标准法）

（1）本方法适用于测定粗砂、中砂和细砂的含泥量；特细砂中含泥量测定方法按本章第5.7.7节进行试验。

（2）含泥量试验应采用下列仪器设备：

1）天平——称量1000g，感量1g；

2）烘箱——温度控制范围为105℃±5℃；

3）试验筛：筛孔公称直径为80μm及1.25mm的方孔筛各一个；

4）洗砂用的容器及烘干用的浅盘等。

（3）试样制备应符合下列规定：

样品缩分至1100g，置于温度为105℃±5℃的烘箱中烘干至恒重，冷却至室温后，称取各为400g（m_0）的试样两份备用。

（4）含泥量试验应按下列步骤进行：

1）取烘干的试样一份置于容器中，并注入饮用水，使水面高出砂面约150mm，充分拌匀后，浸泡2h，然后用手在水中淘洗试样，使尘屑、淤泥和黏土与砂粒分离，并使之悬浮或溶于水中。缓缓地将浑浊液倒入公称直径为1.25mm、80μm的方孔套筛（1.25mm筛放置于上面）上，滤去小于80μm的颗粒。试验前筛子的两面应先用水润湿，在整个试验过程中应避免砂粒丢失。

2）再次加水于容器中，重复上述过程，直到筒内洗出的水清澈为止。

3）用水淋洗剩留在筛上的细粒，并将80μm筛放在水中（使水面略高出筛中砂粒的上表面）来回摇动，以充分洗除小于80μm的颗粒。然后将两只筛上剩留的颗粒和容器中已经洗净的试样一并装入浅盘，置于温度为105℃±5℃的烘箱中烘干至恒重。取出来冷却至室温后，称试样的质量（m_1）。

（5）砂中含泥量应按下式计算，精确至0.1%：

$$\omega_c = \frac{m_0 - m_1}{m_0} \times 100\% \tag{5-22}$$

式中 ω_c——砂中含泥量（%）；

m_0——试验前的烘干试样质量（g）；

m_1——试验后的烘干试样质量（g）。

以两次试验结果的算术平均值作为测定值。两次结果之差大于 0.5%时，应重新取样进行试验。

5.7.7 砂中含泥量试验（虹吸管法）

（1）本方法适用于测定砂中含泥量，尤其适用于测定特细砂的含泥量。

（2）含泥量试验（虹吸管法）应采用下列仪器设备：

1）虹吸管：玻璃管的直径不大于 5mm，后接胶皮弯管。

2）玻璃容器或其他容器：高度不小于 300mm，直径不小于 200mm。

3）其他设备同本章第 5.7.7 节的要求。

（3）试样制备应符合下列规定：

样品缩分至 1100g，置于温度为 105℃±5℃的烘箱中烘干至恒重，冷却至室温后，称取各为 400g（m_0）的试样两份备用。

（4）含泥量试验（虹吸管法）应按下列步骤进行：

1）称取烘干的试样 500g（m_0），置于容器中，并注入饮用水，使水面高出砂面约 150mm，浸泡 2h，浸泡过程中每隔一段时间搅拌一次，确保尘屑、淤泥和黏土与砂分离。

2）用搅拌棒均匀搅拌 1min（单方向旋转），以适当宽度和高度的闸板闸水，使水停止旋转。经 20～25s 后取出闸板，然后，从上到下用虹吸管细心地将浑浊液吸出，虹吸管吸口的最低位置应距离砂面不小于 30mm。

3）再倒入清水，重复上述过程，直到吸出的水与清水的颜色基本一致为止。

4）最后将容器中的清水吸出，把洗净的试样倒入浅盘并在 105℃±5℃的烘箱中烘干至恒重，取出，冷却至室温后称砂质量（m_1）。

（5）砂中含泥量（虹吸管法）应按下式计算，精确至 0.1%：

$$\omega_c = \frac{m_0 - m_1}{m_0} \times 100\% \tag{5-23}$$

式中 ω_c——砂中含泥量（%）；

m_0——试验前的烘干试样质量（g）；

m_1——试验后的烘干试样质量（g）。

以两次试验结果的算术平均值作为测定值。两次结果之差大于 0.5%时，应重新取样进行试验。

5.7.8 砂中泥块含量试验

（1）本方法适用于测定砂中泥块含量。

（2）砂中泥块含量试验应采用下列仪器设备：

1）天平：称量 1000g，感量 1g；称量 5000g，感量 5g。

2）烘箱：温度控制范围为105℃±5℃。

3）试验筛：筛孔公称直径为630μm及1.25mm的方孔筛各一只。

4）洗砂用的容器及烘干用的浅盘等。

（3）试样制备应符合下列规定：

将样品缩分至5000g，置于温度为105℃±5℃的烘箱中烘干至恒重，冷却至室温后，用公称直径1.25mm的方孔筛筛分，取筛上的砂不少于400g分为两份备用。特细砂按实际筛分量。

（4）泥块含量试验应按下列步骤进行：

1）称取试样约200g（m_1）置于容器中，并注入饮用水，使水面高出砂面150mm。充分拌匀后，浸泡24h，然后用手在水中碾碎泥块，再把试样放在公称直径630μm的方孔筛上，用水淘洗，直至水清澈为止。

2）保留下来的试样应小心地从筛里取出，装入水平浅盘后，置于温度为105℃±5℃烘箱中烘干至恒重，冷却后称重（m_2）。

（5）砂中泥块含量应按下式计算，精确至0.1%：

$$\omega_{cL}=\frac{m_1-m_2}{m_1}\times 100\% \tag{5-24}$$

式中　ω_{cL}——泥块含量（%）；

m_1——试验前的干燥试样质量（g）；

m_2——试验后的干燥试样质量（g）。

以两次试样试验结果的算术平均值作为测定值。

5.7.9　人工砂及混合砂中石粉含量试验（亚甲蓝法）

（1）本方法适用于测定人工砂和混合砂中石粉含量。

（2）石粉含量试验（亚甲蓝法）应采用下列仪器设备：

1）烘箱：温度控制范围为105℃±5℃。

2）天平：称量1000g，感量1g，称量100g，感量0.01g。

3）试验筛：筛孔公称直径为80μm及1.25mm的方孔筛各一只。

4）容器：要求淘洗试样时，保持试样不溅出（深度大于250mm）。

5）移液管：5mL、2mL移液管各一个。

6）三片或四片式叶轮搅拌器：转速可调（最高达600r/min±60r/min），直径75mm±10mm。

7）定时装置：精度1s。

8）玻璃容量瓶：容量1L。

9）温度计：精度1℃。

10）玻璃棒：2支，直径8mm，长300mm。

11）滤纸：快速（应为快速定量滤纸）。

12）搪瓷盘、毛刷、容量为1000mL的烧杯等。

（3）溶液的配制及试样制备应符合下列规定：

1）亚甲蓝溶液的配制按下述方法：

将亚甲蓝（$C_{16}H_{18}ClN_3S \cdot 3H_2O$）粉末在105℃±5℃下烘干至恒重，称取烘干亚甲蓝粉末10g，精确至0.01g，倒入盛有约600mL蒸馏水（水温加热至35～40℃）的烧杯中，用玻璃棒持续搅拌40min，直至亚甲蓝粉末完全溶解，冷却至20℃。将溶液倒入1L容量瓶中，用蒸馏水淋洗烧杯等，使所有亚甲蓝溶液全部移入容量瓶，容量瓶和溶液的温度应保持在20℃±1℃，加蒸馏水至容量瓶1L刻度。振荡容量瓶以保证亚甲蓝粉末完全溶解。将容量瓶中溶液移入深色储藏瓶中，标明制备日期、失效日期（亚甲蓝溶液保质期应不超过28d），并置于阴暗处保存。

2）将样品缩分至400g，放在烘箱中于105℃±5℃下烘干至恒重，待冷却至室温后，筛除大于公称直径5.0mm的颗粒备用。

（4）人工砂及混合砂中的石粉含量按下列步骤进行：

1）亚甲蓝试验应按下述方法进行：

① 称取试样200g，精确至1g。将试样到入盛有500mL±5mL蒸馏水的烧杯中，用叶轮搅拌机以600r/min±60r/min转速搅拌5min，形成悬浮液，然后以400r/min±40r/min转速持续搅拌，直至试验结束。

② 悬浮液中加入5mL亚甲蓝溶液，以400r/min±40r/min转速搅拌至少1min后，用玻璃棒蘸取一滴悬浮液（所取悬浮液滴应使沉淀物直径在8～12mm内），滴于滤纸（置于空烧杯或其他合适的支撑物上，以使滤纸表面不与任何固体或液体接触）上。若沉淀物周围未出现色晕，再加入5mL亚甲蓝溶液，继续搅拌1min，再用玻璃棒蘸取一滴悬浮液，滴于滤纸上，若沉淀物周围仍未出现色晕，重复上述步骤，直至沉淀物周围出现约1mm宽的稳定浅蓝色色晕。此时，应继续搅拌，不加亚甲蓝溶液，每1min进行一次蘸染试验。若色晕在4min内消失，再加入5mL亚甲蓝溶液；若色晕在5min内消失，再加入2mL亚甲蓝溶液。两种情况下，均应继续进行搅拌和蘸染试验，直至色晕可持续5min。

③ 记录色晕持续5min时所加入的亚甲蓝溶液总体积，精确至1mL。

④ 亚甲蓝MB值按下式计算：

$$MB=\frac{V}{G}\times 10 \tag{5-25}$$

式中 MB——亚甲蓝值（g/kg），表示每千克0～2.36mm粒级试样所消耗的亚甲蓝克数，精确至0.01；

G——试样质量（g）；

V——所加入的亚甲蓝溶液的总量（mL）。

注：公式中的系数10用于将每千克试样消耗的亚甲蓝溶液体积换算成亚甲蓝质量。

⑤ 亚甲蓝试验结果评定应符合下列规定：

当MB值<1.4时，则判定是以石粉为主；当MB值≥1.4时，则判定为以泥粉为主的石粉。

2）亚甲蓝快速试验应按下述方法进行：

① 称取试样200g，精确至1g。将试样到入盛有500mL±5mL蒸馏水的烧杯中，用叶轮搅拌机以600r/min±60r/min转速搅拌5min，形成悬浮液，然后以400r/min±40r/min转速持续搅拌，直至试验结束。

② 一次性向烧杯中加入30mL亚甲蓝溶液，以400r/min±40r/min转速持续搅拌

8min，然后用玻璃棒蘸取一滴悬浊液，滴于滤纸上，观察沉淀物周围是否出现明显色晕，出现色晕的为合格，否则为不合格。

3）人工砂及混合砂中的含泥量或石粉含量试验步骤及计算按本章第 5.7.6 节的规定进行。

5.7.10　人工砂压碎值指标试验

（1）本方法适用于测定粒级为 315μm～5.00mm 的人工砂的压碎指标。

（2）人工砂压碎指标试验应采用下列仪器设备：

1）压力试验机，荷载 300kN。

2）受压钢模。

3）天平：称量为 1000g，感量 1g。

4）试验筛：筛孔公称直径分别为 5.00mm、2.50mm、1.25mm、630μm、315μm、160μm 的方孔筛各一只。

5）烘箱：温度控制范围为 105℃±5℃。

6）其他：瓷盘 10 个，小勺 2 把。

（3）试样制备应符合下列规定：

将缩分后的样品置于 105℃±5℃的烘箱内烘干至恒重，待冷却至室温后，筛分成 5.00～2.50mm、2.50～1.25mm、1.25mm～630μm、630～315μm 四个粒级，每级试样质量不得少于 1000g。

（4）试验步骤应符合下列规定：

1）置圆筒于底盘上，组成受压模，将一单级砂样约 300g 装入模内，使试样距底盘约为 50mm。

2）平整试模内试样的表面，将加压块放入圆筒内，并转动一周使之与试样均匀接触。

3）将装好砂样的受压钢模置于压力机的支承板上，对准压板中心后，开动机器，以 500N/s 的速度加荷，加荷至 25kN 时持荷 5s，而后以同样速度卸荷。

4）取下受压模，移去加压块，倒出压过的试样并称其质量（m_0），然后用该粒级的下限筛（如砂样为公称粒级 5.00～2.50mm 时，其下限筛为筛孔公称直径 2.50mm 的方孔筛）进行筛分，称出该粒级试样的筛余量（m_1）。

（5）人工砂的压碎指标按下述方法计算：

1）第 i 单级砂样的压碎指标按下式计算，精确至 0.1%：

$$\delta_i = \frac{m_0 - m_1}{m_0} \times 100\% \tag{5-26}$$

式中　δ_i——第 i 单级砂样压碎指标（%）；

m_0——第 i 单级试样的质量（g）；

m_1——第 i 单级试样的压碎试验后筛余的试样质量（g）。

以三份试样试验结果的算术平均值作为各单粒级试样的测定值。

2）四级砂样总的压碎指标按下式计算：

$$\delta_{sa}=\frac{\alpha_1\delta_1+\alpha_2\delta_2+\alpha_3\delta_3+\alpha_4\delta_4}{\alpha_1+\alpha_2+\alpha_3+\alpha_4}\times 100\% \tag{5-27}$$

式中 δ_{sa}——总的压碎指标（%），精确至0.1%；

α_1、α_2、α_3、α_4——公称直径分别为2.50mm、1.25mm、630μm、315μm各方孔筛的分计筛余量（g）；

δ_1、δ_2、δ_3、δ_4——公称粒级分别为5.0～2.50mm、2.50～1.25mm、1.25mm～630μm；630～315μm单级试样压碎指标（%）。

第6章 混凝土外加剂

混凝土外加剂是一种在混凝土搅拌之前或拌制过程中加入的、用以改善新拌合硬化混凝土性能的材料。其掺量一般小于5%。

各种混凝土外加剂的应用促进了混凝土新技术的发展，促进了工业副产品在胶凝材料系统中更多的应用，还有助于节约资源和环境保护，具有显著的经济效益和社会效益，并逐步成为优质混凝土必不可少的材料。

20世纪30年代，国外就开始在混凝土中使用外加剂。我国从20世纪50年代才开始在混凝土中应用外加剂。早期使用的主要产品有松香皂引气剂、亚硫酸纸浆废液为原料生产的减水剂、氯盐防冻剂和早强剂等。20世纪70～80年代减水剂品质和应用有了一定的发展，有10%的混凝土使用了外加剂。20世纪90年代以来，随着建筑的高层化和大型化，以及预拌混凝土和泵送施工工艺的快速发展，我国混凝土外加剂的科研、生产和应用有了突飞猛进的发展，外加剂企业规模和产量也有了质的飞跃。

混凝土外加剂发展至今，尤其是减水剂，已成为配制混凝土的一种常用材料。我国的减水剂技术已由第一代发展到了第三代，第一代以减水率为8%～12%的木质素磺酸钠普通减水剂为代表；第二代以减水率为15%～20%的萘系高效减水剂为代表；第三代以减水率为25%～40%（国外最高可达60%）的聚羧酸盐系高性能减水剂为代表。减水剂的出现是混凝土技术的一大进步，混凝土中掺加减水剂能明显减少水用量，改善混凝土的和易性和可泵性，大幅提高强度，可以节约水泥，降低生产成本，因此被广泛地应用于混凝土中，特别是预拌混凝土中不掺的量只占少数，减水剂在混凝土中起到越来越重要的作用。

6.1 分类

混凝土外加剂按其主要使用功能分为四类：

（1）改善混凝土拌合物流变性能的外加剂，包括各种减水剂和泵送剂等。

（2）调节混凝土凝结时间、硬化性能的外加剂，包括缓凝剂、促凝剂和速凝剂等。

（3）改善混凝土耐久性的外加剂，包括引气剂、防水剂、阻锈剂和矿物外加剂等。

（4）改善混凝土其他性能的外加剂，如膨胀剂、防冻剂、着色剂等。

6.2 命名

（1）普通减水剂：在混凝土坍落度基本相同的条件下，能减少拌合用水量的外加剂。

（2）高效减水剂：在混凝土坍落度基本相同的条件下，能大幅度减少拌合用水量的外加剂。

(3) 高性能减水剂：比高效减水剂具有更高减水率、更好坍落度保持性能、较小干燥收缩，且具有一定引气性能的减水剂。

(4) 缓凝高效减水剂：兼有缓凝功能和高效减水剂功能的外加剂。

(5) 早强减水剂：兼有早强和减水功能的外加剂。

(6) 缓凝减水剂：兼有缓凝和减水功能的外加剂。

(7) 引气减水剂：兼有引气和减水功能的外加剂。

(8) 早强剂：加速混凝土早期强度发展的外加剂。

(9) 缓凝剂：延长混凝土凝结时间的外加剂。

(10) 引气剂：在混凝土搅拌过程中能引入大量均匀分布、稳定而封闭的微小气泡且能保留在硬化混凝土中的外加剂。

(11) 防水剂：能提高水泥砂浆、混凝土抗渗性能的外加剂。

(12) 膨胀剂：在混凝土硬化过程中因化学作用能使混凝土产生一定体积膨胀的外加剂。

(13) 防冻剂：能使混凝土在负温下硬化，并在规定养护条件下达到预期性能的外加剂。

(14) 着色剂：能制备具有色彩混凝土的外加剂。

(15) 速凝剂：能使混凝土迅速凝结硬化的外加剂。

(16) 泵送剂：能改善混凝土拌合物泵送性能的外加剂。

(17) 絮凝剂：在水中施工时，能增加混凝土黏稠性且抗水泥和骨料分离的外加剂。

(18) 阻锈剂：能抑制或减轻混凝土中钢筋和其他金属预埋件锈蚀的外加剂。

(19) 硫铝酸钙类混凝土膨胀剂：与水泥、水拌和后经水化反应生成钙矾石的混凝土膨胀剂。

(20) 硫铝酸钙-氧化钙类混凝土膨胀剂：与水泥、水拌和后经水化反应生成钙矾石和氢氧化钙的混凝土膨胀剂。

(21) 氧化钙类混凝土膨胀剂：与水泥、水拌和后经水化反应生成氢氧化钙的混凝土膨胀剂。

(22) 减缩型聚羧酸系高性能减水剂：28d 收缩率比不大于 90%的聚羧酸系高性能减水剂。

(23) 保水剂：能减少混凝土或砂浆失水的外加剂。

(24) 保塑剂：在一定时间内，能减少混凝土坍落度损失的外加剂。

6.3 术语

6.3.1 基本术语

(1) 外加剂掺量：以外加剂占水泥（或者总胶凝材料）质量的百分数表示。

(2) 推荐掺量范围：由外加剂生产企业根据试验结果确定的、推荐给使用方的外加剂掺量范围。

(3) 多功能外加剂：能改善新拌合硬化混凝土两种或两种以上性能的外加剂。

(4) 主要功能：多功能外加剂功能中起主导作用的一种功能。

(5) 基准水泥：专门用于检测混凝土外加剂性能的水泥。

(6) 基准混凝土：符合相关标准实验条件规定的、未掺有外加剂的混凝土。

(7) 受检混凝土：符合相关标准实验条件规定的、掺有外加剂的混凝土。

(8) 受检标养混凝土：按照相关标准规定条件配制的掺有防冻剂的标准养护混凝土。

(9) 受检负温混凝土：按照相关标准规定条件配制的掺有防冻剂并按规定条件养护的混凝土。

(10) 基准砂浆：符合相关标准实验条件规定的、未掺有外加剂的水泥砂浆。

(11) 受检砂浆：符合相关标准实验条件规定的、掺有一定比例外加剂的水泥砂浆。

(12) 标准型外加剂：具有不改变混凝土凝结时间和早期硬化速度功能的外加剂。

(13) 复合矿物外加剂：由两种或两种以上矿物外加剂复合而成的产品。

(14) 适宜掺量：满足相应的外加剂标准要求时的外加剂掺量，由外加剂生产企业说明，适宜掺量应在推荐掺量的范围之内。

(15) 最大掺量：推荐掺量范围的上限。

6.3.2　性能术语

(1) 减水率：在混凝土坍落度基本相同时，基准混凝土和受检混凝土单位用水量之差与基准混凝土单位用水量之比。

(2) 泌水率：单位质量混凝土泌出水量与其用水量之比。

(3) 泌水率比：受检混凝土和基准混凝土的泌水率之比。

(4) 凝结时间：混凝土由塑性状态过渡到硬化状态所需时间。

(5) 初凝时间：混凝土从加水开始到贯入阻力值达到 3.5 MPa 所需要时间。

(6) 终凝时间：混凝土从加水开始到贯入阻力值达到 28 MPa 所需要时间。

(7) 凝结时间差：受检混凝土和基准混凝土凝结时间的差值。

(8) 抗压强度比：受检混凝土和基准混凝土同龄期抗压强度之比。

(9) 坍落度增加值：水灰比相同时，受检混凝土和基准混凝土坍落度之差。

(10) 坍落度保留值：混凝土拌合物按规定条件存放一定时间后的坍落度值。

(11) 初始坍落度：混凝土搅拌出机后，立刻测定的坍落度。

(12) 坍落度损失：混凝土初始坍落度与某一特定时间的坍落度保留值的差值。

(13) 限制膨胀率：掺有膨胀剂的试件在规定的纵向限制器具限制下的膨胀率。

(14) 需水量比：受检砂浆的流动度达到基准砂浆相同的流动度时，两者用水量之比。

(15) 活性指数：受检砂浆和基准砂浆试件标养至相同规定龄期抗压强度之比。

(16) pH 值：液体外加剂酸碱程度的数值。

(17) 含固量：液体外加剂中固体物质的含量。

(18) 水泥净浆流动度：在规定的试验条件下，水泥浆体在玻璃平面上自由流淌的直径。

(19) 水泥胶砂减水率：在规定的试验条件下，受检胶砂和基准胶砂的流动度相同时，受检胶砂的减水率。

(20) 收缩率比：受检混凝土和基准混凝土同龄期收缩率之比。

(21) 压力泌水率比：受检泵送混凝土和基准混凝土在压力条件下的泌水率之比。

(22) 含水率：固体外加剂在规定温度下烘干失水的质量占外加剂质量之比。

(23) 相容性：含减水组分的混凝土外加剂与胶凝材料、骨料、其他外加剂相匹配时，拌合物的流动性及其经时变化程度。

6.4 混凝土外加剂的主要功能

(1) 改善混凝土或砂浆拌合物施工时的和易性。

(2) 提高混凝土或砂浆的强度及其他物理力学性能。

(3) 节约水泥或代替特种水泥。

(4) 加速混凝土或砂浆的早期强度发展。

(5) 调节混凝土或砂浆的凝结硬化速度。

(6) 调节混凝土或砂浆的含气量。

(7) 降低水泥初期水化热或延缓水化放热。

(8) 改善混凝土拌合物泌水性和泵送性。

(9) 提高混凝土或砂浆耐各种侵蚀盐类的腐蚀性。

(10) 减弱碱-集料反应。

(11) 改善混凝土或砂浆的毛细孔结构。

(12) 提高钢筋的抗锈蚀能力。

(13) 提高集料与砂浆界面的粘结力，提高钢筋与混凝土的握裹力。

(14) 提高新老混凝土界面的粘结力等。

6.5 掺外加剂混凝土的性能

掺外加剂混凝土的技术性能，是评定外加剂质量的依据，是在统一试验条件下，以掺外加剂混凝土（受检混凝土）与不掺外加剂混凝土（基准混凝土）性能的比值或差值来表示。掺外加剂混凝土的技术性能主要有：

1. 减水率

减水率试验是仅对各类减水剂、引气剂和防冻剂而言。减水率是区别高性能型、高效型或普通型减水剂的主要技术指标之一。在混凝土中掺入适量减水剂，稠度相同情况下，可减少用水量10%～25%，高性能减水剂甚至可达到40%以上，从而显著提高混凝土的强度。

2. 泌水率比

在混凝土中掺入某些外加剂，对混凝土泌水和沉降影响十分显著。一般缓凝剂使泌水率增大；引气剂使泌水率减小。掺外加剂而减少泌水率，有利于减少混凝土的离析，改善混凝土性能，保持施工所需要的和易性，因此泌水率比应越小越好。

3. 含气量

混凝土中引入一定量的微细气泡，可以阻止固体颗粒的沉降和水分上升，从而减少泌水率，并能改善混凝土的和易性和流动性。气泡直径小于200μm的数量多，气泡的间隔系数在0.1～0.2mm范围内，对混凝土的毛细管有切断、封闭的作用，能提高混凝土的抗冻性和抗渗性。含气量与抗压强度有十分密切的关系，混凝土中含气量不大于6%时对抗压强度没有明显的影响，但超过6%时将随含气量的增加而明显降低。

4. 坍落度增加值和坍落度保留值

坍落度增加值和坍落度保留值，是反映减水类外加剂减水效果和混凝土可泵性的主要参数。

坍落度增加值。是指使用相同的原材料和相同配合比情况下，掺外加剂混凝土比基准混凝土坍落度增加的数值。坍落度增加值愈大，混凝土的流动性愈大，说明减水效果愈好。

坍落度保留值。是指刚出机的混凝土坍落度值，间隔一定时间后的变化。当间隔时间1h而坍落度不发生明显变化时，证明坍落度保留值越好。坍落度保留变化值的大小与外加剂的品种、性能、环境温度、含气量以及其他原材料品质等因素有关。如果混凝土坍落度保留值不良，损失大时将造成混凝土成本的增加，或影响混凝土拌合物的可泵性，容易造成混凝土质量的降低。

5. 凝结时间差

掺外加剂混凝土的凝结时间，随着所用水泥品种、外加剂种类及掺量、气温等条件不同而发生变化。缓凝剂用于延缓混凝土的凝结，有利于解决大体积混凝土等施工问题，但凝结过慢影响混凝土早期强度的增长及拆模时间，因此缓凝剂的应用须结合工程结构、施工、环境条件等合理应用。早强剂用于加速混凝土的凝结及硬化，促进早期强度的提高，但凝结太快将影响混凝土施工，一般环境气温在10℃以下时才使用。

6. 抗压强度比

抗压强度是评定外加剂质量及等级的主要指标。抗压强度比与减水率有密切关系，减水率愈大，强度比值愈高。

7. 相对耐久性

相对耐久性，是以标养28d龄期的试件，经冻融试验后，掺外加剂混凝土与基准混凝土的弹性模量、强度损失率、质量损失等性能之比。

8. 渗透高度比

受检混凝土与基准混凝土渗透高度之比。它是反映混凝土防水效果的主要技术指标，抗水渗透性能的好坏与掺入防水剂的品种、掺量有关，还与混凝土的配合比及试件制作等因素有关。

9. 吸水率比

吸水率比也是反映掺防水剂混凝土防水效果的主要技术指标之一。吸水率比愈小，表示防水效果愈好。

10. 钢筋锈蚀

某些外加剂如氯盐类，对混凝土中钢筋有锈蚀作用，因此不适用于钢筋混凝土，特别是预应力混凝土。但不影响用于无筋混凝土，故国家标准不作氯盐含量的规定。由于钢筋锈蚀测试方法（新拌砂浆法）测定结果受诸多因素影响，试验结果波动大，重复性和稳定性差，特别是缺乏可靠的判据，因此现行国家标准《混凝土外加剂》GB 8076—2008删除了该测定方法，把离子色谱法作为测定外加剂中氯离子的仲裁方法。

6.6 影响外加剂与胶凝材料相容性的主要因素

水泥与外加剂的相容性也叫适应性。其相容性不好的直观表现为：减水率低、流动性差、稠度经时损失快，或拌合物板结（泌水、抓低）、发热等现象。外加剂与胶凝材料的相容性是一个十分复杂的问题，当发生不良现象时必须通过试验对不相容因素逐一排除，找出其原因。影响因素主要有：

（1）水泥。水泥矿物组成中 C_3A 对相容性影响很大。C_3A 吸附减水剂的能力很强，水泥中其含量越高吸附减水剂的量就越多，影响了减水剂的减水效果，因此含量不宜超过 8%。

如果水泥熟料中的碱含量过高，就会使水泥凝结时间缩短，使其流动度降低。混合材料对减水增强也有影响，掺矿渣混合材料的水泥加减水剂后效果一般较好。

石膏作为调凝剂在水泥熟料粉磨过程中加入，当粉磨温升过高会使一部分二水石膏脱水转变成半水石膏或无水石膏。另外也有少数水泥厂使用硬石膏或工业石膏（如氟石膏、磷石膏）作调凝剂，以及如果减水剂中含有木钙或糖钙等，拌合物流动性可能就会很快丧失，产生速凝、不减水现象。

此外，水泥的细度、温度等也影响与减水剂的相容性。

（2）助磨剂。水泥、粉煤灰、矿粉等胶凝材料在生产过程中，为了提高粉磨效率，都在粉磨过程中掺入了一定的助磨剂。助磨剂种类较多，有的有早强效果，有的有引气效果等，对外加剂与胶凝材料的相容性有一定影响。

（3）外加剂的种类及掺量。如：萘系减水剂的分子结构、包括磺化度、平均分子量、分子量分布、聚合性能、平衡离子的种类等。

（4）混凝土配合比，尤其是水胶比、矿物掺合料的品种和掺量。如使用未经加工处理的脱硫粉煤灰，将导致混凝土凝结时间的显著延长。

（5）混凝土搅拌时的加料程序、搅拌时的温度、搅拌机的类型等。

6.7　掺外加剂混凝土出现异常及解决措施

混凝土外加剂虽能有效地改善混凝土性能，但有时也会产生负面效应，特别是当使用不当时会出现一些异常现象，对此应予以重视，找出成因及解决措施。以下成因及解决措施可供读者参考。

1. 坍落度经时损失过大

成因：减水剂与水泥相容性不好；搅拌或环境温度高，水分蒸发快；骨料含泥量大、骨料中含有絮凝剂；粉煤灰等。

解决措施：采用后掺法或分次掺入法；更换外加剂品种，复合缓凝剂或保塑剂；控制外加剂掺量；调整混凝土配合比，增掺矿物掺合料等。

2. 过度缓凝

成因：缓凝剂掺量过大或气温低未及时调整缓凝剂掺量；水泥质量有明显变化（如凝结时间长）；矿物掺合料质量存在问题；搅拌不均匀，缓凝剂未均匀分散等。

解决措施：根据气温情况及时调整缓凝剂掺量；更换缓凝剂品种；更换水泥或掺合料；提高养护温度等。

3. 假凝

成因：使用硬石膏或工业石膏作调凝剂的水泥遇到减水剂中有木钙或糖钙等；掺用含碳酸钠早强剂；三乙醇胺用量超过 0.1%；拌合温度过高，养护不当；速凝剂掺量过大等。

解决措施：更换水泥；调换减水剂、缓凝剂或早强剂品种；控制三乙醇胺掺量；加强养护等。

4. 离析、泌水、沉降“抓底”

成因：水胶比过低，减水剂掺量过大；胶凝材料用量不足；骨料级配不良、砂率小；坍落度过大；掺缓凝剂尤其羧酸盐、磷酸盐或糖类过量等。

解决措施：调整混凝土配合比，提高砂率或增加胶凝材料用量；降低高效减水剂掺量；更换缓凝剂品种；掺加适量增稠剂或引气剂等。

5. 和易性差

成因：砂率偏低或胶凝材料用量不足；减水剂效果不佳或掺量不足。

解决措施：调整混凝土配合比，提高砂率或胶凝材料用量；更换减水剂品种或调整掺量；使用增稠剂等。

6. 盐析“泛白、起霜”

成因：无机盐类早强剂、防冻剂掺量过大；早期养护不好，水分蒸发快等。

解决措施：降低含无机盐类外加剂掺量，复合有机类；加强保湿养护，避免早期失水过快。

6.8　外加剂对混凝土性能可能产生的负面效应

混凝土外加剂的应用给混凝土工程带来了不可估量的技术经济效益，但随着外加剂的广泛应用，由于在选择与使用不当产生的负面影响频频发生，甚至引发工程事故。用外加剂可能对混凝土性能产生的负面效应主要有以下几个方面。

6.8.1　外加剂品种对混凝土性能的负面效应

1. 减水剂

研究表明，在混凝土配合比相同的情况下，掺减水剂的混凝土坍落度可增加 100mm 以上，但与基准混凝土相比，其收缩值却明显增加，因而掺减水剂的混凝土更易开裂。

2. 普通减水剂

主要的品种是木钙和糖钙两类减水剂，对水泥相容性差，用于以硬石膏或工业石膏作调凝剂的水泥会产生速凝；木钙具有相当的引气性，掺量过大会导致混凝土强度下降，尤其是对蒸养混凝土表面更为明显。

3. 高效减水剂

萘系、三聚氰胺系高效减水剂会导致混凝土坍落度经时损失加大；在水泥正常情况下采用高浓型萘系高效减水剂无论塑化效果或保塑效果都优于低浓产品；但用于碱含量较高的水泥中，高浓型虽然有效成分含量高，但塑化及保塑效果却不如低浓型；氨基磺酸系高效减水剂虽然减水率大，但单一掺用会增大混凝土离析、泌水，延长混凝土凝结时间。

4. 早强剂

无机盐类对混凝土后期强度不利；氯盐早强剂会引起钢筋锈蚀；硫酸盐早强剂可能产生体积膨胀，使混凝土耐久性降低；钠盐早强剂将增加混凝土中碱含量，与活性二氧化硅骨料产生碱—骨料反应。

5. 缓凝剂

糖类缓凝剂（如蔗糖、糖蜜等）能有效抑制 C_3A 早期水化，糖蜜后期增强效果好，但对水泥相容性差，用于以硬石膏或工业石膏作调凝剂的水泥会产生假凝；柠檬酸、三聚磷酸钠、硫酸锌可增大水泥塑化效果，但也会增大混凝土泌水和混凝土收缩；葡萄糖酸钠能有效抑制 C_3A 水化并有较高的减水效果，但用于 C_3A 含量较低水泥不但成本增加，缓凝效果也不如糖类缓凝剂。高碱水泥应少采用酸性缓凝剂（如柠檬酸），应改用碱性缓凝剂（如三聚磷酸钠酸）；酸性缓凝剂不能与 pH 值较低的木钙等减水剂合用。

6. 防冻剂

防冻剂中的早强组分、防冻组分多为无机盐类，使用不当会引起混凝土后期强度倒缩、钢筋锈蚀及碱—骨料反应发生。

7. 膨胀剂

尽管我国膨胀剂的研制开发及应用取得了一定的成绩，但随着膨胀剂工程的增多，使用范围不断扩大，不成功的例子也随之增加。膨胀剂在混凝土中的负面效应主要有：

（1）掺入膨胀剂的混凝土，由于膨胀剂在水化过程中出现与水泥争水的现象，会导致混凝土水化速度加快、坍落度损失增大、凝结时间缩短。

（2）掺入膨胀剂的混凝土若早期养护不到位，导致早期未水化的膨胀剂组分在合适的条件下可能生成二次钙矾石，将对结构体积的稳定性不利，严重时导致结构开裂。

（3）混凝土中膨胀剂由于含铝相组分和石膏的水化热较大，较不掺膨胀剂的混凝土温升有所提高，如果施工养护不当，将增加混凝土开裂的几率。

（4）研究表明，水泥石中形成的钙矾石抗碳化能力弱，钙矾石含量高时，混凝土抗碳化性能降低。混凝土碳化将打破水泥水化产物稳定存在的平衡条件，使高碱性环境中稳定存在的水化产物转化为胶体物质，使混凝土结构承载能力下降。

6.8.2 外加剂掺量对混凝土性能的负面效应

1. 高效减水剂

掺量正常时，新拌混凝土坍落度会随着用量的增加而增大，但它也有一定的饱和点，超量掺入不但减水率不再增长，混凝土泌水率也随之增大，凝结时间延长。

2. 缓凝剂

用量不足无法达到预期缓凝效果，过量加入则混凝土长时间不凝结或增加混凝土开裂倾向。

3. 早强剂

过量加入，虽然混凝土早期效果好，但后期强度损失大，盐析加剧影响混凝土饰面；增加混凝土导电性能及增大混凝土收缩开裂的危险。

4. 引气剂

过量加入混凝土工作性反而降低，更会对混凝土抗压强度、抗渗、抗碳化性能产生不良影响。

5. 膨胀剂

掺量过大时会导致混凝土强度降低、耐久性下降。

综上所述，正确采用外加剂品种及掺量是保证混凝土质量的关键。使用时一定要结合工程实际情况（如环境条件、施工条件、材料条件及结构设计对混凝土性能要求等），进行掺外加剂混凝土的试配与检验，杜绝外加剂对混凝土性能发生负面影响。

6.9 基本要求

6.9.1 外加剂的选择

（1）外加剂种类应根据设计和施工要求及外加剂的主要作用选择。

（2）当不同供方、不同品种的外加剂同时使用时，应经试验验证，并应确保混凝土性能满足设计和施工要求后再使用。

（3）含有六价铬盐、亚硝酸盐和硫氰酸盐成分的混凝土外加剂，严禁用于饮水工程中建成后与饮水直接接触的混凝土。

（4）含有强电解质无机盐的早强型普通减水剂、早强剂、防冻剂和防水剂，严禁用于下列混凝土结构：

1）与镀锌钢材或铝铁相接触部位的混凝土结构。

2）有外露钢筋预埋铁件而无防护措施的混凝土结构。

3）使用直流电源的混凝土结构。

4）距高压直流电源 100m 以内的混凝土结构。

（5）含有氯盐的早强型普通减水剂、早强剂、防水剂和氯盐类防冻剂，严禁用于预应力混凝土、钢筋混凝土和钢纤维混凝土结构。

（6）含有硝酸铵、碳酸铵的早强型普通减水剂、早强剂和含有硝酸铵、碳酸铵、尿素的防冻剂，严禁用于办公、居住等有人员活动的建筑工程。

（7）含有亚硝酸盐、碳酸盐的早强型普通减水剂、早强剂、防冻剂和含有亚硝酸盐的阻锈剂，严禁用于预应力混凝土结构。

（8）掺外加剂混凝土所用水泥、砂、石、矿物掺合料及拌合用水，应符合现行相关标准的规定，并应检验外加剂与混凝土原材料的相容性，符合要求后再使用。

（9）试配掺外加剂的混凝土应采用工程实际使用的原材料，检测项目应根据设计和施工要求确定，检测条件应与施工条件相当，当工程所用原材料或混凝土性能要求发生变化时，应重新试配。

6.9.2 外加剂的掺量

（1）外加剂掺量应以外加剂质量占混凝土中胶凝材料总质量的百分数表示。

（2）外加剂掺量宜按供方的推荐掺量确定，应采用工程实际使用的原材料和配合比，经试验确定。当混凝土其他原材料或使用环境发生变化时，混凝土配合比、外加剂掺量可进行调整。

6.9.3 外加剂的质量控制

（1）外加剂进场时，供方应向需方提供下列质量证明文件：

1）型式检验报告。

2）出厂检验报告与合格证。

3）产品说明书。

（2）外加剂进场时，同一供方，同一品种的外加剂应按规定的检验项目与检验批量进行检验与验收，检验样品应随机抽取。外加剂进场检验方法应符合现行相关标准的规定，经检验合格后再使用。

（3）经进场检验合格的外加剂应按不同供方、不同品种和不同牌号分别存放，标识应清楚。

（4）当同一品种外加剂的供方、批次、产地和等级等发生变化时，需方应对外加剂进行复验，应合格并满足设计和施工要求后再使用。

（5）粉状外加剂应防止受潮结块，有结块时，应进行检验，合格者应经粉碎至全部通过公称直径为 630μm 方孔筛后再使用；液体外加剂应贮存在密闭容器内，并应防晒和防冻，有沉淀、异味、漂浮等现象时，应经检验合格后再使用。

（6）外加剂计量系统在投入使用前，应经标定合格后再使用，标识应清楚、计量应准确，计量允许偏差应为±1%。

（7）外加剂贮存、运输和使用过程中应根据不同种类和品种分别采取安全防护措施。

6.10 常用混凝土外加剂

6.10.1 混凝土外加剂

本节摘自《混凝土外加剂》GB 8076—2008 标准。

6.10.1.1 适用范围

适用于高性能减水剂（早强型、标准型、缓凝型）、高效减水剂（标准型、缓凝型）、普通减水剂（早强型、标准型、缓凝型）、引气减水剂、泵送剂、早强剂、缓凝剂及引气剂共八类混凝土外加剂。

6.10.1.2 代号

采用以下代号表示下列各种外加剂的类型：

早强型高性能减水剂：HPWR-A；

标准型高性能减水剂：HPWR-S；

缓凝型高性能减水剂：HPWR-R；

标准型高效减水剂：HWR-S；

缓凝型高效减水剂：HWR-R；

早强型普通减水剂：WR-A；

标准型普通减水剂：WR-S；

缓凝型普通减水剂：WR-R；

引气减水剂：AEWR；

泵送剂：PA；

早强剂：Ac；

缓凝剂：Re；

引气剂：AE。

6.10.1.3 要求

1. 受检混凝土性能指标

掺外加剂混凝土的性能应符合表 6-1 的要求。

受检混凝土性能指标　　　　**表 6-1**

项目		外加剂品种												
		高性能减水剂　HPWR			高效减水剂　HWR		普通减水剂　WR			引气减水剂 AEWR	泵送剂 PA	早强剂 Ac	缓凝剂 Re	引气剂 AE
		早强型 HPWR-A	标准型 HPWR-S	缓凝型 HPWR-R	标准型 HWR-S	缓凝型 HWR-R	早强型 WR-A	标准型 WR-S	缓凝型 WR-R					
减水率(%,不小于)		25	25	25	14	14	8	8	8	10	12	—	—	6
泌水率比(%,不大于)		50	60	70	90	100	95	100	100	70	70	100	100	70
含气量(%)		≤6.0	≤6.0	≤6.0	≤3.0	≤4.5	≤4.0	≤4.0	≤5.5	≥3.0	≤5.5	—	—	≥3.0
凝结时间之差(min)	初凝	−90～+90	−90～+120	>+90	−90～+120	>+90	−90～+90	−90～+120	>+90	−90～+120	—	−90～+90	>+90	−90～+120
	终凝			—		—			—			—	—	
1h经时变化量	坍落度(mm)	—	≤80	≤60	—	—	—	—	—	—	≤80	—	—	—
	含气量(%)	—	—	—						−1.5～+1.5	—			−1.5～+1.5
抗压强度比(%,不小于)	1d	180	170	—	140	—	135	—	—	—	—	135	—	—
	3d	170	160	—	130	—	130	115	—	115	—	130	—	95
	7d	145	150	140	125	125	110	115	110	110	115	110	100	95
	28d	130	140	130	120	120	100	110	110	100	110	100	100	90
28d收缩率比(%,不大于)		110	110	110	135	135	135	135	135	135	135	135	135	135
相对耐久性(200次)(%,不小于)		—	—	—	—	—	—	—	—	80	—	—	—	80

注：1. 表中抗压强度比、收缩率比、相对耐久性为强制性指标，其余为推荐性指标。
2. 除含气量和相对耐久性外，表中所列数据为掺外加剂混凝土与基准混凝土的差值或比值。
3. 凝结时间之差性能指标中的“−”号表示提前，“+”号表示延缓。
4. 相对耐久性（200次）性能指标中的“≥80”表示将28d龄期的受检混凝土试件快速冻融循环200次后，动弹性模量保留值≥80%。
5. 1h含气量经时变化量指标中的“−”号表示含气量增加，“+”号表示含气量减少。
6. 其他品种的外加剂是否需要测定相对耐久性指标，由供、需双方协商确定。
7. 当用户对泵送剂等产品有特殊要求时，需要进行的补充试验项目、试验方法及指标，由供、需双方协商决定。

2. 匀质性指标

匀质性指标应符合表 6-2 要求。

外加剂匀质性指标 表 6-2

项目	指标
含固量(%)	$S>25\%$时,应控制在 $0.95S\sim1.05S$; $S\leqslant25\%$时,应控制在 $0.90S\sim1.10S$
含水率(%)	$W>5\%$时,应控制在 $0.90W\sim1.10W$; $W\leqslant5\%$时,应控制在 $0.80W\sim1.20W$
密度(g/cm^3)	$D>1.1$ 时,应控制在 $D\pm0.03$; $D\leqslant1.1$ 时,应控制在 $D\pm0.02$
氯离子含量(%)	不超过生产厂控制值
细度	应在生产厂控制范围内
pH 值	应在生产厂控制范围内
总碱量(%)	不超过生产厂控制值
硫酸钠含量(%)	不超过生产厂控制值

注:1. 生产厂应在相关的技术资料中明示产品匀质性指标的控制值。
2. 对相同和不相同批次之间的匀质性和等效性的其他要求,可由供需双方商定。
3. 表中的 S、W 和 D 分别为含固量、含水率和密度的生产厂控制值。

6.10.1.4 检验规则

1. 取样及批号

(1) 点样和混合样

点样是在一次生产产品时所取得的一个试样。混合样是三个或更多的点样等量均匀混合而取得的试样。

(2) 批号

生产厂应根据产量和生产设备条件,将产品分批编号。掺量大于 1%(含 1%)同品种的外加剂每一批号为 100t,掺量小于 1%的外加剂每一批号为 50t。不足 100t 或 50t 的也应按一个批量计,同一批号的产品必须混合均匀。

(3) 取样数量

每一批号取样量不少于 0.2t 水泥所需用的外加剂量。

2. 试样及留样

每一批号取样应充分混匀,分为两等份,其中一份按表 6-1 和表 6-2 规定的项目进行试验,另一份密封保存半年,以备有疑问时,提交国家指定的检验机构进行复验或仲裁。

3. 检验分类

(1) 出厂检验

每批号外加剂的出厂检验项目,根据其品种不同按表 6-3 规定的项目进行检验。

外加剂测定项目　　表 6-3

测定项目	外加剂品种													
	高性能减水剂			高效减水剂		普通减水剂			引气减水剂	泵送剂	早强剂	缓凝剂	引气剂	备注
	早强型	标准型	缓凝型	标准型	缓凝型	早强型	标准型	缓凝型						
固含量														液体外加剂必测
含水率														粉状外加剂必测
密度														液体外加剂必测
细度														粉状外加剂必测
pH 值	√	√	√	√	√	√	√	√	√	√	√	√	√	—
氯离子含量	√	√	√	√	√	√	√	√	√	√	√	√	√	每 3 个月至少一次
硫酸钠含量				√	√	√					√			每 3 个月至少一次
总碱量	√	√	√	√	√	√	√	√	√	√	√	√	√	每年至少一次

（2）型式检验

型式检验项目包括表 6-1 和表 6-2 全部性能指标。有下列情况之一者，应进行型式检验：

① 新产品或老产品转厂生产的试制定型鉴定。

② 正式生产后，如材料、工艺有较大改变，可能影响产品性能时。

③ 正常生产时，一年至少进行一次检验。

④ 产品长期停产后，恢复生产时。

⑤ 出厂检验结果与上次型式检验结果有较大差异时。

⑥ 国家质量监督机构提出进行型式检验要求时。

4. 判定规则

（1）出厂检验

型式检验报告在有效期内，且出厂检验结果符合表 6-2 的要求，可判定为该产品检验合格。

（2）型式检验

产品经检验，匀质性检验结果符合表 6-2 的要求；各种类型的外加剂受检混凝土性能指标中，高性能减水剂及泵送剂的减水率和坍落度的经时变化量，其他减水剂的减水率、缓凝型外加剂的凝结时间差、引气型外加剂的含气量及其经时变化量、硬化混凝土的各项性能符合表 6-1 的要求，则判定该批号外加剂合格。如不符合上述要求时，则判该批号外加剂不合格。其余项目可作为参考指标。

5. 复验

复验以封存样进行。如使用单位要求现场取样，应事先在供货合同中规定。并在生产和使用单位人员在场的情况下于现场取混合样，复验按照型式检验项目检验。

6.10.2 混凝土膨胀剂

本节摘自《混凝土膨胀剂》GB/T 23439—2017 标准。

6.10.2.1 范围

适用于硫铝酸钙类、氧化钙类与硫铝酸钙-氧化钙类粉状混凝土膨胀剂。

6.10.2.2 分类与标记

1. 分类

(1) 混凝土膨胀剂按水化产物分为：硫铝酸钙类混凝土膨胀剂（代号 A）、氧化钙类混凝土膨胀剂（代号 C）和硫铝酸钙-氧化钙类混凝土膨胀剂（代号 AC）三类。

(2) 混凝土膨胀剂按限制膨胀率分为Ⅰ型和Ⅱ型。

2. 标记

本标准涉及的所有混凝土膨胀剂产品名称标注为 EA，按下列顺序进行标记：产品名称、代号、型号、标准号。

示例：

Ⅰ型硫铝酸钙类混凝土膨胀剂的标记：EA A I GB/T 23439—2017。

Ⅱ型氧化钙类混凝土膨胀剂的标记：EA C Ⅱ GB/T 23439—2017。

Ⅱ型硫铝酸钙-氧化钙类混凝土膨胀剂的标记：EA AC Ⅱ GB/T 23439—2017。

6.10.2.3 要求

1. 化学成分

(1) 氧化镁

混凝土膨胀剂中的氧化镁含量应不大于 5%。

(2) 碱含量（选择性指标）

混凝土膨胀剂中的碱含量按 Na_2O+0.658K_2O 计算值表示。若使用活性骨料，用户要求提供低碱混凝土膨胀剂时，其碱含量应不大于 0.75%，或由供需双方协商决定。

2. 物理性能

混凝土膨胀剂的物理性能指标应符合表 6-4 的规定。

混凝土膨胀剂的物理性能指标　　表 6-4

项目			指标值	
			Ⅰ型	Ⅱ型
细度	比表面积(m^2/kg)	≥	200	
	1.18mm 筛筛余(%)	≤	0.5	
凝结时间	初凝(min)	≥	45	
	终凝(min)	≤	600	
限制膨胀率(%)	水中 7d	≥	0.035	0.050
	空气中 21d	≥	−0.015	−0.010

续表

项目			指标值	
			Ⅰ型	Ⅱ型
抗压强度（MPa）	7d	≥	22.5	
	28d	≥	42.5	

3. 适用条件

硫铝酸钙类混凝土膨胀剂适用于长期服役环境温度为 80℃以下的钢筋混凝土结构。氧化钙类混凝土膨胀剂适用于混凝土浇筑过程中，胶凝材料水化温升导致结构内部温度不超过 40℃的环境。

6.10.2.4　检验规则

1. 检验分类

（1）出厂检验

出厂检验项目为：细度、凝结时间、水中 7d 限制膨胀率、7d 的抗压强度。

（2）型式检验

型式检验项目包括第 6.10.2.3 条的全部项目。有下列情况之一者，应进行型式检验：

① 正常生产时，每半年至少进行一次检验。

② 新产品或老产品转厂生产的试制定型鉴定。

③ 正式生产后，如材料、工艺有较大改变，可能影响产品性能时。

④ 产品停产超过 90d，恢复生产时。

⑤ 出厂检验结果与上次型式检验结果有较大差异时。

2. 编号及取样

膨胀剂按同类型编号和取样。袋装和散装膨胀剂应分别进行编号和取样。膨胀剂出厂编号按生产能力规定：日产量超过 200t 时，以不超过 200t 为一编号；不足 200t 时，以日产量为一编号。

每一编号为一取样单位，取样方法按《水泥取样方法》GB/T 12573—2008 进行。取样应具有代表性，可连续取，也可从 20 个以上不同部位取等量样品，总量不小于 10kg。每一编号取得的试样应充分混匀，分为两等份，一份为检验样，一份为密封样，密封保存 180d。

3. 判定规则

（1）出厂检验判定

型式检验报告在有效期内，且出厂检验项目结果符合要求，可判定出厂检验合格。

（2）型式检验判定

产品性能指标全部符合第 6.10.2.3 条的全部要求，可判定型式检验合格；否则判定该批产品为不合格。

4. 出厂检验报告

出厂检验报告内容应包括出厂检验项目以及合同约定的其他技术要求。

生产者应在产品发出之日起 12d 内寄发除 28d 抗压强度检验结果以外的各项检验结果，32d 内补报 28d 强度检验结果。

6.10.3 混凝土防水剂

本节摘自《砂浆、混凝土防水剂》JC 474—2008 标准。

6.10.3.1 范围

适用于混凝土防水剂。

6.10.3.2 要求

（1）防水剂匀质性指标应符合表 6-5 的规定。

防水剂匀质性指标　　表 6-5

试验项目	液体指标	粉状指标
含固量（%）	$S\geqslant20\%$时，$0.95S\leqslant X<1.05S$； $S<20\%$时，$0.90S\leqslant X<1.10S$； S是生产厂提供的固体含量（质量%） X是测试的固体含量（质量%）	—
含水率（%）	—	$W\geqslant5\%$时，$0.90W\leqslant X<1.10W$； $W<5\%$时，$0.80W\leqslant X<1.20W$； W是生产厂提供的含水率（质量%） X是测试的含水率（质量%）
密度（g/cm^3）	$D>1.1$时，要求为$D\pm0.03$ $D\leqslant1.1$时，要求为$D\pm0.02$ D是生产厂提供的密度值	—
细度（%）	—	0.315mm 筛筛余应小于 15%
氯离子含量（%）	应小于生产厂最大控制值	应小于生产厂最大控制值
总碱量（%）	应小于生产厂最大控制值	应小于生产厂最大控制值

注：生产厂应在产品说明书中明示产品匀质性指标的控制值。

（2）受检混凝土的性能指标应符合表 6-6 的规定。

受检混凝土的性能指标　　表 6-6

试验项目		性能指标	
		一等品	合格品
安定性		合格	合格
泌水率比（%）　≤		50	70
凝结时间差（min）　≥	初凝	−90	−90
抗压强度比（%）　≥	3d	100	90
	7d	110	100
	28d	100	90
渗透高度比（%）　≤		30	40
吸水量比（48h）（%）　≤		65	75
收缩率比（28d）（%）　≤		125	135

注：1. 安定性为受检净浆的试验结果，凝结时间差为受检混凝土与基准混凝土的差值，其他数据为受检混凝土与基准混凝土的比值。
2. “−”号表示提前。

6.10.3.3　检验规则

1. 检验分类

检验分为出厂检验和型式检验两种。

（1）出厂检验项目包括表 6-5 规定的项目。

（2）型式检验项目包括 6.10.3.2 条全部性能指标。有下列情况之一者，应进行型式检验：

① 新产品或老产品转厂生产的试制定型鉴定。

② 正式生产后，如原料、工艺有较大改变，可能影响产品性能时。

③ 正常生产时，一年至少进行一次检验。

④ 产品长期停产后，恢复生产时。

⑤ 出厂检验结果与上次型式检验有较大差异时。

⑥ 国家质量监督机构提出进行型式检验要求时。

2. 组批与抽样

（1）试样分点样和混合样。点样是在一次生产的产品中所得的试样，混合样是三个或更多的点样等量均匀混合而取得的试样。

（2）生产厂应根据产量和生产设备条件，将产品分批编号，年产量不小于 500t 的每 50t 为一批；年产量 500t 以下的每 30t 为一批；不足 50t 或 30t 的，也按一个批量计。同一批号的产品必须混合均匀。

（3）每一批取样量不少于 0.2t 水泥所需用的外加剂量。

（4）每批取样应充分混合均匀，分为两等份，其中一份按表 6-5 规定的方法与项目进行试验。另一份密封保存半年，以备有疑问时提交国家指定的检验机构进行复验或仲裁。

3. 判定规则

（1）出厂检验判定

型式检验报告在有效期内，且出厂检验结果符合表 6-5 的技术要求，可判定出厂检验合格。

（2）型式检验判定

混凝土防水剂各项性能指标符合表 6-5 和表 6-6 硬化混凝土的技术要求，可判定为相应等级的产品。如不符合上述要求时，则判该批号防水剂不合格。

6.10.4　混凝土防冻剂

本节摘自《混凝土防冻剂》JC 475—2004 标准。

6.10.4.1　范围

本标准适用于规定温度为－5℃、－10℃、－15℃的水泥混凝土防冻剂。按本标准规定温度检测合格的防冻剂，可在比规定温度低 5℃的条件下使用。

6.10.4.2　术语和定义

（1）基准混凝土：按标准规定试验条件配制，并在标准条件下养护的不掺防冻剂的混凝土。

（2）受检标养混凝土：按标准规定试验条件配制，并在标准条件下养护的掺防冻剂的混凝土。

（3）受检负温混凝土：按标准规定试验条件配制，并按规定条件养护的掺防冻剂的混凝土。

（4）规定温度：受检混凝土在负温养护时的温度，该温度允许波动范围为±2℃，本标准规定温度分别为−5℃、−10℃、−15℃。

（5）无氯盐防冻剂

氯离子含量≤0.1%的防冻剂称为无氯盐防冻剂。

6.10.4.3　分类

防冻剂按其成分可分为强电解质无机盐类（氯盐类、氯盐阻锈类、无氯盐类）、水溶性有机化合物类、有机化合物与无机盐复合类、复合型防冻剂。

（1）氯盐类：以氯盐（如氯化钠、氯化钙等）为防冻组分的外加剂；

（2）氯盐阻锈类：含有阻锈组分，并以氯盐为防冻组分的外加剂；

（3）无氯盐类：以亚硝酸盐、硝酸盐等无机盐为防冻组分的外加剂；

（4）有机化合物类：以某些醇类、尿素等有机化合物为防冻组分的外加剂；

（5）复合型防冻剂：以防冻组分复合早强、引气、减水等组分的外加剂。

6.10.4.4　技术要求

1. 匀质性

防冻剂匀质性指标应符合表6-7的要求。

防冻剂匀质性指标　　　**表6-7**

试验项目	指标
固体含量(%) (液体防冻剂)	$S\geqslant20\%$时，$0.95S\leqslant X<1.05S$ $S<20\%$时，$0.90S\leqslant X<1.10S$ S是生产厂提供的固体含量(质量%)，X是测试的固体含量(质量%)
含水率(%) (粉状防冻剂)	$W\geqslant5\%$时，$0.90W\leqslant X<1.10W$ $W<5\%$时，$0.80W\leqslant X<1.20W$ W是生产厂提供的含水率(质量%)，X是测试的含水率(质量%)
密度 (液体防冻剂)	$D>1.1$时，要求为$D\pm0.03$ $D\leqslant1.1$时，要求为$D\pm0.02$ D是生产厂提供的密度值
氯离子含量(%)	无氯盐防冻剂：≤0.1%(质量百分比) 其他防冻剂：不超过生产厂控制值
碱含量(%)	不超过生产厂提供的最大值
水泥净浆流动度(mm)	应不小于生产厂控制值的95%
细 度(%)	粉状防冻剂细度应不超过生产厂提供的最大值

2. 掺防冻剂混凝土性能

掺防冻剂混凝土性能应符合表6-8的要求。

掺防冻剂混凝土性能　　　**表6-8**

试验项目		性能指标	
		一等品	合格品
减水率(%)	≥	10	—
泌水率比(%)	≤	80	100

续表

试验项目		性能指标					
		一等品			合格品		
含气量(%)	≥	2.5			2.0		
凝结时间差(min)	初凝和终凝	−150～+150			−210～+210		
抗压强度比(%)≥	规定温度(℃)	−5	−10	−15	−5	−10	−15
	R_{-7}	20	12	10	20	10	8
抗压强度比(%)≥	R_{28}	100		95	95		90
	R_{-7+28}	95	90	85	90	85	80
	R_{-7+56}	100			100		
28d 收缩率比(%)	≤	135					
渗透高度比(%)	≤	100					
50 次冻融强度损失率比(%)	≤	100					

3. 释放氨量

含有氨或氨基类的防冻剂释放氨量应符合《混凝土外加剂中释放氨的限量》GB 18588—2001 规定的限值。

6.10.4.5　检验规则

1. 检验分类

(1) 出厂检验

出厂检验项目包括表 6-7 规定的匀质性试验项目（碱含量除外）。

(2) 型式检验

型式检验项目包括表 6-7 规定的匀质性试验项目和表 6-8 规定的掺防冻剂混凝土性能试验项目。有下列情况之一者，应进行型式检验：

① 新产品或老产品转厂生产的试制定型鉴定。

② 正式生产后，如原料、工艺有较大改变，可能影响产品性能时。

③ 正常生产时，一年至少进行一次检验。

④ 产品长期停产后，恢复生产时。

⑤ 出厂检验结果与上次型式检验有较大差异时。

⑥ 国家质量监督机构提出进行型式检验要求时。

2. 批量

同一品种的防冻剂，每 50t 为一批，不足 50t 也可作为一批。

3. 抽样及留样

取样应具有代表性，可连续取，也可以从 20 个以上不同部位取等量样品。液体防冻剂取样时应注意从容器的上、中、下三层分别取样。每批取样量不少于 0.15t 水泥所需用的防冻剂量（以其最大掺量计）。

每批取得的试样应充分混匀，分为两等份。一份按本标准规定的方法项目进行试验，另一份密封保存半年，以备有争议时提交国家指定的检验机构进行复验或仲裁。

4. 判定规则

产品经检验，混凝土拌合物的含气量、硬化混凝土性能（抗压强度比、收缩率比、渗透高度比、50 次冻融强度损失率比）全部符合表 6-8 的要求，出厂检验结果符合表 6-7 的要求，则可判定为相应等级的产品。否则判为不合格品。

5. 复验

复验以封存样进行。如使用单位要求现场取样，可在生产和使用单位人员在场的情况下于现场取平均样，但应事先在供货合同中规定。复验按照型式检验项目检验。

6.10.5 聚羧酸系高性能减水剂

本节摘自《聚羧酸系高性能减水剂》JG/T 223—2017 标准。

6.10.5.1 范围

适用于在水泥混凝土用聚羧酸系高性能减水剂。

6.10.5.2 定义

聚羧酸系高性能减水剂：以羧基不饱和单体和其他单体合成的聚合物为母体的减水剂。

6.10.5.3 分类与标记

1. 分类

（1）按产品形态分类，分为：液体，代号为 L；粉体，代号为 P。

（2）按产品类型分类，见表 6-9。

聚羧酸系高性能减水剂产品类型与代号　　表 6-9

名称	代号	名称	代号
标准型	S	缓释型	SR
早强型	A	减缩型	RS
缓凝型	R	防冻型	AF

2. 标记

按产品代号（PCE）、类型、形态和标准编号进行标记。

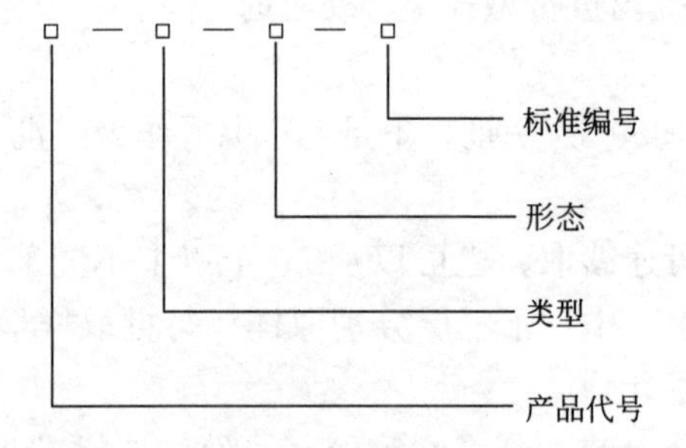

示例：液体的防冻型聚羧酸系高性能减水剂标记为：

PCE—AF—L—JG/T 223—2017。

6.10.5.4 要求

1. 一般要求

（1）原材料

水泥、砂、石、水符合《混凝土外加剂》GB 8076—2008 的规定，减水剂为需要检测的聚羧酸系高性能减水剂。

（2）配合比

按照《普通混凝土配合比设计规程》JGJ 55—2011 进行基准混凝土的配合比设计，受检混凝土和基准混凝土的水泥、砂，石的比例相同。配合比设计应符合以下规定：

① 水泥用量：360kg/m。

② 砂率：43%～47%。

③ 聚羧酸系高性能减水剂掺量：采用生产厂的指定掺量。

④ 用水量：掺缓释型产品的受检混凝土的初始坍落度应控制在 120mm±10mm，掺其他类型产品的受检混凝土的初始坍落度均应控制在 210mm±10mm，基准混凝土的初始坍落度应控制在 210mm±10mm，用水量为基准混凝土及受检混凝土初始坍落度达相应控制值时的最小用水量；用水量包括液体减水剂、砂、石材料中所含的水量。

（3）混凝土搅拌

按《混凝土外加剂》GB 8076—2008 的规定进行。

（4）试件制作

掺防冻型产品的混凝土试件制作按《混凝土防冻泵送剂》JG/T 377—2012 的规定进行，掺其他类型产品的混凝土试件制作按《混凝土外加剂》GB 8076—2008 的规定进行。

（5）试验项目及试件数量。

试验项目试件数量见表 6-10。

试验项目及所需数量 **表 6-10**

试验项目	外加剂类型	试验类别	试验项目及所需数量			
			混凝土拌合批数	每批取样	基准混凝土总取样	受检混凝土总取样
减水率、泌水率比、含气量、凝结时间差、坍落度、坍落度经时损失	所有类型	混凝土拌合物	3	1次	3次	3次
抗压强度比	防冻型	硬化混凝土	3	受检混凝土9块；基准混凝土3块	9块	27块
	其他类型		3	9或12块	27或36块	27或36块
50次冻融强度损失率比	防冻型		3	2块	6块	6块
收缩率比	所有类型		3	1条	3条	3条

2. 聚羧酸系高性能减水剂匀质性

聚羧酸系高性能减水剂匀质性应符合表 6-11 要求。

聚羧酸系高性能减水剂匀质性产品类型 **表 6-11**

项目	产品类型					
	标准型 S	早强型 A	缓凝型 R	减缩型 RS	缓释型 SR	防冻型 AF
甲醛含量(按折固含量计)(mg/kg)	≤300					
氯离子含量(按折固含量计)(%)	≤0.1					
总碱量(kg/m)	应在生产厂控制范围内					
含固量(质量分数)	应符合《混凝土外加剂》GB 8076—2008 的规定(液体产品)					
含水率(质量分数)	应符合《混凝土外加剂》GB 8076—2008 的规定(粉体产品)					
细度	应在生产厂控制范围内					
pH 值	应在生产厂控制范围内					
密度(g/cm)	应符合《混凝土外加剂》GB 8076—2008 的规定					

3. 掺聚羧酸系高性能减水剂混凝土性能

掺聚羧酸系高性能减水剂混凝土性能指标应符合表 6-12 的要求。掺防冻型聚羧酸系高性能减水剂除应满足表 6-12 的要求外，还应同时满足表 6-13 的要求。

掺聚羧酸系高性能减水剂混凝土性能指标 **表 6-12**

试验项目		产品类型					
		标准型	早强型	缓凝型	缓释型	减缩型	防冻型
减水率(%)		≥25					
泌水率比(%)		≤60	≤50	≤70	≤70	≤60	≤60
含气量(%)		≤6.0					2.5～6.0
凝结时间差(min)	初凝	−90～+120	−90～+90	>+120	>+30	−90～+120	−150～+90
	终凝			—	—		
坍落度经时损失(mm)(1h)		≤+80	—	—	≤−70(1h),≤−60(2h),≤−60(3h)且>−120	≤+80	≤+80
抗压强度比(%)	1d	≥170	≥180	—	—	≥170	—
	3d	≥60	≥170	≥160	≥160	≥160	—
	7d	≥150					—
	28d	≥140					—
收缩率比(%)		≤110				≤90	≤110
50 次冻融强度损失率比(%)		—					≤90

注：坍落度损失中正号表示坍落度经时损失的增加，负号表示坍落度经时损失的减少。

掺防冻型聚羧酸系高性能减水剂混凝土力学性能指标　　表 6-13

性能		规定温度(℃)		
		−5	−10	−15
抗压强度比(%)	R_{28}	≥120		
	R_{-7}	≥20	≥14	≥12
	R_{-7+28}	≥100		

4. 氨释放量

用于民用建筑室内混凝土的聚羧酸系高性能减水剂，其氨释放量应符合《混凝土外加剂中释放氨的限量》GB 18588—2001 的规定。

6.10.5.5　检验规则

1. 检验分类

(1) 出厂检验

出厂检验项目应包括甲醛含量、氯离子含量、总碱量、含固量、含水率、密度、细度、pH 值。其中氯离子含量每 3 个月至少检验 1 次，总碱量每年至少检验 1 次。

(2) 型式检验

型式检验项目包括第 6.10.5.4 节的所有项目。有下列情况时，应进行型式检验：

1) 新产品或老产品转厂生产的试制定型鉴定。

2) 正式生产后，如材料、工艺有较大改变，可能影响产品性能时。

3) 产品停产超过 1 年，恢复生产时。

4) 正常生产时，1 年至少进行 1 次检验。

5) 出厂检验结果和上次型式检验结果有较大差异时。

2. 组批、取样及留样

(1) 组批

生产厂应根据产量和生产设备条件，将产品分批编号。掺量大于 1.0%（含 1%）同类型的聚羧酸系高性能减水剂以 100t 为一批次，掺量小于 1%的产品以 50t 为一批次。不足 100t 或 50t 的也应按一个批次计，同一批次的产品应混合均匀。

(2) 取样及留样

取样及留样应符合下列规定：

1) 取样应《混凝土外加剂》GB 8076—2008 的规定进行。

2) 每一批次取样量不少于 0.2t 水泥所需用的聚羧酸系高性能减水剂量。

3) 每一批次取得的试样应充分混匀，分为两等份。一份按标准规定方法与项目进行试验，另一份密封保存 6 个月，以备进行复验或仲裁检验。

3. 判定规则

(1) 出厂检验判定

型式检验合格报告在有效期内，出厂检验项目的结果符合要求，判定该批产品合格。

(2) 型式检验判定

产品型式检验合格判定应符合下列规定：

1) 产品经检验，匀质性检验结果应符合所有检验项目要求。

2）防冻型产品的所有混凝土性能指标检验结果均符合表 6-12、表 6-13 及氨释放量的要求。

3）其他类型产品的混凝土性能指标中除凝结时间差作为参考指标外，其他性能指标检验结果均符合表 6-12 及氨释放量的要求。

4. 复验

复验以封存样进行。如使用单位要求现场取样，应事先在供货合同中规定，并在生产和使用单位人员在场的情况下于现场取混合样，复验按照型式检验项目检验。

6.10.5.6　产品说明书及合格证

1. 产品说明书

产品出厂时应提供产品说明书，产品说明书至少应包括以下内容：

（1）生产厂名称。

（2）产品名称及类型。

（3）产品性能特点、主要成分及技术指标。

（4）适用范围。

（5）推荐掺量。

（6）贮存条件及有效期，有效期从生产日期算起，企业根据产品性能自行规定。

（7）使用方法、注意事项、安全防护提示等。

2. 合格证

产品交付时应提供产品合格证，产品合格证应至少包括以下内容：

（1）产品名称。

（2）生产日期及批号。

（3）生产单位名称、地址。

（4）出厂检验结论。

（5）企业质检印章或质检人员签字、代号。

6.11　常用外加剂试验方法

6.11.1　混凝土外加剂试验方法

本节摘自《混凝土外加剂》GB 8076—2008 标准。

适用于高性能减水剂（早强型、标准型、缓凝型）、高效减水剂（标准型、缓凝型）、普通减水剂（早强型、标准型、缓凝型）、引气减水剂、泵送剂、早强剂、缓凝剂及引气剂共八类混凝土外加剂的试验。

6.11.1.1　材料

1. 水泥

基准水泥是检验混凝土外加剂性能的专用水泥，是由符合下列品质指标的硅酸盐水泥熟料与二水石膏共同粉磨而成 42.5 强度等级的 P.I 硅酸盐水泥。基准水泥必须由经中国建材联合会混凝土外加剂分会与有关单位共同确认具备生产条件的工厂供给。品质指标应符合下列要求：

(1) 满足 42.5 强度等级硅酸盐水泥技术要求。

(2) 熟料中铝酸三钙(C_3A)含量 6%~8%。

(3) 熟料中硅酸三钙(C_3S)含量 55%~60%。

(4) 熟料中游离氧化钙(fCaO)含量不得超过 1.2%。

(5) 水泥中碱($Na_2O+0.658K_2O$)含量不得超过 1.0%。

(6) 水泥比表面积 $350m^2/kg \pm 10m^2/kg$。

2. 砂

符合《建设用砂》GB/T 14684—2022 中Ⅱ区要求的中砂,细度模数为 2.6~2.9,含泥量小于 1.0%。

3. 石子

符合《建设用卵石、碎石》GB/T 14685—2022 要求的公称粒径为 5~20mm 的碎石或卵石,采用二级配,其中 5~10mm 占 40%,10~20mm 占 60%,满足连续级配要求,针片状颗粒含量小于 10%,空隙率小于 47%,含泥量小于 0.5%。如有争议以碎石结果为准。

4. 水

符合《混凝土用水标准》JGJ 63—2006 中混凝土拌合水的技术要求。

5. 外加剂

需要检测的外加剂。

6.11.1.2 配合比

基准混凝土配合比按《普通混凝土配合比设计规程》JGJ 55—2011 进行设计。掺非引气型外加剂的受检混凝土和其对应的基准混凝土的水泥、砂、石的比例相同。配合比设计应符合以下规定。

1. 水泥用量

掺高性能减水剂或泵送剂的基准混凝土和受检混凝土的单位水泥用量为 $360kg/m^3$;掺其他外加剂的基准混凝土和受检混凝土的单位水泥用量为 $330kg/m^3$。

2. 砂率

掺高性能减水剂或泵送剂的基准混凝土和受检混凝土的砂率均为 43%~47%;掺其他外加剂的基准混凝土和受检混凝土的砂率为 36%~40%;但掺引气减水剂或引气剂的受检混凝土的砂率应比基准混凝土的砂率低 1%~3%。

3. 外加剂掺量

按生产厂家推荐的掺量。

4. 用水量

掺高性能减水剂或泵送剂的基准混凝土和受检混凝土的坍落度控制在 210mm±10mm,用水量为坍落度在 210mm±10mm 时的最小用水量;掺其他外加剂的基准混凝土和受检混凝土的坍落度控制在 80mm±10mm。用水量包括液体外加剂及骨料中所含的水。

6.11.1.3 混凝土搅拌

采用公称容量为 60L 的单卧轴式强制搅拌机。搅拌机的拌合量应不少于 20L,不宜大于 45L。外加剂为粉状时,将水泥、砂、石、外加剂一次投入搅拌机干拌均匀,再加入拌合水一起搅拌 2min。外加剂为液体时,将水泥、砂、石一次投入搅拌机干拌均匀,再加入掺有外加剂的拌合水一起搅拌 2min。出料后,在铁板上人工翻拌至均匀再行试验。各种混凝土试验材料及环境温度均应保持在 20℃±3℃。

6.11.1.4　试件制作及试验所需试件数量

1. 试件制作

混凝土试件制作及养护按《普通混凝土拌合物性能试验方法标准》GB/T 50080—2016 进行，但混凝土预养温度为 20℃±3℃。

2. 试验项目及所需数量

试验项目及所需数量见表 6-14。

试验项目及所需数量　　**表 6-14**

<table>
<tr><th rowspan="2" colspan="2">试验项目</th><th rowspan="2">外加剂类别</th><th rowspan="2">试验类别</th><th colspan="4">试验所需数量</th></tr>
<tr><th>混凝土拌合批数</th><th>每批取样数目</th><th>基准混凝土总取样数目</th><th>受检混凝土总取样数目</th></tr>
<tr><td colspan="2">减水率</td><td>除早强剂、缓凝剂外的各种外加剂</td><td rowspan="6">混凝土拌合物</td><td>3</td><td>1次</td><td>3次</td><td>3次</td></tr>
<tr><td colspan="2">泌水率比</td><td rowspan="3">各种外加剂</td><td>3</td><td>1个</td><td>3个</td><td>3个</td></tr>
<tr><td colspan="2">含气量</td><td>3</td><td>1个</td><td>3个</td><td>3个</td></tr>
<tr><td colspan="2">凝结时间差</td><td>3</td><td>1个</td><td>3个</td><td>3个</td></tr>
<tr><td rowspan="2">1h经时变化量</td><td>坍落度</td><td>高性能减水剂、泵送剂</td><td>3</td><td>1个</td><td>3个</td><td>3个</td></tr>
<tr><td>含气量</td><td>引气减水剂、引气剂</td><td>3</td><td>1个</td><td>3个</td><td>3个</td></tr>
<tr><td colspan="2">抗压强度比</td><td rowspan="2">各种外加剂</td><td rowspan="3">硬化混凝土</td><td>3</td><td>6、9或12块</td><td>18、27或36块</td><td>18、27或36块</td></tr>
<tr><td colspan="2">收缩率比</td><td>3</td><td>1条</td><td>3条</td><td>3条</td></tr>
<tr><td colspan="2">相对耐久性</td><td>引气减水剂、引气剂</td><td>3</td><td>1条</td><td>3条</td><td>3条</td></tr>
</table>

注：1. 试验时，检验同一种外加剂的三批混凝土的制作宜在开始试验一周内的不同日期完成。对比的基准混凝土和受检混凝土应同时成型。
2. 试验龄期参考表 6-1 试验项目栏。
3. 试验前后应仔细观察试样，对有明显缺陷的试样和试验结果都应舍除。

6.11.1.5　混凝土拌合物性能试验方法

1. 坍落度和坍落度 1h 经时变化量测定

每批混凝土取一个试样。坍落度和坍落度 1h 经时变化量均以三个试验结果的平均值表示。三次试验的最大值和最小值与中间值之差有一个超过 10mm 时，将最大值和最小值一并舍去，取中间值作为该批的试验结果；最大值和最小值与中间值之差均超过 10mm 时，则应重做。

坍落度和坍落度 1h 经时变化量测定值以 mm 表示，结果表达修约到 5mm。

（1）坍落度测定

按照《普通混凝土拌合物性能试验方法标准》GB/T 50080—2016 测定；但坍落度为 210mm±10mm 的混凝土，分两层装料，每层装入高度为筒高的一半，每层用捣棒插捣 15 次。

（2）坍落度 1h 经时变化量测定

当要求测定此项时，应将搅拌的混凝土留下足够一次混凝土坍落度的试验量，并装入用湿布擦过的试样筒内，容器加盖，静置至 1h（从加水搅拌时开始计算），然后倒出，在铁板上用铁锹翻拌至均匀，再按坍落度测定方法测定坍落度。计算出机时和 1h 之后的坍落度之差值，即得到坍落度经时变化量。

坍落度 1h 经时变化量按下式计算：

$$\Delta Sl = Sl_0 - Sl_{1h} \tag{6-1}$$

式中　ΔSl ——坍落度经时变化量（mm）；

Sl_0 ——出机时测得的坍落度（mm）；

Sl_{1h} ——1h 后测得的坍落度（mm）。

2. 减水率测定

减水率为坍落度基本相同时，基准混凝土和受检混凝土单位用水量之差与基准混凝土单位用水量之比。

减水率按下式计算，应精确到 0.1%。

$$W_R = \frac{W_0 - W_1}{W_0} \times 100 \tag{6-2}$$

式中　W_R——减水率（%）；

W_0——基准混凝土单位用水量（kg/m^3）；

W_1——受检混凝土单位用水量（kg/m^3）。

W_R 以三批试验的算术平均值计，精确到 1%。若三批试验的最大值或最小值中有一个与中间值之差超过中间值的 15%时，则把最大值与最小值一并舍去，取中间值作为该组试验的减水率。若有两个值与中间值之差均超过 15%时，则该批试验结果无效，应该重做。

3. 泌水率比测定

泌水率比按下式计算，精确到 1%。

$$R_B = \frac{B_t}{B_c} \times 100 \tag{6-3}$$

式中　R_B——泌水率比（%）；

B_t——受检混凝土泌水率（%）；

B_c——基准混凝土泌水率（%）。

泌水率的测定和计算方法如下：

先用湿布湿润容积为 5L 的带盖筒（内径为 185mm，高 200mm），将混凝土拌合物一次装入，在振动台上振动 20s，然后用抹刀轻轻抹平，加盖以防水分蒸发。试样表面应比筒口边低约 20mm。自抹面开始计算时间，在前 60min，每隔 10min 用吸液管吸出泌水一次，以后每隔 20min 吸水一次，直至连续三次无泌水为止。每次吸水前 5min，应将筒底一侧垫高约 20mm，使筒倾斜，以便于吸水。吸水后，将筒轻轻放平盖好。将每次吸出的水都注入带塞量筒，最后计算出总的泌水量，精确至 1g，并按以下计算泌水率：

$$B = \frac{V_W}{(W/G)G_W} \times 100 \tag{6-4}$$

$$G_W = G_1 - G_0 \tag{6-5}$$

式中　B——泌水率（%）；

V_W ——泌水总质量（g）；

W——混凝土拌合物的用水量（g）；

G——混凝土拌合物的总质量（g）；

G_W——试样质量（g）；

G_1——筒及试样质量（g）；

G_0——筒质量（g）。

试验时，从每批混凝土拌合物中取一个试样。泌水率取三个试样的算术平均值，精确到0.1%。若三个试样的最大值或最小值中有一个与中间值之差大于中间值的15%时，则把最大值与最小值一并舍去，取中间值作为该组试验的泌水率。如果最大值和最小值与中间值之差均大于中间值的15%时，则应重做。

4. 含气量和含气量1h经时变化量的测定

试验时，从每批混凝土拌合物中取一个试样。含气量以三个试样的算术平均值来表示。若三个试样的最大值或最小值中有一个与中间值之差超过0.5%时，将最大值与最小值一并舍去，取中间值作为该批的试验结果。如果最大值和最小值与中间值之差超过0.5%时，则应重做。含气量和1h经时变化量测定值精确到0.1%。

（1）含气量的测定

按《普通混凝土拌合物性能试验方法标准》GB/T 50080—2016用气水混合式含气量测定仪，并按仪器说明进行操作，但混凝土拌合物应一次装满并稍高于容器，用振动台振动15～20s。

（2）含气量1h经时变化量的测定

当要求测定此项时，应将搅拌的混凝土留下足够一次含气量试验的量，并装入用湿布擦过的试样筒内，容器加盖，静置至1h（从加水搅拌时开始计算），然后倒出，在铁板上用铁锹翻拌至均匀，再按含气量测定方法测定含气量。计算出机时和1h之后的含气量之差值，即得到含气量的经时变化量。

含气量1h经时变化量按下式计算：

$$\Delta A = A_0 - A_{1h} \tag{6-6}$$

式中 ΔA——含气量经时变化量（%）；

A_0——出机后测得的含气量（%）；

A_{1h}——1h后测得的含气量（%）。

5. 凝结时间差测定

凝结时间差按下式计算：

$$\Delta T = T_t - T_c \tag{6-7}$$

式中 ΔT——凝结时间之差（min）；

T_t——受检混凝土的初凝或终凝时间（min）；

T_c——基准混凝土的初凝或终凝时间（min）。

凝结时间采用贯入阻力仪测定，仪器精度为10N，凝结时间测定方法如下：

将混凝土拌合物用5mm（圆孔筛）振动筛筛出砂浆，拌匀后装入上口内径为160mm，下口内径为150mm，净高为150mm的刚性不透水的金属圆筒，试样表面应略低于筒口约10mm，用振动台振实，约3～5s，置于温度为20℃±2℃的环境中，容器加盖。一般基准混凝土在成型后3～4h，掺早强剂的在成型后1～2h，掺缓凝剂的在成型后4～

6h 开始测定，以后每 0.5h 或 1h 测定一次，但临近初、终凝时可缩短测定间隔时间。每次测点应避开前一次测孔，其净距为测针直径的 2 倍且不小于 15mm，测针与容器边缘的距离应不小于 25mm。测定初凝时间用截面积为 $100mm^2$ 的测针，测定终凝时间用截面积为 $20mm^2$ 的测针。

测试时，将砂浆试样筒置于贯入阻力仪上，测针端部与砂浆表面接触，然后在 10s±2s 内均匀地使测针贯入砂浆 25mm±2mm 深度。记录贯入阻力，精确至 10N；记录测试时间，精确至 1min；记录环境温度，精确至 0.5℃。

贯入阻力按下式计算，精确到 0.1MPa。

$$R=\frac{P}{A} \tag{6-8}$$

式中　R——贯入阻力值（MPa）；

P——贯入深度达 25mm 时所需的净压力（N）；

A——测针截面积（mm^2）。

根据计算结果，以贯入阻力值为纵坐标，经过的时间为横坐标，绘制贯入阻力值与时间之间的关系曲线，求出贯入阻力值达 3.5 MPa 时，对应的时间作为初凝时间；贯入阻力值达 28MPa 时，对应的时间作为终凝时间。从水与水泥接触时开始计算凝结时间。

试验时，每批混凝土拌合物取一个试样，凝结时间取三个试样的平均值。若三批试验的最大值或最小值中有一个与中间值之差超过 30min，则以中间值作为该组试验的凝结时间；若最大值和最小值与中间值之差均超过 30min 时，则试验结果无效，应重做。凝结时间以 min 表示，并修约至 5min。

6.11.1.6　硬化混凝土性能试验方法

1. 抗压强度比测定

抗压强度比以受检混凝土与基准混凝土同龄期抗压强度之比表示，按下式计算，精确到 1%。

$$R_f=\frac{f_t}{f_c}\times 100 \tag{6-9}$$

式中　R_f——抗压强度比（%）；

f_t——受检混凝土的抗压强度（MPa）；

f_c——基准混凝土的抗压强度（MPa）。

受检混凝土与基准混凝土的抗压强度按《混凝土物理力学性能试验方法标准》GB/T 50081—2019 进行试验和计算。试件制作时，用振动台振动 15～20s。试件预养温度为 20℃±3℃。试验结果以三批试验测值的平均值表示，若三批测值中有一批的最大值或最小值与中间值的差值超过中间值的 15%时，则把最大值及最小值一并舍除，取中间值作为该批的试验结果；如最大值或最小值与中间值的差值均超过中间值的 15%时，则试验结果无效，则应重做。

2. 收缩率比测定

收缩率比以 28d 龄期时受检混凝土与基准混凝土的收缩率的比值表示，按下式计算：

$$R_\varepsilon=\frac{\varepsilon_t}{\varepsilon_c}\times 100 \tag{6-10}$$

式中　R_{ε}——收缩率比（%）；

ε_{t}——受检混凝土的收缩率（%）；

ε_{c}——基准混凝土的收缩率（%）。

受检混凝土及基准混凝土的收缩率按现行国家标准测定和计算，试件用振动台成型，振动 15～20s，每批混凝土拌合物取一个试样，以三个试样收缩率比的算术平均值表示，计算精确到 1%。

3. 相对耐久性试验

试件采用振动台成型，振动 15～20s，标准养护 28d 后进行冻融循环试验（快冻法）。

相对耐久性指标是以掺外加剂混凝土冻融 200 次后的动弹性模量是否不小于 80%来评定外加剂的质量。每批混凝土拌合物取一个试样，相对动弹性模量以三个试件测值的算术平均值表示。

6.11.1.7　匀质性试验方法

外加剂匀质性试验按《混凝土外加剂匀质性试验方法》GB/T 8077—2012 进行测定。检验项目包括：氯离子含量、固含量、总碱量、含水率、密度、细度、pH 值及硫酸钠含量。

6.11.2　混凝土外加剂相容性快速试验方法

摘自《混凝土外加剂应用技术规范》GB 50119—2013 附录 A 内容。

（1）本方法适用于含减水组分的各类混凝土外加剂与胶凝材料、细骨料和其他外加剂的相容性试验。

（2）试验所用仪器设备应符合下列规定：

1）水泥胶砂搅拌机应符合现行行业标准《行星式水泥胶砂搅拌机》JC/T 681—2022 的有关规定。

2）砂浆扩展度筒应采用内壁光滑无接缝的筒状金属制品，尺寸应符合下列要求：

① 筒壁厚度不应小于 2mm。

② 上口内径 d 尺寸为 50mm±0.5mm。

③ 下口内径 D 尺寸为 100mm±0.5mm。

④ 高度 h 尺寸为 150mm±0.5mm。

3）捣棒应采用直径为 8mm±0.2mm、长为 300mm±3mm 的钢棒，端部应磨圆；玻璃板的尺寸应为 500mm×500mm×5mm；应采用量程为 500mm、分度值为 1mm 的钢直尺；应采用分度值为 0.1s 的秒表；应采用分度值为 1s 的时钟；应采用量程为 100g、分度值为 0.01g 的天平；应采用量程为 5kg、分度值为 1g 的台秤。

（3）试验所用原材料、配合比及环境条件应符合下列规定：

1）应采用工程实际使用的外加剂、水泥和矿物掺合料。

2）工程实际使用的砂，应筛除粒径大于 5mm 以上的部分，并应自然风干至气干状态。

3）砂浆配合比应采用与工程实际使用的混凝土配合比中去除粗骨料后的砂浆配合比，水胶比应降低 0.02，砂浆总量不应小于 1.0L。

4）砂浆初始扩展度应符合下列要求：

① 普通减水剂的砂浆初始扩展度应为260mm±20mm。

② 高效减水剂、聚羧酸系高性能减水剂和泵送剂的砂浆初始扩展度应为350mm±20mm。

5）试验应在砂浆成型室标准试验条件下进行，试验室温度应保持在20℃±2℃，相对湿度不应低于50%。

（4）试验方法应按下列步骤进行：

1）将玻璃板水平放置，用湿布将玻璃板、砂浆扩展度筒、搅拌叶片及搅拌锅内壁均匀擦拭，使其表面湿。

2）将砂浆扩展度筒置于玻璃板中央，并用湿布覆盖待用。

3）按砂浆配合比的比例分别称取砂、水、外加剂、水泥和矿物掺合料待用。

4）外加剂为液体时，先将胶凝材料、砂加入搅拌锅内预拌10s，再将水与外加剂混合均匀加入；外加剂为粉状时，先将胶凝材料、砂及外加剂加入搅拌锅内预拌10s，再加入水。

5）加水后立即启动胶砂搅拌机，并按胶砂搅拌机程序进行搅拌，从加水时刻开始计时。

6）搅拌完毕，将砂浆分两次倒入砂浆扩展度筒，每次倒入约筒高的1/2，并用捣棒至边缘向中心按顺时针方向均匀插捣15下，各次插捣应在截面上均匀分布。插捣筒边砂浆时，捣棒可稍微沿筒壁方向倾斜。插捣底层时，插捣应贯穿筒内砂浆深度，插捣第二层时，捣棒应插透本层至下一层的表面。插捣完毕后，砂浆表面应用刮刀刮平，将筒缓慢匀速垂直提起，10s后用钢直尺量取相互垂直的两个方向的最大直径，并取其平均值作为砂浆扩展度。

7）砂浆初始扩展度未达到要求时，应调整外加剂的掺量，并重复以上1～6款的试验步骤，直至砂浆初始扩展度达到要求。

8）将试验砂浆重新倒入搅拌锅内，并用湿布覆盖搅拌锅，从计时开始后10min（聚羧酸系高性能减水剂）、30min、60min，开启搅拌机，快速搅拌1 min，按上述第（6）条步骤测定砂浆扩展度。

（5）试验结果评价应符合下列规定：

1）应根据外加剂掺量和砂浆扩展度经时损失判断外加剂的相容性。

2）试验结果有异议时，可按实际混凝土配合比进行试验验证。

3）应注明所用水泥、外加剂、矿物掺合料和砂的品种、等级、生产厂及试验室温度、湿度等。

6.11.3 混凝土膨胀剂试验方法

本试验方法摘自《混凝土膨胀剂》GB/T 23439—2017标准。

6.11.3.1 化学成分

氧化镁、碱含量：按现行国家标准《水泥化学分析法》GB/T 176—2017进行。

6.11.3.2 物理性能

1. 试验材料

（1）水泥：采用现行国家标准《混凝土外加剂》GB 8076—2008规定的基准水泥。因故得不到基准水泥时，允许采用由熟料与二水石膏共同粉磨而成的强度等级为 42.5 的硅酸盐水泥，且熟料中 C_3A 含量 6%～8%；C_3S 含量 55%～60%；游离氧化钙（fCaO）含量不超过 1.2%；碱（Na_2O+0.658K_2O）含量不超过 0.7%；水泥的比表面积 $350m^2/kg \pm 10m^2/kg$。

（2）标准砂：符合现行国家标准《水泥胶砂强度检验方法（ISO 法）》GB/T 17671—2021 要求。

（3）水：符合现行行业标准《混凝土用水标准》JGJ 63—2006 要求。

2. 细度

比表面积测定按现行国家标准《水泥比表面积测定方法 勃氏法》GB/T 8074—2008 的规定进行。1.18mm 筛筛余测定按现行国家标准《试验筛 技术要求和检验第 1 部分：金属丝编织网试验筛》GB/T 6003.1—2022 规定的金属筛，参照《水泥细度检验方法筛析法》GB/T 1345—2005 中手工干筛法进行。

3. 凝结时间

按现行国家标准《水泥标准稠度用水量、凝结时间、安定性检验方法》GB/T 1346—2011 进行，膨胀剂内掺 10%。

4. 抗压强度

按现行国家标准《水泥胶砂强度检验方法（ISO 法）》GB/T 17671—2021 进行。每成型三条试件需称量的材料及用量如表 6-15 所示。

抗压强度材料用量表 **表 6-15**

材料名称	代号	材料质量(g)
水泥	*C*	427.5±2.0
膨胀剂	*E*	22.5±0.1
标准砂	*S*	1350.0±5.0
拌合水	*W*	225.0±1.0
注：$\frac{E}{C+E}=0.05$；$\frac{S}{C+E}=3.00$；$\frac{W}{C+E}=0.50$		

5. 限制膨胀率试验方法

（1）仪器

1）搅拌机、振动台、试模及下料漏斗：按现行国家标准《水泥胶砂强度检验方法（ISO 法）》GB/T 17671—2021 规定。

2）测量仪

测量仪由千分表、支架和标准杆组成如图 6-1 所示，千分表的分辨率为 0.001mm。

3）纵向限制器

纵向限制器应符合以下规定：

① 纵向限制器由纵向钢丝与钢板焊接制成如图 6-2 所示。

② 钢丝采用《冷拉碳素弹簧钢丝》GB 4357—2022 规定的 D 级弹簧钢丝，铜焊处拉脱强度不低于 785MPa。

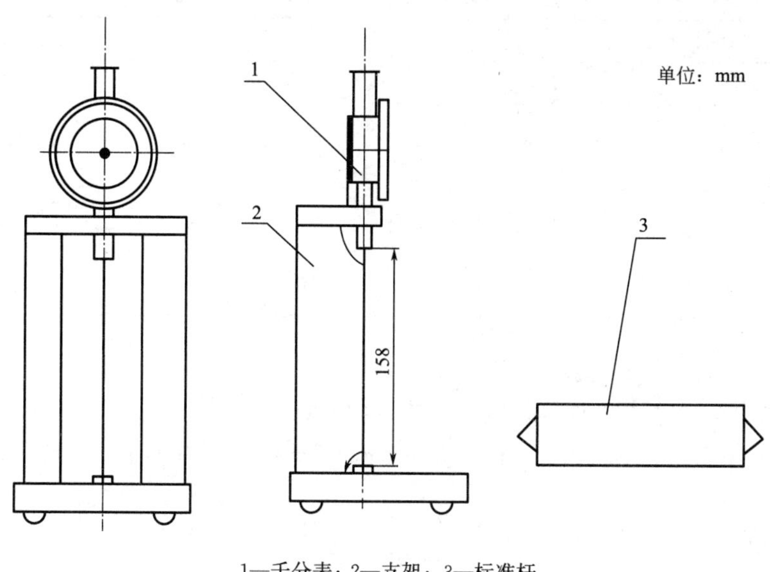

1—千分表；2—支架；3—标准杆

图 6-1　测量仪

③ 纵向限制器不应变形，生产检验使用次数不应超过 5 次，第三方检测机构检验时不得超过 1 次。

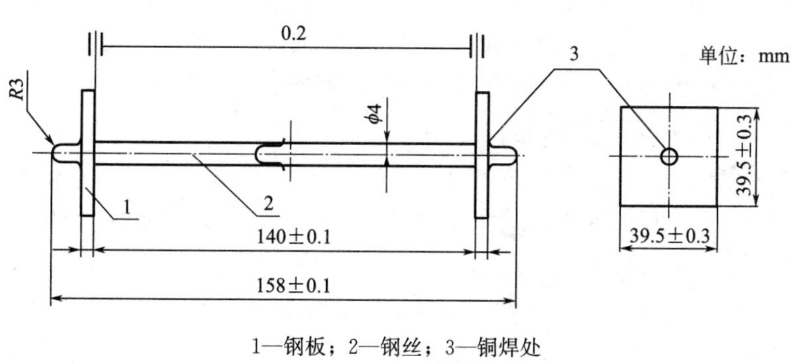

1—钢板；2—钢丝；3—铜焊处

图 6-2　纵向限制器

（2）试验室环境条件

1）试验室、养护箱、养护水的温湿度应符合现行国家标准《水泥胶砂强度检验方法（ISO 法）》GB/T 17671—2021 的规定。

2）恒温恒湿（箱）室温度为 20℃±2℃，湿度为 60%±5%。

3）每日应检查、记录温度、湿度变化情况。

（3）试件制备

1）试验材料

见本节 6.11.3.2 条。

2）水泥胶砂配合比

每成型 3 条试件需称量的材料和用量如表 6-16 所示。

限制膨胀率试验材料及用量 表 6-16

材料	代号	材料质量(g)
水泥	C	607.5±2.0
膨胀剂	E	67.5±0.2
标准砂	S	1350.0±5.0
拌合水	W	270.0±1.0
注：$\frac{E}{C+E}=0.10$；$\frac{S}{C+E}=2.00$；$\frac{W}{C+E}=0.40$		

3）水泥胶砂搅拌、试件成型

按现行国家标准《水泥胶砂强度检验方法（ISO 法）》GB/T 17671—2021 的规定进行。同一条件有 3 条试件供测长用，试件全长 158mm，其中胶砂部分尺寸为 40mm×40mm×140mm。

4）试件脱模

脱模时间以抗压强度达到 10MPa±2MPa 时的时间确定。按表 6-16 胶砂配合比成型抗压强度试件。

（4）试件测长

测量前 3h，将测量仪、标准杆放在标准试验室内，用标准杆校正测长仪并调整千分表零点。测量前，将试件及测量仪测头擦净。每次测量时，试件记有标志的一面与测量仪的相对位置必须一致，纵向限制器测头与测量仪测头应正确接触，读数应精确至 0.001mm。不同龄期的试件应在规定时间±1h 内测量。

试件脱模后在 1h 内测量其初始长度。

测量完初始长度的试件立即放入水中养护，测量水中养护第 7d 的长度。然后放入恒温恒湿（箱）室养护，测量放入空气中第 21d 的长度。也可以根据需要测量不同龄期的长度，观察膨胀收缩变化趋势。

养护时，应注意不损伤试件测头。试件之间应保持 15mm 以上间隔，试件支点距限制钢板两端约 30mm。

（5）结果计算

各龄期限制膨胀率按下式计算：

$$\varepsilon=\frac{L_1-L}{L_0}\times 100 \tag{6-11}$$

式中 ε——所测龄期的限制膨胀率（%）；

L_1——所测龄期的试件长度测量值（mm）；

L——试件的初始长度测量值（mm）；

L_0——试件的基准长度（140mm）。

取相近的 2 个试件测量值的平均值作为限制膨胀率的测量结果，计算值精确至 0.001%。

6. 掺膨胀剂的混凝土限制膨胀和收缩试验方法

（1）适用范围

本方法适用于测定掺膨胀剂混凝土的限制膨胀率及限制干缩率。

(2) 试验仪器

试验用仪器应符合下列规定：

1) 测量仪

测量仪由千分表、支架和标准杆组成如图 6-3 所示，千分表分辨率为 0.001mm。

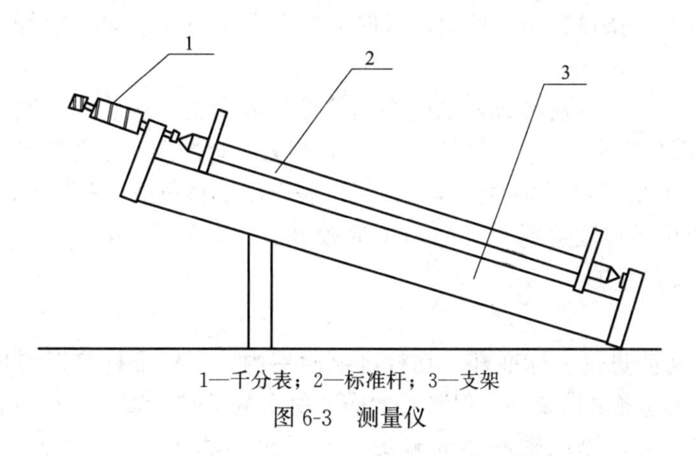

1—千分表；2—标准杆；3—支架

图 6-3　测量仪

2) 纵向限制器

纵向限制器应符合下列规定：

① 纵向限制器由纵向限制钢筋与钢板焊接制成如图 6-4 所示。

② 纵向限制钢筋采用现行国家标准《钢筋混凝土用钢 第 2 部分：热轧带肋钢筋》GB/T 1499.2—2018 中规定的钢筋，直径 10mm，横截面面积 78.54mm^2。钢筋两侧焊接 12mm 厚的钢板材，材质应符合现行国家标准《碳素结构钢》GB/T 700—2006 技术要求，钢筋两端点各 7.5mm 范围内为黄铜或不锈钢，测头呈球面状，半径为 3mm。钢板与钢筋焊接处的焊接强度不应低于 260MPa。

③ 纵向限制器不应变形，一般检验可重复使用 3 次。

④ 该纵向限制器的配筋率为 0.79%。

单位：mm

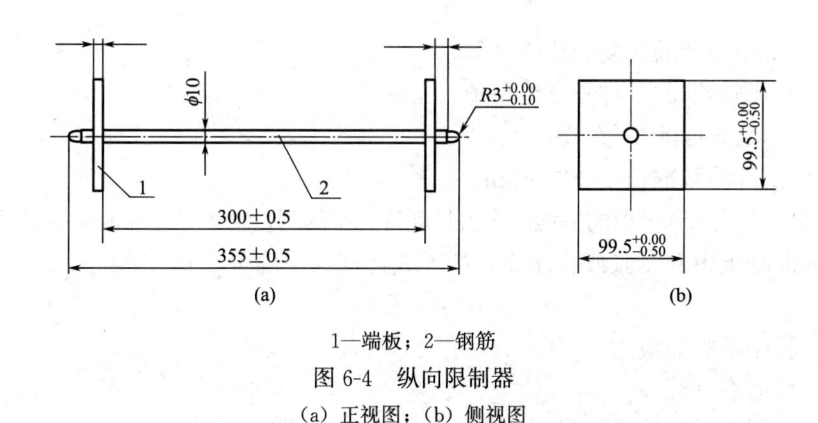

1—端板；2—钢筋

图 6-4　纵向限制器

(a) 正视图；(b) 侧视图

(3) 试验室环境条件

1) 用于混凝土试件成型和测量的试验室的温度应为 20℃±2℃。

2) 用于养护混凝土试件的恒温水槽的温度应为 20℃±2℃。恒温恒湿室温度应为

20℃±2℃，湿度应为60%±5%。

3）每日应检查、记录温度、湿度变化情况。

（4）试件制作

1）用于成型试件的模型宽度和高度均应为100mm，长度应大于360mm。

2）同一条件有3条试件供测长用，试件全长应为355mm，其中混凝土部分尺寸应为100mm×100mm×300mm。

3）首先应把纵向限制器具放入试模中，然后将混凝土一次装入试模，把试模放在振动台上振动至表面呈现水泥浆，不泛气泡为止，刮去多余的混凝土并抹平；然后把试件置于温度为20℃±2℃的标准养护室内养护，试件表面用塑料布或湿布覆盖，防止水分蒸发。

4）当混凝土抗压强度达到3～5MPa时脱模（成型后12～16h）。

（5）试件测长和养护

1）试件测长

测量前3h，将测量仪、标准杆放在标准试验室内，用标准杆校正测长仪并调整千分表零点。测量前，应将试件及测量仪测头擦净。每次测量时，试件记有标志的一面与测量仪的相对位置应一致，纵向限制器的测头与测量仪的测头应正确接触，读数应精确至0.001mm。不同龄期的试件应在规定时间±1h内测量。试件脱模后应在1h内测量试件的初始长度。测量完初始长度的试件立即放入恒温水槽中养护，应在规定龄期进行测长。测长的龄期应从成型日算起，宜测量3d、7d和14d的长度变化。14d后，应将试件移入恒温恒湿室中养护，应分别测量空气中28d、42d的长度变化。也可根据需要安排测量龄期。

2）试件养护

养护时，应注意不损伤试件测头。试件之间应保持25mm以上间隔，试件支点距限制钢板两端约70mm。

（6）结果计算

1）长度变化率应按下式计算：

$$\varepsilon=\frac{L_1-L}{L_0}\times 100 \tag{6-12}$$

式中 ε——所测龄期的长度变化率（%）；

L_1——所测龄期的试件长度测量值（mm）；

L——初始长度测量值（mm）；

L_0——试件的基准长度，300mm。

取相近的2个试件测定值的平均值作为长度变化率的测量结果，计算值应精确至0.001%。

2）导入混凝土中的膨胀或收缩应力按下式计算（精确至0.01MPa）：

$$\sigma=\mu\cdot E\cdot\varepsilon \tag{6-13}$$

式中 σ——膨胀或收缩应力（MPa）；

μ——配筋率（%）；

E——限制钢筋的弹性模量，取2.0×10^5MPa；

ε——所测龄期的长度变化率（%）。

7. 混凝土膨胀剂和掺膨胀剂的混凝土膨胀性能快速试验方法

在测定限制膨胀率之前，判断膨胀剂或混凝土是否有一定膨胀性能的快速简易试验方法，结果供用户参考。本试验方法适用于定性判别混凝土膨胀剂或掺膨胀剂的混凝土的膨胀性能。

（1）混凝土膨胀剂的膨胀性能快速试验方法

称取强度等级为 42.5 级的硅酸盐水泥或普通硅酸盐水泥 1350g±5g，受检膨胀剂 150g±1g，水 675g±1g，手工搅拌均匀。将搅拌好的水泥浆体用漏斗注满容积为 600mL 的玻璃啤酒瓶，并盖好瓶口，观察玻璃瓶出现裂缝的时间。

（2）掺膨胀剂混凝土的膨胀性能快速试验方法

取在现场搅拌好的掺膨胀剂的混凝土，将约 400mL 的混凝土装入容积为 500mL 的玻璃烧杯中，用竹筷轻轻插捣密实，并用塑料薄膜封好烧杯口，待混凝土终凝后，揭开塑料薄膜，向烧杯中注满清水，再用塑料薄膜密封烧杯，观察玻璃烧杯出现裂缝的时间。

8. 限制养护的膨胀混凝土的抗压强度试验方法

（1）本方法适用于在限制状态下养护的膨胀混凝土的抗压强度检验。

（2）试件尺寸及制作应按照现行国家标准《混凝土物理力学性能试验方法标准》GB/T 50081—2019 的规定进行，应采用钢制模具。在装入混凝土之前，确认模具的挡块不松动。

（3）试件养护和脱模应符合下列规定：

1）试件制作和养护的标准温度为 20℃±2℃。如果在非标准养护条件下制作，应记录制作和养护温度。

2）试件带模在湿润状态下养护龄期不少于 7d，为保持湿润状态，将试件置于水槽中，或置于空气中、在其表面覆盖湿布等，7d 后可拆模进行标准养护。脱模时，模型破损或接缝处张开的试件，不能用于检验。

（4）抗压强度检验按照《混凝土物理力学性能试验方法标准》GB/T 50081—2019 的规定进行。

6.11.4　混凝土防水剂试验方法

摘自《砂浆、混凝土防水剂》JC 474—2008 标准，但砂浆部分未编入。

6.11.4.1　匀质性

含水率的测定方法见本节 6.11.7 中第 5 条。矿物膨胀型防水剂的碱含量按《水泥化学分析方法》GB/T 176—2017 规定进行。其他性能按照《混凝土外加剂匀质性试验方法》GB/T 8077—2012 规定的方法进行匀质性项目试验。氯离子和总碱含量测定值应在有关技术文件中明示，供用户选用。

6.11.4.2　受检混凝土的性能

1. 材料和配合比

试验用各种原材料应符合《混凝土外加剂》GB 8076—2008 规定。防水剂掺量为生产厂的推荐掺量。基准混凝土与受检混凝土的配合比设计、搅拌应符合《混凝土外加剂》GB 8076—2008 规定，但混凝土坍落度可以选择 80mm±10mm 或者 180mm±10mm，当采用 180mm±10mm 坍落度的混凝土时，砂率宜为 38%～42%。

2. 试验项目和数量

试验项目和数量见表 6-17。

混凝土试验项目及数量　　表 6-17

试验项目	试验类别	试验所需试件数量			
		混凝土拌合次数	每次取样数目	基准混凝土取样数	受检混凝土取样数
安定性	净浆	3	1个	0	3个
泌水率比	新拌混凝土		1次	3次	3次
凝结时间差	新拌混凝土		1次	3次	3次
抗压强度比	硬化混凝土		6块	18块	18块
渗透高度比	硬化混凝土		2块	6块	6块
吸水量比	硬化混凝土		1块	3块	3块
收缩率比	硬化混凝土		1块	3块	3块

3. 安定性

净浆安定性按照《水泥标准稠度用水量、凝结时间、安定性检验方法》GB/T 1346—2011 规定进行试验。

4. 泌水率比、凝结时间差、收缩率比和抗压强度比

按照《混凝土外加剂》GB 8076—2008 规定进行试验。

5. 渗透高度比

(1) 试验步骤

渗透高度比试验的混凝土一律采用坍落度为 180mm±10mm 的配合比。参照《普通混凝土长期性能和耐久性能试验方法标准》GB/T 50082—2009 规定的抗水渗透性能试验方法，但初始压力为 0.4MPa。若基准混凝土在 1.2MPa 以下的某个压力透水，则受检混凝土也加到这个压力，并保持相同的时间，然后劈开，在底边均匀取 10 点，测定平均渗透高度。若基准混凝土与受检混凝土在 1.2MPa 时都未透水，则停止升压，劈开，如上所述测定平均渗透高度。

(2) 结果计算

渗透高度比按下式计算（精确至 1%）：

$$R_{hc}=H_{tc}/H_{rc}\times 100 \tag{6-14}$$

式中　R_{hc}——受检混凝土与基准混凝土渗透高度之比（%）；

H_{tc}——受检混凝土的渗透高度（mm）；

H_{rc}——基准混凝土的渗透高度（mm）。

6. 吸水量比

(1) 试验步骤

按照抗压强度试件的成型和养护方法成型基准和受检试件。养护 28d 后取出在 75～80℃温度下烘 48h±0.5h 后称量，然后将试件放入水槽中。试件的成型面朝下放置，下部用两根 ϕ10mm 的钢筋垫起，试件浸入水中的高度为 50mm。要经常加水，并在水槽上要求的水面高度处开溢水孔，以保持水面恒定。水槽应加盖，放在温度为 20℃±3℃、相对湿度 80%以上的恒温室中，试件表面不得有水滴或结露。在 48h±0.5h 时取出，用挤干的湿布擦去表面的水，称量并记录。称量采用感量 1g，最大称量范围为 5000g 的天平。

（2）结果计算

混凝土试件的吸水量按下式计算（结果以三块试件平均值表示，精确至 1g）：

$$W_c = M_{c1} - M_{c0} \tag{6-15}$$

式中　W_c——混凝土试件的吸水量（g）；

M_{c1}——混凝土试件吸水后质量（g）；

M_{c0}——混凝土试件干燥质量（g）。

吸水量比按下式计算（精确至 1%）：

$$R_{\omega c} = \frac{W_{tc}}{W_{rc}} \times 100 \tag{6-16}$$

式中　$R_{\omega c}$——受检混凝土与基准混凝土吸水量之比（%）；

W_{tc}——受检混凝土的吸水量（g）；

W_{rc}——基准混凝土的吸水量（g）。

6.11.5　混凝土防冻剂试验方法

6.11.5.1　防冻剂匀质性

按表 6-7 规定的项目，生产厂根据不同产品按照《混凝土外加剂匀质性试验方法》GB/T 8077—2012 规定的方法进行匀质性项目试验，也可按本章 6.11.7 节方法进行试验。

6.11.5.2　掺防冻剂混凝土性能

1. 材料、配合比及搅拌

按《混凝土外加剂》GB 8076—2008 规定进行，混凝土的坍落度控制为 80mm±10mm。

2. 试验项目及试件数量

掺防冻剂混凝土的试验项目及试件数量按表 6-18 规定。

掺防冻剂混凝土的试验项目及试件数量　　**表 6-18**

试验项目	试验类别	混凝土拌合批数	每批取样数目	受检混凝土总取样数目	基准混凝土总取样数目
减水率	混凝土拌合物	3	1 次	3 次	3 次
泌水率比	混凝土拌合物	3	1 次	3 次	3 次
含气量	混凝土拌合物	3	1 次	3 次	3 次
凝结时间差	混凝土拌合物	3	1 次	3 次	3 次
抗压强度比	硬化混凝土	3	12/3 块①	36 块	9 块
收缩率比	硬化混凝土	3	1 块	3 块	3 块
渗透高度比	硬化混凝土	3	2 块	6 块	6 块
50 次冻融强度损失率比	硬化混凝土	1	6 块	6 块	6 块

注：①受检混凝土 12 块，基准混凝土 3 块。

3. 混凝土拌合物性能

减水率、泌水率比、含气量和凝结时间差按照《混凝土外加剂》GB 8076—2008 进行测定和计算。坍落度试验应在混凝土出机后 5min 内完成。

4. 硬化混凝土性能

（1）试件制作

基准混凝土试件和受检混凝土试件应同时制作。混凝土试件制作及养护参照《普通混凝土拌合物性能试验方法标准》GB/T 50080—2016 进行，但掺与不掺防冻剂混凝土坍落度为 80mm±10mm，试件制作采用振动台振实，振动时间为 10～15s。掺防冻剂的受检混凝土试件在 20℃±3℃环境温度下按照表 6-25 规定的时间预养后移入冰箱（或冰室）内并用塑料布覆盖试件，其环境温度应于 3～4h 内均匀地降至规定温度，养护 7d 后（从成型加水时间算起）脱模，放置在 20℃±3℃环境温度下解冻，解冻时间按表 6-19 的规定。解冻后进行抗压强度试验或转标准养护。

不同规定温度下混凝土试件的预养和解冻时间 **表 6-19**

防冻剂规定的温度(℃)	预养时间(h)	M(℃h)	解冻时间(h)
−5	6	180	6
−10	5	150	5
−15	4	120	4

注：试件预养时间也可按 $M=\sum(T+10)\Delta t$ 来控制。

式中 M——度时积，T——温度，Δt——温度 T 的持续时间。

（2）抗压强度比

以受检标养混凝土、受检负温混凝土与基准混凝土在不同条件下的抗压强度之比表示：

$$R_{28}=\frac{f_{CA}}{f_C}\times 100 \tag{6-17}$$

$$R_{-7}=\frac{f_{AT}}{f_C}\times 100 \tag{6-18}$$

$$R_{-7+28}=\frac{f_{AT}}{f_C}\times 100 \tag{6-19}$$

$$R_{-7+56}=\frac{f_{AT}}{f_C}\times 100 \tag{6-20}$$

式中 R_{28}——受检标养混凝土与基准混凝土标养 28d 的抗压强度之比（%）；

f_{CA}——受检标养混凝土 28d 的抗压强度（MPa）；

f_C——基准混凝土标养 28d 的抗压强度（MPa）；

R_{-7}——受检负温混凝土负温养护 7d 的抗压强度与基准混凝土标养 28d 的抗压强度之比（%）；

f_{AT}——不同龄期（R_{-7}，R_{-7+28}，R_{-7+56}）的受检混凝土的抗压强度（MPa）；

R_{-7+28}——受检负温混凝土在规定温度下负温养护 7d 再转标准养护 28d 的抗压强度与基准混凝土标养 28d 的抗压强度之比（%）；

R_{-7+56}——受检负温混凝土在规定温度下负温养护 7d 再转标准养护 56d 的抗压强度与基准混凝土标养 28d 的抗压强度之比（%）。

受检混凝土和基准混凝土每组三块试件，强度数据取值原则同现行国家标准《混凝土物理力学性能试验方法标准》GB/T 50081—2019 规定。受检混凝土和基准混凝土以三组试验结果强度的平均值计算抗压强度比，结果精确到 1%。

（3）收缩率比

收缩率参照现行国家标准《普通混凝土长期性能和耐久性能试验方法标准》GB/T

50082—2009 的规定进行，基准混凝土试件应在 3d（从搅拌混凝土加水时算起）从标养室取出移入恒温恒湿室内 3～4h 测定初始长度，再经 28d 后测量其长度。受检负温混凝土，在规定温度下养护 7d，脱模后先标养 3d，从标养室取出移入恒温恒湿室内 3～4h 测定初始长度，再经 28d 后测量其长度。

以三个试件测值的算术平均值作为该混凝土的收缩率，按下式计算收缩率比（精确至 1%）：

$$S_r = \frac{\varepsilon_{AT}}{\varepsilon_C} \times 100 \tag{6-21}$$

式中 S_r——收缩率之比（%）；

ε_{AT}——受检负温混凝土的收缩率（%）；

ε_C——基准混凝土的收缩率（%）。

（4）渗透高度比

基准混凝土标养龄期为 28d，受检负温混凝土龄期为−7+56d 时分别参照现行国家标准《普通混凝土长期性能和耐久性能试验方法标准》GB/T 50082—2009 进行抗渗性能试验。但按 0.2MPa、0.4MPa、0.6MPa、0.8MPa、1.0MPa 加压，每级恒压 8h，加压到 1.0MPa 为止。取下试件，将其劈开，测试试件 10 个等分点渗透高度的平均值，以一组六个试件测值的平均值作为试验结果，按下式计算渗透高度比（精确至 1%）：

$$H_r = \frac{H_{AT}}{H_C} \times 100 \tag{6-22}$$

式中 H_r——渗水高度之比（%）；

H_{AT}——受检负温混凝土六个试件测值的平均值（mm）；

H_C——基准混凝土六个试件测值的平均值（mm）。

（5）50 次冻融强度损失率比

参照现行国家标准《普通混凝土长期性能和耐久性能试验方法标准》GB/T 50082—2009 进行试验并计算强度损失率。基准混凝土在标养 28d 后进行冻融试验。受检负温混凝土在龄期为-7+28d 进行冻融试验。根据计算出的强度损失率，再计算受检负温混凝土与基准混凝土强度损失率之比按下式计算（精确至 1%）：

$$D_r = \frac{\Delta f_{AT}}{\Delta f_C} \times 100 \tag{6-23}$$

式中 D_r——50 次冻融强度损失率之比（%）；

Δf_{AT}——受检负温混凝土 50 次冻融强度损失率（%）；

Δf_C——基准混凝土 50 次冻融强度损失率（%）。

（6）释放氨量

按照现行国家标准《混凝土外加剂中释放氨的限量》GB 18588—2001 规定的方法测试。

6.11.6 聚羧酸系高性能减水剂试验方法

6.11.6.1 匀质性

1. 甲醛含量

按照现行国家标准《混凝土外加剂中残留甲醛的限量》GB 31040—2014 的规定进行

测定。

2. 氯离子含量、总碱量、含固量、含水率、细度、pH 值和密度

按照现行国家标准《混凝土外加剂匀质性试验方法》GB/T 8077—2012 的规定进行测定。

6.11.6.2 混凝土性能

1. 减水率、泌水率比、凝结时间差和收缩率比

减水率、泌水率比、凝结时间差和收缩率比试验方法应符合下列规定：

聚羧酸系高性能减水剂的减水率试验按现行国家标准《混凝土外加剂》GB 8076—2008 的规定进行，掺缓释型产品的受检混凝土的初始坍落度控制在 120mm±10mm，且 1h、2h 与 3h 的坍落度经时损失应符合表 6-12 的要求；泌水率比、凝结时间差和收缩率比试验按现行国家标准《混凝土外加剂》GB 8076—2012 的规定进行。

2. 含气量、坍落度、坍落度经时损失

按现行国家标准《普通混凝土拌合物性能试验方法标准》GB/T 50080—2016 的规定进行。

3. 抗压强度比

抗压强度比试验方法应符合下列规定：

(1) 防冻型产品的抗压强度比试验按现行行业标准《混凝土防冻泵送剂》JG/T 377—2012 的规定进行；

(2) 其他类型产品的抗压强度比试验按现行国家标准《混凝土外加剂》GB 8076—2008 的规定进行。

4. 50 次冻融强度损失率比

按《混凝土防冻泵送剂》JG/T 377—2012 的规定进行。

6.11.7 混凝土外加剂匀质性试验方法

摘自《混凝土外加剂匀质性试验方法》GB/T 8077—2012 标准。

6.11.7.1 适用范围

本方法适用于高性能减水剂（早强型、标准型、缓凝型）、高效减水剂（标准型、缓凝型）、普通减水剂（早强型、标准型、缓凝型）、引气减水剂、泵送剂、早强剂、缓凝剂、引气剂、防水剂、防冻剂和速凝剂共十一类混凝土外加剂。

6.11.7.2 术语和定义

1. 重复性条件

在同一实验室，由同一操作员使用相同的设备，按相同的测试方法，在短时间内对同一被测对象相互独立进行的测试条件。

2. 再现性条件

在不同一实验室，由不同的操作员使用不同的设备，按相同的测试方法，对同一被测对象相互独立进行的测试条件。

3. 重复性限

一个数值，在重复性条件下，两个测试结果的绝对差小于或等于此数的概率为 95%。

4. 再现性限

一个数值，在再现性条件下，两个测试结果的绝对差小于或等于此数的概率为95%。

6.11.7.3　试验的基本要求

1. 试验次数与要求

每项测定的试验次数规定为两次。用两次试验结果的平均值表示测定结果。

2. 水

所用的水为蒸馏水或同等纯度的水（水泥净浆流动度、水泥砂浆减水率除外）。

3. 化学试剂

所用的化学试剂除特别注明外，均为分析纯化学试剂。

4. 空白试验

使用相同量的试剂，不加入试样，按照相同的测定步骤进行试验，对得到的测定结果进行校正。

5. 灼烧

将滤纸和沉淀放入预先已灼烧并恒量的瓷坩埚中，为避免产生火焰，在氧化性气氛中缓慢干燥、灰化，灰化至无黑色炭颗粒后，放入高温炉中，在规定的温度下灼烧。在干燥器中冷却至室温，称量。

6. 恒量

经第一次灼烧、冷却、称量后，通过连续对每次15min的灼烧，然后冷却、称量的方法来检查恒定质量，当连续两次称量之差小于0.0005g时，即达到恒量。

7. 检查氯离子（C_{Cl^-}）（硝酸银检验）

按规定洗涤沉淀次数后，用数滴水淋洗漏斗的下端，用数毫升水洗涤滤纸和沉淀，将滤液收集在试管中，加几滴硝酸银溶液（5g/L），观察试管中溶液是否浑浊。如果浑浊，继续洗涤并检查，直至用硝酸银检验不再浑浊为止。

6.11.7.4　含固量

1. 方法提要

将已恒量的称量瓶内放入被测液体试样于一定的温度下烘至恒量。

2. 仪器

（1）天平：分度值0.0001g；

（2）鼓风电热恒温干燥箱：温度范围0～200℃；

（3）带盖称量瓶：65mm×25mm；

（4）干燥器：内盛变色硅胶。

3. 试验步骤

（1）将洁净带盖称量瓶放入烘箱内，于100～105℃烘30min，取出置于干燥器内，冷却30min后称量，重复上述步骤直至恒量，其质量为m_0。

（2）将被测液体试样装入已经恒量的称量瓶内，盖上盖称出液体试样及称量瓶的总质量为m_1。

液体试样称量：3.0000～5.0000g。

（3）将盛有液体试样的称量瓶放入烘箱内，开启瓶盖，升温至100～105℃（特殊品种除外）烘干，盖上盖置于干燥器内冷却30min后称量，重复上述步骤直至恒量，其质量

为 m_2。

4. 结果表示

含固量 $X_{固}$ 按下式计算：

$$X_{固}=\frac{m_2-m_0}{m_1-m_0}\times 100 \tag{6-24}$$

式中 $X_{固}$——含固量（%）；

m_0——称量瓶的质量（g）；

m_1——称量瓶加液体试样的质量（g）；

m_2——称量瓶加液体试样烘干后的质量（g）。

5. 重复性限和再现性限

重复性限为 0.30%；

再现性限为 0.50%。

6.11.7.5 含水率

1. 方法提要

将已恒量的称量瓶内放入被测粉状试样于一定的温度下烘至恒量。

2. 仪器

（1）天平：分度值 0.0001g；

（2）鼓风电热恒温干燥箱：温度范围 0～200℃；

（3）带盖称量瓶：65mm×25mm；

（4）干燥器：内盛变色硅胶。

3. 试验步骤

（1）将洁净带盖称量瓶放入烘箱内，于 100～105℃烘 30min，取出置于干燥器内，冷却 30min 后称量，重复上述步骤直至恒量，其质量为 m_0。

（2）将被测粉状试样装入已经恒量的称量瓶内，盖上盖称出粉状试样及称量瓶的总质量为 m_1。

粉状试样称量：1.0000～2.0000g。

（3）将盛有粉状试样的称量瓶放入烘箱内，开启瓶盖，升温至 100～105℃（特殊品种除外）烘干，盖上盖置于干燥器内冷却 30min 后称量，重复上述步骤直至恒量，其质量为 m_2。

4. 结果表示

含水率 $X_{水}$ 按下式计算：

$$X_{水}=\frac{m_1-m_2}{m_1-m_0}\times 100 \tag{6-25}$$

式中 $X_{水}$——含水率（%）；

m_0——称量瓶的质量（g）；

m_1——称量瓶加粉状试样的质量（g）；

m_2——称量瓶加粉状试样烘干后的质量（g）。

5. 重复性限和再现性限

重复性限为 0.30%；

再现性限为0.50%。

6.11.7.6 细度

1. 方法提要

采用孔径为0.315mm的试验筛，称取烘干试样倒入筛内，用人工筛样，称量筛余物质量，按式（6-26）计算出筛余物的百分含量。

2. 仪器

（1）天平：分度值0.001g。

（2）试验筛：采用孔径为0.315mm的铜丝网筛布。筛框有效直径150mm、高50mm。筛布应紧绷在筛框上，接缝必须严密，并附有筛盖。

3. 试验步骤

外加剂试样应充分拌匀并经100～105℃（特殊品种除外）烘干，称取烘干试样10g，称准至0.001g倒入筛内，用人工筛样，将近筛完时，应一手执筛往复摇动，一手拍打，摇动速度每分钟约120次。其间，筛子应向一定方向旋转数次，使试样分散在筛布上，直至每分钟通过质量不超过0.005g时为止。称量筛余物，称准至0.001g。

4. 结果表示

细度用筛余（%）表示，按下式计算：

$$\text{筛余}=\frac{m_1}{m_0}\times 100 \tag{6-26}$$

式中 m_1——筛余物质量（g）；

m_0——试样质量（g）。

5. 重复性限和再现性限

重复性限为0.40%；

再现性限为0.60%。

6.11.7.7 pH值

1. 方法提要

根据奈斯特（Nernst）方程 $E=E_0+0.05915\lg[H^+]$，$E=E_0-0.05915\text{pH}$，利用一对电极在不同pH值溶液中能产生不同电位差，这一对电极由测试电极（玻璃电极）和参比电极（饱和甘汞电极）组成，在25℃时每相差一个单位pH值时产生59.15mV的电位差，pH值可在仪器的刻度表上直接读出。

2. 仪器

（1）酸度计。

（2）甘汞电极。

（3）玻璃电极。

（4）复合电极。

（5）天平：分度值0.0001g。

3. 测试条件

（1）液体试样直接测试。

（2）粉体试样溶液的浓度为10g/L。

（3）被测溶液的温度为20℃±3℃。

4. 试验步骤

(1) 校正

按仪器的出厂说明书校正仪器。

(2) 测量

当仪器校正好后，先用水，再用测试溶液冲洗电极，然后再将电极浸入被测溶液中轻轻摇动试杯，使溶液均匀。待到酸度计的读数稳定 1min，记录读数。测量结束后，用水冲洗电极，以待下次测量。

5. 结果表示

酸度计测出的结果即为溶液的 pH 值。

6. 重复性限和再现性限

重复性限为 0.2。

再现性限为 0.5。

6.11.7.8　水泥净浆流动度

1. 方法提要

在水泥净浆搅拌机中，加入一定量的水泥、外加剂和水进行搅拌。将搅拌好的净浆注入截锥圆模内，提起截锥圆模，测定水泥净浆在玻璃平面上自由流淌的最大直径。

2. 仪器设备

(1) 水泥净浆搅拌机，符合现行行业标准《水泥净浆搅拌机》JC/T 729—2005 的要求。

(2) 截锥形圆模：上口直径 36mm，下口直径 60mm，高度为 60mm，内壁光滑无接缝的金属制品。

(3) 玻璃板：400mm×400mm×5mm。

(4) 秒表。

(5) 钢直尺：300mm。

(6) 刮刀。

(7) 天平：分度值 0.01g。

(8) 天平：分度值 1g。

3. 试验步骤

(1) 将玻璃板放置在水平位置，用湿布抹擦玻璃板、截锥圆模、搅拌器及搅拌锅，使其表面湿而不带水滴。将截锥圆模放在玻璃板中央，并用湿布覆盖待用。

(2) 称取水泥 300g，倒入搅拌锅内。加入推荐掺量的外加剂 87g（高效减水型）或 105g（普通减水型）水（液体外加剂应扣除含水量），立即搅拌（慢速 120s，停 15s，快速 120s）。

(3) 将拌好的净浆迅速注入截锥圆模内，用刮刀刮平，将截锥圆模按垂直方向提起，同时开启秒表计时，任水泥净浆在玻璃板上流动，至 30s 用直尺量取流淌水泥净浆互相垂直的两个方向的最大直径，取平均值作为水泥净浆流动度。

4. 结果表示

表示水泥净浆流动度时，需注明用水量，所用水泥的强度等级、品种、型号及生产厂和外加剂掺量；试验室温度、相对湿度等。

5. 重复性限和再现性限

重复性限为5mm。

再现性限为10mm。

6.11.7.9　水泥胶砂减水率

1. 方法提要

先测定基准胶砂流动度的用水量，再测定掺外加剂胶砂流动度的用水量，经计算得出水泥胶砂减水率。

2. 仪器

（1）胶砂搅拌机：符合现行行业标准《行星式水泥胶砂搅拌机》JC/T 681—2022的要求。

（2）跳桌、截锥圆模及模套、圆柱捣棒、卡尺均应符合现行国家标准《水泥胶砂流动度测定方法》GB/T 2419—2005的规定。

（3）抹刀。

（4）天平：分度值1g。

（5）天平：分度值0.01g。

3. 材料

（1）水泥。

（2）水泥强度检验用ISO标准砂。

（3）外加剂。

4. 试验步骤

（1）基准胶砂流动度用水量的测定

1）先使搅拌机处于待工作状态，然后按以下程序进行操作：把水加入锅里，再加入水泥450g，把锅放在固定架上，上升至固定位置，然后立即开动机器，低速搅拌30s后，在第二个30s开始的同时均匀地将砂子加入，机器转至高速再拌30s。停拌90s，在第一个15s内用一抹刀将叶片和锅壁上的胶砂刮入锅中，在高速下继续搅拌60s，各个阶段搅拌时间误差应在±1s以内。

2）在拌和胶砂的同时，用湿布抹擦跳桌的玻璃台面，捣棒、截锥圆模及模套内壁，以及与胶砂接触的用具，将锥模放在跳桌台面中央并用湿布覆盖，备用。

3）将拌好的胶砂分两层迅速装入模内，第一层装至截锥圆模高度的三分之二处，用抹刀在相互垂直的两个方向各划5次，用捣棒自边缘向中心均匀捣压15次；接着装第二层胶砂，装至高出截锥圆模约20mm，用抹刀划10次，再用捣棒自边缘向中心均匀捣压10次。捣压后胶砂应略高于试模。捣压深度，第一层捣至胶砂高度的二分之一，第二层捣实不超过已捣实低层表面。在装胶砂和捣实时，用手扶稳截锥圆模，不要使其产生移动。

4）捣压完毕取下模套，将抹刀倾斜，抹去高出截锥圆模的胶砂至平，并擦去落在桌面上的胶砂，随即将截锥圆模垂直向上轻轻提起，立即开动跳桌，以每秒一次的频率使跳桌连续跳动25次。

5）跳动完毕用卡尺量出胶砂底部流动直径，取互相垂直的两个直径的平均值为该用水量时的胶砂流动度，用mm表示。

6）重复上述步骤，直至流动度达到180mm±5mm。当胶砂流动度为180mm±5mm

时的用水量即为基准胶砂流动度的用水量 M_0。

(2) 掺外加剂胶砂流动度用水量的测定

将水和外加剂加入锅里搅拌均匀，按（1）的操作步骤测出掺外加剂胶砂流动度达到 180mm±5mm 时的用水量 M_1。

5. 结果表示

(1) 胶砂减水率（%）按下式计算：

$$胶砂减水率=\frac{M_0-M_1}{M_0}\times 100 \tag{6-27}$$

式中 M_0——基准胶砂流动度为 180mm±5mm 时的用水量（g）；

M_1——掺外加剂胶砂流动度为 180mm±5mm 时的用水量（g）。

(2) 注明所用水泥的强度等级、名称、型号及生产厂。

6. 重复性限和再现性限

重复性限为 1.0%。

再现性限为 1.5%。

第7章 混凝土用水

水是混凝土的重要组成部分。为保证混凝土的各项技术性能符合使用要求，必须使用合格的水拌制混凝土。拌合用的水质不纯，可能产生多种有害作用。最常见的有：

（1）影响混凝土的和易性及凝结。

（2）有损于混凝土强度的发展。

（3）降低混凝土的耐久性，加快钢筋腐蚀及导致预应力钢筋脆断。

（4）污染混凝土表面。

（5）影响混凝土外加剂的应用效果等。

7.1 术语

1. 混凝土用水

混凝土拌合用水和混凝土养护用水的总称。包括饮用水、地表水、地下水、再生水、混凝土企业设备洗刷水和海水等。

2. 地表水

存在于江、河、湖、塘、沼泽和冰川等中的水。

3. 地下水

存在于岩石缝隙或土壤孔隙中可以流动的水。

4. 再生水

是指污水经适当再生工艺处理后具有使用功能的水。

5. 不溶物

在规定的条件下，水样经过滤，未经过滤模部分干燥后留下的物质。

6. 可溶物

在规定的条件下，水样经过滤，过滤模部分干燥蒸发后留下的物质。

7.2 技术要求

7.2.1 混凝土拌合用水

（1）按现行国家标准《混凝土用水标准》JGJ 63—2006 规定，混凝土拌合用水水质要求应符合表 7-1 的规定。对于设计使用年限为 100 年的结构混凝土，氯离子含量不得超过 500mg/L；对使用钢丝或经热处理钢筋的预应力混凝土，氯离子含量不得超过 350mg/L。

混凝土拌合用水水质要求　　表 7-1

项　目	素混凝土	钢筋混凝土	预应力混凝土
pH 值	≥4.5	≥4.5	≥5.0
不溶物(mg/L)	≤5000	≤2000	≤2000
可溶物(mg/L)	≤10000	≤5000	≤2000
Cl^-(mg/L)	≤3500	≤1000	≤500
SO_4^{2-}(mg/L)	≤2700	≤2000	≤600
碱含量(mg/L)	≤1500	≤1500	≤1500

注：碱含量按 $Na_2O+0.658K_2O$ 计算值来表示。采用非碱活性骨料时，可不检验碱含量。

（2）地表水、地下水、再生水的放射性应符合现行国家标准《生活饮用水卫生标准》GB 5749—2022 的规定。

（3）被检验水样应与饮用水样进行水泥凝结时间对比试验。对比试验的水泥初凝时间及终凝时间差均不应大于 30min；同时，初凝和终凝时间应符合现行国家标准《通用硅酸盐水泥》GB 175—2007 的规定。

（4）被检验水样应与饮用水样进行水泥胶砂强度对比试验，被检验水样配制的水泥胶砂 3d 和 28d 强度不应低于饮用水配制的水泥胶砂 3d 和 28d 强度的 90％。

（5）混凝土拌合水不应有漂浮明显的油脂和泡沫，水不应有明显的颜色和异味。

（6）混凝土企业设备洗刷水不宜用于预应力混凝土、装饰混凝土、加气混凝土和暴露于腐蚀环境的混凝土；不得用于使用碱活性或潜在碱活性骨料的混凝土。

（7）未经处理的海水严禁用于钢筋混凝土和预应力混凝土。

（8）在无法获得水源的情况下，海水可用于素混凝土，但不宜用于装饰混凝土。

7.2.2　混凝土养护用水

混凝土养护用水可不检验不溶物、可溶物、水泥凝结时间和水泥胶砂强度，其他检验项目应符合生活饮用水标准的规定。

7.3　检验规则

7.3.1　取样

（1）水质检验水样不应少于 5L；用于测定水泥凝结时间和胶砂强度的水样不应少于 3L。

（2）采集水样的容器应无污染；容器应用待采集水样冲洗三次再灌装，并应密封待用。

（3）地表水宜在水域中心部位、距水面 100mm 以下采集，并应记载季节、气候、雨量和周边环境的情况。

（4）地下水应在放水冲洗管道后接取，或直接用容器采集；不得将地下水积存于地表后再从中采集。

（5）再生水应在取水管道终端接取。

（6）混凝土企业设备洗刷水应沉淀后，在池中距水面 100mm 以下采集。

7.3.2 检验期限和频率

（1）水样检验期限应符合下列要求：

1）水质全部项目检验宜在取样后 7d 内完成。

2）放射性检验、水泥凝结时间检验和水泥胶砂强度成型宜在取样后 10d 内完成。

（2）地表水、地下水和再生水的放射性应在使用前检验；当有可靠资料证明无放射性污染时，可不检验。

（3）地表水、地下水、再生水和混凝土企业设备洗刷水在使用前应进行检验；在使用期间，检验频率宜符合下列要求：

1）地表水每 6 个月检验一次。

2）地下水每年检验一次。

3）再生水每 3 个月检验一次；在质量稳定一年后，可每 6 个月检验一次。

4）混凝土企业设备洗刷水每 3 个月检验一次；在质量稳定一年后，可一年检验一次。

5）当发现水受到污染和对混凝土性能有影响时，应立即检验。

第8章 混凝土配合比设计

混凝土配合比设计关系到混凝土生产质量以及企业信誉和经济效益，对保证混凝土工程质量和资源的合理使用具有重大意义。

混凝土配合比设计，是指根据工程结构设计规定、施工要求、环境气候、原材料性能等进行配合比设计与计算，初步设计与计算得到的配合比称为“理论配合比”；然后按理论配合比在试验室进行试配（称取原材料质量，拌制混凝土），当拌合物性能不满足要求时，根据具体情况对配合比进行调整，而满足要求（包括调整后）的配合比称为“基准配合比”；在基准配合比的基础上另外计算至少两个配合比进行试配，三个不同的配合比的强度检验结果和配合比校正系数，作为调整最终配合比的依据，而最终确定的配合比（干料比）称为“试验室配合比”。当结构设计或合同规定有特殊性能要求时，试配时所拌制的混凝土还应检验所要求的性能，所检性能结果作为确定最终“试验室配合比”的依据。“试验室配合比”投入生产使用时，还要根据骨料含水率进行调整，按骨料含水率调整后的配合比（湿料比）称为“生产配合比”。

8.1 设计原则

混凝土配合比设计应综合考虑工作性、强度和耐久性能。

1. 满足施工要求的工作性

根据工程结构部位尺寸、体积或面积大小，配筋率，施工方法及其他要求，确保设计的混凝土拌合物具有良好的和易性与匀质性，易于浇筑成型和抹面。

2. 满足设计要求的强度等级

满足结构设计强度要求是混凝土配合比设计的首要任务。任何建筑物都会对不同的结构部位提出强度要求，为保证配合比设计符合强度要求，应合理选择原材料，并严格按照相关标准、规范要求精心设计。

3. 满足使用要求的耐久性

混凝土耐久性是指在实际使用条件下抵抗各种环境因素作用，能长期保持外观的完整性和长久的使用能力。由于混凝土耐久性的研究相对滞后，世界各国为此付出了巨大的代价，因此必须高度重视。

混凝土配合比的设计不仅要满足结构设计要求的抗渗性、抗冻性等耐久性要求，而且还应考虑结构设计未明确的其他耐久性要求。为了确保混凝土具有良好的耐久性，在进行混凝土配合比设计时，可按以下提示加以控制：

（1）最小水泥用量的提示

如今的水泥细度较细，早期强度高，使混凝土水泥用量越多水化热及收缩越大。因此，在满足有关标准规范、结构设计和施工要求的前提下，应合理掺入矿物掺合料与外加剂，尽量降低水泥用量。合理掺入矿物掺合料替代部分水泥是解决混凝土结构耐久性的有效方法，且减少能源的消耗，使混凝土成为可持续发展的绿色环保材料。

(2) 胶凝材料用量的提示

为确保混凝土具有良好的耐久性能，胶凝材料用量不能太少，也不能过大。在强度与原材料相同的情况下，胶凝材料用量较小的混凝土，体积稳定性好，其耐久性能通常要优于胶凝材料用量较大的混凝土。在进行配合比设计时，混凝土的胶凝材料用量宜按照现行国家标准《混凝土结构耐久性设计标准》GB/T 50476—2019 的规定进行控制，见表 8-1。

单位体积混凝土的胶凝材料用量 **表 8-1**

强度等级	最大水胶比	最小用量(kg/m^3)	最大用量(kg/m^3)
C25	0.60	260	—
C30	0.55	280	—
C35	0.50	300	—
C40	0.45	320	—
C45	0.40	—	450
C50	0.36	—	500
≥C55	0.33	—	550

注：1. 表中数据适用于最大骨料粒径为 20mm 的情况，骨料粒径较大时宜适当降低胶凝材料用量，骨料粒径较小时可适当增加胶凝材料用量。
2. 引气混凝土的胶凝材料用量与非引气混凝土要求相同。

(3) 水胶比适当的提示

关于水胶比与抗裂性能的关系，并非越小越好。研究表明：水胶比越小收缩越大，抗裂性能越差；水胶比过大将降低混凝土的密实性，加速混凝土的碳化，对钢筋混凝土耐久性不利。因此，为确保混凝土具有良好的抗裂性能和耐久性能，水胶比不宜过小或过大，应控制在一定范围内，可通过对混凝土抗裂性能的试验和结构设计要求等综合考虑。

(4) 最大紧密密度的提示

骨料的颗粒级配是影响混凝土抗裂性能的主要因素之一。但市场供应的骨料颗粒级配普遍不良，空隙率较大，需要胶凝材料和砂浆填充其空隙的量就多，这将降低混凝土拌合物的体积稳定性，使混凝土易开裂。应采用 2～3 种规格的骨料，通过试验确定最佳搭配比例，选择紧密密度最大的颗粒级配制混凝土，从而达到提高混凝土抗裂性能和耐久性能的目的。

4. 满足经济性

企业的生存与发展离不开经济效益。因此，混凝土配合比的设计在满足上述技术要求的情况下，应尽量降低混凝土材料成本，达到经济合理、节约资源的目的；原材料的采购宜货比三家。

8.2 普通混凝土配合比设计

本节内容主要按现行行业标准《普通混凝土配合比设计规程》JGJ 55—2011 编写，适用于工业与民用建筑及一般构筑物所采用的普通混凝土配合比设计。

8.2.1 基本规定

（1）混凝土配合比设计应满足混凝土配制强度及其他力学性能、拌合物性能、长期性能和耐久性能的设计要求。其试验方法应分别符合现行国家标准《普通混凝土拌合物性能试验方法》GB/T 50080—2016、《混凝土物理力学性能试验方法标准》GB/T 50081—2019 和《普通混凝土长期性能和耐久性能试验方法标准》GB/T 50082—2009 的规定。

（2）混凝土配合比设计应采用工程实际使用的原材料；配合比设计所采用的细骨料含水率应小于 0.5%，粗骨料含水率应小于 0.2%。

（3）混凝土的最大水胶比应符合现行国家标准《混凝土结构设计规范》GB 50010—2010 的规定。

（4）除配制配制 C15 及其以下强度等级的混凝土外，混凝土的最小胶凝材料用量应符合表 8-2 的规定。

混凝土的最小胶凝材料用量　　表 8-2

最大水胶比	最小胶凝材料用量（kg/m³）		
	素混凝土	钢筋混凝土	预应力混凝土
0.60	250	280	300
0.55	280	300	300
0.50	320		
≤0.45	330		

（5）矿物掺合料在混凝土中的掺量应通过试验确定。采用硅酸盐水泥或普通硅酸盐水泥时，钢筋混凝土和预应力混凝土中矿物掺合料的最大掺量宜符合表 8-3 的规定。对基础大体积混凝土，粉煤灰、粒化高炉矿渣粉和复合掺合料的最大掺量可增加 5%。C 类粉煤灰掺量大于 30%时，应以实际使用的水泥和粉煤灰掺量进行安定性检验。

混凝土中矿物掺合料最大掺量　　表 8-3

矿物掺合料种类	水胶比	最大掺量（%）			
		硅酸盐水泥		普通硅酸盐水泥	
		钢筋混凝土	预应力混凝土	钢筋混凝土	预应力混凝土
粉煤灰	≤0.40	45	35	35	30
	>0.40	40	25	30	20
粒化高炉矿渣粉	≤0.40	65	55	55	45
	>0.40	55	45	45	35
硅粉	—	10	10	10	10

续表

矿物掺合料种类	水胶比	最大掺量(%)			
		硅酸盐水泥		普通硅酸盐水泥	
		钢筋混凝土	预应力混凝土	钢筋混凝土	预应力混凝土
石灰石粉	—	20	20	20	15
复合掺合料	≤0.40	65	55	55	45
	>0.40	55	45	45	35

注：1. 采用其他通用硅酸盐水泥时，宜将水泥混合材料掺量20%以上混合材量计入矿物掺合料。
2. 复合掺合料各组分的掺量不宜超过单掺时的最大掺量。
3. 混合使用矿物掺合料时，矿物掺合料总掺量应符合表中复合掺合料的规定。

(6) 混凝土拌合物中水溶性氯离子最大含量应符合表8-4的规定，其测试方法符合现行行业标准《水运工程混凝土试验检测技术规范》JTS/T 236—2019中混凝土拌合物中氯离子含量测定方法或其他准确度更好的方法进行测定。

混凝土拌合物中水溶性氯离子最大含量 **表8-4**

环境条件	水溶性氯离子最大含量(%,水泥用量的质量百分比)		
	钢筋混凝土	预应力混凝土	素混凝土
干燥环境	0.3	0.06	1.0
潮湿但不含氯离子的环境	0.2		
潮湿且含氯离子的环境、盐渍土环境	0.1		
除冰盐等侵蚀性物质的腐蚀环境	0.06		

(7) 长期处于潮湿或水位变动的寒冷和严寒环境以及盐冻环境的混凝土应掺用引气剂。引气剂掺量应根据混凝土含气量要求经试验确定，混凝土最小含气量应符合表8-5的规定。

掺用引气剂的混凝土最小含气量 **表8-5**

粗骨料最大公称粒径(mm)	混凝土最小含气量(占混凝土体积的百分比,%)	
	潮湿或水位变动的寒冷和严寒环境	盐冻环境
40.0	4.5	5.0
25.0	5.0	5.5
20.0	5.5	6.0

(8) 对于有预防混凝土碱骨料反应设计要求的工程，宜掺用适量粉煤灰或其他矿物掺合料，混凝土中最大碱含量不应大于3.0kg/m³；对于矿物掺合料碱含量，粉煤灰碱含量可取实测值的1/6，粒化高炉矿渣粉碱含量可取实测值的1/2。

8.2.2 设计方法与步骤

8.2.2.1 理论配合比的设计与计算

1. 混凝土配制强度的确定

在实际施工过程中，由于原材料质量的波动和施工条件的变化，混凝土强度难免有波动。为使混凝土的强度保证率能满足国家标准的要求，必须使混凝土的配制强度高于设计强度等级。混凝土配制强度应按下列规定确定：

（1）当混凝土的设计强度等级小于C60时，配制强度应按下式确定：

$$f_{cu,0} \geqslant f_{cu,k} + 1.645\sigma \tag{8-1}$$

式中 $f_{cu,0}$——混凝土配制强度（MPa）；

$f_{cu,k}$——混凝土立方体抗压强度标准值（设计强度等级值，MPa）；

σ——混凝土强度标准差（MPa）。

（2）当混凝土的设计强度等级不小于C60时，配制强度应按下式确定：

$$f_{cu,0} \geqslant 1.15 f_{cu,k} \tag{8-2}$$

2. 混凝土强度标准差应按下列规定确定：

（1）当具有近1～3个月的同一品种、同一强度等级混凝土的强度资料时，且试件组数不小于30组时，其混凝土强度标准差σ应按下式计算：

$$\sigma = \sqrt{\frac{\sum_{i=1}^{n} f_{cu,i}^2 - nm_{f_{cu}}^2}{n-1}} \tag{8-3}$$

式中 σ——混凝土强度标准差；

$m_{f_{cu}}$——n组混凝土试件的立方体抗压强度平均值（MPa）；

$f_{cu,i}$——第i组混凝土试件的立方体抗压强度代表值（MPa）；

n——试件组数。

对于强度等级不大于C30的混凝土，当σ计算值不小于3.0MPa时，应按计算结果取值；当σ计算值小于3.0MPa时，σ应取3.0MPa。对于强度等级大于C30且小于C60的混凝土，当σ计算值不小于4.0MPa时，应按计算结果取值；当σ计算值小于4.0MPa时，σ应取4.0MPa。

（2）当没有近期的同一品种、同一强度等级混凝土强度资料时，其强度标准差σ可按表8-6取值。

混凝土强度标准差σ值（MPa） **表8-6**

混凝土强度等级	≤C20	C25～C45	C50～C55
σ	4.0	5.0	6.0

3. 计算水胶比

（1）当混凝土强度等级小于C60时，水胶比宜按下式计算：

$$W/B = \frac{\alpha_a f_b}{f_{cu,0} + \alpha_a \alpha_b f_b} \tag{8-4}$$

式中 W/B——混凝土水胶比值；

α_a、α_b——回归系数，按表8-7取值；

f_b——胶凝材料28d胶砂抗压强度（MPa），可实测（试验方法应按现行国家标准《水泥胶砂强度检验方法（ISO法）》GB/T 17671—2021执行）；也可按式（8-5）计算。

（2）回归系数（α_a、α_b）宜按下列规定确定：

1）根据工程所使用的原材料，通过试验建立的水胶比与混凝土强度关系式来确定。

2）当不具备上述试验统计资料时，其回归系数可按表 8-7 选用。

回归系数 α_a、α_b 选用表　　表 8-7

石子品种 / 系数	碎石	卵石
α_a	0.53	0.49
α_b	0.20	0.13

（3）当胶凝材料 28d 胶砂抗压强度值（f_b）无实测值时，可按下式计算：

$$f_b = \gamma_f \gamma_s f_{ce} \tag{8-5}$$

式中　γ_f、γ_s——粉煤灰、粒化高炉矿渣粉影响系数，可按表 8-8 选用；

f_{ce}——水泥 28d 胶砂抗压强度（MPa），可实测，也可按式（8-6）计算。

粉煤灰影响系数 γ_f 和粒化高炉矿渣粉影响系数 γ_s　　表 8-8

种类 / 掺量(%)	粉煤灰影响系数 γ_f	粒化高炉矿渣粉影响系数 γ_s
0	1.00	1.00
10	0.85～0.95	1.00
20	0.75～0.85	0.95～1.00
30	0.65～0.75	0.90～1.00
40	0.55～0.65	0.80～0.90
50	—	0.70～0.85

注：1. 宜采用Ⅰ级或Ⅱ级粉煤灰；Ⅰ级粉煤灰宜取上限值，或Ⅱ级粉煤灰宜取下限值。
2. 采用 S75 级粒化高炉矿渣粉宜取下限值，采用 S95 级粒化高炉矿渣粉宜取上限值，采用 S105 级粒化高炉矿渣粉宜在上限值基础上增加 0.05。
3. 当超出表中的掺量时，粉煤灰和粒化高炉矿渣粉影响系数应经试验确定。

（4）当水泥 28d 胶砂抗压强度（f_{ce}）无实测值时，可按下式计算：

$$f_{ce} = \gamma_c f_{ce,g} \tag{8-6}$$

式中　γ_c——水泥强度等级值的富余系数，可按实际统计资料确定；当缺乏实际统计资料时，也可按表 8-9 选用；

$f_{ce,g}$——水泥强度等级值（MPa）。

水泥强度等级值的富余系数（γ_c）　　表 8-9

水泥强度等级值	32.5	42.5	52.5
富余系数	1.12	1.16	1.10

混凝土强度与胶凝材料强度、水胶比换算表说明：

为快捷获得混凝土配制强度（$f_{cu,0}$）所需要的水胶比（W/B），笔者根据水胶比计算公式（式 8-4）、胶凝材料 28d 胶砂抗压强度（f_b）和回归系数表（表 8-7）计算，并列出了："碎石混凝土强度（$f_{cu,0}$）与胶凝材料强度（f_b）、水胶比（W/B）换算表"（表 8-10）和"卵石混凝土强度（$f_{cu,0}$）与胶凝材料强度（f_b）、水胶比（W/B）换算表"（表 8-11）。在进行理论混凝土配合比计算时，可根据粗骨料品种、胶凝材料 28d 胶砂抗压强度和混凝土配制强度，通过查表的方式即可获得所需要的水胶比。

碎石混凝土强度（$f_{cu,0}$）与胶凝材料强度（f_b）、水胶比（W/B）换算表 表 8-10

W/B \ $f_{cu,0}$ \ f_b	31.0	32.0	33.0	34.0	35.0	36.0	37.0	38.0	39.0	40.0	41.0	42.0	43.0	44.0	45.0	46.0	47.0	48.0	49.0	50.0
0.35	43.7	45.1	46.5	47.9	49.3	50.7	52.1	53.5	54.9	56.3	57.7	59.1	60.6	62.0	63.4	64.8	66.2	67.6	69.0	70.4
0.36	42.4	43.7	45.1	46.5	47.8	49.2	50.6	51.9	53.3	54.7	56.0	57.4	58.8	60.1	61.5	62.8	64.2	65.6	67.0	68.3
0.37	41.1	42.5	43.8	45.1	46.4	47.8	49.1	50.4	51.7	53.1	54.4	55.7	57.0	58.4	59.7	61.0	62.4	63.7	65.0	66.3
0.38	40.0	41.2	42.5	43.8	45.1	46.4	47.7	49.0	50.3	51.6	52.8	54.1	55.4	56.7	58.0	59.3	60.6	61.9	63.2	64.4
0.39	38.8	40.1	41.3	42.6	43.9	45.1	46.4	47.6	48.9	50.1	51.4	52.6	53.9	55.1	56.4	57.6	58.9	60.1	61.4	62.6
0.40	37.8	39.0	40.2	41.4	42.7	43.9	45.1	46.3	47.5	48.8	50.0	51.2	52.4	53.6	54.9	56.1	57.3	58.5	59.7	61.0
0.41	36.8	38.0	39.2	40.3	41.5	42.7	43.9	45.1	46.3	47.5	48.7	49.8	51.0	52.2	53.4	54.6	55.8	57.0	58.1	59.3
0.42	35.8	37.0	38.1	39.3	40.5	41.6	42.8	43.9	45.1	46.2	47.4	48.5	49.7	50.9	52.0	53.2	54.3	55.5	56.6	57.8
0.43	34.9	36.0	37.2	38.3	39.4	40.6	41.7	42.8	43.9	45.1	46.2	47.3	48.4	49.6	50.7	51.8	53.0	54.1	55.2	56.3
0.44	34.1	35.2	36.3	37.4	38.4	39.5	40.6	41.7	42.8	43.9	45.0	46.1	47.2	48.3	49.4	50.5	51.6	52.7	53.8	54.9
0.45	33.2	34.3	35.4	36.4	37.5	38.6	39.7	40.7	41.8	42.9	43.9	45.0	46.1	47.2	48.2	49.3	50.4	51.4	52.5	53.6
0.46	32.4	33.5	34.5	35.6	36.6	37.7	38.7	39.8	40.8	41.8	42.9	43.9	45.0	46.0	47.1	48.1	49.2	50.2	51.3	52.3
0.47	31.7	32.7	33.7	34.7	35.8	36.8	37.8	38.8	39.8	40.9	41.9	42.9	43.9	45.0	46.0	47.0	48.0	49.0	50.1	51.1
0.48	30.9	31.9	32.9	33.9	34.9	35.9	36.9	37.9	38.9	39.9	40.9	41.9	42.9	43.9	44.9	45.9	46.9	47.9	48.9	49.9
0.49	30.2	31.2	32.2	33.2	34.1	35.1	36.1	37.1	38.0	39.0	40.0	41.0	42.0	42.9	43.9	44.9	45.9	46.8	47.8	48.8
0.50	29.6	30.5	31.5	32.4	33.4	34.3	35.3	36.3	37.2	38.2	39.1	40.1	41.0	42.0	42.9	43.9	44.8	45.8	46.7	47.7
0.51	28.9	29.9	30.8	31.7	32.7	33.6	34.5	35.5	36.4	37.3	38.3	39.2	40.1	41.1	42.0	42.9	43.9	44.8	45.7	46.7
0.52	28.3	29.2	30.1	31.0	32.0	32.9	33.8	34.7	35.6	36.5	37.4	38.4	39.3	40.2	41.1	42.0	42.9	43.8	44.7	45.7
0.53	27.7	28.6	29.5	30.4	31.3	32.2	33.1	34.0	34.9	35.8	36.7	37.5	38.4	39.3	40.2	41.1	42.0	42.9	43.8	44.7
0.54	27.1	28.0	28.9	29.8	30.6	31.5	32.4	33.3	34.1	35.0	35.9	36.8	37.6	38.5	39.4	40.3	41.1	42.0	42.9	43.8
0.55	26.6	27.4	28.3	29.2	30.0	30.9	31.7	32.6	33.4	34.3	35.2	36.0	36.9	37.7	38.6	39.5	40.3	41.2	42.0	42.9
0.56	26.1	26.9	27.7	28.6	29.4	30.3	31.1	31.9	32.8	33.6	34.5	35.3	36.1	37.0	37.8	38.7	39.5	40.3	41.2	42.0
0.57	25.5	26.4	27.2	28.0	28.8	29.7	30.5	31.3	32.1	33.0	33.8	34.6	35.4	36.2	37.1	37.9	38.7	39.5	40.4	41.2
0.58	25.0	25.9	26.7	27.5	28.3	29.1	29.9	30.7	31.5	32.3	33.1	33.9	34.7	35.5	36.4	37.2	38.0	38.8	39.6	40.4

续表

W/B \ f_b ($f_{cu,0}$)	31.0	32.0	33.0	34.0	35.0	36.0	37.0	38.0	39.0	40.0	41.0	42.0	43.0	44.0	45.0	46.0	47.0	48.0	49.0	50.0
0.59	24.6	25.4	26.1	26.9	27.7	28.5	29.3	30.1	30.9	31.7	32.5	33.3	34.1	34.9	35.7	36.4	37.2	38.0	38.8	39.6
0.60	24.1	24.9	25.7	26.4	27.2	28.0	28.8	29.5	30.3	31.1	31.9	32.6	33.4	34.2	35.0	35.8	36.5	37.3	38.1	38.9
0.61	23.6	24.4	25.2	25.9	26.7	27.5	28.2	29.0	29.8	30.5	31.3	32.0	32.8	33.6	34.3	35.1	35.9	36.6	37.4	38.1
0.62	23.2	24.0	24.7	25.5	26.2	27.0	27.7	28.5	29.2	30.0	30.7	31.4	32.2	32.9	33.7	34.4	35.2	35.9	36.7	37.4
0.63	22.8	23.5	24.3	25.0	25.7	26.5	27.2	27.9	28.7	29.4	30.1	30.9	31.6	32.4	33.1	33.8	34.6	35.3	36.0	36.8
0.64	22.4	23.1	23.8	24.6	25.3	26.0	26.7	27.4	28.2	28.9	29.6	30.3	31.0	31.8	32.5	33.2	33.9	34.7	35.4	36.1
0.65	22.0	22.7	23.4	24.1	24.8	25.5	26.2	27.0	27.7	28.4	29.1	29.8	30.5	31.2	31.9	32.6	33.3	34.1	34.8	35.5
0.66	21.6	22.3	23.0	23.7	24.4	25.1	25.8	26.5	27.2	27.9	28.6	29.3	30.0	30.7	31.4	32.1	32.8	33.5	34.2	34.9
0.67	21.2	21.9	22.6	23.3	24.0	24.7	25.3	26.0	26.7	27.4	28.1	28.8	29.5	30.1	30.8	31.5	32.2	32.9	33.6	34.3
0.68	20.9	21.5	22.2	22.9	23.6	24.2	24.9	25.6	26.3	26.9	27.6	28.3	29.0	29.6	30.3	31.0	31.7	32.3	33.0	33.7
0.69	20.5	21.2	21.8	22.5	23.2	23.8	24.5	25.2	25.8	26.5	27.1	27.8	28.5	29.1	29.8	30.5	31.1	31.8	32.4	33.1
0.70	20.2	20.8	21.5	22.1	22.8	23.4	24.1	24.7	25.4	26.0	26.7	27.3	28.0	28.7	29.3	30.0	30.6	31.3	31.9	32.6
0.71	19.9	20.5	21.1	21.8	22.4	23.1	23.7	24.3	25.0	25.6	26.3	26.9	27.5	28.2	28.8	29.5	30.1	30.7	31.4	32.0
0.72	19.5	20.2	20.8	21.4	22.1	22.7	23.3	23.9	24.6	25.2	25.8	26.5	27.1	27.7	28.4	29.0	29.6	30.2	30.9	31.5
0.73	19.2	19.8	20.5	21.1	21.7	22.3	22.9	23.6	24.2	24.8	25.4	26.0	26.7	27.3	27.9	28.5	29.1	29.8	30.4	31.0
0.74	18.9	19.5	20.1	20.7	21.4	22.0	22.6	23.2	23.8	24.4	25.0	25.6	26.2	26.8	27.5	28.1	28.7	29.3	29.9	30.5
0.75	18.6	19.2	19.8	20.4	21.0	21.6	22.2	22.8	23.4	24.0	24.6	25.2	25.8	26.4	27.0	27.6	28.2	28.8	29.4	30.0
0.76	18.3	18.9	19.5	20.1	20.7	21.3	21.9	22.5	23.1	23.7	24.2	24.8	25.4	26.0	26.6	27.2	27.8	28.4	29.0	29.6
0.77	18.1	18.6	19.2	19.8	20.4	21.0	21.5	22.1	22.7	23.3	23.9	24.5	25.0	25.6	26.2	26.8	27.4	28.0	28.5	29.1
0.78	17.8	18.4	18.9	19.5	20.1	20.6	21.2	21.8	22.4	22.9	23.5	24.1	24.7	25.2	25.8	26.4	27.0	27.5	28.1	28.6
0.79	17.5	18.1	18.6	19.2	19.8	20.3	20.9	21.5	22.0	22.6	23.2	23.7	24.3	24.9	25.4	26.0	26.5	27.1	27.7	28.2
0.80	17.3	17.8	18.4	18.9	19.5	20.0	20.6	21.1	21.7	22.3	22.8	23.4	23.9	24.5	25.0	25.6	26.2	26.7	27.3	27.8

注：该表系按公式 8-4 和表 8-7 回归系数 α_a、α_b 计算而得。

卵石混凝土强度（$f_{cu,0}$）与胶凝材料强度（f_b）、水胶比（W/B）换算表

表 8-11

W/B \ f_b \ $f_{cu,0}$	31.0	32.0	33.0	34.0	35.0	36.0	37.0	38.0	39.0	40.0	41.0	42.0	43.0	44.0	45.0	46.0	47.0	48.0	49.0	50.0
0.35	41.4	42.8	44.1	45.4	46.8	48.1	49.4	50.8	52.1	53.4	54.8	56.1	57.5	58.8	60.1	61.5	62.8	64.1	65.5	66.8
0.36	40.2	41.5	42.8	44.1	45.4	46.7	48.0	49.3	50.6	51.9	53.2	54.5	55.8	57.1	58.4	59.7	61.0	62.3	63.6	64.9
0.37	39.1	40.3	41.6	42.9	44.1	45.4	46.6	47.9	49.2	50.4	51.7	52.9	54.2	55.5	56.7	58.0	59.3	60.5	61.8	63.0
0.38	38.0	41.3	40.5	41.7	42.9	44.1	45.4	46.6	47.8	49.0	50.3	51.5	52.7	53.9	55.2	56.4	57.6	58.8	60.1	61.3
0.39	37.0	38.2	39.4	40.5	41.7	42.9	44.1	45.3	46.5	47.7	48.9	50.1	51.3	52.5	53.7	54.9	56.1	57.2	58.4	59.6
0.40	36.0	37.2	38.3	39.5	40.6	41.8	43.0	44.1	45.3	46.5	47.6	48.8	49.9	51.1	52.3	53.4	54.6	55.7	56.9	58.1
0.41	35.1	36.2	37.3	38.5	39.6	40.7	41.9	43.0	44.1	45.3	46.4	47.5	48.7	49.8	50.9	52.0	53.2	54.3	55.4	56.6
0.42	34.2	35.3	36.4	37.5	38.6	39.7	40.8	41.9	43.0	44.1	45.2	46.3	47.4	48.5	49.6	50.7	51.8	52.9	54.0	55.1
0.43	33.4	34.4	35.5	36.6	37.7	38.7	39.8	40.9	42.0	43.0	44.1	45.2	46.3	47.3	48.4	49.5	50.6	51.6	52.7	53.8
0.44	32.5	33.6	34.6	35.7	36.7	37.8	38.8	39.9	40.9	42.0	43.0	44.1	45.1	46.2	47.2	48.3	49.3	50.4	51.4	52.5
0.45	31.8	32.8	33.8	34.9	35.9	36.9	37.9	39.0	40.0	41.0	42.0	43.1	44.1	45.1	46.1	47.2	48.2	49.2	50.2	51.3
0.46	31.0	32.0	33.1	34.1	35.1	36.1	37.1	38.1	39.1	40.1	41.1	42.1	43.1	44.1	45.1	46.1	47.1	48.1	49.1	50.1
0.47	30.3	31.3	32.3	33.3	34.3	35.2	36.2	37.2	38.2	39.2	40.1	41.1	42.1	43.1	44.0	45.0	46.0	47.0	48.0	48.9
0.48	29.7	30.6	31.6	32.5	33.5	34.5	35.4	36.4	37.3	38.3	39.2	40.2	41.2	42.1	43.1	44.0	45.0	45.9	46.9	47.9
0.49	29.0	30.0	30.9	31.8	32.8	33.7	34.6	35.6	36.5	37.5	38.4	39.3	40.3	41.2	42.1	43.1	44.0	44.9	45.9	46.8
0.50	28.4	29.3	30.2	31.2	32.1	33.0	33.9	34.8	35.7	36.7	37.6	38.5	39.4	40.3	41.2	42.1	43.1	44.0	44.9	45.8
0.51	27.8	28.7	29.6	30.5	31.4	32.3	33.2	34.1	35.0	35.9	36.8	37.7	38.6	39.5	40.4	41.3	42.2	43.1	44.0	44.9
0.52	27.2	28.1	29.0	29.9	30.8	31.6	32.5	33.4	34.3	35.1	36.0	36.9	37.8	38.7	39.5	40.4	41.3	42.2	43.1	43.9
0.53	26.7	27.5	28.4	29.3	30.1	31.0	31.9	32.7	33.6	34.4	35.3	36.2	37.0	37.9	38.7	39.6	40.5	41.3	42.2	43.0
0.54	26.2	27.0	27.8	28.7	29.5	30.4	31.2	32.1	32.9	33.7	34.6	35.4	36.3	37.1	38.0	38.8	39.7	40.5	41.3	42.2
0.55	25.6	26.5	27.3	28.1	29.0	29.8	30.6	31.4	32.3	33.1	33.9	34.7	35.6	36.4	37.2	38.1	38.9	39.7	40.5	41.4
0.56	25.2	26.0	26.8	27.6	28.4	29.2	30.0	30.8	31.6	32.5	33.3	34.1	34.9	35.7	36.5	37.3	38.1	38.9	39.8	40.6
0.57	24.7	25.5	26.3	27.1	27.9	28.7	29.5	30.2	31.0	31.8	32.6	33.4	34.2	35.0	35.8	36.6	37.4	38.2	39.0	39.8
0.58	24.2	25.0	25.8	26.6	27.3	28.1	28.9	29.7	30.5	31.2	32.0	32.8	33.6	34.4	35.2	35.9	36.7	37.5	38.3	39.1

续表

W/B \ $f_{cu,0}$ \ f_b	31.0	32.0	33.0	34.0	35.0	36.0	37.0	38.0	39.0	40.0	41.0	42.0	43.0	44.0	45.0	46.0	47.0	48.0	49.0	50.0
0.59	23.8	24.5	25.3	26.1	26.8	27.6	28.4	29.1	29.9	30.7	31.4	32.2	33.0	33.7	34.5	35.3	36.0	36.8	37.6	38.3
0.60	23.3	24.1	24.8	25.6	26.4	27.1	27.9	28.6	29.4	30.1	30.9	31.6	32.4	33.1	33.9	34.6	35.4	36.1	36.9	37.6
0.61	22.9	23.7	24.4	25.1	25.9	26.6	27.4	28.1	28.8	29.6	30.3	31.1	31.8	32.5	33.3	34.0	34.8	35.5	36.2	37.0
0.62	22.5	23.3	24.0	24.7	25.4	26.2	26.9	27.6	28.3	29.1	29.8	30.5	31.2	32.0	32.7	33.4	34.2	34.9	35.6	36.3
0.63	22.1	22.9	23.6	24.3	25.0	25.7	26.4	27.1	27.8	28.6	29.3	30.0	30.7	31.4	32.1	32.8	33.6	34.3	35.0	35.7
0.64	21.8	22.5	23.2	23.9	24.6	25.3	26.0	26.7	27.4	28.1	28.8	29.5	30.2	30.9	31.6	32.3	33.0	33.7	34.4	35.1
0.65	21.4	22.1	22.8	23.5	24.2	24.8	25.5	26.2	26.9	27.6	28.3	29.0	29.7	30.4	31.1	31.7	32.4	33.1	33.8	34.5
0.66	21.0	21.7	22.4	23.1	23.8	24.4	25.1	25.8	26.5	27.1	27.8	28.5	29.2	29.9	30.5	31.2	31.9	32.6	33.3	33.9
0.67	20.7	21.4	22.0	22.7	23.4	24.0	24.7	25.4	26.0	26.7	27.4	28.0	28.7	29.4	30.0	30.7	31.4	32.0	32.7	33.4
0.68	20.4	21.0	21.7	22.3	23.0	23.6	24.3	25.0	25.6	26.3	26.9	27.6	28.2	28.9	29.6	30.2	30.9	31.5	32.2	32.8
0.69	20.0	20.7	21.3	22.0	22.6	23.3	23.9	24.6	25.2	25.9	26.5	27.2	27.8	28.4	29.1	29.7	30.4	31.0	31.7	32.3
0.70	19.7	20.4	21.0	21.6	22.3	22.9	23.5	24.2	24.8	25.5	26.1	26.7	27.4	28.0	28.6	29.3	29.9	30.5	31.2	31.8
0.71	19.4	20.0	20.7	21.3	21.9	22.6	23.2	23.8	24.4	25.1	25.7	26.3	26.9	27.6	28.2	28.8	29.4	30.1	30.7	31.3
0.72	19.1	19.7	20.4	21.0	21.6	22.2	22.8	23.4	24.1	24.7	25.3	25.9	26.5	27.1	27.8	28.4	29.0	29.6	30.2	30.8
0.73	18.8	19.4	20.0	20.7	21.3	21.9	22.5	23.1	23.7	24.3	24.9	25.5	26.1	26.7	27.3	27.9	28.6	29.2	29.8	30.4
0.74	18.6	19.2	19.7	20.3	20.9	21.5	22.1	22.7	23.3	23.9	24.5	25.1	25.7	26.3	26.9	27.5	28.1	28.7	29.3	29.9
0.75	18.3	18.9	19.5	20.0	20.6	21.2	21.8	22.4	23.0	23.6	24.2	24.8	25.4	25.9	26.5	27.1	27.7	28.3	28.9	29.5
0.76	18.0	18.6	19.2	19.8	20.3	20.9	21.5	22.1	22.7	23.2	23.8	24.4	25.0	25.6	26.1	26.7	27.3	27.9	28.5	29.1
0.77	17.8	18.3	18.9	19.5	20.0	20.6	21.2	21.8	22.3	22.9	23.5	24.1	24.6	25.2	25.8	26.3	26.9	27.5	28.1	28.6
0.78	17.5	18.1	18.6	19.2	19.8	20.3	20.9	21.5	22.0	22.6	23.1	23.7	24.3	24.8	25.4	26.0	26.5	27.1	27.7	28.2
0.79	17.3	17.8	18.4	18.9	19.5	20.0	20.6	21.1	21.7	22.3	22.8	23.4	23.9	24.5	25.0	25.6	26.2	26.7	27.3	27.8
0.80	17.0	17.6	18.1	18.7	19.2	19.8	20.3	20.9	21.4	22.0	22.5	23.0	23.6	24.1	24.7	25.2	25.8	26.3	26.9	27.4

注：该表系按公式 8-4 和表 8-7 回归系数 α_a、α_b 计算而得。

4. 用水量和外加剂用量的确定

（1）每立方米塑性混凝土用水量（m_{w0}）的确定应符合下列规定：

① 混凝土水胶比在 0.40～0.80 范围时，可按表 8-12 选取。

② 混凝土水胶比小于 0.40 时，可通过试验确定。

塑性混凝土的用水量（kg/m^3） **表 8-12**

拌合物稠度		卵石最大公称粒径(mm)				碎石最大公称粒径(mm)			
项目	指标	10	20	31.5	40	16	20	31.5	40
坍落度(mm)	10～30	190	170	160	150	200	185	175	165
	35～50	200	180	170	160	210	195	185	175
	55～70	210	190	180	170	220	205	195	185
	75～90	215	195	185	175	230	215	205	195

注：1. 本表用水量系采用中砂时的取值。采用细砂时，每立方米混凝土用水量可增加 5～10kg；采用粗砂时，可减少 5～10kg。

2. 掺用外加剂和矿物掺合料时，用水量应相应调整。

（2）掺外加剂时，每立方米流动性或大流动性混凝土的用水量（m_{w0}）可按下式计算：

$$m_{w0}=m'_{w0}(1-\beta) \tag{8-7}$$

式中 m_{w0}——每立方米混凝土的用水量（kg/m^3）；

m'_{w0}——未掺外加剂时推定的满足实际坍落度要求的每立方米混凝土用水量（kg/m^3），以表 8-12 中 90mm 坍落度的用水量为基础，按每增大 20mm 坍落度相应增加 $5kg/m^3$ 用水量来计算，当坍落度增大到 180mm 以上时，随坍落度相应增加的用水量可减少；

β——外加剂的减水率（%），应经混凝土试验确定。

（3）每立方米混凝土中外加剂用量（m_{a0}）应按下式计算：

$$m_{a0}=m_{b0}\beta_a \tag{8-8}$$

式中 m_{a0}——每立方米混凝土中外加剂用量（kg/m^3）；

m_{b0}——每立方米混凝土中胶凝材料用量（kg/m^3）；

β_a——外加剂掺量（%），应经混凝土试验确定。

5. 计算胶凝材料用量

（1）每立方米混凝土的胶凝材料总用量（m_{b0}）应按下式计算：

$$m_{b0}=\frac{m_{w0}}{W/B} \tag{8-9}$$

式中 m_{b0}——每立方米混凝土中胶凝材料总用量（kg/m^3）；

m_{w0}——每立方米混凝土的用水量（kg/m^3）；

W/B——混凝土水胶比。

（2）每立方米混凝土的矿物掺合料用量（m_{f0}）应按下式计算：

$$m_{f0}=m_{b0}\beta_f \tag{8-10}$$

式中 m_{f0}——每立方米混凝土中矿物掺合料用量（kg/m^3）；

β_f——矿物掺合料掺量（%），可结合表 8-3 和式（8-4）确定。

（3）每立方米混凝土的水泥用量（m_{c0}）应按下式计算：

$$m_{c0}=m_{b0}-m_{f0} \tag{8-11}$$

式中　m_{c0}——每立方米混凝土中水泥用量（kg/m^3）。

6. 砂率（β_s）的确定

砂率为砂子在全部骨料中所占的比例。应根据骨料的技术指标、混凝土拌合物性能和施工要求，可参考既有历史资料确定，也可凭经验选取，并经试验确定。试验时，其他材料品种和用量不变，确定一个砂率最佳预计值，以0.02的幅度增减，确定3～5个砂率值进行试拌，以最大坍落度值所对应的砂率为最佳值。砂率的确定还可按以下方式进行。

（1）坍落度小于10mm的混凝土，其砂率应经混凝土试验确定。

（2）坍落度为10～60mm的混凝土，其砂率可根据粗骨料品种、最大公称粒径及水胶比按表8-13选取。

（3）坍落度大于60mm的混凝土，其砂率可经混凝土试验确定，也可在表8-13的基础上，按坍落度每增大20mm、砂率增大1%的幅度予以调整。

混凝土的砂率（%）　　**表8-13**

水胶比（W/B）	卵石最大粒径(mm)			碎石最大粒径(mm)		
	10	20	40	16	20	40
0.40	26～32	25～31	24～30	30～35	29～34	27～32
0.50	30～35	29～34	28～33	33～38	32～37	30～35
0.60	33～38	32～37	31～36	36～41	35～40	33～38
0.70	36～41	35～40	34～39	39～44	38～43	36～41

注：1. 本表数值系中砂的选用砂率，对细砂或粗砂，可相应地减少或增大砂率。
2. 采用人工砂配制混凝土时，砂率可适当增大。
3. 只用一个单粒级粗骨料配制混凝土时，砂率应适当增大。

7. 粗、细骨料用量的计算

粗、细骨料用量的计算有质量法和体积法两种。质量法是假定混凝土拌合物的表观密度为一固定值，各组成材料的单位用量之和即为其表观密度；体积法是假定混凝土拌合物的体积等于各组成材料绝对体积和混凝土拌合物中所含空气体积之总和。

（1）当采用质量法计算混凝土配合比时，应按下列公式计算：

$$m_{c0}+m_{g0}+m_{s0}+m_{w0}+m_{f0}=m_{cp} \tag{8-12}$$

$$\beta_s=\frac{m_{s0}}{m_{g0}+m_{s0}}\times100\% \tag{8-13}$$

式中　m_{g0}——每立方米混凝土的粗骨料用量（kg/m^3）；

m_{s0}——每立方米混凝土的细骨料用量（kg/m^3）；

m_{w0}——每立方米混凝土的用水量（kg/m^3）；

β_s——砂率（%）；

m_{cp}——每立方米混凝土拌合物的假定质量（kg/m^3），其值可取2350～2450kg/m^3。

（2）当采用体积法计算混凝土配合比时，应按下列公式计算：

$$\frac{m_{c0}}{\rho_c}+\frac{m_{g0}}{\rho_g}+\frac{m_{s0}}{\rho_s}+\frac{m_{w0}}{\rho_w}+\frac{m_{f0}}{\rho_f}+0.01\alpha=1 \tag{8-14}$$

$$\beta_s=\frac{m_{s0}}{m_{g0}+m_{s0}}\times100\% \tag{8-15}$$

式中 ρ_c——水泥的密度，可按《水泥密度测定方法》GB/T 208—2014 测定，也可取 2900～3100kg/m^3；

ρ_g——粗骨料的表观密度（kg/m^3），应按《普通混凝土用砂、石质量及检验方法标准》JGJ 52—2006 测定；

ρ_s——细骨料的表观密度（kg/m^3），应按《普通混凝土用砂、石质量及检验方法标准》JGJ 52—2006 测定；

ρ_f——矿物掺合料的表观密度（kg/m^3），可按《水泥密度测定方法》GB/T 208—2014 测定；

ρ_w——水的密度，可取 1000（kg/m^3）；

α——混凝土的含气量百分数，在不使用引气剂或引气型外加剂时，α 可取 1。

8.2.2.2 试配与调整

试配是混凝土配合比设计中的一个重要阶段。按 8.2.2.1 节设计和计算得到的混凝土配合比只是“理论配合比”，理论配合比必须经试配并检验拌合物性能，当试配的拌合物性能不满足要求时，应调整配合比直到符合要求为止。拌合物符合要求的配合比即为“基准配合比”，其拌合物才能用于强度检验。可按下列要求进行：

(1) 试配用的各种材料及环境温度均应保持在 20℃±5℃。

(2) 按计算得出的理论配合比进行试拌，各种材料称量的精确度为：骨料为±0.5%；水、胶凝材料及外加剂均为±0.2%。

(3) 试拌应按现行国家标准的要求的公称容量为 60L 的单卧轴式强制搅拌机。每盘混凝土试配的最小搅拌量应符合表 8-14 的规定，并不应小于搅拌机公称容量的 1/4，且不大于搅拌机公称容量。

混凝土试配的最小搅拌量 **表 8-14**

粗骨料最大公称粒径(mm)	拌合物最小搅拌量(L)
≤31.5	20
40	25

(4) 试拌和检验用的搅拌锅内壁和叶片、盛料器、小铲、钢板和坍落度筒等，应事先用湿布擦过且无明水。

(5) 将称好的材料倒入搅拌锅内。当外加剂为粉状时，将胶凝材料、砂、石、外加剂一次投入搅拌机，干拌均匀，再加入拌合水一起搅拌 2min；当外加剂为液体时，将胶凝材料、砂、石一次投入搅拌机，搅拌均匀，再加入掺有外加剂的拌合水一起搅拌 2min。

(6) 拌和结束后，用盛料器接料，然后倒在铁板上用人工翻拌至均匀，再进行拌合物性能的检验。拌合物性能的检验方法可按第 9 章 9.2 节的相关内容进行，从拌和完毕到开始做各项性能检验不宜超过 5min。

(7) 进行拌合物性能检验并应同时观察状态，当拌合物不能满足要求时，应根据拌合物分析引起不满足的原因，然后有针对性地对原材料用量进行合理调整。调整时应在水胶比不变、胶凝材料用量和外加剂用量合理的原则下调整胶凝材料用量、外加剂用量或砂率等，直到混凝土拌合物满足要求为止，并提出基准配合比。

(8) 根据基准混凝土配合比另外计算两个配合比并进行试拌，并制作试件用于混凝土强度及其他性能的检验。

1) 用于混凝土强度检验应至少采用三个不同的配合比。其中一个应为已确定的基准配合比，另外两个配合比的水胶比宜较基准配合比分别增加和减少 0.05（根据胶凝材料 28d 强度和水胶比大小可作适当调整）；用水量应与基准配合比相同，砂率可分别增加或减少 1%。

2) 进行混凝土强度及其他性能检验的拌合物，其性能应符合设计和施工要求，并以该结果代表相应配合比的混凝土拌合物性能指标。

3) 进行混凝土强度检验时，每种配合比至少应制作一组试件，并应标准养护到 28d 或设计要求的龄期时试压。制作的试件边长应为 150mm×150mm×150mm 的标准尺寸试件，也可根据粗骨料最大粒径按第 9.3.1 节表 9-2 选用试件尺寸。

4) 如有耐久性要求时，还应制作试件检验相应的耐久性指标。

8.2.2.3　确定配合比

强度检验结束后（当有其他性能要求时，还应包括其检验结果），应根据检验结果对配合比进行调整，确定一个符合结构设计和施工要求的配合比。

(1) 配合比调整应符合下列规定：

1) 配制强度（$f_{cu,0}$）：应根据三个不同配合比的混凝土强度检验结果，宜绘制强度与胶水比的线性关系图或采用插值法求出略大于配制强度相对应的水胶比，并根据该胶水比进行配合比的调整。

当采用插值法求出配制强度相对应的水胶比（W/B）时，可按下列公式计算：

① 当 $f_{cu,0}$ 在 $f_{cu,-0.05}$ 与 $f_{cu,基}$ 之间时，水胶比按下式计算：

$$W/B = W/B_{-0.05} + [(W/B_{基} - W/B_{-0.05}) \div (f_{cu,-0.05} - f_{cu,基})] \times (f_{cu,-0.05} - f_{cu,0}) \tag{8-16}$$

② 当 $f_{cu,0}$ 在 $f_{cu,+0.05}$ 与 $f_{cu,基}$ 之间时，水胶比按下式计算：

$$W/B = W/B_{基} + [(W/B_{+0.05} - W/B_{基}) \div (f_{cu,基} - f_{cu,+0.05})] \times (f_{cu,基} - f_{cu,0}) \tag{8-17}$$

式中　W/B——与配制强度相对应的水胶比；

$W/B_{基}$——基准水胶比；

$W/B_{-0.05}$——较基准水胶比小 0.05 的水胶比；

$W/B_{+0.05}$——较基准水胶比大 0.05 的水胶比；

$f_{cu,基}$——基准水胶比的强度；

$f_{cu,+0.05}$——较基准水胶比大 0.05 的强度；

$f_{cu,-0.05}$——较基准水胶比小 0.05 的强度。

2) 用水量（m_w）和减水剂掺量：应在基准配合比用水量和减水剂掺量的基础上，根据确定的水胶比进行调整；

3) 胶凝材料用量（m_b）：应以用水量乘以确定的胶水比计算得出。

4) 粗、细骨料用量（m_g，m_s）：应根据用水量和胶凝材料用量进行调整。

(2) 混凝土拌合物表观密度和配合比校正系数的计算应符合下列规定：

1) 配合比调整后的混凝土拌合物的表观密度应按下式计算：

$$\rho_{c,c} = m_c + m_w + m_s + m_g + m_f + m_a \tag{8-18}$$

式中　$\rho_{c,c}$——混凝土拌合物表观密度计算值（kg/m^3）。

2）混凝土配合比校正系数应按下式计算：

$$\delta=\frac{\rho_{c,t}}{\rho_{c,c}} \tag{8-19}$$

式中 δ——混凝土配合比校正系数；

$\rho_{c,t}$——混凝土拌合物表观密度实测值（kg/m^3）。

（3）当混凝土拌合物表观密度实测值与计算值之差的绝对值不超过计算值的2%时，按上述调整的配合比可维持不变；当二者之差超过2%时，应将配合比中每项材料用量均乘以校正系数（δ）。

编者提示：若预拌混凝土作为商品出售时，二者之差超过1%时应调整配合比，否则结算时按设计配合比质量计算方量对买方或卖方将造成不小的经济损失。例如，混凝土的合同价为500元/m^3，当误差为2%时价差达10元/m^3，这是买卖双方都难以接受的。

（4）配合比调整后，应测定拌合物水溶性氯离子含量，试验结果应符合表8-4的规定。

（5）对耐久性能有设计要求的混凝土进行相关耐久性能试验验证。

（6）生产单位可根据常用材料设计出常用的混凝土配合比备用，并应在启用过程中予以验证或调整。遇有下列情况之一时，应重新进行配合比设计：

1）对混凝土性能有特殊要求时。

2）水泥、外加剂或掺合料等原材料品种、质量有显著变化时。

8.2.3 配合比设计实例

8.2.3.1 基本情况

1. 结构设计与施工要求

某工程主体为钢筋混凝土结构，设计混凝土强度等级为C40，构件截面最小尺寸为200mm，钢筋最小间距为40mm，采取泵送工艺施工，要求混凝土拌合物浇筑坍落度为180mm±30mm，无其他特殊要求。

2. 生产所用原材料情况

水泥：普通硅酸盐42.5级水泥，$\rho_c=3100$（kg/m^3）；

粉煤灰：F类Ⅱ级，$\rho_f=2100$（kg/m^3）；

人工砂：属中砂，符合Ⅱ区颗粒级配，$\rho_s=2680$（kg/m^3）；

碎石：符合5～20mm连续粒级，最大粒径20mm，$\rho_g=2720$（kg/m^3）；

高效减水剂：液体（固含量为32%），掺量1.90%减水率为21.5%，$\rho_a=1180$（kg/m^3）；

拌合水：地下水。

8.2.3.2 配合比设计与计算

1. 计算理论配合比

（1）确定混凝土配制强度（$f_{cu,0}$）

已知：混凝土设计强度为40MPa，无近期统计资料，标准差σ查表8-7取5.0MPa。计算混凝土配制强度，由式8-1，得：

$$f_{cu,0}=f_{cu,k}+1.645\times\sigma=40+1.645\times5.0=48.2\text{MPa}$$

（2）计算水胶比（W/B）

已知：混凝土配制强度为48.2MPa，水泥强度等级为42.5级，无28d胶砂抗压强度实测值，按表 8-9 富余系数（γ_c）取 1.16，按式（8-6）计算，得：

$$f_{ce}=\gamma_c f_{ce,g}=1.16\times42.5=49.3(\text{MPa})$$

粉煤灰掺量为 16%，胶凝材料 28d 胶砂抗压强度无实测值，按表 8-8 影响系数（γ_f）取 0.85，按式（8-5）计算，得：

$$f_b=\gamma_f f_{ce}=0.85\times49.3=41.9(\text{MPa})$$

生产时采用碎石，无试验统计资料，回归系数按表 8-9 采用（碎石为 $\alpha_a=0.53$；$\alpha_b=0.20$）。计算水胶比，由式（8-4），得：

$$W/B=\frac{a_a\cdot f_b}{f_{cu,0}+a_a\cdot a_b\cdot f_b}=\frac{0.53\times41.9}{48.2+0.53\times0.20\times41.9}=0.42$$

（3）确定每立方米混凝土的用水量（m_{w0}）

已知：混凝土拌合物施工要求的坍落度为 180mm±30mm，碎石最大粒径为 20mm。查表 8-12，取未掺入高效减水剂的用水量为 235kg/m^3，而该混凝土中将掺入高效减水剂，且掺量 1.9%时减水率为 21.5%，计算混凝土单方水用量，由式（8-6），得：

$$m_{w0}=m'_{w0}(1-\beta)=235(1-0.215)=184(\text{kg/m}^3)$$

由于高效减水剂为水剂，且固含量为 32%，试配时为保持水胶比不变，单方用水量应扣除高效减水剂中的含水量，得：$m_{w0}=184-8.3$（1－0.68）＝178（kg/m^3）。

（4）计算每立方米混凝土的高效减水剂用量

已知：混凝土单方的胶凝材料用量为 438（kg/m^3），高效减水剂掺量为 1.9%，计算混凝土单方高效减水剂用量，由式（8-8），得：

$$m_{a0}=m_{b0}\beta_a=438\times0.019=8.3(\text{kg/m}^3)$$

（5）计算每立方米混凝土的胶凝材料用量（m_{b0}）

已知：混凝土单方水用量 $m_{w0}=184$kg/m^3，水胶比 $W/B=0.42$，计算混凝土单方胶凝材料用量，由式（8-9），得：

$$m_{b0}=\frac{m_{w0}}{W/B}=\frac{184}{0.42}=438(\text{kg/m}^3)$$

（6）计算每立方米混凝土的粉煤灰用量

已知：每立方米混凝土的胶凝材料用量为 438kg/m^3，粉煤灰掺量为 16%，计算混凝土单方粉煤灰用量，由式（8-10），得：

$$m_{f0}=m_{b0}\beta_f=438\times0.16=70(\text{kg/m}^3)$$

（7）计算每立方米混凝土的水泥用量

已知：混凝土单方的胶凝材料用量为 438（kg/m^3），混凝土单方粉煤灰用量为 70kg/m^3，计算混凝土单方水泥用量，由式（8-11），得：

$$m_{c0}=m_{b0}-m_{f0}=438-70=368(\text{kg/m}^3)$$

（8）确定砂率（β_s）

已知：混凝土拌合物将采用泵送施工工艺，砂为中砂，根据历史经验砂率取 41%。

（9）计算粗、细骨料用量

1）按质量法计算

已知：单方用水量为 178kg/m^3（扣除减水剂中含水量后的用量），胶凝材料用量为 438kg/m^3，高效减水剂用量为 8.3kg/m^3，砂率为 41%。假定混凝土拌合物表观密度

(m_{cp}) 为 2400kg/m³，由式 (8-12) 和式 (8-13)，得：

$$368+70+m_{g0}+m_{s0}+178+8.3=2400$$

$$\frac{m_{s0}}{m_{g0}+m_{s0}}=0.41$$

$$m_{g0}+m_{s0}=2400-368-70-178-8.3=1776(\mathrm{kg/m^3})$$

$$m_{s0}=(m_{g0}+m_{s0})\times0.41=1776\times0.41=728(\mathrm{kg/m^3})$$

$$m_{g0}=(m_{g0}+m_{s0})-m_{s0}=1776-728=1048(\mathrm{kg/m^3})$$

按质量法计算得到的理论配合比如下 (kg/m³)：

$$m_{w0}:m_{c0}:m_{s0}:m_{g0}:m_{f0}:m_{a0}$$

$$178:368:728:1048:70:8.3$$

2) 按体积法计算

已知：水泥密度 $\rho_c=3100\mathrm{kg/m^3}$，粉煤灰密度 $\rho_f=2100\mathrm{kg/m^3}$，砂表观密度 $\rho_s=2680\mathrm{kg/m^3}$，碎石表观密度 $\rho_g=2720\mathrm{kg/m^3}$，减水剂密度 $\rho_a=1180\mathrm{kg/m^3}$，砂率 $\beta_s=41\%$。将数据代入式 (8-14) 和式 (8-15)，得：

$$\frac{368}{3100}+\frac{m_{g0}}{2720}+\frac{m_{s0}}{2680}+\frac{178}{1000}+\frac{70}{2100}+\frac{8.3}{1180}+0.01\times1=1$$

$$41\%=\frac{m_{s0}}{m_{g0}+m_{s0}}\times100\%$$

解联立方程：

$$\frac{m_{g0}}{2720}+\frac{m_{s0}}{2680}=0.6533 \quad ①$$

$$0.41=\frac{m_{s0}}{m_{g0}+m_{s0}} \quad ②$$

用消元法由②式：

$$0.59m_{s0}=0.41m_{g0}$$

故：

$$m_{s0}=\frac{0.41}{0.59}m_{g0}=0.6949m_{g0} \quad ③$$

将③代入①式得：

$$\frac{m_{g0}}{2720}+\frac{0.6949m_{g0}}{2680}=0.6533$$

$$4570m_{g0}=4762296$$

$$m_{g0}=1042\mathrm{kg/m^3}$$

代 m_{g0} 入③式，得：

$$m_{s0}=0.6949\times1042=724\mathrm{kg/m^3}$$

按体积法计算得到理论配合比如下 (kg/m³)：

$$m_{w0}:m_{c0}:m_{s0}:m_{g0}:m_{f0}:m_{a0}$$

$$178:368:724:1042:70:8.3$$

2. 试配，混凝土性能检验

(1) 计算各组成材料拌制用量

试配时采用质量法计算所得的理论配合比，拌制 20L 混凝土拌合物，各组成材料用量见表 8-15。

理论配合比及试配拌制用量　　**表 8-15**

材料名称	水	水泥	细骨料	粗骨料	粉煤灰	减水剂
配合比(kg/m^3)	178	368	728	1048	70	8.3
拌制用量(kg)	3.56	7.36	14.56	20.96	1.40	0.166

（2）试配与调整，提出基准配合比

按以上计算的质量称取材料，将称好的材料倒入的搅拌锅内，搅拌结束后用盛料器接出并倒在铁板上用人工翻拌至均匀，然后进行混凝土拌合物性能检验。经检验，采用该配合比拌制的混凝土拌合物坍落度实测值为 205mm，且和易性良好，满足施工要求，因此不必进行调整，可直接将该理论配合比确定为基准配合比。

（3）混凝土性能检验

根据已确定的基准配合比，另外计算两个水胶比较基准配合比分别增加和减少 0.05 的配合比，用水量与基准配合比相同，砂率分别增加和减少 1%。每个配合比均试拌 30L 混凝土拌合物。混凝土配合比及其性能检验结果如下：

1）配合比

三个不同水胶比的混凝土配合比及拌合量见表 8-16。

混凝土配合比及拌合量　　**表 8-16**

配合编号	材料用量	水	水泥	砂	石子	粉煤灰	减水剂
基准	配合比(kg/m^3)	178	368	728	1048	70	8.3
	拌制用量(kg)	5.34	11.04	21.84	31.44	2.10	0.249
+0.05	配合比(kg/m^3)	178	328	766	1058	63	7.4
	拌制用量(kg)	5.34	9.84	22.98	31.74	1.89	0.222
−0.05	配合比(kg/m^3)	178	417	686	1030	80	9.4
	拌制用量(kg)	5.34	12.51	20.58	30.90	2.40	0.282

2）坍落度检验

三个水胶比的混凝土拌合物坍落度及经时损失检验结果见表 8-17。

混凝土拌合物坍落度及坍落度 1h 经时损失检验结果　　**表 8-17**

配合比编号	初始坍落度(mm)			1h 坍落度(mm)			1h 经时损失值(mm)	和易性
	第一次	第二次	平均值	第一次	第二次	平均值		
基准	207	203	205	193	191	190	15	良好
+0.05	212	207	210	191	194	190	20	良好
−0.05	192	196	195	185	186	185	10	良好

经检验，每个配合比坍落度合适，和易性均良好，且坍落度 1h 经时损失最大值为 20mm，三个配合比的拌合物均满足要求。

3）表观密度检验

三个不同水胶比的混凝土拌合物表观密度检验结果见表 8-18。

混凝土拌合物表观密度测试结果 **表 8-18**

配合比编号	空筒质量 G(kg)	筒容积 V(m^3)	筒＋混凝土质量(kg)	表观密度(kg/m^3)
基准	2.25	0.005	14.34	2420
＋0.05	2.25	0.005	14.29	2410
－0.05	2.25	0.005	14.41	2430

4）强度检验

进行强度检验的标准养护试件，采用边长为 150mm×150mm×150mm 的试模制作，每个配合比制作了两组试件，养护至 7d 和 28d 龄期时的抗压强度检验见表 8-19。

混凝土抗压强度检验结果 **表 8-19**

配比编号		7d 抗压强度检验				28d 抗压强度检验			
		单块值			平均强度	单块值			平均强度
基准	荷载(kN)	817.3	840.6	803.4	36.5	1165.2	1086.7	1097.4	49.6
	强度(MPa)	36.3	37.4	35.7		51.8	48.3	48.8	
＋0.05	荷载(kN)	691.7	684.2	725.3	31.1	974.5	1021.3	992.2	44.3
	强度(MPa)	30.7	30.4	32.2		43.3	45.4	44.1	
－0.05	荷载(kN)	1041.8	966.4	1001.2	44.6	1334.7	1263.2	1307.6	57.8
	强度(MPa)	46.3	43.0	44.5		59.3	56.1	58.1	

3. 配合比的调整与确定

（1）按强度调整配合比

1）计算与配制强度相对应的水胶比（W/B）

根据混凝土 28d 强度试验结果，采用插值法求出与配制强度相对应的水胶比（W/B）。由表 8-18 可知，配制强度（$f_{cu,0}$）为 48.2MPa，在 $f_{cu,+0.05}$ 与 $f_{cu,基}$之间，计算与配制强度相对应的水胶比。

$$\begin{aligned} W/B &= W/B_{基} + [(W/B_{+0.05} - W/B_{基}) \div (f_{cu,基} - f_{cu,+0.05})] \times (f_{cu,基} - f_{cu,0}) \\ &= 0.42 + [(0.47 - 0.42) \div (49.6 - 44.3)] \times (49.6 - 48.2) \\ &= 0.43 \end{aligned}$$

2）调整配合比

根据强度确定的水胶比值（0.43），按质量法计算配合比。计算时砂率采用与确定的水胶比值较接近的一组配合比的砂率。调整后的混凝土配合比见表 8-20。

按强度调整后的混凝土配合比 **表 8-20**

水胶比	砂率(%)	表观密度(kg/m^3)	组成材料与配合比(kg/m^3)					
			水	水泥	细骨料	粗骨料	粉煤灰	减水剂
0.43	41	2400	178	360	732	1054	68	8.1

（2）按表观密度调整配合比

① 计算混凝土配合比的校正系数（δ）

与确定的水胶比值较接近的一组配合比拌合物，其表观密度实测值为 2420kg/m³，而计算配合比时混凝土表观密度的取值为 2400kg/m³，计算校正系数：

$$\delta=\frac{\rho_{c,t}}{\rho_{c,c}}=\frac{2420}{2400}=1.0083$$

② 按校正系数调整混凝土配合比

将配合比中各种材料用量均乘以校正系数（$\delta=1.0083$），按校正系数调整后的混凝土配合比见表 8-21。

按校正系数调整后的混凝土配合比　　表 8-21

水胶比	砂率（%）	表观密度（kg/m³）	组成材料与配合比（kg/m³）					
			水	水泥	细骨料	粗骨料	粉煤灰	减水剂
0.43	41	2420	179	363	738	1063	69	8.2

③ 验证配合比是否符合耐久性能要求

验证胶凝材料用量是否符合耐久性要求。查表 8-1，强度等级为 C40 的混凝土最小胶凝材料用量为 320kg/m³，符合规范要求；同时也符合表 8-2 的规定。最终，将按校正系数调整后的配合比确定为试验室配合比。

该配合比为干料比，生产使用时应根据骨料含水率调整为“生产配合比”。

8.3　再生骨料混凝土配合比设计

再生骨料混凝土，是指利用建筑物或构筑物拆除时产生的废弃混凝土块，经破碎加工、清洗、分级后，部分或全部代替常规骨料配制而成的混凝土。

8.3.1　概述

随着我国城市规模的迅速发展，“旧”建筑物或构筑物的大量拆除导致建筑垃圾急剧增加，对环境造成了污染并占用大量土地，因此，建筑垃圾的合理再利用逐渐引起了政府、科研和相关人员的关注。其中，由于废弃混凝土具有一定的强度，利用价值较高，是研究和大力推广应用的主要建筑废弃物。

再生骨料在混凝土中的应用研究是在二战结束以后，苏联、美国、日本、德国等国家研究和开发利用较早，有些国家还采用立法形式来保证这些研究和应用的发展。一些发达国家施行削减建筑垃圾的策略，在建筑垃圾形成之前，通过科学有效的方法控制、减量化建筑垃圾。对已经产生的建筑垃圾，则通过有效的科学手段，使其成为再生资源。这些国家对废弃混凝土的再生利用研究主要集中在对再生骨料和再生骨料混凝土基本性能的研究，包括物理性能、化学性能、力学性能、结构性能、工作性能和耐久性能等。

建筑废物是城市垃圾的主要组成部分。据统计，世界多数国家的建筑物拆除垃圾和建筑施工垃圾的数量约占城市垃圾总量的 30%～40%。随着环保意识的不断深化，世界各国相继加强对废弃混凝土的循环再生处理，一部分已制定相应的技术规范，得到了推广应用，一部分则仍处于试验研究之中。美国政府的《超级基金法》规定："任何产有工业废弃物的企业，必须自行妥善处理，不得擅自随意倾倒"。该法规从源头上限制了建筑废物的产生量，促使各生产企业自觉寻求建筑垃圾资源化利用的途径。日本早在 1977 年就制定了《再生骨料和再生混凝土使用规范》，并相继在各地建立了以处理混凝土废弃物为主的再生加工厂；德国每个地区都有大型的建筑垃圾再加工综合工厂，仅在柏林就建有 20 多个，主要将再生骨料混凝土用于公路的地层混凝土和面层的行车道。

20 世纪 90 年代我国才真正对资源再生提出一系列具体要求并加以重视，1997 年建设部将"建筑废渣综合利用"列入了科技成果重点推广项目；2004 年交通部启动了"水泥混凝土路面再生利用关键技术研究"；2007 年科技部将"建筑垃圾再生产品的研究开发"列入国家科技支撑计划；2011 年住房和城乡建设部发布了《再生骨料应用技术规程》JGJ/T 240—2011。但是，我国对建筑垃圾的回收利用率还不高，综合利用不容乐观。

国内外试验研究结果表明，再生骨料混凝土可以广泛应用于非承重结构混凝土，如基础垫层、水沟、排水槽、重力护壁、海岸防护堤、砌块、非承重墙体等。目前我国再生骨料混凝土一般用于基础、路面和非承重结构等低强度混凝土，较少废弃混凝土得到较好的再生利用。

利用再生骨料配制混凝土不仅可以解决废弃混凝土带来的环境污染，还可以节约天然骨料资源，带来显著的社会效益、经济效益和环境效益，对城市的可持续发展具有非常深远的意义。每消耗 100 万 t 建筑废弃物所产生的效益如下：

(1) 经济效益：节省政府财政直接费用 4000 多万元；企业实现产值 6000 余万元；节省政府财政间接费用，如征地、拆迁、管理。

(2) 环境效益：节约土地资源约 100 亩；减少天然砂石原料消耗 40 万 m^3；减少碳排放 1.3 万 t。

(3) 社会效益：减轻城市道路交通压力；减少因外运所带来的空气污染；解决建筑废弃物的危害问题。

但应当注意的是，并非所有废弃混凝土都可以回收再利用。如核电站和医院放射间受到辐射的混凝土，已受重金属或有机物污染、存在碱-骨料反应、含有大量不易分离的木屑和污泥等废弃混凝土，另外含有沥青的废弃混凝土不能用于沥青混凝土以外的混凝土中。

8.3.2 再生骨料混凝土的基本特性

天然骨料由于具有坚硬致密的结构，其孔隙率较小，吸水率很小，强度较高。而再生骨料由于表面粗糙，棱角较多且组分中含有相当数量的水泥砂浆，因此孔隙率大、吸水性大、压碎指标较大、表观密度及堆积密度较小。再生骨料混凝土与普通混凝土相比有如下特性：

(1) 再生骨料混凝土的流动性、可塑性、稳定性、易实性将因再生骨料孔隙率的增大，吸水性强而下降。

(2) 由于再生骨料的孔隙率大，吸水性较强，以及骨料表面粗糙且有棱角，因此比普通混凝土需要更多的水进行搅拌。在配合比相同的条件下，新拌混凝土的黏聚性和保水性较普通混凝土要好，但混凝土拌合物流动性差，因此施工性能受到影响。

(3) 再生骨料的多孔隙导致配制的混凝土弹性模量减少，因吸水性高导致再生混凝土失水后干缩性增大，徐变增大。

(4) 由于再生骨料强度相对较低，骨料强度很可能较水泥石和粘结面的强度还要低，因此其破坏形式与使用常规骨料配制的混凝土的破坏形式有所不同。

8.3.3　再生骨料的基本规定

(1) 被污染或腐蚀的建筑垃圾不得用于制备再生骨料。再生骨料及其制品的放射性应符合现行国家标准《建筑材料放射性核素限量》GB 6566—2010 的规定。

(2) 再生骨料的选择应满足所制备的混凝土性能要求。

(3) 再生骨料的应用应符合国家有关安全和环保的规定。

8.3.4　再生骨料技术要求

混凝土用再生粗骨料应符合现行国家标准《混凝土用再生粗骨料》GB/T 25177—2010 的规定；混凝土用再生细骨料应符合现行国家标准《混凝土和砂浆用再生细骨料》GB/T 25176—2010 的规定。

8.3.5　再生骨料混凝土

8.3.5.1　一般规定

(1) 再生骨料混凝土用原材料应符合下列规定：

1) 天然粗骨料和天然细骨料应符合现行行业标准《普通混凝土用砂、石质量及检验方法标准》JGJ 52—2006 的规定。

2) 水泥宜采用通用硅酸盐水泥，并应符合现行国家标准《通用硅酸盐水泥》GB 175—2007 的规定；当采用其他品种水泥时，其性能应符合国家现行有关标准的规定；不同水泥不得混合使用。

3) 拌合用水和养护用水应符合现行行业标准《混凝土用水标准》JGJ 63—2006 的规定。

4) 矿物掺合料应分别符合国家现行标准《用于水泥和混凝土中的粉煤灰》GB/T 1596—2017、《用于水泥、砂浆和混凝土中的粒化高炉矿渣粉》GB/T 18046—2017 的规定。

5) 外加剂应符合现行国家标准《混凝土外加剂》GB 8076—2008 和《混凝土外加剂应用技术规范》GB 50119—2013 的规定。

(2) Ⅰ类再生粗骨料可用于配制各种强度等级的混凝土；Ⅱ类再生粗骨料宜用于配制 C40 及以下强度等级的混凝土；Ⅲ类再生粗骨料可用于配制 C25 及以下强度等级的混凝土，不宜用于配制有抗冻性能要求的混凝土。

(3) Ⅰ类再生细骨料可用于配制 C40 及以下强度等级的混凝土；Ⅱ类再生细骨料宜用于配制 C25 及以下强度等级的混凝土；Ⅲ类再生细骨料不宜用于配制结构混凝土。

(4) 再生骨料不得用于配制预应力混凝土。

(5) 再生骨料混凝土的耐久性设计应符合现行国家标准《混凝土结构设计规范》GB 50010—2010 和《混凝土结构耐久性设计标准》GB/T 50476—2019 的相关规定。当再生骨料混凝土用于设计使用年限为 50 年的混凝土结构时，其耐久性宜符合表 8-22 的规定。

再生骨料混凝土的耐久性的基本要求　　表 8-22

环境类别	最大水胶比	最低强度等级	最大氯离子含量(%)	最大碱含量(kg/m³)
一	0.55	C25	0.20	3.0
二 a	0.50(0.55)	C30(C25)	0.15	3.0
二 b	0.45(0.50)	C35(C30)	0.15	3.0
三 a	0.40	C40	0.10	3.0

注：1. 氯离子含量是指氯离子占胶凝总材料总量的百分比。
2. 素混凝土构件的水胶比及最低强度等级可不受限制。
3. 有可靠工程经验时，二类环境中的最强混凝土强度等级可降低一个等级。
4. 处于严寒和寒冷地区二 b、三 a 类环境中的混凝土应使用引气剂或引气型外加剂，并可采用括号中的有关参数。
5. 当使用非碱活性骨料时，对混凝土中的碱含量可不作限制。

(6) 再生骨料混凝土中三氧化硫的允许含量应符合现行国家标准《混凝土结构耐久性设计标准》GB/T 50476—2019 的规定。

(7) 当再生粗骨料或再生细骨料不符合现行国家标准《混凝土用再生粗骨料》GB/T 25177—2010 或《混凝土和砂浆用再生细骨料》GB/T 25176—2010 的规定，但经过试验试配验证能满足相关使用要求时，可用于非结构混凝土。

8.3.5.2　技术要求和设计取值

(1) 再生骨料混凝土的拌合物性能、力学性能、长期性能和耐久性能、强度检验评定及耐久性能检验评定等，应符合现行国家标准《混凝土质量控制标准》GB 50164—2011 的规定。

(2) 再生骨料混凝土的轴心抗压强度标准值 (f_{ck})、轴心抗压强度设计值 (f_c)、轴心抗拉强度标准值 (f_{tk})、轴心抗拉强度设计值 (f_t)、轴心抗压疲劳强度设计值 (f_c^f)、轴心抗拉疲劳强度设计值 (f_t^f)、剪切变形模量 (G_c) 和泊松比 (v_c) 均可按现行国家标准《混凝土结构设计规范》GB 50010—2010 的相关规定取值。

(3) 仅掺用Ⅰ类再生粗骨料配制的混凝土，其受压和受拉弹性模量 (E_c) 可按现行国家标准《混凝土结构设计规范》GB 50010—2010 的规定取值。其他情况下配制的再生骨料混凝土，其弹性模量宜通过试验确定；在缺乏试验条件或技术资料时，可按表 8-23 的规定取值。

再生骨料混凝土弹性模量　　表 8-23

强度等级	C15	C20	C25	C30	C35	C40
弹性模量($\times 10^4 N/mm^2$)	1.83	2.08	2.27	2.42	2.53	2.63

(4) 再生骨料混凝土的温度线膨胀系数 (a_c)、比热容 (c) 和导热系数 (λ) 宜通过试验确定。当缺乏试验条件或技术资料时，可按现行国家标准《混凝土结构设计规范》GB 50010—2010 和《民用建筑热工设计规范》GB 50176—2016 的规定取值。

8.3.5.3　配合比设计

(1) 再生骨料混凝土配合比设计应满足混凝土和易性、强度和耐久性的要求。

（2）再生骨料混凝土配合比设计可按下列步骤进行：

1）根据已有技术资料和混凝土性能要求，确定再生粗骨料取代率（δ_g）和再生细骨料取代率（δ_s）；当缺乏技术资料时，δ_g 和 δ_s 不宜大于 50%，Ⅰ类再生粗骨料取代率（δ_g）可不受限制；当混凝土中已掺用Ⅲ类再生粗骨料时，不宜再掺入再生细骨料。

2）确定混凝土强度标准差（σ），并可按下列规定进行：

① 对于不掺用再生细骨料的混凝土，当仅掺Ⅰ类再生粗骨料或Ⅱ类、Ⅲ类再生粗骨料取代率（δ_g）小于 30%时，σ 可按现行行业标准《普通混凝土配合比设计规程》JGJ 55—2011 的规定取值。

② 对于不掺用再生细骨料的混凝土，当Ⅱ类、Ⅲ类再生粗骨料取代率（δ_g）不小于 30%时，σ 值应根据相同再生粗骨料掺量和同强度等级的同品种再生骨料混凝土统计资料计算确定。计算时，强度试件组数不应小于 30 组。对于强度等级不大于 C20 的混凝土，当 σ 计算值不小于 3.0MPa 时，应按计算结果取值；当 σ 计算值小于 3.0MPa 时，σ 应取 3.0MPa；对于强度等级大于 C20 且不大于 C40 的混凝土，当 σ 计算值不小于 4.0MPa 时，应按计算结果取值；当 σ 计算值小于 4.0MPa 时，σ 应取 4.0MPa。

当无统计资料时，对于仅掺再生粗骨料的混凝土，其 σ 值可按表 8-24 的规定确定。

再生骨料混凝土抗压强度标准差推荐值　　表 8-24

强度等级	≤C20	C25、C30	C35、C40
σ(MPa)	4.0	5.0	6.0

③ 掺用再生细骨料的混凝土，也应根据相同再生骨料掺量和同强度等级的同品种再生骨料混凝土统计资料计算确定 σ 值。计算时，强度试件组数不应小于 30 组。对于各强度等级的混凝土，当 σ 计算值小于表 8-24 中对应值时，应取表 8-24 中对应值。当无统计资料时，σ 值也可按表 8-24 选取。

3）计算基准混凝土配合比，应按现行行业标准《普通混凝土配合比设计规程》JGJ 55—2011 的方法进行。外加剂和掺合料的品种和掺量应通过试验确定；在满足和易性要求的前提下，再生骨料混凝土宜采用较低的砂率。

4）以基准混凝土配合比中的粗、细骨料用量为基础，并根据已确定的再生粗骨料取代率（δ_g）和再生细骨料取代率（δ_s），计算再生骨料用量。

5）通过试配及调整，确定再生骨料混凝土最终配合比，配置时，应根据工程具体要求采取控制拌合物坍落度损失的相应措施。

8.4 泵送混凝土配合比设计

可通过泵压作用沿输送管道强制流动到目的地并进行浇筑的混凝土。

8.4.1 概述

1927 年，德国的弗利茨·海尔设计的混凝土泵第一次获得成功应用。20 世纪 30 年代其他一些工业发达国家已开始推广应用，并取得了较好的技术经济效益。我国从 20 世纪 70 年代末期才正式开始推广混凝土泵送施工技术。进入 20 世纪 90 年代以后，随着基本建设的日益发展和预拌混凝土的推广，泵送混凝土的应用在我国大中城市亦得到日益普及，混凝土拌合物的泵送也创造了一个又一个高度，如香港国际金融中心将 C90 混凝土泵至 392m；北京国贸三期将 C60 混凝土泵至 330m；广州中天广场将 C45 混凝土泵至 322m；上海金茂大厦将 C40 混凝土泵至 382m；广州西塔将 C90 混凝土泵至 168m、将 C60 混凝土泵至 432m；广州国际金融中心将 C100 混凝土泵至 411m；深圳京基金融中心将 C120 超高性能混凝土被泵至 417m 的高度；在上海中心大厦工程的混凝土施工过程中，采用三一重工的 HBT90CH2150D 高压混凝土拖泵，成功将 C100 混凝土泵送至 620m 高度，一举打破普茨迈斯特在世界第一高楼迪拜塔创造的 606m 混凝土泵送纪录，创造了全球超高层混凝土泵送新的世界纪录。

现代科学技术的发展，使泵送混凝土逐渐成为一种常用的浇筑施工工艺。采用混凝土泵输送混凝土拌合物，可一次连续完成垂直和水平运输和浇筑，因而生产率提高，劳动力减少，适用于高层建筑、大体积混凝土、大型桥梁、大面积等结构的施工。与传统的混凝土施工方法不同，泵送混凝土是在混凝土泵的推动下，沿输送管进行混凝土拌合物运输和浇筑的。因此，要求混凝土不但要满足设计规定的强度、耐久性等，还要满足管道输送对混凝土拌合物的要求，即要求必须具有良好的可泵性。所谓可泵性，即混凝土拌合物具有能顺利通过管道、摩阻力小、不离析、不堵塞和粘塑性良好的性能。因此，不是任何一种混凝土拌合物都能泵送，必须对原材料和配合比，以及施工组织方面加以控制，以保证顺利地连续进行输送。

8.4.2 提高泵程的要素

(1) 适宜的混凝土配合比。包括混凝土中的骨料颗粒级配、粒形、细骨料的含量、最大颗粒含量以及胶凝材料用量和混凝土坍落度等。

(2) 粉煤灰、外加剂缺一不可。既要减少泵送过程中混凝土拌合物对管道的摩阻力，同时又要保证混凝土的坍落度损失不能过大。

(3) 具有适宜功率的泵送设备。

8.4.3 泵送混凝土所采用的材料

由于混凝土是通过泵送机械和输送管到达浇筑部位，所以，对原材料和混凝土拌合物有一定的要求。

(1) 宜选用硅酸盐水泥、普通硅酸盐水泥、矿渣硅酸盐水泥和粉煤灰硅酸盐水泥。

(2) 骨料

骨料的种类、形状、粒径和级配，对泵送混凝土的性能有很大影响，应予以控制。

1) 粗骨料宜采用连续级配，其针片状颗粒含量不宜大于 10%；最大公称粒径与输送管径之比宜符合表 8-25 的规定。

2) 细骨料宜选用中砂。其通过公称粒径 0.315mm 筛孔的颗粒含量不宜少于 15%，最好能达到 20%，这对改善泵送性能非常重要。在很多情况下，就是因为这部分颗粒所占的比例太小，而影响正常的泵送施工，但当掺用粉煤灰时，泵送性能可以得到弥补。

(3) 泵送混凝土应掺用泵送剂或减水剂。并宜掺用矿物掺合料。

粗骨料的最大粒径与输送管径之比　　表 8-25

石子品种	泵送高度(m)	粗骨料最大粒径与输送管径之比
碎石	<50	≤1∶3.0
	50～100	≤1∶4.0
	>100	≤1∶5.0
卵石	<50	≤1∶2.5
	50～100	≤1∶3.0
	>100	≤1∶4.0

8.4.4　泵送混凝土配合比

（1）泵送混凝土配合比，除必须满足混凝土设计强度和耐久性的要求外，尚应使混凝土满足可泵性要求。可用压力泌水试验结合施工经验进行控制，一般 10s 时的相对压力泌水率 S_{10} 不宜超过 40%。

（2）泵送混凝土配合比设计，应符合国家现行标准的有关规定。可根据工程结构及配筋率、原材料、混凝土运输距离、混凝土泵与混凝土输送管径、泵送距离、气温等具体施工条件，经试配确定。

（3）泵送混凝土的经时坍落度损失值 1h 不宜大于 30mm。

（4）泵送混凝土的胶凝材料总量不宜小于 300kg/m^3。

（5）泵送混凝土的砂率宜为 35%～45%。

8.5　高强混凝土配合比设计

高强混凝土是指强度等级不低于 C60 的混凝土。

高强混凝土一般采用硅酸盐水泥或普通硅酸盐水泥及常规砂石，主要依靠高效或高性能减水剂和同时掺用活性较好的矿物掺合料配制。

由于高强混凝土强度高，在相同的荷载情况下可使截面尺寸减小、减轻结构自重等优点，因而世界各国对高强混凝土的研究和应用发展很快。近年来，我国高层、超高层建筑、大跨度结构、地下及海洋工程等项目的不断涌现，高强混凝土已得到广泛应用。值得注意的是，现代混凝土技术配制高强混凝土并非难事，但是强度越高的混凝土体积稳定性越差，开裂的风险就越大，如何确保高强混凝土的耐久性才是高强混凝土技术的难点所在。

国际在工程上获得使用的混凝土强度已达 100～150MPa。国内 C60 的混凝土在大中城市得到广泛应用，C60 以上的高强混凝土在部分大城市获得使用，如沈阳皇朝万鑫大厦工程地下二层至地上八层钢管叠合柱就采用了 C100 高强混凝土；辽宁物产大厦工程部分柱、墙采用了 C80 高强混凝土；北京静安中心大厦地下三层柱也采用了 C80 高强混凝土；广州国际金融中心柱、墙采用了 C100 高强混凝土；深圳京基金融中心柱、墙采用了 C120 高强混凝土等。

本节以下内容摘自《高强混凝土应用技术规程》JGJ/T 281—2012。

8.5.1 基本规定

(1) 高强混凝土的拌合物性能、力学性能、耐久性能和长期性能应满足设计和施工的要求。

(2) 高强混凝土应采用预拌混凝土，其标记应符合现行国家标准《预拌混凝土》GB/T 14902—2012 的规定。

(3) 强度等级不小于 C60 的纤维混凝土、补偿收缩混凝土、清水混凝土和大体积混凝土除应符合本规程的规定外，还应分别符合国家现行标准《纤维混凝土应用技术规程》JGJ/T 221—2010、《补偿收缩混凝土应用技术规程》JGJ/T 178—2009、《清水混凝土应用技术规程》JGJ 169—2009 和《大体积混凝土施工标准》GB 50496—2018 的规定。

(4) 当施工难度大的重要工程结构采用高强混凝土时，生产和施工前宜进行实体模拟试验。

(5) 对有预防混凝土碱骨料反应设计要求的高强混凝土工程结构，尚应符合现行国家标准《预防混凝土碱骨料反应技术规范》GB/T 50733—2011 的规定。

8.5.2 原材料

8.5.2.1 水泥

(1) 配制高强混凝土宜选用硅酸盐水泥或普通硅酸盐水泥。水泥应符合现行国家标准《通用硅酸盐水泥》GB 175—2007 的规定。

(2) 配制 C80 及以上强度等级的混凝土时，水泥 28d 胶砂强度不宜低于 50MPa。

(3) 对于有预防混凝土碱骨料反应设计要求的高强混凝土工程，宜采用碱含量低于 0.6%的水泥。

(4) 水泥中氯离子含量不应大于 0.03%。

(5) 配制高强混凝土不得采用结块的水泥，也不宜采用出厂超过 3 个月的水泥。

(6) 生产高强混凝土时，水泥温度不宜高于 60℃。

8.5.2.2 矿物掺合料

(1) 用于高强混凝土的矿物掺合料可包括粉煤灰、粒化高炉矿渣粉、硅灰等。粉煤灰应符合现行国家标准《用于水泥和混凝土中的粉煤灰》GB/T 1596—2017 的规定；粒化高炉矿渣粉应符合现行国家标准《用于水泥、砂浆和混凝土中的粒化高炉矿渣粉》GB/T 18046—2017 的规定；硅灰应符合现行国家标准《高强高性能混凝土用矿物外加剂》GB/T 18736—2017 的规定。

(2) 配制高强混凝土宜采用Ⅰ级或Ⅱ级的 F 类粉煤灰。

(3) 配制 C80 及以上强度等级的高强混凝土掺用粒化高炉矿渣粉时，粒化高炉矿渣粉不宜低于 S95 级。

(4) 当配制 C80 及以上强度等级的高强混凝土掺用硅灰时，硅灰的 SiO_2 含量宜大于 90%，比表面积不宜小于 $15\times10^3 m^2/kg$。

(5) 钢渣粉和粒化电炉磷渣粉宜用于强度等级不大于 C80 的高强混凝土，并应经过试验验证。

(6) 矿物掺合料的放射性应符合现行国家标准《建筑材料放射性核素限量》GB 6566—2010 的有关规定。

8.5.2.3 细骨料

(1) 细骨料应符合现行行业标准《普通混凝土用砂、石质量及检验方法标准》JGJ 52—2006 和《人工砂混凝土应用技术规程》JGJ/T 241—2011 的规定。

(2) 配制高强混凝土宜采用细度模数为 2.6～3.0 的Ⅱ区中砂。

(3) 砂的含泥量和泥块含量应分别不大于 2.0%和 0.5%。

(4) 当采用人工砂时，石粉亚甲蓝（MB）值应小于 1.4，石粉含量不应大于 5%，压碎指标值应小于 25%。

(5) 当采用海砂时，氯离子含量不应大于 0.03%，贝壳最大尺寸不应大于 4.75mm，贝壳含量不应大于 3%。

(6) 高强混凝土用砂宜为非碱活性。

(7) 高强混凝土不宜采用再生细骨料。

8.5.2.4 粗骨料

(1) 粗骨料应符合现行行业标准《普通混凝土用砂、石质量及检验方法标准》JGJ 52—2006 的规定。

(2) 岩石抗压强度应比混凝土强度等级标准值高 30%。

(3) 粗骨料应采用连续级配，最大公称粒径不宜大于 25mm。

(4) 粗骨料的含泥量不应大于 0.5%，泥块含量不应大于 0.2%。

(5) 粗骨料的针片状颗粒含量不宜大于 5%，且不应大于 8%。

(6) 高强混凝土用粗骨料宜为非碱活性。

(7) 高强混凝土不宜采用再生粗骨料。

8.5.2.5 外加剂

(1) 外加剂应符合现行国家标准《混凝土外加剂》GB 8076—2008 和《混凝土外加剂应用技术规范》GB 50119—2013 的规定。

(2) 配制高强混凝土宜采用高性能减水剂；配置 C80 及以上等级混凝土时，高性能减水剂的减水率不宜小于 28%。

(3) 外加剂应与水泥和矿物掺合料有良好的相容性，并经试验验证。

(4) 补偿收缩高强混凝土宜采用膨胀剂，膨胀剂及其应用应符合国家现行标准《混凝土膨胀剂》GB/T 23439—2017 和《补偿收缩混凝土应用技术规程》JGJ/T 178—2019 的规定。

(5) 高强混凝土冬期施工可采用防冻剂，防冻剂应符合现行行业标准《混凝土防冻剂》JC/T 475—2004 的规定。

(6) 高强混凝土不应采用受潮结块的粉状外加剂，液态外加剂应储存在密闭容器内，并应防晒和防冻，当有沉淀等异常现象时，应经检验合格后再使用。

8.5.2.6 水

(1) 高强混凝土拌合用水和养护用水应符合现行行业标准《混凝土用水标准》JGJ 63—2006 的规定。

（2）混凝土搅拌与运输设备洗刷水不宜用于高强混凝土。

（3）未经淡化处理的海水不得用于高强混凝土。

8.5.3 混凝土性能

8.5.3.1 拌合物性能

（1）泵送高强混凝土拌合物的坍落度、扩展度、倒置坍落度筒排空时间和坍落度经时损失宜符合表 8-26 的规定。

泵送高强混凝土拌合物的坍落度、扩展度、倒置坍落度筒排空时间和坍落度经时损失

表 8-26

项目	技术要求
坍落度(mm)	≥220
扩展度(mm)	≥500
倒置坍落度筒排空时间(s)	>5 且<20
坍落度经时损失(mm/h)	≤10

（2）非泵送高强混凝土拌合物的坍落度宜符合表 8-27 的规定。

非泵送高强混凝土拌合物的坍落度 **表 8-27**

项目	技术要求	
	搅拌罐车运送	翻斗车运送
坍落度(mm)	100～160	50～90

（3）高强混凝土拌合物不应离析和泌水，凝结时间应满足施工要求。

（4）高强混凝土拌合物的坍落度、扩展度和凝结时间的试验方法应符合现行国家标准《普通混凝土拌合物性能试验方法标准》GB/T 50080—2016 的规定；坍落度经时损失试验方法应符合现行国家标准《混凝土质量控制标准》GB 50164—2011 的规定；倒置坍落度筒排空试验方法应符合《高强混凝土应用技术规程》JGJ/T 281—2012 附录 A 的规定。

8.5.3.2 力学性能

（1）高强混凝土的强度等级应按立方体抗压强度标准值划分为 C60、C65、C70、C75、C80、C85、C90、C95 和 C100。

（2）高强混凝土力学性能试验方法应符合现行国家标准《混凝土物理力学性能试验方法标准》GB/T 50081—2019 的规定。

8.5.3.3 长期性能和耐久性能

（1）高强混凝土的抗冻、抗硫酸盐侵蚀、抗氯离子渗透、抗碳化和抗裂等耐久性能等级划分应符合国家现行标准《混凝土质量控制标准》GB 50164—2011 和《混凝土耐久性检验评定标准》JGJ/T 193—2009 的规定。

（2）高强混凝土早期抗裂试验的单位面积的总开裂面积不宜大于 $700mm^2/m^2$。

(3) 用于受氯离子侵蚀环境条件的高强混凝土的抗氯离子渗透性能宜满足电通量不大于1000C或氯离子迁移系数(D_{RCM})不大于$1.5\times10^{-12}mm^2/s$的要求；用于盐冻环境条件的高强混凝土的抗冻等级不宜小于F350；用于滨海盐渍土或内陆盐渍土环境条件的高强混凝土的抗硫酸盐等级不宜小于KS150。

(4) 高强混凝土长期性能与耐久性能的试验方法应符合现行标准《普通混凝土长期性能和耐久性能试验方法标准》GB/T 50082—2009的规定。

8.5.4 配合比

(1) 高强混凝土配合比设计应符合现行行业标准《普通混凝土配合比设计规程》JGJ 55—2011的规定，并应满足设计和施工要求。

(2) 高强混凝土配制强度应按下式确定：

$$f_{cu,0} \geqslant 1.15 f_{cu,k} \tag{8-20}$$

式中 $f_{cu,0}$——混凝土配制强度(MPa)；

$f_{cu,k}$——混凝土立方体抗压强度标准值(MPa)。

(3) 高强混凝土配合比应经试验确定，在缺乏试验依据的情况下宜符合下列规定：

1) 水胶比、胶凝材料用量和砂率可按表8-28选取，并应经试配确定。

水胶比、胶凝材料用量和砂率 **表8-28**

强度等级	水胶比	胶凝材料用量(kg/m³)	砂率(%)
≥C60,<C80	0.28～0.34	480～560	35～42
≥C80,<C100	0.26～0.28	520～580	
C100	0.24～0.26	550～600	

2) 外加剂和矿物掺合料的品种、掺量，应通过试配确定；矿物掺合料掺量宜为25%～40%；硅灰掺量不宜大于10%。

(4) 对于有预防混凝土碱骨料反应设计要求的工程，高强混凝土中最大碱含量不应大于$3.0kg/m^3$；粉煤灰的碱含量可取实测值的1/6，粒化高炉矿渣粉和硅灰的碱含量可分别取实测值的1/2。

(5) 配合比试配应采用工程实际使用的原材料，进行混凝土拌合物性能、力学性能和耐久性能试验，试验结果应满足设计和施工的要求。

(6) 大体积高强混凝土配合比试配和调整时，宜控制混凝土绝热温升不大于50℃。

(7) 高强混凝土设计配合比应在生产和施工前进行适应性调整，应以调整后的配合比作为施工配合比。

(8) 高强混凝土生产过程中，应及时测定粗、细骨料的含水率，并应根据其变化情况及时调整称量。

8.6 抗渗混凝土配合比设计

抗渗混凝土又称防水混凝土，其抗渗等级等于或大于P6级。

8.6.1 概述

抗渗混凝土的适用范围很广，主要用于工业、民用与公共建筑的地下室、水泵房、水池、水塔、海港、码头、水坝、桥墩、隧道、沉井等。此外还可用于屋面工程及其他防水工程。

混凝土的体积稳定性对抗渗性能起至关重要的作用，提高抗渗性能的根本措施是增强混凝土的密实性和体积稳定性。过去，抗渗混凝土主要是依靠通过调整骨料级配、砂率和水胶比等措施来提高混凝土的密实性。近二十年来，混凝土的组成材料发生了很大变化，外加剂和掺合料的掺入使混凝土更具密实性，一般不裂就不渗。

影响混凝土抗渗性能的主要原因是混凝土拌合物流动性过大、水泥过细，导致混凝土体积稳定性不良，易开裂。当然，由于混凝土中水分的存在，使体积变形成为混凝土固有的特性和缺陷。当控制措施得当时也只能减少混凝土的体积变形，无论采取什么措施都不可能做到完全消除。引起混凝土体积变形主要有三方面的原因，一是水泥水化过程引起的体积变化，称之为化学减缩；二是混凝土中水分变化引起的体积变化，称之为失水收缩；三是碳化作用引起的体积变化，称之为碳化收缩。这些变化导致了混凝土体积的不稳定，影响着混凝土的抗渗性能。

8.6.2 抗渗混凝土的主要技术措施

抗渗混凝土不是指一定要掺加膨胀剂。在德国，防渗混凝土基本不使用膨胀剂，只是在某些构件的连接处才掺膨胀剂。

膨胀混凝土的试验，是在特定条件下进行的。其试件尺寸、养护条件、试体温湿度等，与结构实体之间存在巨大的差异，实际上膨胀剂在工程结构实体中的膨胀效能反应很难掌控，并非膨胀剂在标准试验条件下具有良好的性能在工程结构中就具有良好表现。影响因素较多。不仅与养护条件有关，还与其品质、用量、细度、水泥用量及矿物组成、结构尺寸、混凝土温升、配筋、环境条件、水胶比、矿物掺合料、施工振捣及其他化学外加剂等密切相关。膨胀剂在混凝土塑性阶段产生膨胀能不产生体积增长，也无法张拉限制钢筋，这个阶段的膨胀作用是无效的，因此膨胀剂无法解决混凝土的塑性收缩裂缝问题。

研究表明，无论使用何种膨胀剂，仅靠拌合水并不足以使其正常发挥膨胀作用，膨胀混凝土浇筑后更需要浇水养护才能达到预期的效果，且湿养时间不得少于 14d。如果早期湿养不足，膨胀能没有正常释放，在后期环境条件适宜情况所产生的膨胀效应对混凝土结构是有害的，它将打破混凝土结构的体积平衡而产生膨胀开裂。对于浇筑后无法做到浇水养护或湿养时间不足的结构，掺加膨胀剂是毫无意义的。在干燥环境条件下，掺膨胀剂的混凝土由于凝结时间的加快，将加速干燥收缩的进程，其裂缝风险大于不掺膨胀剂的混凝土；膨胀剂也不能解决后期天气变化过程中产生的温差和干燥收缩裂缝问题。因此，膨胀剂并非“一掺就灵”的万能产品。也许浪费点资金不算什么，但毕竟资源和能源是有限的。

大量工程实践证明，底板由于便于保温保湿，极少出现有害裂缝，在许多工程中不掺膨胀剂也满足了设计要求的抗渗性能。而地下室外墙等立面结构，受外界温度、湿度及不易保湿养护的影响，容易发生竖向裂缝，且大多数是收缩造成的。凡是配筋不足、浇筑体越薄、拌合物流动性越好、强度等级越高、浇筑长度越长、养护不当等，结构产生的裂缝就越多。对于抗渗混凝土的墙体结构来说，最主要的技术应是从配筋、强度、原材料、配合比、施工方法和养护制度等方面采取控制措施最为有效。

1. 配筋

结构的配筋率与设置间距对混凝土抗裂性能很重要，特别是如今混凝土普遍大流态施工的情况下，混凝土结构离开配筋限制谈抗裂毫无意义，细而密的配筋是抗裂的最有效方法。对于有抗渗要求的墙体结构，水平筋的配筋率应在0.4%～0.6%之间，宜采用小直径（ϕ10～16）mm 的钢筋，间距不宜超过 150mm，在墙体的中部 1000mm 范围内应加密水平筋，间距宜为 80～100mm，使之形成一道“暗梁”。当墙体与柱的配筋、尺寸或强度相差较大，由于收缩应力不一致容易产生垂直裂缝，因此在墙体与柱的连接处 1500～2000mm 范围内，应增加墙体的水平筋（小直径，并插入柱内约 200～300mm）。

2. 养护

养护湿度对混凝土强度及耐久性能有显著的影响。混凝土在湿度达到100%的条件下，其体积不会发生收缩。因此，如果浇筑后不及时采取保湿养护措施，混凝土的拌合水将迅速蒸发，水泥水化程度将受到影响，不仅降低强度，而且将导致混凝土体积的干缩而产生裂缝，使混凝土抗渗性急剧下降，甚至完全丧失抗渗能力。因此，必须做好新浇混凝土的保温保湿养护工作，对于养护不便的墙体结构，浇筑后最好 5d 以后再拆模；当养护水与浇筑体温差不大于 20℃的情况下，可提前松开固定模板的螺栓，然后往浇筑体与模板之间的缝隙灌水，进行带模养护，模板拆除后还应采取措施对混凝土浇筑体进行保温保湿养护，防止混凝土温度和湿度损失过快而发生裂缝。

3. 后浇带的设置

混凝土会因浇筑体量越大、长度越长，产生裂缝的概率将会明显增加。故对于有抗渗要求的竖向结构，为消除或减少混凝土裂缝的产生，应不超过 20m 留置一道后浇带，或每一施工段不超过 20m。在明挖隧道、地铁混凝土工程施工中，其混凝土的每一施工段一般不超过 20m，这些结构的有害裂缝极少，证明施工段长度的合理性起到了很大的作用。

4. 原材料

原材料质量对混凝土质量影响很大，因此抗渗混凝土用原材料必须进行优选，并在生产过程中严格控制。

5. 配合比

混凝土配合比合理与否也是影响结构质量的一个主要因素，包括胶凝材料用量、用水量、水胶比、砂率、外加剂的应用等。用水量应控制在 $180kg/m^3$ 以下，设计配合比时可参考本章 8.1 节的第 3 条进行。

6. 稠度

混凝土体积稳定性、匀质性与拌合物流态关联密切，随着混凝土拌合物流动性的增大，其体积稳定性和匀质性将逐渐降低，导致沉降收缩变形增大。因此，有抗渗要求的混凝土，严格控制入模坍落度和流动性更加重要。混凝土入模坍落度不宜大于 200mm，扩展度不宜大于 500mm，并应分层浇筑。

7. 强度等级

高强混凝土水化热及收缩偏大，徐变偏小，应力松弛效应偏小。从控制裂缝角度来说，地下室外墙的混凝土强度等级不宜超过 C40；而有些工程地下室外墙设计强度等级为 C60，并规定掺膨胀剂，这对混凝土的抗渗性能极为不利。

8.6.3 抗渗混凝土的材料要求

（1）水泥宜采用普通硅酸盐水泥。

（2）粗骨料宜采用连续级配，其最大粒径不宜大于 40mm，含泥量不得大于 1.0%，泥块含量不得大于 0.5%。

（3）细骨料宜采用中砂，含泥量不得大于 3.0%，泥块含量不得大于 1.0%。

（4）外加剂宜采用引气减水剂。

（5）宜掺用矿物掺合料；当掺用粉煤灰时，应为不低于Ⅱ级的 F 类。

8.6.4 抗渗混凝土配合比的设计

抗渗混凝土配合比的设计方法可按普通混凝土方法进行，并应满足以下要求：

（1）每立方米混凝土中的胶凝材料用量不宜小于 320kg。

（2）砂率宜为 35%～45%。

（3）最大水胶比应符合表 8-29 的要求。

抗渗混凝土最大水胶比限值 **表 8-29**

设计抗渗等级	最大水胶比	
	C20～C30	C30 以上
P6	0.60	0.55
P8～P12	0.55	0.50
>P12	0.50	0.45

（4）进行抗渗混凝土配合比的设计时，应增加抗渗性能试验，并应符合以下要求：

1）配制抗渗混凝土要求的抗渗水压值应比设计值提高 0.2MPa。

2）抗渗性能试验结果应满足下式要求：

$$P_t \geqslant \frac{P}{10} + 0.2 \tag{8-21}$$

式中 P_t——6 个试件中不少于 4 个未出现渗水时的最大水压值（MPa）；

P——设计要求的抗渗等级值。

（5）掺用引气剂或引气型外加剂的抗渗混凝土，应进行含气量试验，含气量宜控制在 3.0%～5.0%。

8.7 大体积混凝土配合比设计

混凝土结构物实体最小尺寸不小于 1m 的大体量混凝土，或预计会因混凝土中胶凝材料水化引起的温度变化和收缩而导致有害裂缝产生的混凝土，称为大体积混凝土。

随着高层建筑和大型设备基础的日益增多，大体积混凝土的应用也日益广泛。大体积混凝土与普通混凝土的区别表面上看是厚度不同，但其实质的区别是混凝土实体的内外温差值。判断是否属于大体积混凝土厚度不是唯一因素，还应当以混凝土中水泥水化热所引起的内外温差值大小来进行判别。一般来说，当温差值大于 25℃时就可判定该混凝土属大体积混凝土。强度等级 C40 以上的混凝土，往往其厚度超过 80cm 也属于大体积混凝土范畴。

水泥水化所产生的热量在大体积混凝土中聚集，由于混凝土的导热性较差，因此散失较慢，往往使混凝土内部聚集的温度高达 60～80℃。当混凝土的内外温差过大时，将产生较大的温度应力和收缩应力，容易引起混凝土表面裂缝甚至贯穿裂缝，影响结构的整体性、耐久性和抗水渗透性。因此，大体积混凝土应优选原材料，优化配合比，并在浇筑前进行混凝土的热工计算，估算浇筑后可能产生的最大水化热温升值、内外温差值，以便在施工时采取有效的技术措施，防止内外温差过高引起结构开裂。

关于大体积混凝土的强度，现行国家标准《大体积混凝土施工标准》GB 50496—2018、《地下工程防水技术规范》GB 50108—2008 以及《补偿收缩混凝土应用技术规程》JGJ/T 178—2009 等规范均规定：大体积混凝土可采用混凝土 60d 或 90d 的强度作为混凝土配合比设计、混凝土强度评定及工程验收的依据。该规定主要考虑现代大体积混凝土粉煤灰取代水泥量较大。大量掺入粉煤灰的混凝土早期强度有所降低，但后期强度则与基准混凝土相等或略高。大体积混凝土多为地下结构，所处的环境湿度大，有利于水泥熟料水化时释放出的 $Ca(OH)_2$ 激发粉煤灰的潜在活性，这是粉煤灰混凝土后期强度增长大，能够达到或超过基准混凝土强度的有利条件，也是规范允许大体积混凝土大量掺用粉煤灰，并延长强度等级龄期的重要原因。但是，这项规定目前还有许多设计单位没有采用，仍采用 28d 龄期评定强度，不利于资源和能源的节约与利用。究其根源，主要是对粉煤灰混凝土的性能及技术缺乏了解，或是忘了混凝土早期强度越高恰是混凝土结构早期开裂、耐久性能下降的主要原因。

高层建筑的大体积混凝土底板，处于封闭潮湿环境中，钢筋保护层厚，外部有防水措施，极少存在对结构耐久性有不利的因素。对于这种结构，所用混凝土只要强度性能满足要求，对于耐久性能没有额外要求。这种结构对于混凝土的水化温升控制严格，以避免温度裂缝。大体积混凝土结构的验收龄期一般较长，常为 60d，甚至 90d。因此这种混凝土可以大幅度降低水泥熟料用量，增加矿物掺合料用量，以充分利用矿物掺合料的潜在水化活性，降低温升，提高混凝土的密实性。这样既改善混凝土的性能，还充分利用固体工业废渣，减少水泥生产过程排放的 CO_2 温室气体和资源能源消耗，改善人类生存环境，是一条符合可持续发展原则的技术路线。

如北京国贸三期 A 塔楼的大体积混凝土底板，采用 $C45R_{60}$ 混凝土，使用 P·O 42.5 水泥 230kg/m^3，Ⅰ级粉煤灰 190kg/m^3；深圳平安金融中心的大体积混凝土底板，采用 $C40R_{60}$ 混凝土，使用 P·O42.5 水泥 220kg/m^3，Ⅱ级粉煤灰 180kg/m^3。另北京中信大厦的大体积混凝土底板，采用 $C50R_{90}$ 混凝土，使用 P·O 42.5 水泥 230kg/m^3，Ⅱ级粉煤灰 230kg/m^3。这些 C40 强度等级以上的混凝土，即使按照水泥标准规定的组成来计算，其水泥熟料的用量也仅有 180kg/m^3 左右。实际工程施工结果显示，在验收龄期，混凝土强度能达到设计强度的 120%以上，结构内部最高温升不超过 45℃，不开裂。这种大掺量矿物掺合料混凝土的造价低，性能好，制备与施工容易，受到混凝土生产与使用单位的欢迎，是绿色高性能混凝土。

大体积混凝土配合比的设计主要采取以下三项措施：

(1) 采用能降低早期水化热的混凝土外加剂。

(2) 采用矿物掺合料。

(3) 在保证混凝土强度及施工要求的前提下，应采取一切措施提高掺合料及骨料的含量，以降低单方混凝土的水泥用量。

以下内容摘自《大体积混凝土施工标准》GB 50496—2018 标准。

8.7.1 基本规定

(1) 大体积混凝土施工应编制施工组织设计或施工技术方案，并应有环境保护和安全施工的技术措施。

(2) 大体积混凝土施工除应符合下列规定：

1) 大体积混凝土的设计强度等级宜为 C25～C50，并可采用混凝土 60d 或 90d 的强度作为混凝土配合比设计、混凝土强度评定及工程验收的依据。

2) 大体积混凝土的结构配筋除应满足结构承载力和构造要求外，还应结合大体积混凝土的施工方法配制温度和收缩的构造钢筋。

(3) 大体积混凝土工程施工前，应对施工阶段浇筑体的温度、温度应力及收缩应力进行试算，并确定混凝土浇筑体的温升峰值，里表温差及降温速率的控制指标，制定相应的温控技术措施。

(4) 大体积混凝土的入模温度宜控制在 5～30℃。

(5) 大体积混凝土施工温控指标应符合下列规定：

1) 混凝土浇筑体在入模温度基础上的温升值不宜大于 50℃。

2) 混凝土浇筑体的里表温差（不含混凝土收缩的当量温度）不宜大于 25℃。

3) 混凝土浇筑体的降温速率不宜大于 2.0℃/d。

4) 拆除保温覆盖时混凝土浇筑体表面与大气温差不应大于 20℃。

8.7.2 原材料

(1) 水泥选择及其质量，应符合下列规定：

1) 应符合现行国家标准《通用硅酸盐水泥》GB 175—2007 的有关规定，当采用其他品种时，其性能指标必须符合国家现行有关标准的规定。

2) 应选用水化热低的通用硅酸盐水泥，3d 水化热不宜大于 250kJ/kg，7d 水化热不宜大于 280kJ/kg；当选用 52.5 强度等级水泥时，7d 水化热宜小于 300kJ/kg。

3) 水泥在搅拌站的入机温度不宜高于 60℃。

(2) 用于大体积混凝土的水泥进场时应检查水泥品种、代号、强度等级、包装或散装编号、出厂日期等，并应对强度、安定性、凝结时间、水化热进行复检，检验结果应符合现行国家标准《通用硅酸盐水泥》GB 175—2007 的有关规定。

(3) 骨料选择，除应符合国家现行标准《普通混凝土用砂、石质量及检验方法标准》

JGJ 52—2006 的有关规定外，尚应符合下列规定：

1）细骨料宜采用中砂，细度模数宜大于 2.3，含泥量不应大于 3%。

2）粗骨料粒径宜为 5～31.5mm 的连续级配，含泥量不应大于 1%。

3）应选用非碱活性的粗骨料。

4）当采用非泵送施工时，粗骨料的粒径可适当增大。

（4）粉煤灰和粒化高炉矿渣粉，质量应符合现行国家标准《用于水泥和混凝土中的粉煤灰》GB/T 1596—2017 和《用于水泥、砂浆和混凝土中的粒化高炉矿渣粉》GB/T 18046—2017 的有关规定。

（5）外加剂质量及应用技术，应符合现行国家标准《混凝土外加剂》GB 8076—2008、《混凝土外加剂应用技术规范》GB 50119—2013 的有关规定。并应符合下列规定：

1）外加剂的品种、掺量应根据材料试验确定。

2）宜提供外加剂对硬化混凝土收缩等性能的影响系数。

3）耐久性要求较高或寒冷地区的大体积混凝土，宜采用引气剂或引气减水剂。

（6）混凝土拌合水质量应符合现行行业标准《混凝土用水标准》JGJ 63—2006 的有关规定。

8.7.3　配合比设计

（1）大体积混凝土配合比设计，除应符合现行行业标准《普通混凝土配合比设计规程》JGJ 55—2011 的有关规定外，尚应符合下列规定：

1）当采用混凝土 60d 或 90d 的强度作指标时，应将其作为混凝土配合比的设计依据。

2）混凝土拌合物的坍落度不宜大于 180mm。

3）拌合用水量不宜大于 170kg/m^3。

4）粉煤灰掺量不宜超过胶凝材料用量的 50%；矿渣粉掺量不宜超过胶凝材料用量的 40%；粉煤灰和矿渣粉掺量总和不宜超过胶凝材料用量的 50%。

5）水胶比不宜大于 0.45。

6）砂率宜为 38%～45%。

（2）在混凝土制备前，宜进行绝热温升、泌水率、可泵性等对大体积混凝土裂缝控制有影响的技术参数的试验；必要时配合比设计应当通过试泵送验证。

（3）在确定混凝土配合比时，应根据混凝土绝热温升、温控施工方案的要求，提出混凝土制备时的粗细骨料和拌合用水及入模温度控制的技术措施。

8.7.4　大体积混凝土养护温度控制

在每次混凝土浇筑完毕后，除应按普通混凝土进行常规养护外，尚应及时按温控技术措施的要求进行保温养护，进行大体积混凝土温控的目的，是防止因温度变化引起结构物的开裂。

混凝土浇筑体里表温差不宜超过 25℃、表面与大气温差不宜超过 20℃，否则，就有可能产生温差裂缝。保温法是大体积混凝土进行养护温度控制的较好方法，采用强制或不均匀的冷却降温措施不仅成本高，管理不善易使大体积混凝土产生贯穿性裂缝。采用保温法时，保温覆盖层的拆除应分层逐步进行，当混凝土的表面温度与环境最大温差小于 20℃

时，可全部拆除。

大体积混凝土常见的裂缝大多数发生在不同深度的表面，而这些裂缝又较多发生于早期，这主要是早期混凝土内升温度高，过早拆模或拆除保温材料使混凝土表面温度骤降，形成很陡的温度梯度，而混凝土的早期强度低，极限拉伸小，如果养护不善，容易产生裂缝。此外，在冬季负温季节，或在早春晚秋气温变化大且频繁的时节，由于表面处于负温或因温度骤降，也容易产生裂缝。因此表面裂缝也可能出现于后期，这在寒冷地区更为明显。

鉴于上述情况，利用保温材料提高新浇筑的混凝土表面和四周温度，减少混凝土的内外温差，是一项简便有效的温度控制方法。塑料薄膜、麻袋、阻燃保温被等，可作为保温材料覆盖混凝土和模板，必要时可搭设挡风保温棚或遮阳降温棚。在保温养护中，应对混凝土浇筑体的里表温差和降温速率进行现场监测，当实测结果不满足温控指标时，应及时调整保温养护措施。

大体积混凝土温控施工的现场监测：

(1) 大体积混凝土浇筑体里表温差、降温速率及环境温度的测试，在混凝土浇筑后，每昼夜不应少于 4 次；入模温度的测量，每台班不应少于 2 次。

(2) 大体积混凝土浇筑体内监测点的布置，应能真实地反映出混凝土浇筑体内最高温升、里表温差、降温速率及环境温度，可按下列方式布置：

1) 测试区可选混凝土浇筑体平面图对称轴线的半条轴线，测试区内监测点按平面分层布置。

2) 在测试区内，监测点的位置与数量可根据混凝土浇筑体内温度场的分布情况及温控的要求确定。

(3) 在每条测试轴线上，监测点位不宜少于 4 处，应根据结构的平面尺寸布置。

(4) 沿混凝土浇筑体厚度方向，应至少布置表层、底层和中心温度测点，测点间距不宜大于 500mm 布置。

(5) 保温养护效果及环境温度监测点数量应根据具体需要确定。

(6) 混凝土浇筑体的表层温度，宜为混凝土浇筑体表面以内 50mm 处的温度。

(7) 混凝土浇筑体的底层温度，宜为混凝土浇筑体底面以上 50mm 处的温度。

由于影响混凝土温度涉及因素较多，且条件变化不一，要计算出一个较为准确的保温铺设层厚度很困难。故在保温养护过程中，应根据浇筑体的实测温度及时采取养护措施，确保混凝土中心与表面、表面与环境的温差均不超过规定要求。在冬期浇筑时，混凝土的入模温度不应低于 10℃，否则温差难以控制。

8.7.5 大体积混凝土配合比工程实例

大体积混凝土的施工一向备受工程界人士关注，为确保浇筑质量，一般在浇筑前都要进行多次试配试验，其初凝时间宜控制在 10h 以上。表 8-30 是国内一些大型工程的基础底板配合比，可供读者参考。

基础底板大体积混凝土配合比工程实例 表 8-30

工程名称	强度等级	浇筑量（万 m^3）	楼高（m）	组成材料及配合比（kg/m^3）									坍落度（mm）	龄期（d）	中心温度（℃）
				材料	水	水泥	粉煤灰	矿粉	细骨料	粗骨料	减水剂	膨胀剂			
天津117大厦	C50P8	6.5	597	用量	158	250	100	117	697	1090	4.7	—	200±20	90	71.0
				规格		42.5	Ⅱ级	S95	中砂	5～20	—	—			
武汉绿地中心	C50P10	2.8	606	用量	156	230	83	92	787	1043	6.0	55	200±20	60	69.2
				规格		42.5	Ⅰ级	S95	中砂	5～25		—			
上海越洋国际广场	C40P8	1.6	—	用量	175	225	75	70	786	1050	5.4	—	200±20	60	76.0
				规格		42.5	Ⅱ级	S95	中砂	5～31.5		—			
郑州绿地中央广场	C45P10	1.8	284	用量	175	230	120	95	750	1030	9.0	—	200±20	60	75.0
				规格		42.5	Ⅱ级	S95	中砂	5～25		—			
南京南站北广场	C35P6	1.8	—	用量	170	248	79	40	715	1111	4.8	32	180±20	—	53.6
				规格		42.5	Ⅰ级	S95	中砂	5～31.5		—			
深圳平安金融中心	C40P12	3.2	660	用量	170	220	180	0	852	1027	8.4	—	180±20	60	62.3
				规格		42.5	Ⅱ级	—	中砂	5～25		—			
上海金茂大厦	C50P8	1.35	420	用量	189	420	70	0	626	1050	3.4	—	120±20	56	97.5
				规格		42.5	Ⅱ级	—	中砂	5～40		—			
中央CCTV新台址	C40P8	4.0	234	用量	155	200	196	0	721	1128	4.4	—	180±20	60	59.5
				规格		42.5	Ⅰ级	—	中砂	5～25		—			
深圳京基金融中心	C50P10	1.32	439	用量	163	200	100	100	757	1050	10.4	—	160±20	90	76.0
				规格		42.5	Ⅰ级	S95	中砂	5～25		—			
国贸三期	C45	1.81	330	用量	165	230	190	—	770	1020	9.7	—	200±20	60	75.0
				规格		42.5	Ⅰ级	—	中砂	5～25		—			
上海环球金融中心	C40P8	2.89	492	用量	170	270	70	70	780	1040	2.72	—	150±30	60	67.1
				规格		42.5	Ⅱ级	S95	中砂	5～25		—			
广州东塔	C40P10	1.56	530	用量	150	150	200	50	660	1130	8.8	—	180±20	60	—
				规格		42.5	Ⅰ级	S95	中砂	5～31.5		—			
西安绿地金融中心	C40P8	1.08	250	用量	165	200	100	90	856	1020	9.8	—	180±20	60	69.0
				规格		42.5	Ⅱ级	S95	中砂	5～25		—			

8.8 自密实混凝土配合比的设计

8.8.1 概述

自密实混凝土是日本东京大学教授冈村甫在20世纪80年代后期提出的。日本于20世纪90年代初开始应用于工程结构中，到2004年，日本自密实混凝土总使用量已超过250万m^3，并且在混凝土制品中的应用有逐年增加之势。

自密实混凝土通过对骨料、外加剂、胶凝材料和细掺料等组份的合理选择与配合比优化、合理地解决流动性与抗分离性之间的矛盾，提高拌合物的间隙通过能力和填充能力，在骨料自重作用下自行密实，并能填充到复杂形体和密筋结构的各个部位，混凝土硬化后具有良好的力学性能，可节省人力、物力、降低噪声、提高工效，解决了结构钢筋密度大、薄壁、形状复杂、振捣困难的问题，适用于复杂形体和密筋部位的混凝土结构。

但是，由于自密实混凝土的单方胶凝材料用量较多（需400kg/m^3以上），砂率较大（需45%以上），流动性能要求较高（坍落扩展度需达到600mm以上），因此水化热及收缩比普通混凝土大，导致了混凝土抗裂性能的大幅度下降，采用自密实混凝土所浇筑的结构容易产生有害裂缝。这一弊病在我国频频发生，不得不采取环氧灌浆的补救措施，以确保建筑物的使用功能和耐久性，使混凝土供应商和施工单位遭受了一定的经济损失。因此，尽管自密实混凝土有其独特的优点，但并不适用于体量大、配筋少及不易保湿养护的结构部位。

以下内容引自《自密实混凝土应用技术规程》JGJ/T 283—2012。

8.8.2 术语

1. 自密实混凝土

具有高流动性、均匀性和稳定性，浇筑时无需外力振捣，能够在自重作用下流动并充满模板空间的混凝土。

2. 填充性

自密实混凝土拌合物在无需振捣的情况下，有能均匀密实成型的性能。

3. 间隙通过性

自密实混凝土拌合物均匀通过狭窄间隙的性能。

4. 抗离析性

自密实混凝土拌合物中各种组分保持均匀分散的性能。

5. 坍落扩展度

自坍落度筒提起至混凝土拌合物停止流动后，测量坍落扩展度面最大直径和与最大直径呈垂直方向的直径的平均值。

6. 扩展时间（T_{500}）

用坍落度筒测量混凝土坍落扩展度时，自坍落度筒提起开始计时，至拌合物坍落扩展面直径达到500mm的时间。

7. J 环扩展度

J 环扩展度试验中，拌合物停止流动后，扩展面的最大直径和与最大直径呈垂直方向的直径的平均值。

8. 离析率

标准法筛析试验中，拌合物静置规定时间后，流过公称直径为 5mm 的方孔筛的浆体质量与混凝土质量的比例。

8.8.3　材料

8.8.3.1　胶凝材料

（1）配制自密实混凝土宜采用硅酸盐水泥或普通硅酸盐水泥，并应符合现行国家标准《通用硅酸盐水泥》GB 175—2007 的规定。当采用其他品种水泥时，其性能指标应符合国家现行相关标准的规定。

（2）配制自密实混凝土可采用粉煤灰、粒化高炉矿渣粉、硅灰等矿物掺合料，且粉煤灰应符合国家现行标准《用于水泥和混凝土中的粉煤灰》GB/T 1596—2017 的规定，粒化高炉矿渣粉应符合现行国家标准《用于水泥、砂浆和混凝土中的粒化高炉矿渣粉》GB/T 18046—2017 的规定，硅灰应符合现行国家标准《高强高性能混凝土用矿物外加剂》GB/T 18736—2017 的规定。当采用其他矿物掺合料时，应通过充分试验进行验证，确定混凝土性能满足工程应用要求后再使用。

矿物掺合料是自密实混凝土必不可少的组成材料之一，它不但能改善混凝土拌合物的性能，起到增稠的作用，而且还能提高混凝土的耐久性。可掺用粉煤灰、粒化高炉矿渣、沸石粉、硅灰等矿物质掺合料。矿物掺合料的选择应从实际出发，以确保既经济又能满足混凝土性能要求为原则。

8.8.3.2　骨料

骨料的粒形和级配对自密实混凝土非常重要，骨料的粒形和级配好坏直接影响混凝土的流动性、变形性和抗裂性能，应尽量选用级配较好的圆形的骨料，宜掺一部分 5～10mm 的圆形豆石，以改善混凝土的流动性。

（1）粗骨料宜采用连续级配或 2 个及以上单粒径级配搭配使用，最大公称粒径不宜大于 20mm；对于结构紧密的竖向构件、复杂形状的结构以及有特殊要求的工程，粗骨料的最大公称粒径不宜大于 16mm。粗骨料的针片状颗粒含量、含泥量及泥块含量，应符合表 8-31 的规定，其他性能及试验方法应符合现行行业标准《普通混凝土用砂、石质量及检验方法标准》JGJ 52—2006 的规定。

粗骨料的针片状颗粒含量、含泥量及泥块含量　　表 8-31

项目	针片状颗粒含量	含泥量	泥块含量
指标(%)	≤8.0	≤1.0	≤0.5

（2）轻粗骨料宜采用连续级配，性能指标应符合表 8-32 的规定，其他性能及试验方法应符合国家现行标准《轻集料及其试验方法 第 1 部分：轻集料》GB/T 17431.1—2010 的规定。

轻粗骨料的性能指标 **表 8-32**

项目	密度等级	最大粒径	粒形系数	24h 吸水率
指标	≥700	≤16mm	≤2.0	≤10%

(3) 细骨料宜采用级配Ⅱ区的中砂。天然砂的含泥量、泥块含量应符合表 8-33 的规定；人工砂的石粉含量应符合表 8-34 的规定。其他性能及试验方法应符合现行行业标准《普通混凝土用砂、石质量及检验方法标准》JGJ 52—2006 的规定。

天然砂的含泥量和泥块含量 **表 8-33**

项目	含泥量	泥块含量
指标(%)	≤3.0	≤1.0

人工砂的石粉含量 **表 8-34**

项目		指标		
		≥C60	C55～C30	≤C25
石粉含量(%)	MB<1.40(合格)	≤5.0	≤7.0	≤10.0
	MB≥1.40(不合格)	≤2.0	≤3.0	≤5.0

8.8.3.3 外加剂

自密实混凝土应选用高效减水剂或高性能减水剂。自密实混凝土的高流动度、高稳定性、间隙通过能力和填充性，需要采用高效减水剂才能够实现。对减水剂的主要要求为：与水泥的相溶性好，减水率应在 20%以上。

由于速凝剂和促凝类外加剂加快混凝土的凝结硬化，可使混凝土拌合物在很短的时间内丧失流动性，所以不适合用于自密实混凝土。

早强剂和早强型外加剂一般会使混凝土拌合物坍落度损失加快，不利于自密实混凝土施工，应慎重选用早强剂和早强型外加剂。

(1) 外加剂应符合现行国家标准《混凝土外加剂》GB 8076—2008 和《混凝土外加剂应用技术规范》GB 50119—2013 的有关规定。

(2) 掺用增稠剂、絮凝剂等其他外加剂时，应通过充分试验进行验证，其性能应符合国家现行有关标准的规定。

8.8.3.4 混凝土用水

自密实混凝土的拌合用水和养护用水应符合现行行业标准《混凝土用水标准》JGJ 63—2006 的规定。

8.8.3.5 其他

自密实混凝土加入钢纤维、合成纤维时，其性能应符合现行行业标准《纤维混凝土应用技术规程》JGJ/T 221—2010 的规定。

8.8.4 自密实混凝土性能

8.8.4.1 混凝土拌合物性能

(1) 自密实混凝土拌合物除应满足普通混凝土拌合物对凝结时间、黏聚性和保水性等的要求外，还应满足自密实性能的要求。

（2）不同性能等级自密实混凝土的应用范围应按表 8-35 确定。

不同性能等级自密实混凝土的应用范围　　表 8-35

自密实性能	性能等级	应用范围	重要性
填充性	SF1	(1)从顶部浇筑的无配筋或配筋较少的混凝土结构物。 (2)泵送浇筑施工的工程。 (3)截面较小,无需水平长距离流动的竖向结构物	控制指标
	SF2	适合一般的普通钢筋混凝土结构	
	SF3	适用于结构紧密的竖向构件、复杂形状的结构等(粗骨料的最大公称粒径宜小于 16mm)	
	VS1	适合一般的普通钢筋混凝土结构	
	VS2	适用于配筋较多的结构或有较高混凝土外观性能要求的结构,应严格控制	
间隙通过性[1]	PA1	适用于钢筋净距 80～100mm	可选指标
	PA2	适用于钢筋净距 60～80mm	
抗离析性[2]	SR1	适用于流动距离小于 5m、钢筋净距大于 80mm 的薄板结构和竖向结构	可选指标
	SR2	适用于流动距离超过 5m、钢筋净距小于 80mm 的薄板结构和竖向结构。也适用于流动距离小于 5m、钢筋净距小于 80mm 的竖向结构,当流动距离超过 5m,SR 值宜小于 10%	

注：1. 钢筋净距小于 60mm 时宜进行浇筑模拟试验；对于钢筋净距大于 80mm 的薄板结构或钢筋净距小于 100mm 的其他结构可不作间隙通过性指标要求。

2. 高填充性（坍落扩展度指标为 SF2 或 SF3）的自密实混凝土，应有抗离析性要求。

（3）自密实混凝土拌合物的自密实性能及要求可按表 8-36 确定。

自密实混凝土拌合物的自密实性能及要求　　表 8-36

自密实性能	性能指标	性能等级	技术要求
填充性	坍落扩展度(mm)	SF1	550～655
		SF2	660～755
		SF3	760～850
	扩展时间 T_{500}(s)	VS1	≥2
		VS2	<2
间隙通过性	坍落扩展度与 J 环扩展度差值(mm)	PA1	25<PA1≤50
		PA2	0≤PA2≤25
抗离析性	离析率(%)	SR1	≤20
		SR2	≤15
	粗骨料振动离析率(%)	f_m	≤10

8.8.4.2　硬化混凝土的性能

硬化混凝土力学性能、长期性能和耐久性能应满足设计要求和国家现行相关标准的规定。

8.8.5　混凝土配合比设计

8.8.5.1　一般规定

（1）自密实混凝土应根据工程结构形式、施工工艺以及环境因素进行配合比设计，并应在综合考虑混凝土自密实性能、强度、耐久性以及其他性能要求的基础上，计算初始配合比，经试验室试配、调整得出满足自密实性能要求的基准配合比，经强度、耐久性复核得到设计配合比。

（2）自密实混凝土配合比设计宜采用绝对体积法。自密实混凝土水胶比宜小于 0.45，胶凝材料用量宜控制在 400～550kg/m^3。

（3）自密实混凝土宜采用通过增加粉体材料的方法适当增加浆体体积，也可通过添加外加剂的方法来改善浆体的黏聚性和流动性。

（4）钢管自密实混凝土配合比设计时，应采取减少收缩的措施。

8.8.5.2　混凝土配合比设计

（1）自密实混凝土初始配合比设计宜符合下列规定：

1）配合比设计应确定拌合物中粗骨料体积、砂浆中砂的体积分数、水胶比、胶凝材料用量、矿物掺合料的比例等参数。

2）粗骨料体积及质量的计算宜符合下列规定：

① 每立方米混凝土中粗骨料的体积（V_g）可按表 8-37 选用；

每立方米混凝土中粗骨料的体积（V_g）　　表 8-37

填充性指标	SF1	SF2	SF3
每立方米混凝土中粗骨料的体积(m^3)	0.32～0.35	0.30～0.33	0.28～0.30

② 每立方米混凝土中粗骨料的质量（m_g）可按下列计算：

$$m_g = V_g \cdot \rho_g \tag{8-22}$$

式中　ρ_g——粗骨料的表观密度（kg/m^3）。

3）砂浆体积（V_m）可按下式计算：

$$V_m = 1 - V_g \tag{8-23}$$

4）砂浆中砂的体积分数（Φ_s）可取 0.42～0.45。

5）每立方米混凝土中砂的体积（V_s）和质量（m_s）可按下列公式计算：

$$V_s = V_m \cdot \Phi_s \tag{8-24}$$

$$m_s = V_s \cdot \rho_s \tag{8-25}$$

式中　ρ_s——砂的表观密度（kg/m^3）。

6）浆体体积（V_p）可按下式计算：

$$V_p = V_m - V_s \tag{8-26}$$

7）胶凝材料表观密度（ρ_b）可根据矿物掺合料和水泥的相对含量及各自的表观密度确定，并可按下式计算：

$$\rho_b = \frac{1}{\dfrac{\beta}{\rho_m} + \dfrac{(1-\beta)}{\rho_c}} \tag{8-27}$$

式中 ρ_m ——矿物掺合料的表观密度（kg/m^3）；

ρ_c ——水泥的表观密度（kg/m^3）；

β——每立方米混凝土中矿物掺合料占胶凝材料的质量分数（%）；当采用两种或以上矿物掺合料时，可以 β_1、β_2、β_3 表示，并进行相应计算；根据自密实混凝土工作性、耐久性、温升控制等要求，合理选择胶凝材料中水泥、矿物掺合料类型，矿物掺合料占胶凝材料用量的质量分数 β 不宜小于 0.2。

8）自密实混凝土配制强度（$f_{cu,0}$）应按现行行业标准《普通混凝土配合比设计规程》JGJ 55—2011 的规定进行计算。

9）水胶比（m_w/m_b）应符合下列规定：

① 当具备试验统计资料时，可根据工程所使用的原材料，通过建立的水胶比与自密实混凝土抗压强度关系式来计算得到水胶比。

② 当不具备上述试验统计资料时，水胶比可按下式计算：

$$m_w/m_b=\frac{0.42f_{ce}(1-\beta+\beta\cdot\gamma)}{f_{cu,0}+1.2} \tag{8-28}$$

式中 m_b——每立方米混凝土中胶凝材料的质量（kg）；

m_w——每立方米混凝土中用水的质量（kg）；

f_{cu}——水泥的 28d 实测抗压强度（MPa）；当水泥 28d 抗压强度未能进行实测时，可本章第 8.2.2.1 节表 8-9 选用；

γ ——粉煤灰影响系数和粒化高炉矿渣粉影响系数，可按本章第 8.2.2.1 节表 8-8 选用。

10）每立方米自密实混凝土中胶凝材料的质量（m_b）可根据自密实混凝土中的浆体体积（V_p）、胶凝材料的表观密度（ρ_b）、水胶比（m_w/m_b）等参数确定，并可按下式计算：

$$m_b=\frac{V_p-V_a}{\left(\dfrac{1}{\rho_b}+\dfrac{m_w/m_b}{\rho_w}\right)} \tag{8-29}$$

式中 V_a——每立方米混凝土中引入空气的体积（L），对于非引气型的自密实混凝土，可取 10～20L；

ρ_w ——每立方米混凝土中拌合水的表观密度（kg/m^3），取 $1000kg/m^3$。

11）每立方米混凝土中用水的质量（m_w）应根据每立方米混凝土中胶凝材料的质量（m_b）及水胶比（m_w/m_b）确定，并可按下式计算：

$$m_w=m_b\cdot(m_w/m_b) \tag{8-30}$$

12）每立方米混凝土中水泥的质量（m_c）和矿物掺合料的质量（m_m）应根据每立方米混凝土中胶凝材料的质量（m_b）和胶凝材料中矿物掺合料的质量分数（β）确定，并可按下式计算：

$$m_m=m_b\cdot\beta \tag{8-31}$$

$$m_c=m_b-m_m \tag{8-32}$$

13）外加剂的品种和用量应根据试验确定，外加剂用量可按下式计算：

$$m_{ca}=m_b\cdot\alpha \tag{8-33}$$

式中 m_{ca}——每立方米混凝土中外加剂的质量（kg）；

α——每立方米混凝土中外加剂占胶凝材料总量的质量百分数（%）。

（2）自密实混凝土配合比的试配、调整与确定应符合下列规定：

1）混凝土试配时应采用工程实际使用的原材料，每盘混凝土的最小搅拌量不宜小于25L。

2）试配时，首先应进行试拌，先检查拌合物自密实性能必控指标，再检查拌合物自密实性能可选指标。当试拌得出的拌合物自密实性能不能满足要求时，应在水胶比不变、胶凝材料用量和外加剂用量合理的原则下调整胶凝材料用量、外加剂用量或砂的体积分数等，直到符合要求为止。应根据试拌结果提出混凝土强度试验用的基准配合比。

3）混凝土强度试验时至少应采用三个不同的配合比。当采用不同的配合比时，其中一个应为确定的基准配合比，另外两个配合比的水胶比宜较基准配合比分别增加和减少0.02；用水量与基准配合比相同，砂的体积分数可分别增加或减少1%。

4）制作混凝土强度试验试件时，应验证拌合物自密实性能是否达到设计要求，并以该结果代表相应配合比的混凝土拌合物性能指标。

5）混凝土强度试验时每种配合比至少应制作一组试件，标准养护到28d或设计要求的龄期时试压，也可同时多制作几组试件，按《早期推定混凝土强度试验方法标准》JGJ/T 15—2021早期推定混凝土强度，用于配合比调整，但最终应满足标准养护28d或设计规定龄期的强度要求。如有耐久性要求时，还应检测相应的耐久性指标。

6）应根据试配结果对基准配合比进行调整，调整与确定应按《普通混凝土配合比设计规程》JGJ 55—2011的规定执行，确定的配合比即为设计配合比。

7）对于应用条件特殊的工程，宜采用确定的配合比进行模拟试验，以检验所设计的配合比是否满足工程应用条件。

8.9 抗冻混凝土配合比设计

抗冻混凝土必须在施工时采取有效的技术措施，使混凝土在规定的冻融循环制度下保持强度和外观完整，具有长期反复经受冻融循环而不破坏的耐久性能。

提高混凝土抗冻性能的有效技术措施之一是使混凝土含气量达到3%～5%，含气量超过6%抗冻性反而降低，强度明显下降。在混凝土中掺加引气剂后，对于新拌混凝土，由于这些独立气泡的存在，可改善混凝土拌合物的工作性、减少泌水和离析。对于硬化后的混凝土，由于气泡彼此隔离，切断毛细孔通道，使水分不易渗入，又可缓冲其水分结冰膨胀作用，因而可显著改善混凝土的抗冻性、抗渗性和抗腐蚀性。其改善程度不是百分之几十，而通常是几倍，甚至十几倍地提高，大大延长了混凝土在受冻融情况下的使用寿命。当然，提高混凝土的抗冻性能并非只依赖引气剂，其他原材料的质量对抗冻性能也有明显影响。另外，混凝土的强度、配合比、环境条件、浇筑与养护等，都是影响混凝土抗冻性能的主要因素。

以下为现行行业标准《普通混凝土配合比设计规程》JGJ 55—2011的内容。

8.9.1 原材料

抗冻混凝土的原材料应符合下列规定：

（1）应采用硅酸盐水泥或普通硅酸盐水泥。

（2）粗骨料宜选用连续级配，含泥量不得大于1.0%，泥块含量不得大于0.5%。

（3）细骨料含泥量不得大于3.0%，泥块含量不得大于1.0%。

（4）粗、细骨料均应进行坚固性试验，并应符合现行行业标准《普通混凝土用砂、石质量及检验方法标准》JGJ 52—2006的规定。

（5）抗冻等级不小于F100的抗冻混凝土宜掺引气剂。

（6）钢筋混凝土和预应力混凝土中不得掺用含有氯盐的防冻剂；在预应力混凝土中不得掺用含有亚硝酸盐或碳酸盐的防冻剂。

8.9.2　抗冻混凝土配合比

抗冻混凝土配合比应符合下列规定：

（1）最大水胶比和最小胶凝材料用量应符合表8-38的规定。

（2）复合矿物掺合料掺量宜符合表8-39的规定；其他矿物掺合料掺量宜符合本章表8-3的规定。

（3）掺用引气剂的混凝土最小含气量应符合本章表8-5的规定。

（4）进行抗冻混凝土配合比设计时，尚应增加抗冻性能试验。

最大水胶比和最小胶凝材料用量　　表8-38

设计抗冻等级	最大水胶比		最小胶凝材料用量（kg/m^3）
	无引气剂时	掺引气剂时	
F50	0.55	0.60	300
F100	0.50	0.55	320
不低于F150	—	0.50	350

复合矿物掺合料最大掺量　　表8-39

水胶比	最大掺量（%）	
	采用硅酸盐水泥时	采用普通硅酸盐水泥时
≤0.40	60	50
>0.40	50	40

注：1. 采用其他通用硅酸盐水泥时，可将水泥混合材料掺量20%以上的混合材量计入矿物掺合料。
2. 复合矿物掺合料中各矿物掺合料组分的掺量不宜超过表8-3中单掺时的限量。

8.10　补偿收缩混凝土配合比设计

由膨胀剂或膨胀水泥配制的自应力为0.2～1.0MPa的混凝土称为补偿收缩混凝土。适用于后浇带及工程接缝的填充，但条件是必须做好浇筑后的保温保湿养护工作。

膨胀剂是一种胶凝材料，与水泥同时发生水化。因此，掺有膨胀剂的混凝土一般比不掺凝结时间略快、坍落度损失略大，对水的依赖性更强。若浇筑后的早期保湿养护不足，将发生与水泥争夺混凝土中的自由水，不但对混凝土强度的正常增长和膨胀能的正常发挥都不利，反而会加快混凝土的干燥收缩，增加混凝土裂缝产生的概率。另外，强度过高、水胶比小将会抑制膨胀剂的有效膨胀，因此补偿收缩混凝土的强度等级不宜超过 C40；在已形成具有高强度的刚性混凝土中，膨胀剂并不能发挥良好的膨胀效果。

一般来说，补偿收缩混凝土的单位胶凝材料用量在 300～450kg/m³ 范围时，可获得结构致密及最佳的补偿收缩效果。研究表明，胶凝材料中矿物掺合料过多会降低膨胀性能，但是水泥用量每增加 10kg/m³ 将提高水化热约 1℃，这对于大体积混凝土的温差控制来说是不利的。因此，许多工程厚大体积结构的施工，为降低混凝土浇筑体的温升峰值而取消掺膨胀剂，裂缝控制取得圆满成功。

以下为现行行业标准《补偿收缩混凝土应用技术规程》JGJ/T 178—2009 的内容。

8.10.1 基本规定

（1）补偿收缩混凝土宜用于混凝土结构自防水、工程接缝填充、采取连续施工的超长混凝土结构、大体积混凝土等工程。以钙矾石作为膨胀源的补偿收缩混凝土，不得用于长期处于环境温度高于 80℃的钢筋混凝土工程。

（2）补偿收缩混凝土的质量除应符合现行国家标准《混凝土质量控制标准》GB 50164—2011 的规定外，还应符合设计所要求的强度等级、限制膨胀率、抗渗等级和耐久性技术指标。

（3）补偿收缩混凝土的限制膨胀率应符合表 8-40 的规定。

补偿收缩混凝土的限制膨胀率　　表 8-40

用途	限制膨胀率(%)	
	水中 14d	水中 14d 转空气中 28d
用于补偿混凝土收缩	≥0.015	≥−0.030
用于后浇带、膨胀加强带和工程接缝填充	≥0.025	≥−0.020

（4）补偿收缩混凝土限制膨胀率的试验和检验应按照现行国家标准《混凝土外加剂应用技术规范》GB 50119—2013 的有关规定进行。

（5）补偿收缩混凝土的抗压强度应满足下列要求：

1）对大体积混凝土工程或地下工程，补偿收缩混凝土的抗压强度可以标准养护 60d 或 90d 的强度为准。

2）除对大体积混凝土工程或地下工程外，补偿收缩混凝土的抗压强度应以标准养护 28d 的强度为准。

（6）补偿收缩混凝土设计强度等级不宜低于 C25；用于填充的补偿收缩混凝土设计强度等级不宜低于 C30。

（7）补偿收缩混凝土的抗压强度检验应按照现行国家标准《混凝土物理力学性能试验方法标准》GB/T 50081—2019 执行。用于填充的补偿收缩混凝土的抗压强度检测，可按照第 6 章 6.11.3 节的第 8 条进行。

8.10.2 设计原则

（1）设计使用补偿收缩混凝土时，应在设计图纸中明确注明不同结构部位的限制膨胀率指标要求。

（2）补偿收缩混凝土的设计取值应符合下列规定：

1）补偿收缩混凝土的设计强度等级应符合现行国家标准《混凝土结构设计规范》GB 50010—2010 的规定。用于后浇带和膨胀加强带的补偿收缩混凝土的设计强度等级应比两侧混凝土提高一个等级。

2）限制膨胀率的设计取值应符合表 8-41 的规定。使用限制膨胀率大于 0.060%的混凝土时，应预先进行试验研究。

限制膨胀率的设计取值　　表 8-41

结构部位	限制膨胀率(%)
板梁结构	≥0.015
墙体结构	≥0.020
后浇带、膨胀加强带等部位	≥0.025

3）限制膨胀率的取值应以 0.005%的间隔为一个等级。

4）对下列情况，表 8-41 中的限制膨胀率取值宜适当增大：

① 强度等级大于等于 C50 的混凝土，限制膨胀率宜提高一个等级。

② 约束程度大的桩基础底板等构件。

③ 气候干燥地区、夏季炎热且养护条件差的构件。

④ 结构总长度大于 120m。

⑤ 屋面板。

⑥ 室内结构越冬外露施工。

（3）大体积、大面积及超长混凝土结构的后浇带可采用膨胀加强带的措施，并应符合下列规定：

1）膨胀加强带可采用连续式、间歇式或后浇式等形式。

2）膨胀加强带的设置可按照常规后浇带的设置原则进行。

3）膨胀加强带宽度宜为 2000mm，并应在其两侧用密孔钢（板）丝网将带内混凝土与带外混凝土分开。

4）非沉降的膨胀加强带可在两侧补偿收缩混凝土浇筑 28d 后再浇筑，大体积混凝土的膨胀加强带应在两侧的混凝土中心温度降至环境温度时再浇筑。

（4）补偿收缩混凝土中的钢筋配制应符合下列规定：

补偿收缩混凝土应采用双排双向配筋，钢筋间距宜符合表 8-42 的要求。当地下室外墙的净高度大于 3.6m 时，在墙体高度的水平中线部位上下 500mm 范围内，水平筋的间距不宜大于 100mm。配筋率应符合现行国家标准《混凝土结构设计规范》GB 50010—2010 的有关规定。

钢筋间距　　表 8-42

结构部位	钢筋间距(mm)
底板	150～200
楼板	100～200
屋面板、墙体水平筋	100～150

（5）补偿收缩混凝土的浇筑方式和构造形式应根据结构长度，按表8-43进行选择。膨胀加强带之间的间距宜为30～60m。强约束板式结构宜采用后浇式膨胀加强带分段浇筑。

补偿收缩混凝土浇筑方式和构造形式 **表8-43**

结构类别	结构长度 L(m)	结构厚度 H(m)	浇筑方式	构造形式
墙体	$L \leqslant 60$	—	连续浇筑	连续式膨胀加强带
	$L > 60$	—	分段浇筑	后浇式膨胀加强带
板式结构	$L \leqslant 60$	—	连续浇筑	—
	$60 < L \leqslant 120$	$H \leqslant 1.5$	连续浇筑	连续式膨胀加强带
	$60 < L \leqslant 120$	$H > 1.5$	分段浇筑	后浇式、间歇式膨胀加强带
	$L > 120$	—	分段浇筑	后浇式、间歇式膨胀加强带

附加钢筋的配置宜符合下列规定：

1）当房屋平面形体有凹凸时，在房屋和凹角处的楼板、房屋两端阳角处及山墙处的楼板、与周围梁柱墙等构件整体浇筑且受约束较强的楼板，宜加强配筋。

2）在出入口位置、结构截面变化处、构造复杂的突出部位、楼板预留孔洞、标高不同的相邻构件连接处等，宜加强配筋。

（6）当地下结构或水工结构采用补偿收缩混凝土作结构自防水时，在施工保证措施完善的前提下，迎水面可不做柔性防水。

8.10.3 原材料选择

（1）水泥应符合现行国家标准《通用硅酸盐水泥》GB 175—2007或《中热硅酸盐水泥、低热硅酸盐水泥》GB/T 200—2017的规定。

（2）膨胀剂的品种和性能应符合现行行业标准《混凝土膨胀剂》GB/T 23439—2017的规定。膨胀剂应单独存放，并不得受潮。当膨胀剂在存放过程中发生结块、胀袋现象时，应进行品质复验。

（3）外加剂和矿物掺合料的选择应符合下列规定：

1）减水剂、缓凝剂、泵送剂、防冻剂等混凝土外加剂应分别符合国家现行标准《混凝土外加剂》GB 8076—2008、《混凝土防冻剂》JC/T 475—2004等的规定。

2）粉煤灰应符合现行国家标准《用于水泥和混凝土中的粉煤灰》GB/T 1596—2017的规定，不得使用高钙粉煤灰。使用的矿渣粉应符合现行国家标准《用于水泥、砂浆和混凝土中的粒化高炉矿渣粉》GB/T 18046—2017的规定。

（4）骨料应符合现行行业标准《普通混凝土用砂、石质量及检验方法标准》JGJ 52—2006的规定。轻骨料应符合现行国家标准《轻集料及其试验方法 第1部分：轻集料》GB/T 17431.1—2010的规定。

（5）拌合水应符合现行行业标准《混凝土用水标准》JGJ 63—2006的规定。

8.10.4 配合比

（1）补偿收缩混凝土的配合比设计，应满足设计所需要的强度、膨胀性能、抗渗性、耐久性等技术指标和施工工作性要求。配合比设计应符合现行行业标准《普通混凝土配合比设计规程》JGJ 55—2011 的规定。使用的膨胀剂品种应根据工程要求和施工要求事先进行选择。

(2) 膨胀剂掺量应根据设计要求的限制膨胀率，并应采用实际工程使用的材料，经过混凝土配合比试验后确定。配合比试验的限制膨胀率值应比设计值高 0.005%，试验时，每立方米混凝土膨胀剂用量可按照表 8-44 选取。

每立方米混凝土膨胀剂用量　　表 8-44

用途	混凝土膨胀剂用量(kg/m³)
用于补偿混凝土收缩	30～50
用于后浇带、膨胀加强带和工程接缝填充	40～60

(3) 补偿收缩混凝土的水胶比不宜大于 0.50。

(4) 单位胶凝材料用量应符合现行国家标准《混凝土外加剂应用技术规范》GB 50119—2013 的规定，且补偿收缩混凝土单位胶凝材料用量不宜小于 300kg/m³，用于膨胀加强带和工程接缝填充部位的补偿收缩混凝土单位胶凝材料用量不宜小于 350kg/m³。

(5) 有耐久性要求的补偿收缩混凝土，其配合比设计应符合现行国家标准《混凝土结构耐久性设计标准》GB/T 50476—2019 的规定。

8.11　石灰石粉混凝土配合比设计

由于我国持续以较高速度进行基本建设，以及受环保限燃煤影响，粉煤灰、矿渣粉这类优质的混凝土掺和料日益紧缺，有的地区甚至出现脱销现象。立足当地资源，寻找一种容易获取、优质廉价的新型掺和料势在必行。而将石灰石粉作为掺合料使用，替代日益紧缺的传统矿物掺合料，对于解决实际工程的原材料紧缺问题、降低工程造价和环保等将具有重大的现实意义，能有效推动我国混凝土行业的健康发展。

石灰石粉具有减水作用，但在相同初始坍落度情况下，随着掺量的增加，石灰石粉有加速混凝土坍落度损失的倾向，需要在实际应用中综合考虑。石灰石粉中的含泥量增加将进一步加速混凝土拌合物的坍落度经时损失。

经研究发现，在 C30 混凝土中，掺加 40%粉煤灰与掺加 20%粉煤灰+20%石灰石粉相比，其 7d 和 28d 强度基本相当，抗碳化性能基本相当；石灰石粉中一定的含泥量对混凝土强度和抗碳化性能影响不大；当掺量达到 50%时，混凝土抗氯离子渗透性能显著降低，但掺量为 20%时影响不大。

石灰石粉用于混凝土有别于粉煤灰、矿渣粉等矿物掺和料，有其自身的特点和应用规律。石灰石粉与其他岩石粉相比，最重要特性之一是其吸附性能：①对水的吸附性小，表现为需水量比小或具有减水效应；②对化学外加剂的吸附小，表现为掺用外加剂的情况下流动度比大大增加或达到相同流动性，可以节约外加剂用量。正因为具有了这个特性，石灰石粉用于混凝土才具备了技术和经济上的优势。

在发达国家，石灰石粉已被广泛用作混凝土惰性矿物掺合料，已有很多大型工程应用石灰石粉混凝土。2013 年，我国发布了《石灰石粉混凝土》GB/T 30190—2013，该标准从 2014 年 9 月 1 日起实施。以下是该标准对混凝土配合比设计要求的内容：

（1）石灰石粉混凝土配合比设计应按现行行业标准《普通混凝土配合比设计规程》JGJ 55—2011 的规定执行。

（2）石灰石粉在混凝土中的掺量应通过试验确定。采用硅酸盐水泥或普通硅酸盐水泥时，混凝土中石灰石粉最大掺量（占胶凝材料用量的质量百分比）宜符合表 8-45 的规定。复合掺合料中石灰石粉组分的掺量不应超过在混凝土中单掺时的最大掺量。

混凝土中石灰石粉最大掺量（%） **表 8-45**

水胶比	采用硅酸盐水泥时		采用普通硅酸盐水泥时	
	钢筋混凝土	预应力钢筋混凝土	钢筋混凝土	预应力钢筋混凝土
≤0.40	35	30	25	20
>0.40	30	25	20	15

（3）石灰石粉用量应计入胶凝材料用量。

（4）配合比计算时，28d 胶砂抗压强度宜根据试验确定，当无 28d 胶砂抗压强度实测值而按现行行业标准《普通混凝土配合比设计规程》JGJ 55—2011 计算胶凝材料 28d 胶砂强度，采用普通硅酸盐水泥并掺加石灰石粉时，石灰石粉影响系数可按表 8-46 取值。

普通硅酸盐水泥掺加石灰石粉的影响系数 **表 8-46**

石灰石粉掺量(%)	石灰石粉影响系数
10	0.9
15	0.85
20	0.80
25	0.75

（5）应根据工程要求对设计配合比进行施工适应性调整，然后确定施工配合比。

第9章 混凝土的性能及试验方法

9.1 混凝土的主要性能

混凝土的主要性能包括新拌混凝土的表观密度、和易性、凝结时间、含气量、泌水与离析等。硬化后混凝土的强度、抗裂性、抗冻性、抗渗性及抗碳化性等。

9.1.1 拌合物性能

9.1.1.1 表观密度

混凝土拌合物捣实后的单位体积质量，称为拌合物的表观密度。混凝土烘至恒重时的单位体积质量，称为干表观密度。以 kg/m^3 表示。

混凝土拌合物的表观密度因组成材料密度、粗骨料的最大尺寸、配合比、含气量以及捣实程度不同而不同。

9.1.1.2 和易性

和易性是混凝土拌合物重要的性能。但和易性在试验中尚无统一的衡量指标，一般凭眼睛观察，并根据经验判断。它是指混凝土拌合物的施工操作难易程度和抵抗离析作用程度的性质。和易性良好的拌合物易于施工操作，成型后混凝土结构或构件密实均匀。为了确保混凝土具有良好的和易性，各种原材料品质必须要好，砂率与用水量适中，应掺入适量的外加剂或矿物掺合料，外加剂与水泥有良好的相容性、用量合理等。和易性是一个综合性的技术指标，它包括流动性、黏聚性、保水性等三个方面。

1. 流动性

流动性是指混凝土拌合物在自重或机械振捣作用下，能产生流动并均匀密实地填满模型的性能。

流动性的大小主要取决于砂率、单位用水量、骨料级配和粒形、减水剂及水泥浆量的多少。砂率适中，单位用水量、减水剂或水泥浆量多，骨料级配和粒形好，混凝土拌合物的流动性就大，流动性大的混凝土便于施工浇筑。但混凝土拌合物的流动性并非越大越好，容易产生体积稳定性不良问题。混凝土拌合物依其流动性的大小分别以坍落度、扩展度或维勃稠度来表示。其中坍落度适用于塑性和流动性混凝土拌合物，维勃稠度适用于干硬性混凝土拌合物。

2. 黏聚性

黏聚性是指混凝土拌合物组成材料相互间有一定的黏聚力，在施工过程中不致产生分层和离析现象，能保持整体均匀的性能。

在外力作用下，混凝土拌合物各组成材料的沉降各不相同，如果配合比例不当，黏聚性差，则施工中易发生浆骨分层、离析的情况，致使混凝土硬化后产生“蜂窝”“麻面”“孔洞”等缺陷，影响混凝土强度和耐久性。

3. 保水性

保水性是指混凝土拌合物具有一定的保水能力，在静置过程中或施工浇筑后混凝土表面不产生明显泌水现象。

保水性不良的混凝土拌合物浇筑后，随着较重骨料颗粒的下沉，密度较小的水分将上浮到混凝土表面，造成结构表面疏松、强度较低，如同时伴随离析现象，将增大结构发生开裂的几率。或积聚在骨料、钢筋的下面而形成水囊，硬化后形成空隙，从而削弱了骨料或钢筋与水泥石的粘结力，影响混凝土结构实体质量。

9.1.1.3　凝结时间

凝结时间是混凝土拌合物的一项重要指标，对混凝土的搅拌、运输以及施工具有重要的参考作用。混凝土的凝结时间以贯入阻力来表示，当贯入阻力为 3.5MPa 时为初凝时间，贯入阻力为 28MPa 时为终凝时间。

混凝土的运输、施工浇筑等需要一定的时间，浇筑成型后又要进行下一道工序的施工操作。因此，混凝土的凝结时间不宜过短又不宜过长。混凝土的凝结时间主要以满足运输和施工要求来进行控制，当不满足时可采取掺入适量的外加剂进行调整。

9.1.1.4　含气量

混凝土中气泡体积与混凝土总体积的比值。

混凝土中有一定均匀分布的微小气泡，对混凝土的流动性有明显改善，减少混凝土拌合物离析和泌水现象的发生，并对提高混凝土耐久性有利。未掺引气剂的混凝土含气量一般在1%左右，当掺入引气剂后，混凝土含气量可达5%以上。少量的含气量对硬化混凝土的性能影响不大，而且当含气量在3%～5%时，还可获得足够的抗冻性。但是，含气量超过一定范围时，每增加1%约降低混凝土强度3%～5%，含气量过大还将降低混凝土的耐久性能，因此混凝土中的含气量不宜超过6%。

9.1.1.5　泌水和压力泌水

泌水是指新拌混凝土表面出现水积聚的现象。混凝土拌合物中如果胶凝材料用量较低、骨料级配不良、砂率小、高效减水剂掺入量大或外加剂与水泥相容性不良时，就容易出现泌水现象。泌水同时影响混凝土结构内部质量，使积聚在骨料和钢筋下的水干燥后便形成空隙或微裂缝，影响结构性能。

沉降是与泌水同时发生的另一种现象。由于泌水的混凝土体积稳定性较差，在水分和轻物质上浮的同时，混凝土中颗粒大、密度大的颗粒会下沉，从而导致了一定程度的浆骨分离，这种现象出现时通常称为离析。

泌水与离析严重的混凝土拌合物容易产生“蜂窝”“麻面”等缺陷，在泵送过程中容易发生堵泵问题。

9.1.2　硬化混凝土性能

混凝土硬化后应具有满足设计要求的强度和耐久性。

影响混凝土硬化性能的因素较多，除与混凝土的自身特性有关外，还与人、机械、原材料、施工方法和所处的环境条件等有关。

9.1.2.1 混凝土的强度

强度是混凝土在外部荷载作用下抵抗破坏的能力。混凝土的强度有抗压强度、抗拉强度及抗折强度等。

虽然许多工程对耐久性能的要求比强度更重要，但是各种性能的混凝土与强度之间存在密切的相关关系，且混凝土结构物主要是以承受荷载或抵抗其他各种作用力，因此，混凝土的强度仍然是混凝土最重要的质量要求。

1. 混凝土立方体抗压强度

混凝土立方体抗压强度是评定混凝土质量的主要指标。

混凝土的强度等级采用符号“C”与立方体抗压强度标准值（以 N/mm^2 计）来表示。目前，混凝土的强度等级划分为：C10、C15、C20、C25、C30、C35、C40、C45、C50、C55、C60、C65、C70、C75、C80、C85、C90、C95 和 C100。

混凝土立方体抗压强度标准值系按标准方法制作和养护的边长为 150mm 的立方体试块，在规定龄期（可为 28d、60d 或 90d 等），用标准试验方法测得的抗压强度总体分布中的一个值，强度低于该值的不得超过 5%。

2. 混凝土抗拉强度

其值只有抗压强度的 1/15～1/10。抗拉强度与抗压强度的比值随抗压强度的增加而减小，使得混凝土的强度越高，其脆性越大，断裂韧性越小，抵抗突发荷载（如地震、爆炸）和疲劳（如高耸结构承受的风荷载，道路承受的动力荷载）的能力越差。设计中一般是不考虑混凝土承受拉力的，但混凝土抗拉强度对混凝土的抗裂性却起着重要作用。为此对某些工程（如路面板、水槽、拱坝等），在提出抗压强度的同时，还必须提出抗拉强度的要求，以满足抗裂要求。

测定混凝土抗拉强度的试验方法有两种：轴心拉伸法和劈裂法。轴心拉伸法试验难度很大，故一般都用劈裂试验来间接地取得其抗拉强度。

3. 混凝土抗折强度

混凝土抗折强度是指混凝土的抗弯曲强度。其值只有抗压强度的 1/12～1/8。抗折强度在重要的路面水泥混凝土工程中有明确的设计要求，其他土木建筑工程一般很少有抗折强度的设计要求。

9.1.2.2 混凝土的耐久性

混凝土的耐久性是指混凝土在实际使用条件下抵抗各种破坏因素作用，长期保持强度和外观完整性的能力。主要包括抗冻性、抗渗性、抗侵蚀性、抗碳化性、碱—骨料反应及抗风化性能等。

提高混凝土耐久性的根本措施是增强混凝土的密实性和体积稳定性。因此，对于有耐久性要求的结构，应控制混凝土的水胶比，水胶比过大时混凝土的密实性差，过小时混凝土收缩大（易开裂），都对耐久性能不利。原材料的选用和质量控制对耐久性能也非常重要，骨料粒径太大和含泥（包括泥块）较多对耐久性能不利，而在混凝土中合理掺入外加剂和掺合料是十分有利的做法。

1. 抗冻性

混凝土试件成型后，经过标准养护或同条件养护后，在规定的冻融循环制度下保持强度和外观完整的能力，称为混凝土的抗冻性。抗冻性是评定混凝土耐久性的重要指标。

混凝土抗冻性的试验方法有慢冻法、快冻法和单面冻融法（或称盐冻法）。由于试验方法不同，其抗冻性指标可用抗冻等级和抗冻标号来表示。抗冻等级（快冻法）用符号 F 表示，而抗冻标号（慢冻法）是用符号 D 表示，两种方法均采用龄期 28d 的试件在吸水饱和后，检测其承受反复冻融循环下的性能变化。常用的混凝土抗冻等级有：F50、F100、F150、F200、F250、F300 等，分别表示混凝土能够承受反复冻融循环次数为 50、100、150、200、250 和 300 次。

2. 抗渗性

混凝土抵抗压力水渗透的性能，称为混凝土的抗渗性。

我国一般多采用抗渗等级来表示混凝土的抗渗性，用符号“P”表示，抗渗等级分为 P6、P8、P10、P12。

3. 抗侵蚀性

混凝土的抗侵蚀性是指当混凝土处在含有侵蚀性介质（含酸、盐水等）的环境中，具有一定的抗侵蚀能力。

混凝土的抗侵蚀性与混凝土的密实度、孔隙特征和水泥品种等有关。混凝土拌合物和易性不好、水胶比大抗侵蚀性就差。

4. 抗碳化性

碳化与混凝土结构物的耐久性密切相关，是影响混凝土耐久性的重要因素，也是衡量钢筋混凝土结构物使用寿命的重要指标之一。

混凝土碳化是指空气中的 CO_2 性气体从毛细孔通道和微裂缝侵入内部，与混凝土中的液相碱性物质发生反应，生成碳酸钙或其他物质的现象，造成混凝土碱度下降和混凝土中化学成分改变的中性化反应过程。

水泥在水化过程中生成大量的氢氧化钙，使混凝土空隙中充满了饱和氢氧化钙溶液，其 pH 值为 12～13，在这样高碱性的环境中，钢筋表面被氧化，形成一层极薄的“钝化膜”，这层钝化膜对钢筋有良好的保护作用。碳化使混凝土空隙液的 pH 值降低，当降低到 10 以下时，钝化膜的作用完全被破坏，钢筋处于脱钝状态，所以当混凝土碳化深度达到钢筋表面时，就会引起钢筋锈蚀，当钢筋锈蚀到一定程度时会引起混凝土胀裂和剥落，严重影响钢筋混凝土结构的正常使用和安全。

5. 抗裂性

混凝土抗裂性是指混凝土抵抗开裂的能力。混凝土的抗裂性能是一项综合性能，与抗拉强度、极限拉伸变形能力、抗拉弹性模量、自生体积变形、徐变、热学性能均有一定的关系。

由于混凝土抗拉强度远小于抗压强度，极限拉伸变形很小，在外力、温度变化、湿度变化等作用下，容易发生裂缝。混凝土和钢筋混凝土发生裂缝会影响建筑物的整体性、耐久性甚至安全和稳定。裂缝可分为应力裂缝、干缩裂缝和温度裂缝 3 类。在外力作用下，混凝土发生开裂，称为应力裂缝；混凝土在硬化及使用过程中，因含水量变化引起的裂缝，称干缩裂缝；混凝土因温度变化而热胀冷缩过程中，产生温度应力而引起的裂缝，称温度裂缝。为提高混凝土抵抗裂缝的能力，采用低热量水泥、各种外加剂，采取表面保温措施等。

通常情况下，抗裂性好的混凝土应该具有较高的抗拉强度、较大的极限拉伸值、较低的弹性模量、较小的干缩值、较低的绝热温升值以及较小的温度变形系数和自身体积收缩变形小等性能。混凝土的抗裂性能受原材料、配合比、施工工艺、结构设计、运行条件等诸多因素的影响，为提高混凝土的抗裂能力，通常是提高混凝土的抗拉强度和极限拉伸值，降低混凝土的弹性模量及收缩变形等。但一般情况下，提高混凝土的强度会导致弹性模量的增大。为提高混凝土的极限拉伸值而增加单位水泥用量可能导致混凝土干缩变形增大，而且热变形值也将增加。因此，改善混凝土抗裂性能的基本思路为：在保证混凝土的强度基本不变的情况下，尽可能降低混凝土的弹性模量，提高混凝土的极限拉伸变形能力。

6. 碱—骨料反应

混凝土中碱的含量超过一定范围，且在某种环境条件下能与具有碱活性的骨料间发生膨胀反应，这种反应称为碱—骨料反应。这种反应引起明显的混凝土体积膨胀和开裂，使混凝土力学性能明显下降，严重影响混凝土结构的安全使用性。

发生碱—骨料反应一是混凝土中含有超过一定的碱（Na_2O 与 K_2O）；二是骨料中含有碱活性矿物；三是混凝土处在潮湿环境。只有当这三个条件同时存在时才会发生碱—骨料反应。

9.1.2.3　防冻混凝土与抗冻混凝土

防冻混凝土与抗冻混凝土是技术要求完全不同的两种混凝土。

防冻混凝土：是指冬期施工条件下，新浇混凝土凝结硬化的早期，在未达到规定的强度之前不允许遭受到冻害。因此，这种混凝土只有在冬期施工条件下才会“现身”，而冬季气温均在5℃以上的地区是不存在的。生产时，这种混凝土一般要添加早强剂或防冻剂，并必须做好浇筑后早期的保温养护工作，避免浇筑体遭受到冻胀破坏即可。

抗冻混凝土：要求这种混凝土浇筑后，结构在遭受50次以上的反复冻融循环下，仍具有强度损失小和外观较完整的抗冻能力。因此，这是一种有长期性能要求的混凝土，即抗冻性能。抗冻性能是评定该混凝土耐久性的重要指标。规范规定的最高抗冻性能指标是能够承受反复冻融循环300次。与普通混凝土一样，这种混凝土根据需要随时都可以现身，在生产时一般要添加引气剂，当混凝土中含气量到达3%～5%时，可获得较高的抗冻性。当然，如果在冬期条件下浇筑时，这种混凝土也会添加早强剂或防冻剂，并须按冬期施工要求进行养护。

目前，在相关的标准规范中查不到防冻混凝土的术语，仅能查到“掺防冻剂的混凝土”或“冬期施工的混凝土”等；抗冻混凝土在规范中的术语是“抗冻等级等于或大于F50级的混凝土”。由于没有“防冻混凝土”的定义，因此这两种感觉差不多的混凝土容易被人误解或混淆不清。

9.2　普通混凝土拌合物性能试验方法

本节按《普通混凝土拌合物性能试验方法标准》GB/T 50080—2016内容。

适用于普通混凝土拌合物性能的试验，包括取样及试样制备、稠度试验、凝结时间试验、表观密度试验、含气量试验等。

9.2.1 基本规定

9.2.1.1 一般规定

(1) 骨料最大公称粒径应符合现行行业标准《普通混凝土用砂、石质量及检验方法标准》JGJ 52—2006的规定。

(2) 试验环境相对湿度不宜小于50%，温度应保持在20℃±5℃：所用材料、试验设备、容器及辅助设备的温度宜与试验室温度保持一致。

(3) 现场试验时，应避免混凝土拌合物试样受到风、雨雪及阳光直射的影响。

(4) 制作混凝土拌合物性能试验用试样时，所采用的搅拌机应符合现行行业标准《混凝土试验用搅拌机》JG/T 244—2009的规定。

(5) 试验设备使用前应经过校准。

9.2.1.2 取样与试样的制备

(1) 同一组混凝土拌合物的取样，应在同一盘混凝土或同一车混凝土中取样。取样量应多于试验所需量的1.5倍，且不宜小于20L。

(2) 混凝土拌合物的取样应具有代表性，宜采用多次采样的方法。宜在同一盘混凝土或同一车混凝土中的1/4处、1/2处和3/4处分别取样，并搅拌均匀；第一次取样和最后一次取样的时间间隔不宜超过15min。

(3) 宜在取样后5min内开始各项性能试验。

(4) 试验室制备混凝土拌合物的搅拌应符合下列规定：

1) 混凝土拌合物应采用搅拌机搅拌，搅拌前应将搅拌机冲洗干净，并预拌少量同种混凝土拌合物或水胶比相同的砂浆，搅拌机内壁挂浆后将剩余料卸出。

2) 称好的粗骨料、胶凝材料、细骨料和水应依次加入搅拌机，难溶和不溶的粉状外加剂宜与胶凝材料同时加入搅拌机，液体和可溶外加剂宜与拌合水同时加入搅拌机。

3) 混凝土拌合物宜搅拌2min以上，直至搅拌均匀。

4) 混凝土拌合物一次搅拌量不宜少于搅拌机公称容量的1/4，不应大于搅拌机公称容量，且不应少于20L。

(5) 试验室搅拌混凝土时，材料用量应以质量计。骨料的称量精度应为±0.5%；水泥、掺合料、水、外加剂的称量精度均应为±0.2%。

(6) 取样应记录下列内容并写入试验或检测报告：

1) 取样日期、时间和取样人。

2) 工程名称、结构部位。

3) 混凝土加水时间和搅拌时间。

4) 混凝土标记。

5) 取样方法。

6) 试样编号。

7) 试样数量。

8) 环境温度及取样的天气情况。

9) 取样混凝土的温度。

(7) 在试验室制备混凝土拌合物时，除记录以上内容外，尚应记录下列内容并写入试验或检测报告：

1）试验环境温度。

2）试验环境湿度。

3）各种原材料品种、规格、产地及性能指标。

4）混凝土配合比和每盘混凝土的材料用量。

9.2.2　坍落度及坍落度经时损失试验

9.2.2.1　坍落度试验

（1）本试验方法宜用于骨料最大公称粒径不大于40mm、坍落度不小于10mm的混凝土拌合物坍落度的测定。

（2）坍落度试验的试验设备应符合下列规定：

1）坍落度仪应符合现行行业标准《混凝土坍落度仪》JG/T 248—2009的规定。

2）应配备2把钢尺，钢尺的量程不应小于300mm，分度值不应大于1mm。

3）底板应采用平面尺寸不小于1500mm×1500mm、厚度不小于3mm的钢板，其最大挠度不应大于3mm。

（3）坍落度试验应按下列步骤进行：

1）坍落度筒内壁和底板应润湿无明水；底板应放置在坚实水平面上，并把坍落度筒放在底板中心，然后用脚踩住两边的脚踏板，坍落度筒在装料时应保持在固定的位置。

2）混凝土拌合物试样应分三层均匀地装入坍落度筒内，每装一层混凝土拌合物，应用捣棒由边缘到中心按螺旋形均匀插捣25次，捣实后每层混凝土拌合物试样高度约为筒高的三分之一。

3）插捣底层时，捣棒应贯穿整个深度，插捣第二层和顶层时，捣棒应插透本层至下一层的表面。

4）顶层混凝土拌合物装料应高出筒口，插捣过程中，混凝土拌合物低于筒口时，应随时添加。

5）顶层插捣完后，取下装料漏斗，应将多余混凝土拌合物刮去，并沿筒口抹平。

6）清除筒边底板上的混凝土后，应垂直平稳地提起坍落度筒，并轻放于试样旁边；当试样不再继续坍落或坍落时间达30s时，用钢尺测量出筒高与坍落后混凝土试体最高点之间的高度差，作为该混凝土拌合物的坍落度值。

（4）坍落度筒的提离过程宜控制在3～7s；从开始装料到提坍落度筒的整个过程应连续进行，并应在150s内完成。

（5）将坍落度筒提起后混凝土发生一边崩坍或剪坏现象时，应重新取样另行测定；第二次试验仍出现一边崩坍或剪坏现象，应予记录说明。

（6）混凝土拌合物坍落度值测量应精确至1mm，结果应修约至5mm。

9.2.2.2　坍落度经时损失试验

（1）本试验方法可用于混凝土拌合物的坍落度随静置时间变化的测定。

（2）坍落度经时损失试验的试验设备与“坍落度试验”相同。

（3）坍落度经时损失试验应按下列步骤进行：

1）应测量出机时的混凝土拌合物的初始坍落度值 H_0。

2）将全部混凝土拌合物试样装入塑料桶或不被水泥浆腐蚀的金属桶内，应用桶盖或塑料薄膜密封静置。

3）自搅拌加水开始计时，静置 60min 后应将桶内混凝土拌合物试样全部倒入搅拌机内，搅拌 20s，进行坍落度试验，得出 60min 坍落度值 H_{60}。

4）计算初始坍落度值与 60min 坍落度值的差值，可得到 60min 混凝土坍落度经时损失试验结果。

（4）当工程要求调整静置时间时，则应按实际静置时间测定并计算混凝土坍落度经时损失。

9.2.3 扩展度及扩展度经时损失试验

9.2.3.1 扩展度试验

（1）本试验方法宜用于骨料最大公称粒径不大于 40mm、坍落度不小于 160mm 混凝土扩展度的测定。

（2）扩展度试验的试验设备应符合下列规定：

1）坍落度仪应符合现行行业标准《混凝土坍落度仪》JG/T 248—2009 的规定。

2）钢尺的量程不应小于 1000mm，分度值不应大于 1mm。

3）底板应采用平面尺寸不小于 1500mm×1500mm、厚度不小于 3mm 的钢板，其最大挠度不应大于 3mm。

（3）扩展度试验应按下列步骤进行：

1）试验设备准备、混凝土拌合物装料和插捣应与“坍落度试验”相同。

2）清除筒边底板上的混凝土后，应垂直平稳地提起坍落度筒，坍落度筒的提离过程宜控制在 3～7s；当混凝土拌合物不再扩散或扩散持续时间已达 50s 时，应使用钢尺测量混凝土拌合物展开扩展面的最大直径以及与最大直径呈垂直方向的直径。

3）当两直径之差小于 50mm 时，应取其算术平均值作为扩展度试验结果；当两直径之差不小于 50mm 时，应重新取样另行测定。

（4）发现粗骨料在中央堆集或边缘有浆体析出时，应记录说明。

（5）扩展度试验从开始装料到测得混凝土扩展度值的整个过程应连续进行，并应在 4min 内完成。

（6）混凝土拌合物扩展度值测量应精确至 1mm；结果修约至 5mm。

9.2.3.2 扩展度经时损失试验

（1）本试验方法可用于混凝土拌合物的扩展度随静置时间变化的测定。

（2）扩展度经时损失试验的试验设备与“扩展度试验”相同。

（3）扩展度经时损失试验应按下列步骤进行：

1）应测量出机时的混凝土拌合物的初始扩展度值 L_0。

2）将全部混凝土拌合物试样装入塑料桶或不被水泥浆腐蚀的金属桶内，应用桶盖或塑料薄膜密封静置。

3）自搅拌加水开始计时，静置 60min 后应将桶内混凝土拌合物试样全部倒入搅拌机内，搅拌 20s，即进行扩展度试验，得出 60min 扩展度值 L_{60}。

4）计算初始扩展度值与 60min 扩展度值的差值，可得到 60min 混凝土扩展度经时损失试验结果。

（4）当工程要求调整静置时间时，则应按实际静置时间测定并计算混凝土扩展度经时损失。

9.2.4　倒置坍落度筒排空试验

（1）本试验方法可用于倒置坍落度筒中混凝土拌合物排空时间的测定。

（2）倒置坍落度筒排空试验的试验设备应符合下列规定：

1）倒置坍落度筒的材料、形状和尺寸应符合现行行业标准《混凝土坍落度仪》JG/T 248—2009 的规定，小口端应设置可快速开启的密封盖。

2）底板应采用平面尺寸不小于 1500mm×1500mm、厚度不小于 3mm 的钢板，其最大挠度不应大于 3mm。

3）支撑倒置坍落度筒的台架应能承受装填混凝土和插捣，当倒置坍落度筒放于台架上时，其小口端距底板不应小于 500mm，且坍落度筒中轴线应垂直于底板。

4）捣棒应符合现行行业标准《混凝土坍落度仪》JG/T 248—2009 的规定。

5）秒表的精度不应低于 0.01s。

（3）倒置坍落度筒排空试验应按下列步骤进行：

1）将倒置坍落度筒支撑在台架上，应使其中轴线垂直于底板，筒内壁应湿润无明水，关闭密封盖。

2）混凝土拌合物应分两层装入坍落度筒内，每层捣实后高度宜为筒高的 1/2。每层用捣棒沿螺旋方向由外向中心插捣 15 次，插捣应在横截面上均匀分布，插捣筒边混凝土时，捣棒可以稍稍倾斜。插捣第一层时，捣棒应贯穿混凝土拌合物整个深度；插捣第二层时，捣棒宜插透到第一层表面下 50mm。插捣完应刮去多余的混凝土拌合物，用抹刀抹平。

3）打开密封盖，用秒表测量自开盖至坍落度筒内混凝土拌合物全部排空的时间 t_{sf}，精确至 0.01s。从开始装料到打开密封盖的整个过程应在 150s 内完成。

（4）宜在 5mm 内完成两次试验。并应取两次试验测得排空时间的平均值作为试验结果，计算应精确至 0.1s。

（5）倒置坍落度筒排空试验结果应符合下式规定：

$$|t_{sf1}-t_{sf2}|\leqslant 0.05t_{sf,m} \tag{9-1}$$

式中　$t_{sf,m}$——两次试验测得的倒置坍落度筒中混凝土拌合物排空时间的平均值（s）；

t_{sf1}，t_{sf2}——两次试验分别测得的倒置坍落度筒中混凝土拌合物排空时间（s）。

9.2.5　表观密度试验

本试验方法可用于混凝土拌合物捣实后的单位体积质量的测定

（1）表观密度试验的试验设备应符合下列规定：

1）容量筒应为金属制成的圆筒，筒外壁应有提手。骨料最大公称粒径不大于 40mm 的混凝土拌合物宜采用容积不小于 5L 的容量筒，筒壁厚不应小于 3mm；骨料最大公称粒径大于 40mm 的混凝土拌合物应采用内径与内高均大于骨料最大公称粒径 4 倍的容量筒。

容量筒上沿及内壁应光滑平整，顶面与底面应平行并应与圆柱体的轴垂直。

2）电子天平的最大量程应为50kg，感量不应大于10g。

3）振动台应符合现行行业标准《混凝土试验用振动台》JG/T 245—2009的规定。

4）捣棒应符合现行行业标准《混凝土坍落度仪》JG/T 248—2009的规定。

（2）混凝土拌合物表观密度试验应按下列步骤进行：

1）应按下列步骤测定容量筒的容积：

① 应将干净容量筒与玻璃板一起称重。

② 将容量筒装满水，缓慢将玻璃板从筒口一侧推到另一侧，容量筒内应满水并且不应存在气泡，擦干容量筒外壁，再次称重。

③ 两次称重结果之差除以该温度下水的密度应为容量筒容积V；常温下水的密度可取1kg/L。

2）容量筒内外壁应擦干净，称出容量筒质量m_1，精确至10g。

3）混凝土拌合物试样应按下列要求进行装料，并插捣密实：

① 坍落度不大于90mm时，混凝土拌合物宜用振动台振实：振动台振实时，应一次性将混凝土拌合物装填至高出容量筒筒口：装料时可用捣棒稍加插捣，振动过程中混凝土低于筒口，应随时添加混凝土，振动直至表面出浆为止。

② 坍落度大于90mm时，混凝土拌合物宜用捣棒插捣密实。插捣时，应根据容量筒的大小决定分层与插捣次数：用5L容量筒时，混凝土拌合物应分两层装入，每层的插捣次数应为25次；用大于5L的容量筒时，每层混凝土的高度不应大于100mm，每层插捣次数应按每10000mm^{2}截面不小于12次计算。各次插捣应由边缘向中心均匀地插捣，插捣底层时捣棒应贯穿整个深度，插捣第二层时，捣棒应插透本层至下一层的表面；每一层捣完后用橡皮锤沿容量筒外壁敲击5～10次，进行振实，直至混凝土拌合物表面插捣孔消失并不见大气泡为止。

③ 自密实混凝土应一次性填满，且不应进行振动和插捣。

4）将筒口多余的混凝土拌合物刮去，表面有凹陷应填平；应将容量筒外壁擦净，称出混凝土拌合物试样与容量筒总质量m_2，精确至10g。

（3）混凝土拌合物的表观密度应按下式计算：

$$\rho=\frac{m_2-m_1}{V}\times 1000 \tag{9-2}$$

式中　ρ——混凝土拌合物表观密度（kg/m^3），精确至10kg/m^3；

m_1——容量筒质量（kg）；

m_2——容量筒和试样总质量（kg）；

V——容量筒容积（L）。

9.2.6　含气量试验

本试验方法宜用于骨料最大公称粒径不大于40mm的混凝土拌合物含气量的测定。

（1）含气量试验的试验设备应符合下列规定：

1）含气量测定仪应符合现行行业标准《混凝土含气量测定仪》JG/T 246—2009的规定；

2）捣棒应符合现行行业标准《混凝土坍落度仪》JG/T 248—2009的规定；

3）振动台应符合现行行业标准《混凝土试验用振动台》JG/T 245—2009的规定；

4）电子天平的最大量程应为50kg，感量不应大于10g。

（2）在进行混凝土拌合物含气量测定之前，应先按下列步骤测定所用骨料的含气量：

1）应按下式计算试样中粗、细骨料的质量：

$$m_g = \frac{V}{1000} \times m'_g \tag{9-3}$$

$$m_s = \frac{V}{1000} \times m'_s \tag{9-4}$$

式中　m_g——拌合物试样中粗骨料的质量（kg）；

m_s——拌合物试样中细骨料的质量（kg）；

m'_g——混凝土配合比中每立方米混凝土的粗骨料质量（kg）；

m'_s——混凝土配合比中每立方米混凝土的细骨料质量（kg）；

V——含气量测定仪容器容积（L）。

2）应先向含气量测定仪的容器中注入1/3高度的水，然后把质量为m_g、m_s的粗、细骨料称好，搅拌均匀，倒入容器，加料同时应进行搅拌；水面每升高25mm左右，应轻捣10次，加料过程中应始终保持水面高出骨料的顶面；骨料全部加入后，应浸泡约5min，再用橡皮锤轻敲容器外壁，排净气泡，除去水面泡沫，加水至满，擦净容器口及边缘，加盖拧紧螺栓，保持密封不透气。

3）关闭操作阀和排气阀，打开排水阀和加水阀，应通过加水阀向容器内注入水；当排水阀流出的水流中不出现气泡时，应在注水的状态下，关闭加水阀和排水阀。

4）关闭排气阀，向气室内打气，应加压至大于0.1MPa，且压力表显示值稳定；应打开排气阀调压至0.1MPa，同时关闭排气阀。

5）开启操作阀，使气室里的压缩空气进入容器，待压力表显示值稳定后记录压力值，然后开启排气阀，压力表显示值应回零；应根据含气量与压力值之间的关系曲线确定压力值对应的骨料的含气量，精确至0.1%。

6）混凝土所用骨料的含气量A_g应以两次测量结果的平均值作为试验结果；两次测量结果的含气量相差大于0.5%时，应重新试验。

（3）混凝土拌合物含气量试验应按下列步骤进行：

1）应用湿布擦净混凝土含气量测定仪容器内壁和盖的内表面，装入混凝土拌合物试样。

2）混凝土拌合物的装料及密实方法根据拌合物的坍落度而定，并应符合下列规定：

① 坍落度不大于90mm时，混凝土拌合物宜用振动台振实；振动台振实时，应一次性将混凝土拌合物装填至高出含气量测定仪容器口；振实过程中混凝土拌合物低于容器口时，应随时添加；振动直至表面出浆为止，并应避免过振。

② 坍落度大于90mm时，混凝土拌合物宜用捣棒插捣密实。插捣时，混凝土拌合物应分3层装入，每层捣实后高度约为1/3容器高度；每层装料后由边缘向中心均匀地插捣25次，捣棒应插透本层至下一层的表面：每一层捣完后用橡皮锤沿容器外壁敲击5～10次，进行振实，直至拌合物表面插捣孔消失。

③ 自密实混凝土应一次性填满，且不应进行振动和插捣。

3）刮去表面多余的混凝土拌合物，用抹刀刮平，表面有凹陷应填平抹光。

4）擦净容器口及边缘，加盖并拧紧螺栓，应保持密封不透气。

5）应按 9.2.6.3 条的操作步骤测得混凝土拌合物的未校正含气量 A_0，精确至 0.1%。

6）混凝土拌合物未校正的含气量 A_0 应以两次测量结果的平均值作为试验结果；两次测量结果的含气量相差大于 0.5%时，应重新试验。

（4）混凝土拌合物含气量应按下式计算：

$$A = A_0 - A_g \tag{9-5}$$

式中 A——混凝土拌合物含气量（%），精确至 0.1%；

A_0——混凝土拌合物的未校正含气量（%）；

A_g——骨料的含气量（%）。

（5）含气量测定仪的标定和率定应按下列步骤进行：

1）擦净容器，并将含气量测定仪全部安装好，测定含气量测定仪的总质量 m_{A1}，精确至 10g。

2）向容器内注水至上沿，然后加盖并拧紧螺栓，保持密封不透气；关闭操作阀和排气阀，打开排水阀和加水阀，应通过加水阀向容器内注入水；当排水阀流出的水流中不出现气泡时，应在注水的状态下，关闭加水阀和排水阀；应将含气量测定仪外表面擦净，再次测定总质量 m_{A2}，精确至 10g。

3）含气量测定仪的容积应按下式计算：

$$V = \frac{m_{A2} - m_{A1}}{\rho_W} \tag{9-6}$$

式中 V——含气量仪的容积（L），精确至 0.01L；

m_{A1}——含气量测定仪的总质量（kg）；

m_{A2}——水、含气量测定仪的总质量（kg）；

ρ_W——容器内水的密度（kg/m^3），可取 1kg/L。

4）关闭排气阀，向气室内打气，应加压至大于 0.1MPa，且压力表显示值稳定；应打开排气阀调压至 0.1MPa，同时关闭排气阀。

5）开启操作阀，使气室里的压缩空气进入容器，压力表显示值稳定后测得压力值应为含气量为 0 时对应的压力值。

6）开启排气阀，压力表显示值应回零；关闭操作阀、排水阀和排气阀，开启加水阀，宜借助标定管在注水阀口用量筒接水：用气泵缓缓地向气室内打气，当排出的水是含气量测定仪容积的 1%时，应按以上的操作步骤测得含气量为 1%时的压力值。

7）应继续测取含气量分别为 2%、3%、4%、5%、6%、7%、8%、9%、10%时的压力值。

8）含气量分别为 0、1%、2%、3%、4%、5%、6%、7%、8%、9%、10%的试验均应进行两次，以两次压力值的平均值为测量结果。

9）根据含气量 0、1%、2%、3%、4%、5%、6%、7%、8%、9%、10%的测量结果，绘制含气量与压力值之间的关曲线。

（6）混凝土含气量测定仪的标定和率定应保证测试结准确。

9.2.7　凝结时间试验

本试验方法宜用于从混凝土拌合物中筛出砂浆用贯入阻力法测定坍落度值不为零的混凝土拌合物的初凝时间与终凝时间。

（1）凝结时间试验的试验设备应符合下列规定：

1）贯入阻力仪的最大测量值不应小于1000N，精度应为±10N；测针长100mm，在距贯入端25mm处应有明显标记；测针的承压面积应为$100mm^2$、$50mm^2$和$20mm^2$三种；

2）砂浆试样筒应为上口内径160mm，下口内径150mm，净高150mm刚性不透水的金属圆筒，并配有盖子；

3）试验筛应为筛孔公称直径为5.00mm的方孔筛，并应符合现行国家标准《试验筛技术要求和检验第2部分：金属穿孔板试验筛》GB/T 6003.2—2012的规定；

4）振动台应符合现行行业标准《混凝土试验用振动台》JG/T 245—2009的规定；

5）捣棒应符合现行行业标准《混凝土坍落度仪》JG/T 248—2009的规定。

（2）混凝土拌合物的凝结时间试验应按下列步骤进行：

1）应用试验筛从混凝土拌合物中筛出砂浆，然后将筛出的砂浆搅拌均匀；将砂浆一次分别装入三个试样筒中。取样混凝土坍落度不大于90mm时，宜用振动台振实砂浆；取样混凝土坍落度大于90mm时，宜用捣棒人工捣实。用振动台振实砂浆时，振动应持续到表面出浆为止，不得过振；用捣棒人工捣实时，应沿螺旋方向由外向中心均匀插捣25次，然后用橡皮锤敲击筒壁，直至表面插捣孔消失为止。振实或插捣后，砂浆表面宜低于砂浆试样筒口10mm，并应立即加盖。

2）砂浆试样制备完毕，应置于温度为20℃±2℃的环境中待测，并在整个测试过程中，环境温度应始终保持20℃±2℃。在整个测试过程中，除在吸取泌水或进行贯入试验外，试样筒应始终加盖。现场同条件测试时，试验环境应与现场一致。

3）凝结时间测定从混凝土搅拌加水开始计时。根据混凝土拌合物的性能，确定测针试验时间，以后每隔0.5h测试一次，在临近初凝和终凝时，应缩短测试间隔时间。

4）在每次测试前2min，将一片20mm±5mm厚的垫块垫入筒底一侧使其倾斜，用吸液管吸去表面的泌水，吸水后应复原。

5）测试时，将砂浆试样筒置于贯入阻力仪上，测针端部与砂浆表面接触，应在10s±2s内均匀地使测针贯入砂浆25mm±2mm深度，记录最大贯入阻力值，精确至10N；记录测试时间，精确至1min。

6）每个砂浆筒每次测1～2个点，各测点的间距不应小于15mm，测点与试样筒壁的距离不应小于25mm。

7）每个试样的贯入阻力测试不应少于6次，直至单位面积贯入阻力大于28MPa为止。

8）根据砂浆凝结状况，在测试过程中应以测针承压面积从大到小顺序更换测针，更换测针应按表9-1的规定选用。

测针选用规定表　　表 9-1

单位面积贯入阻力(MPa)	0.2～3.5	3.5～20	20～28
测针面积(mm^2)	100	50	20

(3) 单位面积贯入阻力的结果计算以及初凝时间和终凝时间的确定应按下列方法进行：

1) 单位面积贯入阻力应按下式计算：

$$f_{PR}=\frac{P}{A} \tag{9-7}$$

式中　f_{PR}——单位面积贯入阻力（MPa），精确至 0.1MPa；

P——贯入压力（N）；

A——测针面积（mm^2）。

2) 凝结时间宜按式（9-8）通过线性回归方法确定；根据式（9-7）可求得当单位面积贯入阻力为 3.5MPa 时对应的时间应为初凝时间，单位面积贯入阻力为 28MPa 时对应的时间应为终凝时间。

$$\ln t=a+b\ln f_{PR} \tag{9-8}$$

式中　t——单位面积贯入阻力对应的测试时间（min）；

a、b——线性回归系数。

3) 凝结时间也可用绘图拟合方法确定，应以单位面积贯入阻力为纵坐标，测试时间为横坐标，绘制出单位面积贯入阻力与测试时间之间的关系曲线；分别以 3.5MPa 和 28MPa 绘制两条平行于横坐标的直线，与曲线交点的横坐标应分别为初凝时间和终凝时间；凝结时间结果应用 h：min 表示，精确至 5min。

(4) 应以三个试样的初凝时间和终凝时间的算术平均值作为此次试验初凝时间和终凝时间的试验结果。三个测值的最大值或最小值中有一个与中间值之差超过中间值的 10%时，应以中间值作为试验结果；最大值和最小值与中间值之差均超过中间值的 10%时，应重新试验。

9.2.8　泌水试验

本试验方法宜用于骨料最大公称粒径不大于 40mm 的混凝土拌合物泌水的测定。

(1) 泌水试验的试验设备应符合下列规定：

1) 容量筒容积应为 5L，并应配有盖子；

2) 量筒应为容量 100mL、分度值 1mL，并应带塞；

3) 振动台应符合现行行业标准《混凝土试验用振动台》JG/T 245—2009 的规定；

4) 捣棒应符合现行行业标准《混凝土坍落度仪》JG/T 248—2009 的规定；

5) 电子天平的最大量程应为 20kg，感量不应大于 1g。

(2) 泌水试验应按下列步骤进行：

1) 用湿布润湿容量筒内壁后应立即称量，并记录容量筒的质量。

2) 混凝土拌合物试样应按下列要求装入容量筒，并进行振实或插捣密实，振实或捣实的混凝土拌合物表面应低于容量筒筒口 30mm±3mm，并用抹刀抹平。

① 混凝土拌合物坍落度不大于 90mm 时，宜用振动台振实，应将混凝土拌合物一次性装入容量筒内，振动持续到表面出浆为止，并应避免过振。

② 混凝土拌合物坍落度大于 90mm 时，宜用人工插捣，应将混凝土拌合物分两层装入，每层的插捣次数为 25 次；捣棒由边缘向中心均匀地插捣，插捣底层时捣棒应贯穿整个深度，插捣第二层时，捣棒应插透本层至下一层的表面；每一层捣完后应使用橡皮锤沿容量筒外壁敲击 5～10 次，进行振实，直至混凝土拌合物表面插捣孔消失并不见大气泡为止。

③ 自密实混凝土应一次性填满，且不应进行振动和插捣。

3）应将筒口及外表面擦净，称量并记录容量筒与试样的总质量，盖好筒盖并开始计时。

4）在吸取混凝土拌合物表面泌水的整个过程中，应使容量筒保持水平、不受振动：除了吸水操作外，应始终盖好盖子；室温应保持在 20℃±2℃。

5）计时开始后 60min 内，应每隔 10min 吸取 1 次试样表面泌水：60min 后，每隔 30min 吸取 1 次试样表面泌水，直至不再泌水为止。每次吸水前 2min，应将一片 35mm±5mm 厚的垫块垫入筒底一侧使其倾斜，吸水后应平稳地复原盖好。吸出的水应盛放于量筒中，并盖好塞子；记录每次的吸水量，并应计算累计吸水量，精确至 1mL。

（3）混凝土拌合物的泌水量应取三个试样测值的平均值。三个测值中的最大值或最小值，有一个与中间值之差超过中间值的 15％时，应以中间值作为试验结果；最大值和最小值与中间值之差均超过中间值的 15％时，应重新试验。按式（9-9）计算。

$$B_a = \frac{V}{A} \tag{9-9}$$

式中　B_a——单位面积混凝土拌合物的泌水量（mL/mm），精确至 0.01mL/mm；

V——累计的泌水量（mL）；

A——混凝土拌合物试样外露的表面面积（mm^2）。

（4）混凝土拌合物的泌水率应取三个试样测值的平均值。三个测值中的最大值或最小值，有一个与中间值之差超过中间值的 15％时，应以中间值为试验结果；最大值和最小值与中间值之差均超过中间值的 15％时，应重新试验。应按下列公式计算。

$$B = \frac{V_W}{(W/m_T) \times m} \times 100 \tag{9-10}$$

$$m = m_2 - m_1 \tag{9-11}$$

式中　B——泌水率（％），精确至 15％；

V_W——泌水总量（mL）；

m——混凝土拌合物试样质量（g）；

W——试验拌制混凝土拌合物的用水量（mL）；

m_T——试验拌制混凝土拌合物的总质量（g）；

m_2——容量筒及试样总质量（g）；

m_1——容量筒质量（g）。

9.3 混凝土物理力学性能试验方法

本节摘自《混凝土物理力学性能试验方法标准》GB/T 50081—2019 内容。

适用于建设工程中混凝土的物理力学性能试验。

9.3.1 基本规定

9.3.1.1 一般规定

(1) 试验环境相对湿度不宜小于 50%，温度应保持在 20℃±5℃.

(2) 试验仪器设备应具有有效期内的计量检定或校准证书。

9.3.1.2 试件的横截面尺寸

(1) 试件的最小横截面尺寸应根据混凝土中骨料的最大粒径按表 9-2 选定。

(2) 制作试件应采用符合标准规定的试模，并应保证试件的尺寸满足要求。

试件的最小横截面尺寸 表 9-2

骨料最大粒径(mm)		试件横截面尺寸(mm)
劈裂抗拉强度试验	其他试验	
19.0	31.5	100×100
37.5	37.5	150×150

9.3.1.3 试件的尺寸测量与公差

(1) 试件尺寸测量应符合下列规定：

1) 试件的边长和高度宜采用游标卡尺进行测量，应精确至 0.1mm。

2) 圆柱形试件的直径应采用游标卡尺分别在试件的上部、中部和下部相互垂直的两个位置上共测量 6 次，取测量的算术平均值作为直径值，应精确至 0.1mm。

3) 试件承压面的平面度可采用钢板尺和塞尺进行测量。测量时，应将钢板尺立起横放在试件承压面上，慢慢旋转 360°，用塞尺测量其最大间隙作为平面度值，也可采用其他专用设备测量，结果应精确至 0.01mm。

4) 试件相邻面间的夹角应采用游标量角器进行测量，应精确至 0.1°。

(2) 试件各边长、直径和高的尺寸公差不得超过 1mm。

(3) 试件承压面的平面度公差不得超过 $0.0005d$，d 为试件边长。

(4) 试件相邻面间的夹角应为 90°，其公差不得超过 0.5°。

(5) 试件制作时应采用符合标准要求的试模并精确安装，应保证试件的尺寸公差满足要求。

9.3.1.4 试验或检测报告

(1) 委托单位宜记录下列内容并写入试验或检测试验报告：

1) 委托单位名称。

2) 工程名称及施工部位。

3) 检测项目名称。

4) 要说明的其他内容。

（2）试件制作单位宜记录下列内容并写入试验或检测报告：

1）试件编号。

2）试件制作日期。

3）混凝土强度等级。

4）试件的形状与尺寸。

5）原材料的品种、规格和产地以及混凝土配合比。

6）成型方法。

7）养护条件。

8）试验龄期。

9）要说明的其他内容。

（3）试验或检测单位宜记录下列内容并写入试验或检测报告：

1）试件收到的日期。

2）试件的形状及尺寸。

3）试验编号。

4）试验日期。

5）仪器设备的名称、型号及编号。

6）实验室温度和湿度。

7）养护条件及试验龄期。

8）混凝土强度等级。

9）测试结果。

10）要说明的其他内容。

9.3.2　试件的制作和养护

9.3.2.1　仪器设备

（1）试模应符合下列规定：

1）试模应符合现行行业标准《混凝土试模》JG/T 237—2008 的有关规定，当混凝土强度等级不低于 C60 时，宜采用铸铁或铸钢过模成型。

2）应定期对试模进行核查，核查周期不宜超过 3 个月。

（2）振动台应符合现行行业标准《混凝土试验用振动台》JG/T 245—2009 的有关规定，振动频率应为 50Hz±2Hz，空载时振动台面中心点的垂直振幅应为 0.5mm±0.02mm。

（3）捣棒应符合现行行业标准《混凝土坍落度仪》JG/T 248—2009 的有关规定，直径应为 16mm±0.2mm，长度应为 600mm±5mm，端部应呈半球形。

（4）橡皮锤或木槌的锤头质量宜为 0.25～0.50kg。

9.3.2.2　取样与试样的制备

（1）混凝土取样与试样的制备应符合现行国家标准《普通混凝土拌合物性能试验方法标准》GB/T 50080—2016 的有关规定。

（2）每组试件所用的拌合物应从同一盘或同一车混凝土中取样。

（3）取样或实验室拌制的混凝土应尽快成型。

（4）制备混凝土试样时，应采取劳动防护措施。

9.3.2.3 试件的制作

（1）试件成型前，应检查试模的尺寸并应符合《混凝土试模》JG/T 237—2008 的有关规定；应将试模擦拭干净，在其内壁上均匀地涂刷一薄层矿物油或其他不与混凝土发生反应的隔离剂，试模内壁隔离剂应均匀分布，不应有明显沉积。

（2）混凝土拌合物在入模前应保证其匀质性。

（3）宜根据混凝土拌合物的稠度或试验目的确定适宜的成型方法，混凝土应充分密实，避免分层离析。

1）用振动台振实制作试件应按下述方法进行：

① 将混凝土拌合物一次性装入试模，装料时应用抹刀沿试模内壁插捣，并使混凝土拌合物高出试模上口。

② 试模应附着或固定在振动台上，振动时应防止试模在振动台上自由跳动，振动应持续到表面出浆且无明显大气泡溢出为止，不得过振。

2）用人工插捣制作试件应按下述方法进行：

① 混凝土拌合物应分两层装入模内，每层的装料厚度应大致相等。

② 插捣应按螺旋方向从边缘向中心均匀进行。在插捣底层混凝土时，捣棒应达到试模底部；插捣上层时，捣棒应贯穿上层后插入下层 20～30mm；插捣时捣棒应保持垂直，不得倾斜，插捣后应用抹刀沿试模内壁插拔数次。

③ 每层插捣次数按 10000mm^2 截面积内不得少于 12 次。

④ 插捣后应用橡皮锤轻轻敲击试模四周，直至插捣棒留下的空洞消失为止。

3）自密实混凝土应分两次将混凝土拌合物装入试模，每层的装料厚度宜相等，中间间隔 10s，混凝土应高出试模口，不应使用振动台、人工插捣或振捣棒方法成型。

（4）试件成型后刮除试模上口多余的混凝土，待混凝土临近初凝时，用抹刀沿着试模口抹平。试件表面与试模边缘的高度差不得超过 0.5mm。

（5）制作的试件应有明显和持久的标记，且不破坏试件。

9.3.2.4 试件的养护

试件的标准养护应符合下列规定：

（1）试件成型抹面后应立即用塑料薄膜覆盖表面，或采取其他保持试件表面湿度的方法。

（2）试件成型后应在温度为 20℃±5℃、相对湿度大于 50%的室内静置 1～2d，试件静置期间应避免受到振动和冲击，静置后编号标记、拆模，当试件有严重缺陷时，应按废弃处理。

（3）试件拆模后应立即放入温度为 20℃±2℃，相对湿度为 95%以上的标准养护室中养护，或在温度为 20℃±2℃的不流动氢氧化钙饱和溶液中养护。标准养护室内的试件应放在支架上，彼此间隔 10～20mm，试件表面应保持潮湿，但不得用水直接冲淋试件。

（4）试件的养护龄期可分为 1d、3d、7d、28d、56d 或 60d、84d 或 90d、180d 等，也可根据设计龄期或需要进行确定，龄期应从搅拌加水开始计时，养护龄期的允许偏差宜符合表 9-3 的规定。

养护龄期的允许偏差　　表 9-3

养护龄期	1d	3d	7d	28d	56d 或 60d	≥84d
允许偏差	±30min	±2h	±6h	±20h	±24h	±48h

9.3.3　抗压强度试验

本方法适用于测定混凝土立方体试件的抗压强度。

(1) 测定混凝土立方体抗压强度试验的试件尺寸和数量应符合下列规定：

1) 标准试件是边长为 150mm 的立方体试件。

2) 边长为 100mm 和 200mm 的立方体试件是非标准试件。

3) 每组试件应为 3 块。

(2) 试验仪器设备应符合下列规定。

1) 压力试验机应符合下列规定：

① 试件破坏荷载宜大于压力机全量程的 20%且宜小于压力机全量程的 80%。

② 示值相对误差应为±1%。

③ 应具有加荷速度指示装置或加荷速度控制装置，并应能均匀、连续地加荷。

④ 试验机上、下承压板的平面度公差不应大于 0.04mm；平行度公差不应大于 0.05mm；表面硬度不应小于 55HRC；板面应光滑、平整，表面粗糙度 R_a 不应大于 0.80μm。

⑤ 球座应转动灵活；球座宜置于试件顶面，并凸面朝上。

⑥ 其他要求应符合现行国家标准《液压式万能试验机》GB/T 3159—2008 和《试验机 通用技术要求》GB/T 2611—2022 的有关规定。

2) 当压力试验机的上、下承压板的平面度、表面硬度和粗糙度不符合上条第④项要求时，上、下承压板与试件之间应各垫以钢垫板。钢垫板应符合下列规定：

① 钢垫板的平面尺寸不应小于试件的承压面积，厚度不应小于 25mm。

② 钢垫板应机械加工，承压面的平面度、平行度、表面硬度和粗糙度应符合有关规定要求。

3) 混凝土强度不小于 60MPa 时，试件周围应设防护网罩。

4) 游标卡尺的量程不应小于 200mm，分度值宜为 0.02mm。

5) 塞尺最小叶片厚度不应大于 0.02mm，同时应配置直板尺。

6) 游标量角器的分度值应为 0.1°。

(3) 立方体抗压强度试验应按下列步骤进行：

1) 试件到达试验龄期时，从养护地点取出后，应检查其尺寸及形状，尺寸公差应满足标准的规定要求，试件取出后应尽快进行试验。

2) 试件放置试验机前，应将试件表面与上、下承压板面擦拭干净。

3) 以试件成型时的侧面为承压面，应将试件安放在试验机的下压板或垫板上，试件的中心应与试验机下压板中心对准。

4) 启动试验机，试件表面与上、下承压板或钢垫板应均匀接触。

5) 试验过程中应连续均匀加荷，加荷速度应取 0.3～1.0MPa/s。当立方体抗压强度小于 30MPa 时，加荷速度宜取 0.3～0.5MPa/s；立方体抗压强度为 30～60MPa 时，加荷速度宜取 0.5～0.8MPa/s；立方体抗压强度不小于 60MPa 时，加荷速度宜取 0.8～1.0MPa/s。

6）手动控制压力机加荷速度时，当试件接近破坏开始急剧变形时，应停止调整试验机油门，直至破坏，并记录破坏荷载。

（4）立方体试件抗压强度试验结果计算及确定应按下列方法进行。

1）混凝土立方体试件抗压强度应按下式计算：

$$f_{cc}=\frac{F}{A} \tag{9-12}$$

式中 f_{cc}——混凝土立方体试件抗压强度（MPa），计算应精确至 0.1MPa；

F——试件破坏荷载（N）；

A——试件承压面积（mm^2）。

2）立方体试件抗压强度值的确定应符合下列规定：

① 取 3 个试件测值的算术平均值作为该组试件的强度值，应精确至 0.1MPa。

② 当 3 个测值中的最大值或最小值中有一个与中间值的差值超过中间值的 15%时，则应把最大及最小值剔除，取中间值作为该组试件的抗压强度值。

③ 当最大值和最小值与中间值的差值均超过中间值的 15%时，该组试件的试验结果无效。

3）混凝土强度等级小于 C60 时，用非标准试件测得的强度值均应乘以尺寸换算系数，对 200mm×200mm×200mm 试件可取为 1.05；对 100mm×100mm×100mm 试件可取为 0.95。

4）当混凝土强度等级不小于 C60 时，宜采用标准试件；当使用非标准试件时，混凝土强度等级不大于 C100 时，尺寸换算系数宜由试验确定，在未进行试验确定的情况下，对 100mm×100mm×100mm 试件可取为 0.95；当混凝土强度等级大于 C100 时，尺寸换算系数应经试验确定。

9.3.4 抗折强度试验

本方法适用于测定混凝土的抗折强度，也称抗弯拉强度。

（1）测定混凝土抗折强度试验的试件尺寸、数量及表面质量应符合下列规定：

1）标准试件应是边长为 150mm×150mm×600mm 或 150mm×150mm×550mm 的棱柱体试件；

2）边长为 100mm×100mm×400mm 的棱柱体试件是非标准试件；

3）在试件长向中部 1/3 区段内表面不得有直径超过 5mm、深度超过 2mm 的孔洞；

4）每组试件应为 3 块。

（2）试验采用的试验设备应符合下列规定：

1）压力试验机应符合标准的规定，试验机应能施加均匀、连续、速度可控的荷载。

2）抗折试验装置应符合下列规定：

① 双点加荷的钢制加荷头应使两个相等的荷载同时垂直作用在试件跨度的两个三分点处。

② 与试件接触的两个支座头和两个加荷头应采用直径为20～40mm、长度不小于$b+10$mm的硬钢圆柱，支座立脚点应为固定铰支，其他3个应为滚动支点。

（3）抗折强度试验应按下列步骤进行：

1）试件到达试验龄期时，从养护地点取出后，应检查其尺寸及形状，尺寸公差应满足标准的规定，试件取出后应尽快进行试验。

2）试件放置在试验装置前，将试件表面擦拭干净，并在试件侧面画出加荷线位置。

3）试件安装时，可调整支座和加荷头位置，安装尺寸偏差不得大于1mm。试件的承压面应为试件成型时的侧面。支座及承压面与圆柱的接触面应平稳、均匀，否则应垫平。

4）在试验过程中应连续均匀地加荷，当对应的立方体抗压强度小于30MPa时，加载速度宜取0.02～0.05MPa/s；当对应的立方体抗压强度为30～60MPa时，加载速度宜取0.05～0.08MPa/s；当对应的立方体抗压强度不小于60MPa时，加载速度宜取0.08～0.10MPa/s。

5）手动控制压力机加荷速度时，当试件接近破坏时，应停止调整试验机油门，直至破坏，并应记录破坏荷载及试件下边缘断裂位置。

（4）抗折强度试验结果计算及确定应按下列方法进行：

1）若试件下边缘断裂位置处于两个集中荷载作用线之间，则试件的抗折强度f_f（MPa）应按下式计算：

$$f_f=\frac{Fl}{bh^2} \tag{9-13}$$

式中　f_f——混凝土抗折强度（MPa），计算应精确至0.1MPa；

F——试件破坏荷载（N）；

l——支座间跨度（mm）；

h——试件截面高度（mm）；

b——试件截面宽度（mm）。

2）抗折强度值的确定应符合下列规定：

① 应以3个试件测值的算术平均值作为该组试件的抗折强度值，应精确至0.1MPa。

② 3个测值中的最大值或最小值中当有一个与中间值的差值超过中间值的15%时，应把最大值和最小值一并舍除，取中间值作为该组试件的抗折强度值。

③ 当最大值和最小值与中间值的差值均超过中间值的15%时，该组试件的试验结果无效。

3）3个试件中当有一个折断面位于两个集中荷载之外时，混凝土抗折强度值应按另两个试件的试验结果计算。当这两个测值的差值不大于这两个测值的较小值的15%时，该组试件的抗折强度值应按这两个测值的平均值计算，否则该组试件的试验结果无效。当有两个试件的下边缘断裂位置位于两个集中荷载作用线之外时，该组试件试验无效。

4）当试件尺寸为100mm×100mm×400mm非标准试件时，应乘以尺寸换算系数0.85；当混凝土强度等级不小于C60时，宜采用标准试件；当使用非标准试件时，尺寸换算系数应由试验确定。

9.4 自密实混凝土拌合物的自密实性能试验方法

本节摘自《自密实混凝土应用技术规程》JGJ/T 283—2012。

9.4.1 坍落扩展度和扩展时间试验

本方法适用于测试自密实混凝土拌合物的填充性。

(1) 试验仪器设备应符合下列要求：

1) 坍落度筒：应符合现行行业标准《混凝土坍落度仪》JG/T 248—2009 的规定。

2) 底板应为硬质不吸水的光滑正方形平板，边长应为 1000mm，最大扰度不得超过 3mm，并应在平板表面标出坍落度筒的中心位置和直径分别为（200、300、500、600、700、800 及 900）mm 的同心圆。

(2) 混凝土拌合物的填充性能试验应按合下列步骤进行：

1) 应先湿润坍落度筒和底板，坍落度筒内壁和底板上应无明水；底板应放置在坚实水平面上，并把筒放在底板中心，然后用脚踩住两边的脚踏板，坍落度筒在装料时应保持固定的位置。

2) 应在混凝土拌合物不产生离析的状态下，利用盛料容器一次性使混凝土拌合物均匀灌满坍落度筒，且不得捣实或振动。

3) 应采用刮刀刮去超出坍落度筒部分的混凝土拌合物并抹平；清除筒边底板上的混凝土后，随即将坍落度筒垂直匀速地向上提起，提起时间宜控制在 2s。从开始灌料到填充结束应在 90s 内完成，坍落度筒提起至测量拌合物扩展直径结束应控制在 40s 之内完成。

4) 测定扩展度达 500mm 的时间 T_{50} 时，应自坍落度筒提起时计时，至扩展开的混凝土外缘初触平板上所绘直径 500mm 的圆周为止，应采用秒表测定时间，精确至 0.1s。

(3) 混凝土的扩展度应为混凝土拌合物坍落扩展终止后扩展面相互垂直的两个直径的平均值，应精确至 1mm，结果修约至 5mm。

(4) 应观察最终坍落后的拌合物状态，当粗骨料在中央堆积或拌合物边缘有水泥浆析出时，可判定混凝土拌合物抗离析性不合格。

(5) 做好试验记录。内容主要包括：混凝土配合比及调整情况、扩展度达 500mm 的时间 T_{50}、混凝土停止流动时的扩展度和时间、有无离析情况等。

9.4.2 J 环扩展度试验

本方法适用于测试自密实混凝土拌合物的间隙通过性。

(1) 应采用下列试验仪器设备：

1) J 环：应采用钢或不锈钢质材料制成，圆环中心直径和厚度分别为 300mm、25mm，并用螺母和垫圈将 16 根 ϕ16mm×100mm 圆钢锁在圆环上，圆钢中心间距应为 58.9mm。

2) 坍落度筒：应符合现行行业标准《混凝土坍落度仪》JG/T 248—2009 的规定。

3) 底板应为硬质不吸水的光滑正方形平板，边长应为 1000mm，最大扰度不得超过 3mm。

（2）试验方法应按下列步骤进行：

1）应先湿润底板、J环和坍落度筒，坍落度筒内壁和底板上应无明水。底板应放置在坚实水平面上，J环应放在底板中心。

2）应将坍落度筒倒置在底板中心，并应与J环同心，然后将混凝土拌合物一次性填充至满。

3）应采用刮刀刮去超出坍落度筒部分的混凝土拌合物，并抹平；随即将坍落度筒垂直匀速地向上提起300mm，提起时间宜控制在2s。待混凝土拌合物停止流动后，测量拌合物扩展面的最大直径以及与最大直径呈垂直方向的直径。从开始入料到提起坍落度筒应在90s内完成。

4）J环扩展度应为混凝土拌合物坍落扩展终止后扩展面相互垂直的两个直径的平均值，应精确至1mm，结果修约至5mm。

5）自密实混凝土间隙通过性能指标（PA）结果应为测得混凝土坍落扩展度与J环扩展度的差值。

6）应目视检查J环圆钢附近是否有骨料堵塞，当粗骨料在J环圆钢附近出现堵塞时，可判定混凝土拌合物间隙通过性不合格。应予记录。

9.4.3　自密实混凝土试件成型方法

本方法适用于自密实混凝土试件的成型。

（1）自密实混凝土试件的成型应采用下列设备和工具：

1）试模：应符合《混凝土试模》JG/T 237—2008中技术要求的规定。

2）盛料容器。

3）铲子、抹刀、橡胶手套等。

（2）混凝土试件的制作应符合下列规定：

1）成型前，应检查试模尺寸是否符合要求；并对试模内表面涂一薄层矿物油或其他不与混凝土发生反应的脱模剂。

2）在试验室拌制混凝土时，材料用量应以质量计。骨料的称量精度应为±1.0%；水泥、掺合料、水、外加剂的称量精度均应为±0.5%。

（3）混凝土的取样按本章第9.2.1.2的要求进行。

（4）试件成型应符合下列规定：

1）取样或试验室拌制的自密实混凝土在拌制后，应尽快成型，不宜超过15min。

2）取样或拌制好的混凝土拌合物应至少拌三次，再装入盛料器。

3）应分两次将混凝土拌合物装入试模，每层的装料厚度宜相等，中间间隔10s，混凝土拌合物应高出试模口，不应使用振动台或插捣方法成型。

4）试模上口多余的混凝土应刮除，并用抹刀抹平。

9.5　普通混凝土长期性能和耐久性能试验方法

本节摘自《普通混凝土长期性能和耐久性能试验方法标准》GB/T 50082—2009。

9.5.1 基本规定

9.5.1.1 混凝土取样

（1）混凝土的取样可按本章第 9.2.1.2 的要求进行。

（2）每组试件所用的拌合物应从同一盘或同一车混凝土中取样。

9.5.1.2 试件的横截面尺寸

（1）试件的最小横截面尺寸宜按表 9-4 的规定选用。

试件的最小横截面尺寸 **表 9-4**

骨料最大公称粒径(mm)	试件最小横截面尺寸(mm)
31.5	100×100 或 ϕ100
40.0	150×150 或 ϕ150
63.0	200×200 或 ϕ200

（2）骨料最大公称粒径应符合现行行业标准《普通混凝土用砂、石质量及检验方法标准》JGJ 52—2006 的规定。

（3）试件应采用符合现行行业标准《混凝土试模》JG/T 237—2008 中规定的试模制作。

9.5.1.3 试件的和公差

（1）所有试件的承压面的平面度公差不得超过试件的边长或直径的 0.0005。

（2）除抗水渗透性试件外，其他所有试件的相邻面间的夹角应为 90°，公差不得超过 0.5°。

（3）除特别指明试件的尺寸公差以外，所有试件各边长、直径或高度的公差不得超过 1mm。

9.5.1.4 试件的制作和养护

（1）可按本章第 9.3.2.3 节的要求进行。

（2）在制作试件时，不应采用憎水性脱模剂。

（3）在制作试件时，宜同时制作相对应的混凝土立方体抗压强度用试件。

（4）在制作试件时，所采用的振动台和搅拌机应分别符合现行行业标准《混凝土试验室用振动台》JG/T 245—2009 和《混凝土试验用搅拌机》JG/T 244—2009 的规定。

9.5.2 抗水渗透试验

9.5.2.1 渗水高度法

本方法适用于以测定硬化混凝土在恒定水压下的平均渗水高度来表示的混凝土抗水渗透性能。

（1）试验设备应符合下列规定：

1）混凝土抗渗仪应符合现行行业标准《混凝土抗渗仪》JG/T 249—2009 的规定，并应能使水压按规定的制度稳定地作用在试件上。抗渗仪施加水压力范围应为 0.1～2.0MPa。

2）试模应采用上口内部直径为 175mm，下口内部直径为 185mm 和高度 150mm 的圆台体。

3）密封材料宜用石蜡加松香或水泥加黄油等材料，也可采用橡胶套等其他有效密封材料。

4）梯形板应采用尺寸为 200mm×200mm 透明材料制成，并应画有十条等间距、垂直于梯形底线的直线。

5）钢尺的分度值应为 1mm。

6）钟表的分度值应为 1min。

7）辅助设备应包括螺旋加压器、烘箱、电炉、浅盘、铁锅和钢丝刷等。

8）安装试件的加压设备可为螺旋加压或其他加压形式，其压力应能保证将试件压入试件套内。

（2）抗水渗透试验应按照下列步骤进行：

1）抗水渗透试验以 6 个试件为 1 组。

2）试件成型至拆模后，用钢丝刷刷去两端面水泥浆膜，然后编号立即将试件送标准养护室进行养护。

3）抗水渗透试验的龄期宜为 28d。试件应在达到试验龄期前一天取出，并擦拭干净。待试件表面晾干后，应按下列方法进行试件密封：

① 当用橡胶套密封时，应在侧面套上橡胶套。然后套上模套并将试件压入，与试件套底平齐。

② 用水泥加黄油密封时，质量比为（2.5～3.0）：1。用三角刀将密封材料均匀地刮涂在试件侧面上，厚度为 1～2mm。套上模套并将试件压入，与试件套底平齐。

③ 试件密封也可以采用其他更可靠的密封方式。

4）试件准备好后，启动抗渗仪，并开通 6 个试位下的阀门，使水从 6 个孔中渗出，水应充满试位坑，在关闭 6 个试位下的阀门后应将密封好的试件安装在抗渗仪上。

5）试件安装好之后，应立即开通 6 个试位下的阀门，使水压在 24h 内恒定控制在 1.2±0.05MPa，且加压过程不应大于 5min，应以达到稳定压力的时间作为试验记录起始时间（精确至 1min）。在稳压过程中随时观察试件端面的渗水情况，当有某一个试件端面出现渗水时，应停止该试件的试验并记录时间，并以试件的高度作为该试件的渗水高度。对于试件端面未出现渗水的情况，应在试验 24h 后停止试验，并及时取出试件。在试验过程中，当发现水从试件周边渗出时，应重新进行密封。

6）将从抗渗仪上取出来的试件放在压力机上，在试件的上下两端面中心处竖直方向各放一根直径为 6mm 的钢垫条，然后开动压力机，将试件以纵断面劈裂为两半。试件劈开后，应用防水笔描出水痕。

7）应将梯形板放在试件劈裂面上，用钢尺沿水痕等间距量测 10 个测点的渗水高度值，读数应精确至 1mm。当读数时若遇到某测点被骨料阻挡，可以靠近骨料两端的渗水高度算术平均值来作为该测点的渗水高度。

（3）试验结果计算及处理应符合下列规定：

1）试件渗水高度应按下式计算：

$$\overline{h}_i = \frac{1}{10}\sum_{j=1}^{10} h_j \tag{9-14}$$

式中 h_j ——第 i 个试件第 j 个测点处渗水高度（mm）；

$\overline{h}_i$ ——第 i 个试件的平均渗水高度（mm）。应以 10 个测点渗水高度的平均值作为该试件渗水高度的测定值。

2）一组试件的平均渗水高度应按下式计算：

$$\overline{h}=\frac{1}{6}\sum_{i=1}^{6}\overline{h}_i \tag{9-15}$$

式中 $\overline{h}$ ——一组 6 个试件的平均渗水高度（mm）。应以一组 6 个试件渗水高度的算术平均值作为该组试件渗水高度的测定值。

9.5.2.2 逐级加压法

本方法适用于通过逐级施加水压力来测定以抗渗等级来表示的混凝土的抗水渗透性能。

（1）试验设备应符合 9.5.2.1 节的规定。

（2）试验步骤应符合下列规定：

1）首先按 9.5.2.1 节的试验步骤进行试件的密封和安装。

2）试验时，水压应从 0.1MPa 开始，以后应每隔 8h 增加 0.1MPa 水压，并应随时注意观察试件端面的渗水情况。当 6 个试件中有 3 个试件表面出现渗水时，或加压至规定压力（设计抗渗等级）在 8h 内 6 个试件中表面渗水试件少于 3 个时，可停止试验，并记录此时的水压力。试验过程中发现水从试件周边渗出时，应重新进行密封。

（3）混凝土的抗渗等级应以每组 6 个试件中有 4 个试件未出现渗水时的最大水压力乘以 10 来确定。混凝土的抗渗等级应按下式计算：

$$P=10H-1 \tag{9-16}$$

式中 P——混凝土抗渗等级；

H——6 个试件中有 3 个试件渗水时的水压力（MPa）。

9.5.3 收缩试验

9.5.3.1 非接触法

（1）本方法适用于测定早龄期混凝土的自由收缩变形，也可用于无约束状态下混凝土自收缩变形的测定。

（2）本方法应采用尺寸为 100mm×100mm×515mm 的棱柱体试件。每组应为 3 个试件。

（3）试验设备应符合下列规定：

1）非接触法混凝土收缩变形测定仪应设计成整机一体化装置，并应具有自动采集和处理数据、能设定采样时间间隔功能。整个测试装置（含试件、传感器等）应固定于具有避振功能的固定式实验台面上。

2）应有可靠方式将反射靶固定于试模上，使反射靶在试件成型浇筑振捣过程中不会移位偏斜，且在成型完成后应能保证反射靶与试模之间的摩擦力尽可能小。试模应采用具有足够刚度的钢模，且本身的收缩变形小。试模的长度应能保证混凝土试件的测量标距不小于 400mm。

3）传感器的测试量程不应小于试件测量标距长度的 0.5%或量程不应小于 1mm，测试精度不应低于 0.002mm。且应采用可靠方式将传感器测头固定，并应能使测头在测量整个过程中与试模相对位置保持固定不变。试验过程中应能保证反射靶能够随着混凝土收缩而同步移动。

（4）试验应按下列步骤进行：

1）试验应在温度为 20℃±2℃、相对湿度为 60%±5%的恒温恒湿条件下进行。非接触法收缩试验应带模进行测试。

2）试模准备后，应在试模内涂刷润滑油，然后应在试模内铺设两层塑料薄膜或者放置一片聚四氟乙烯（PTFE）片，且应在薄膜或者聚四氟乙烯片与试模接触的面上均匀涂抹一层润滑油。应将反射靶固定在试模两端。

3）将混凝土拌合物浇筑入模后，应振动成型抹平，然后应立即带模移入恒温恒湿室。成型试件的同时，应测定混凝土的初凝时间。混凝土初凝试验和早龄期收缩试验的环境应相同。当混凝土初凝时，应开始测读试件左右两侧的初始读数，此后应至少每隔 1h 或按设定的时间间隔测定试件两端的变形读数。

4）在整个测试过程中，试件在变形测定仪上放置的位置、方向均应始终保持固定不变。

5）需要测定混凝土自收缩值的试件，应在浇筑振捣后立即采用塑料薄膜作密封处理。

（5）非接触法收缩试验结果的计算和处理应符合下列规定：

1）混凝土收缩率应按下式计算：

$$\varepsilon_{st}=\frac{(L_{10}-L_{1t})+(L_{20}-L_{2t})}{L_0} \tag{9-17}$$

式中　ε_{st}——测试期为 t（h）的混凝土收缩率，t 从初始读数时算起；

L_{10}——左侧非接触法位移传感器初始读数（mm）；

L_{1t}——左侧非接触法位移传感器测试期为 t（h）的读数（mm）；

L_{20}——右侧非接触法位移传感器初始读数（mm）；

L_{2t}——右侧非接触法位移传感器测试期为 t（h）的读数（mm）；

L_0——试件测量标距（mm），等于试件长度减去试件中两个反射靶沿试件长度方向埋入试件中的长度之和。

2）每组应取 3 个试件测试结果的算术平均值作为该组混凝土试件的早龄期收缩测定值，计算应精确到 1.0×10^{-6}。作为相对比较的混凝土早龄期收缩值应以 3d 龄期测试得到的混凝土收缩值。

9.5.3.2　接触法

（1）本方法适用于测定在无约束和规定的温度条件下硬化混凝土试件收缩变形性能的测定。

（2）试件和测头应符合下列规定：

1）本方法应采用尺寸为 100mm×100mm×515mm 的棱柱体试件。每组为 3 个试件。

2）采用卧式混凝土收缩仪时，试件两端应预埋测头或留有埋设测头的凹槽。卧式收缩试验用测头（图 9-1）应由不锈钢或其他不锈的材料制成。

3）采用立式混凝土收缩仪时，试件一端中心预埋测头（图 9-2）。立式收缩试验用测头的另外一端宜采用 M20mm×35mm 的螺栓（螺纹通长），并应与立式混凝土收缩仪底座固定。螺栓和测头都应预埋进去。

4）采用接触法引伸仪时，所用试件的长度应至少比仪器的测量标距长出一个截面边长。测头应粘贴在试件两侧面的轴线上。

5）使用混凝土收缩仪时，制作试件的试模应具有能固定测头或预埋凹槽的端板。使用接触法引伸仪时，可用一般棱柱体试模制作试件。

6）收缩试件成型时不得使用机油等憎水性脱模剂。试件成型后应带模养护 1～2d，并保证拆模时不损伤试件。对于事先没有埋设测头的试件，拆模后应立即粘贴或埋设测头。试件拆模后，应立即送至温度为 20℃±2℃、相对湿度为 95%以上的标准养护室养护。

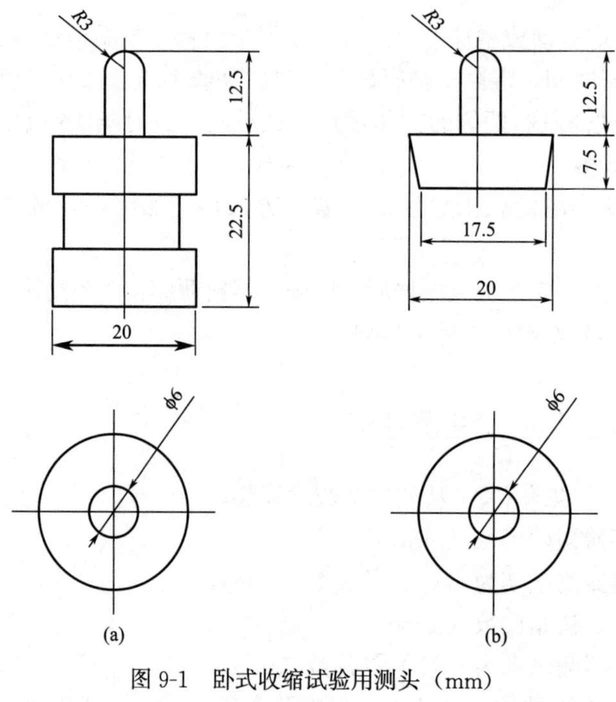

图 9-1　卧式收缩试验用测头（mm）
（a）预埋测头；（b）后埋测头

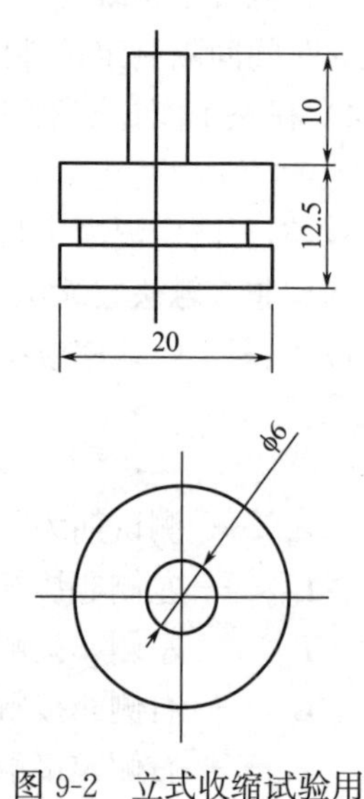

图 9-2　立式收缩试验用测头（mm）

（3）试验设备应符合下列规定：

1）测量混凝土收缩变形的装置应具有硬钢或石英玻璃制作的标准杆，并应在测量前及测量过程中及时校核仪表的读数。

2）收缩测量装置可采用下列形式之一：

① 卧式混凝土收缩仪的测量标距应为 540mm，并应装有精度为±0.001mm 的千分表或测微器。

② 立式混凝土收缩仪的测量标距和测微器同卧式混凝土收缩仪。

③ 其他形式的变形测量仪表的测量标距不应小于 100mm 及骨料最大粒径的 3 倍。并至少能达到±0.001mm 的测量精度。

（4）试验应按下列步骤进行：

1）收缩试验应在恒温恒湿环境中进行，室温应保持在 20℃±2℃，相对湿度应保持在 60%±5%。试件应放置在不吸水的搁架上，底面应架空，每个试件之间的间隔应大于 30mm。

2）测定代表某一混凝土收缩性能的特征值时，试件应在 3d 龄期时（从混凝土搅拌加水时算起）从标准养护室取出，并应立即移入恒温恒湿室测定其初始长度，此后应至少按下列规定的时间间隔测量其变形读数：1d、3d、7d、14d、28d、45d、60d、90d、120d、150d、180d、360d（从移入恒温恒湿室内计时）。

3）测定混凝土在某一具体条件下的相对收缩值时（包括在徐变试验时的混凝土收缩变形测定）应按要求的条件进行试验。对非标准养护试件，当需要移入恒温恒湿室进行试验时，应先在该室内预置 4h，再测其初始值。测量时应记下试件的初始干湿状态。

4）收缩测量前应先用标准杆校正仪表的零点，并应在测定过程中至少再复读 1～2 次，其中一次应在全部试件测读完后进行。当复读时发现零点与原值偏差超过±0.001mm 时，应调零后重新测量。

5）试件每次在卧式混凝土收缩仪上放置的位置和方向均应保持一致。试件上应标明相应的方向标记。试件在放置及取出时应轻稳仔细，不得碰撞表架及表杆。当发生碰撞时，应取下试件，并应重新以标准杆复核零点。

6）采用立式混凝土收缩仪时，整套测试装置应放在不易受外部振动影响的地方。读数时宜轻敲仪表或者上下轻轻滑动测头。安装立式混凝土收缩仪的测试台应有减振装置。

7）采用接触法引伸仪时，应使每次测量时试件与仪表保持相对固定的位置和方向。每次读数应重复 3 次。

（5）混凝土收缩试验结果的计算和处理应符合下列规定：

1）混凝土收缩率应按下式计算：

$$\varepsilon_{st}=\frac{L_0-L_t}{L_b} \tag{9-18}$$

式中　ε_{st}——试验期为 t（d）的混凝土收缩率，t 从测定初始长度时算起；

L_b——试件的测量标距，用混凝土收缩仪测量时等于两测头内侧的距离，即等于混凝土试件长度（不计测头凸出部分）减去两个测头埋入深度之和（mm），采用接触法引伸仪时，即为仪器的测量标距；

L_t——试件在试验期为 t（d）时测得的长度读数（mm）；

L_0——试件长度的初始读数（mm）。

2）每组应取 3 个试件收缩率的算术平均值作为该组混凝土试件的收缩率测定值，计算应精确到 1.0×10^{-6}。

3）作为相互比较的混凝土收缩率值应为不密封试件于 180d 所测得的收缩率值。可将不密封试件于 360d 所测得的收缩率值作为该混凝土的终极收缩率值。

9.6　混凝土强度检验评定

本节摘自《混凝土强度检验评定标准》GB/T 50107—2010 标准。

9.6.1　总则

（1）为了统一混凝土强度的检验评定方法，保证混凝土强度符合混凝土工程质量的要求，制定本标准。

（2）本标准适用于混凝土抗压强度的检验评定。

（3）混凝土强度的检验评定，除应符合本标准外，尚应符合国家现行有关标准的规定。

9.6.2 基本规定

（1）混凝土的强度等级应按立方体抗压强度标准值划分。混凝土强度等级应采用符号C与立方体抗压强度标准值（以 N/mm^2）表示。

（2）立方体抗压强度标准值应为标准方法制作和养护的边长为150mm的立方体试件，用标准试验方法在28d龄期测得的混凝土抗压强度总体分布中的一个值，强度低于该值的概率应为5%。

（3）混凝土强度应分批进行检验评定。一个检验批的混凝土应由强度等级相同、试验龄期相同、生产工艺条件和配合比基本相同的混凝土组成。

（4）对大批量、连续生产混凝土的强度应按统计方法评定。对小批量或零星生产混凝土的强度应按非统计方法评定。

9.6.3 混凝土的取样与试验

1. 混凝土的取样

混凝土的取样按第10章第10.5.5节要求进行。

2. 混凝土试件的制作与养护

（1）混凝土试件的制作与养护按本章第9.3.2节要求进行。

（2）采用蒸汽养护的构件，其试件应先随构件同条件养护，然后应置入标准养护条件下继续养护，两段养护时间的总和应为设计规定龄期。

3. 混凝土试件的试验

混凝土试件的立方体抗压强度试验应根据现行国家标准《混凝土物理力学性能试验方法标准》GB/T 50081—2019的规定执行；也可按本章第9.3.3节要求进行。

9.6.4 混凝土强度的检验评定

1. 统计方法评定

（1）采用统计方法评定时，应按下列规定进行：

1）当连续生产的混凝土，生产条件在较长时间内保持一致，且同一品种、同一强度等级混凝土的强度变异性保持稳定时，应按式（9-19）～式（9-26）进行评定；

2）其他情况应按式（9-27）～式（9-28）进行评定。

（2）一个检验批的样本容量应为连续的3组试件，其强度应同时符合下列规定：

$$m_{f_{cu}} \geqslant f_{cu,k} + 0.7\sigma_0 \tag{9-19}$$

$$f_{cu,min} \geqslant f_{cu,k} - 0.7\sigma_0 \tag{9-20}$$

检验批混凝土立方体抗压强度的标准差应按下式计算：

$$\sigma_0 = \sqrt{\frac{\sum_{i=1}^{n} f_{cu,i}^2 - n m_{f_{cu}}^2}{n-1}} \tag{9-21}$$

当混凝土强度等级不高于 C20 时，其强度的最小值尚应满足下式要求：

$$f_{cu,min} \geqslant 0.85 f_{cu,k} \tag{9-22}$$

当混凝土强度等级高于 C20 时，其强度的最小值尚应满足下式要求：

$$f_{cu,min} \geqslant 0.90 f_{cu,k} \tag{9-23}$$

式中　$m_{f_{cu}}$——同一检验批混凝土立方体抗压强度的平均值（N/mm^2），精确到 0.1（N/mm^2）；

$f_{cu,k}$——混凝土立方体抗压强度标准值（N/mm^2），精确到 0.1（N/mm^2）；

σ_0——检验批混凝土立方体抗压强度的标准差（N/mm^2），精确到 0.01（N/mm^2）；当检验批混凝土强度标准差 σ_0 计算值小于 $2.5N/mm^2$ 时，应取 $2.5N/mm^2$；

$f_{cu,i}$——前一检验期内同一品种、同一强度等级的第 i 组混凝土试件的立方体抗压强度代表值（N/mm^2），精确到 0.1（N/mm^2）；该检验期不应少于 60d，也不得大于 90d；

n——前一检验期内的样本容量，在该期间内样本容量不应少于 45 组；

$f_{cu,min}$——同一检验批混凝土立方体抗压强度的最小值（N/mm^2），精确到 0.1（N/mm^2）。

（3）当样本容量不少于 10 组时，其强度应同时满足下列要求：

$$m_{f_{cu}} \geqslant f_{cu,k} + \lambda_1 \cdot s_{f_{cu}} \tag{9-24}$$

$$f_{cu,min} \geqslant \lambda_2 \cdot f_{cu,k} \tag{9-25}$$

同一检验批混凝土立方体抗压强度的标准差应按下式计算：

$$S_{f_{cu}} = \sqrt{\frac{\sum_{i=1}^{n} f_{cu,i}^2 - n m_{f_{cu}}^2}{n-1}} \tag{9-26}$$

式中　$S_{f_{cu}}$——同一检验批混凝土立方体抗压强度的标准差（N/mm^2），精确到 0.01（N/mm^2）；当检验批混凝土强度标准差计算值小于 $2.5N/mm^2$ 时，应取 $2.5N/mm^2$；

λ_1、λ_2——合格判定系数，按表 9-5 取用；

n——本检验期内的样本容量。

混凝土强度的合格判定系数　　**表 9-5**

试件组数	10～14	15～19	≥20
λ_1	1.15	1.05	0.95
λ_2	0.90	0.85	

2. 非统计方法评定

（1）当用于评定的样本容量小于 10 组时，应采用非统计方法评定混凝土强度。

（2）按非统计方法评定混凝土强度时，其强度应同时符合下列规定：

$$m_{f_{cu}} \geqslant \lambda_3 \cdot f_{cu,k} \tag{9-27}$$

$$f_{cu,min} \geqslant \lambda_4 \cdot f_{cu,k} \tag{9-28}$$

式中　λ_3，λ_4——合格判定系数，应按表 9-6 取用。

混凝土强度的非统计法合格判定系数　　**表 9-6**

混凝土强度等级	<C60	≥C60
λ_3	1.15	1.10
λ_4	0.95	

3. 混凝土强度的合格性评定

（1）当检验结果满足以上的规定时，则该批混凝土强度应评定为合格；当不能满足以上的规定时，该批混凝土强度应评定为不合格。

（2）对评定为不合格批的混凝土，可按国家现行的有关标准进行处理。

第10章 预拌混凝土生产质量管理

预拌混凝土在生产与运输过程中，生产速度的快慢、拌合物质量的优劣、供应速度的协调、生产成本和资源的合理利用等都取决于生产管理水平。生产管理涉及企业的几个部门，生产部是生产搅拌过程的管理部门；试验室是生产及交付过程质量控制的主要部门；材料部是原材料供应的保障部门；运输部是车辆调动和交通协调的责任部门。这几个部门必须各负其责，密切配合才能圆满完成每一次生产与供应任务，企业应提供适宜的资源以确保各项工作的顺利进行。

生产管理在很大程度上影响着企业的生产经营实际效果，是企业管理的重要组成部分。为此，企业应健全质量保证体系，完善各项规章制度，结合实际情况，制定包括原材料进场检验、生产过程控制、产品出厂检验、产品交付和验收及售后服务等质量控制文件，编制生产过程控制图表及原材料和预拌混凝土产品质量的内控质量指标，以满足市场需求并实现健康发展。

预拌混凝土的质量直接关系到工程质量、企业信誉、经济效益和法律责任。因此，混凝土企业应加强信息化建设，向智能化、精细化方向发展。企业的合同签订、原材料进场验收、试验管理、生产调度、技术质量管理及运输等全过程活动宜使用管理信息系统进行运营管理，将预拌混凝土生产与现代信息技术深度融合，从而实现混凝土生产经营的高效管理。

预拌混凝土生产过程的质量控制应包括对浇筑部位技术要求、结构形式、施工条件的了解和协调、所使用车辆和设备的检查、所需原材料质量与数量的查验以及所用配合比的核对，并对计量、搅拌、检验、运输等过程进行控制。

10.1 预拌混凝土的生产工艺

预拌混凝土生产的工艺布置主要由原材料计量系统（特别是骨料）的型式而确定，目前主要有塔楼式、拉铲式和皮带秤式三种布置。

预拌混凝土的生产工艺流程从整体上看没有太大的区别。它的基本组成部分为：供料系统、计量系统、搅拌系统、电气系统及辅助设备（如空气压缩机、水泵等），用以完成混凝土原材料的输送、上料、贮存、配料、称量、搅拌和出料等工作。预拌混凝土生产工艺流程如图 10-1 所示。

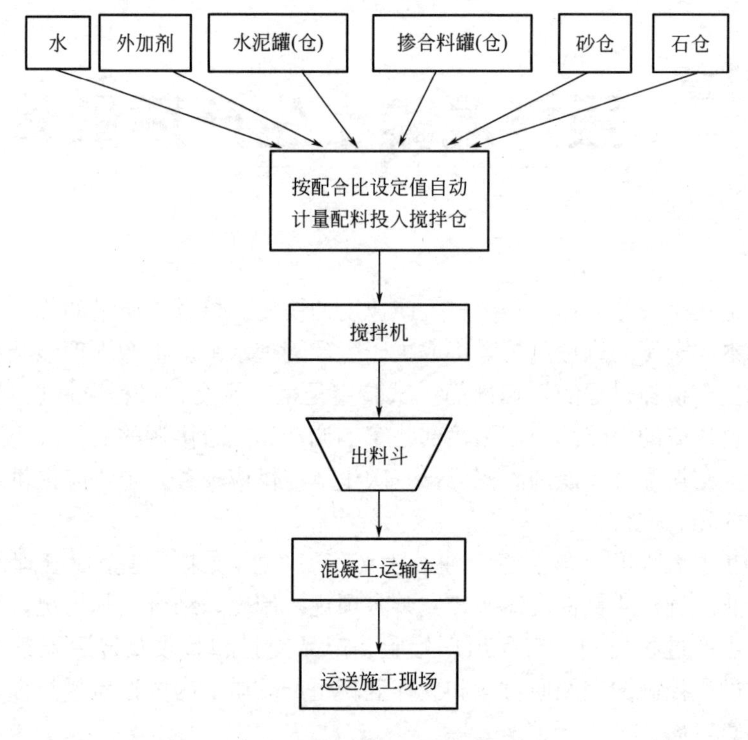

图 10-1　预拌混凝土生产工艺流程

10.2　预拌混凝土生产设备的基本组成

混凝土搅拌站（楼）是用来集中生产混凝土的组合装置。主要由搅拌主机、物料称量系统、物料输送系统、物料贮存系统和控制系统等五大系统和其他附属设施组成。

搅拌楼骨料计量与搅拌站骨料计量相比，由于减少了中间环节，并且是垂直下料计量，节约了计量时间，因此大大提高了生产效率，在同型号的情况下，搅拌楼生产效率比搅拌站生产效率高三分之一。比如：HLS120 楼的生产效率相当于 HZS180 站的生产效率。但搅拌楼是将骨料贮料仓设在搅拌机上方，因此要求厂房高，投资比搅拌站要大。

10.2.1　搅拌机

搅拌机应采用符合《建筑施工机械与设备 混凝土搅拌机》GB/T 9142—2021 标准规定的固定式搅拌机。搅拌机按其搅拌方式分为强制式和自落式。

1. 强制式搅拌机

搅拌筒固定不动，筒内物料由转轴上的拌铲和刮铲强制挤压、翻转和抛掷，使物料得到均匀拌合。这种搅拌机生产率高，拌合质量好，但耗能大，是国内外搅拌站使用的主流，它可以搅拌流动性、半干硬性和干硬性等多种混凝土。

强制式搅拌机按结构形式分为立轴式搅拌机、单卧轴搅拌机和双卧轴搅拌机。立轴式搅拌机适用于搅拌干硬性混凝土或坍落度较小的混凝土。单卧轴搅拌机和双卧轴搅拌机适用于搅拌坍落度较大的混凝土，而其中尤以双卧轴强制式搅拌机的综合使用性能最好，比较适合于预拌混凝土生产。

2. 自落式搅拌机

搅拌筒旋转，筒内壁固定的叶片将物料带到一定高度，然后物料靠自重自由坠落，周而复始，使物料得到均匀拌合。自落式搅拌机主要搅拌流动性混凝土，目前在搅拌站中很少使用。

10.2.2　物料称量系统

物料称量系统是影响混凝土质量和混凝土生产成本的关键部件，主要分为骨料称量、粉料称量和液体称量三部分。多采用各种物料独立称量的方式，所有称量都采用电子秤及微机控制。

称量系统是预拌混凝土生产的核心，按照国家标准的规定，在预拌混凝土生产中通常都采用质量法计量。计量精度直接影响预拌混凝土质量，计量速度直接影响预拌混凝土生产能力。

1. 砂和石的计量

砂和石的计量形式决定了预拌混凝土生产的工艺布置。

在塔楼式工艺布置中，砂和石的计量一般设置在搅拌机的上方，砂石采用分别计量。而在拉铲式和皮带秤式工艺布置中，砂和石的计量布置在地面或较低的位置，计量后再用提升斗或皮带机送至设在搅拌机上方的中间仓内，有的砂石采用叠加计量的方法，即砂和石在同一计量斗内计量。生产时先将砂或石计量到设定值后，再自动切换进行另一种材料的计量。

2. 水泥和掺合料的计量

水泥和掺合料的计量一般设在搅拌机上方，有分别计量的，也有叠加计量的。

3. 水计量

水计量一般设在搅拌机上方，目前基本都是采用质量法。

4. 外加剂计量

外加剂有液体和粉状两种。搅拌站一般使用液体外加剂，外加剂计量后同计量好的水一起加入搅拌机。这种方法较简单，但对外加剂的计量精度要求较高。

10.2.3　物料输送系统

物料输送由三个部分组成。

骨料输送：目前搅拌站骨料输送有料斗输送和皮带输送两种方式。料斗提升的优点是占地面积小、结构简单。皮带输送的优点是输送距离大、效率高、故障率低。皮带输送主要适用于有骨料暂存仓的搅拌站，从而提高搅拌站的生产率。

粉料输送：预拌混凝土常用的粉料主要有水泥、粉煤灰和矿粉。目前普遍采用的粉料输送方式是螺旋输送机输送，大型搅拌楼有采用气动输送和刮板输送的。螺旋输送的优点是结构简单、成本低、使用可靠。

液体输送：主要指水和液体外加剂，它们是分别由水泵输送的。

10.2.4 物料贮存系统

骨料贮存主要看当地对环保的要求，有些地区封闭堆放有些地区仍然露天堆放；粉料用全封闭钢结构筒仓贮存；液体外加剂用钢结构容器或塑料容器贮存。

10.2.5 控制系统

搅拌站的控制系统是整套设备的中枢神经。控制系统根据用户不同要求和搅拌站的大小而有不同的功能和配制，一般情况下施工现场可用的小型搅拌站控制系统简单一些，而大型搅拌站的系统相对复杂一些。

其他附属设施如：水路、气路、料（筒）仓等。

10.3 原材料管理

混凝土企业应按照有关规定对进厂原材料进行验收、取样、存样和检验，并对验收和检验资料存档备查，确保可追溯性。原材料应按不同规格、批次、批量复验，复验合格后方可使用，杜绝使用未经验收或检验不合格的原材料。

为降低质量风险，保证混凝土质量和降低生产成本，混凝土企业应根据质量控制要求选择具有相应资格的原材料合格供方，应对供方的原材料质量、供货能力、价格、服务等进行评价，建立并保存合格供方的评价档案，形成稳定的原材料采购渠道。采购合同应有质量验收标准，以保证所采购的原材料符合规定要求。

混凝土企业应对进场原材料实施分类管理，及时建立原材料验收、检验、使用台账，并做好相应的记录。

10.3.1 质量控制

10.3.1.1 水泥

混凝土的强度主要来源于水泥，其质量对混凝土质量影响重大，应做好以下质量控制工作：

（1）水泥品种与强度等级的选用应根据结构设计、施工要求以及工程所处环境确定。对于一般建筑结构及预制构件的普通混凝土，宜采用通用硅酸盐水泥；高强混凝土和有抗渗、抗冻要求的混凝土，宜选用硅酸盐水泥或普通硅酸盐水泥；有预防混凝土碱-骨料反应要求的混凝土工程宜采用碱含量低于0.6%的水泥；处于潮湿环境的混凝土结构，当使用碱活性骨料时，宜采用低碱水泥。水泥应符合现行国家标准《通用硅酸盐水泥》GB 175—2007的有关规定。

（2）水泥质量主要控制项目应包括凝结时间、安定性、胶砂强度、氧化镁和氯离子含量，碱含量低于0.6%的水泥主要控制项目还应包括碱含量。

（3）宜采用新型干法生产的水泥，用于生产混凝土的水泥温度不宜高于60℃。

（4）应用统计技术，逐月对水泥质量进行综合评价。

（5）水泥的存储应采取防潮措施，出现结块不得用于混凝土工程；水泥出厂超过三个月（硫铝酸盐水泥45d），应进行复验，并根据复验结果合理使用。

10.3.1.2　粗骨料

粗骨料宜选用粒形良好、质地坚硬的洁净碎石或卵石；经试验能保证结构设计和施工要求时，也可使用再生粗骨料配制混凝土。

(1) 粗骨料应符合现行行业标准《普通混凝土用砂、石质量及检验方法标准》JGJ 52—2006 的规定；再生粗骨料应符合现行国家标准《混凝土用再生粗骨料》GB/T 25177—2010 的规定。

(2) 粗骨料质量主要控制项目应包括颗粒级配、针片状颗粒含量、含泥量、泥块含量、压碎值指标和坚固性，用于高强混凝土的粗骨料主要控制项目还应包括岩石抗压强度；再生粗骨料主要控制项目还应增加微粉含量和吸水率。

(3) 粗骨料在应用方面应符合下列要求：

1) 混凝土用粗骨料宜采用连续粒级，也可采用两种单粒级混合成满足要求的连续粒级。

2) 对于混凝土结构，粗骨料最大公称粒径不得大于构件截面最小尺寸的1/4，且不得大于钢筋最小净间距的3/4；对混凝土实心板，骨料的最大公称粒径不宜大于板厚的1/3，且不得超过40mm。

3) 对于有抗冻、抗渗、抗腐蚀、耐磨或其他特殊要求的混凝土，粗骨料中含泥量和泥块含量分别不应大于1.0%和0.5%；坚固性检验的质量损失不应大于8.0%。

4) 对于高强混凝土，粗骨料的岩石抗压强度应至少比混凝土设计强度高30%；最大公称粒径不宜大于25mm；针片状颗粒含量不宜大于5%且不应大于8%；含泥量和泥块含量分别不应大于0.5%和0.2%。

5) 对于泵送混凝土，粗骨料的种类、形状、粒径和级配，对泵送混凝土的性能有很大的影响，应予以控制。其最大公称粒径与输送管径之比宜满足相关规范的要求。

6) 对粗骨料或用于制作粗骨料的岩石，应进行碱活性检验，包括碱-硅酸反应活性检验和碱-碳酸盐反应活性检验；对于有预防混凝土碱-骨料反应要求的混凝土工程，不宜采用有碱活性的粗骨料。

7) Ⅰ类再生粗骨料可用于配制各种强度等级的混凝土；Ⅱ类再生粗骨料宜用于配制C40及以下强度等级的混凝土；Ⅲ类再生粗骨料可用于配制C25及以下强度等级的混凝土，不宜用于配置有抗冻性能要求的混凝土。

10.3.1.3　细骨料

细骨料宜选用级配良好、质地坚硬、颗粒洁净的天然砂或人工砂；经试验能保证结构设计和施工要求时，也可使用再生细骨料配制混凝土。

(1) 细骨料应符合现行行业标准《普通混凝土用砂、石质量及检验方法标准》JGJ 52—2006 的规定；海砂应符合现行行业标准《海砂混凝土应用技术规范》JGJ 206—2010 的规定；再生细骨料应符合现行国家标准《混凝土和砂浆用再生细骨料》GB/T 25176—2010 的规定。

(2) 细骨料质量主要控制项目应包括颗粒级配、细度模数、含泥量、泥块含量、氯离子含量、坚固性和有害物质含量；海砂或有氯离子污染的砂，主要控制项目还应增加氯离子含量及贝壳含量；人工砂及混合砂主要控制项目还应增加压碎值指标和石粉含量，但可不包括氯离子含量和有害物质含量；再生细骨料主要控制项目还应增加微粉含量、吸水率、最大压碎指标值、再生胶砂需水量比和再生胶砂强度比。

（3）细骨料的应用应符合下列要求：

1）泵送混凝土宜采用中砂，且 300μm 筛孔的颗粒通过量不宜少于 15%。

2）对于有抗冻、抗渗或其他特殊要求的混凝土，砂中的含泥量和泥块含量分别不应大于 3.0%和 1.0%；坚固性检验的质量损失不应大于 8.0%。

3）对于高强混凝土，砂的细度模数宜控制在 2.6～3.0 范围内，含泥量和泥块含量分别不应大于 2.0%和 0.5%。

4）混凝土细骨料中氯离子含量，对钢筋混凝土，按干砂的质量百分率计算不得大于 0.06%；对预应力混凝土，按干砂的质量百分率计算不得大于 0.02%。

5）混凝土用海砂应经过净化处理。

6）混凝土用海砂氯离子含量不应大于 0.03%，贝壳含量应符合第 5 章表 5-9 的要求；海砂和再生砂不得用于预应力混凝土。

7）人工砂或混合砂中石粉含量应符合第 5 章表 5-5 的要求。

8）不宜单独采用特细砂作为细骨料配制混凝土。

9）河砂和海砂应进行碱-碳酸盐反应活性检验；人工砂应进行碱-碳酸盐反应活性检验和碱-硅酸盐反应活性检验；对于有预防混凝土碱-骨料反应要求的工程，不宜采用有碱活性的细骨料。

10）Ⅰ类再生细骨料可用于配制 C40 及以下强度等级的混凝土；Ⅱ类再生细骨料宜用于配制 C25 及以下强度等级的混凝土；Ⅲ类再生细骨料不宜用于配制结构混凝土。

10.3.1.4　矿物掺合料

（1）用于混凝土中的矿物掺合料可包括粉煤灰、矿渣粉、硅灰、天然沸石粉、钢渣粉、磷渣粉、石灰石粉；可采用两种或两种以上的矿物掺合料按一定的比例混合使用。所使用的矿物掺合料应符合现行相关标准的规定要求。

（2）粉煤灰质量的主要控制项目应包括细度、需水量比、烧失量和三氧化硫含量，C 类粉煤灰的主要控制项目还应包括游离氧化钙含量和安定性；矿渣粉的主要控制项目应包括比表面积、活性指数和流动度比；硅灰的主要控制项目应包括比表面积和二氧化硅含量；石灰石粉的主要控制项目应包括碳酸钙含量、活性指数、流动度比和亚甲蓝值。矿物掺合料的主要控制项目还应包括放射性。

（3）矿物掺合料的应用应符合下列要求：

1）掺用矿物掺合料的混凝土，宜采用硅酸盐水泥或普通硅酸盐水泥。

2）在混凝土中掺用矿物掺合料时，其种类和掺量应经试验确定。

3）矿物掺合料宜与高效减水剂同时使用。

4）对于高强混凝土或有抗冻、抗渗、抗腐蚀、耐磨等其他特殊要求的混凝土，不宜采用低于Ⅱ级的粉煤灰。

5）对于高强混凝土和有耐腐蚀要求的混凝土，当需要采用硅灰时，不宜采用二氧化硅含量小于 90%的硅灰。

（4）在进行矿物掺合料选用时，应对其可能影响混凝土性能的指标进行试验，并根据对混凝土拌合物性能、力学性能以及长期耐久性能的影响，合理使用。

10.3.1.5 外加剂

由于工程对混凝土要求的高性能化，混凝土施工与应用环境条件的复杂化及混凝土施工工艺和原材料的多样化，使合理选用外加剂成为一项重要的技术工作。外加剂的选用应根据混凝土性能要求、施工工艺及气候条件，结合混凝土的原材料性能、配合比以及对胶凝材料的相容性，通过试验确定使用外加剂的品种与掺量。

(1) 外加剂应符合国家现行标准《混凝土外加剂》GB 8076—2008、《混凝土防冻剂》JC/T 475—2004 和《混凝土膨胀剂》GB/T 23439—2017 的有关规定。

(2) 外加剂质量的主要控制项目应包括掺外加剂混凝土性能和外加剂匀质性两个方面。混凝土性能方面的主要控制项目应包括减水率、凝结时间和抗压强度比；外加剂匀质性方面的主要控制项目应包括 pH 值、氯离子含量和碱含量；引气剂和引气减水剂的主要控制项目还应包括含气量；防冻剂的主要控制项目还应包括含气量和 50 次冻融强度损失率比；膨胀剂的主要控制项目还应包括凝结时间、限制膨胀率和抗压强度。

(3) 外加剂的应用除应符合现行国家标准《混凝土外加剂应用技术规范》GB 50119—2013 的有关规定外，尚应符合下列要求：

1) 在混凝土中掺用外加剂时，外加剂应与水泥具有良好的相容性，其种类和掺量应经试验确定。

2) 高强混凝土宜采用高性能减水剂；有抗冻、抗渗要求的混凝土宜采用引气剂或引气减水剂；大体积混凝土宜采用缓凝剂或缓凝减水剂；混凝土冬期施工可采用防冻剂。

3) 外加剂中的氯离子含量和碱含量应满足混凝土设计要求。

4) 宜采用液态外加剂。贮存的密闭容器应放置于阴凉干燥处，防止日晒、污染、浸水，使用前应搅拌均匀；如有沉淀、变色等异常现象时，应经检验合格后再使用。

(4) 粉状外加剂应防止受潮结块，如有结块（最好废弃），应经粉碎至全部通过 300μm 筛孔，并应重新取样进行检验，合格后方可使用。如果使用未经粉碎的结块外加剂生产混凝土，可能将会对混凝土结构实体产生破坏作用。

(5) 对于首次使用的外加剂或使用间断三个月以上时，经型式检验合格后方可使用。存放期超过三个月的外加剂，使用前应重新检验，并相应调整配合比。

10.3.1.6 水

水的质量不仅对混凝土性能有一定的影响，而且对外加剂与水泥的相容性也有一定的影响，因此应对其质量进行控制。

(1) 混凝土用水应符合现行行业标准《混凝土用水标准》JGJ 63—2006 的有关规定。

(2) 混凝土用水的质量主要控制项目应包括 pH 值、不溶物含量、可溶物含量、硫酸根离子含量、氯离子含量、水泥凝结时间差和水泥胶砂强度比。当混凝土骨料为碱活性时，主要控制项目还应包括碱含量。

(3) 混凝土用水的应用应符合下列要求：

1) 未经处理的海水严禁用于钢筋混凝土和预应力混凝土。

2) 当骨料具有碱活性时，混凝土用水不得采用混凝土生产设备洗刷水。

10.3.2 检验

(1) 原材料进场时，供方应对进场材料按材料进场验收所划分的检验批提供相应的质量证明文件，包括型式检验报告、出厂检验报告或合格证等，外加剂产品尚应提供使用说明书。当能确认连续进场的材料为同一厂家的同批出厂材料时，可按出厂的检验批提供质量证明文件。

（2）混凝土原材料进场时应进行检验，检验样品应随机抽取。

（3）混凝土原材料的检验批量应符合下列规定：

1）散装水泥应按每 500t 为一个检验批；粉煤灰、石灰石粉或矿渣粉等掺合料应按每 200t 为一个检验批；硅灰应按每 30t 为一个检验批；砂、石骨料应按每 400m^3 或 600t 为一个检验批；外加剂应按每 50t 为一个检验批；水应按同一水源不少于一个检验批。

2）当符合下列条件之一时，可将检验批量扩大一倍。

① 对经产品认证机构认证符合要求的产品。

② 来源稳定且连续三次检验合格。

③ 同一厂家的同批次材料，用于同时施工且属于同一工程项目的多个单位工程。

3）不同批次或非连续供应的不足一个检验批量的原材料应作为一个检验批。

10.3.3 贮存

胶凝材料是混凝土强度的主要来源，而搅拌站使用的胶凝材料至少有两种，甚至三、四种，若输送时品种发生错误入错筒仓，将会造成重大的质量事故。因此，胶凝材料的贮存是原材料贮存管理重中之重的工作，搅拌站必须加强管理。

（1）原材料的储存能力应能满足生产任务的需要，各种原材料应分仓存储，标识清晰，先进先用。标识应注明品名、产地、等级、规格、进场时间、检验状态等必要信息。

（2）每只贮存筒仓的进料口应有上锁装置，并有专人负责胶凝材料的入仓管理。

（3）调料技术员与主机操作人员必须准确掌握每只筒仓贮存的是什么材料，避免误用情况的发生。

（4）水泥应防止受潮，出厂超过 2 个月应进行复检，并按检验结果合理使用。

（5）骨料堆场应为能排水的硬质地面，并应有防尘和遮雨设施；不同品种、规格的骨料应分别贮存，避免混杂或污染。

（6）粉状外加剂应防止受潮结块，如有结块，应进行检验，合格者应经粉碎至全部通过 300μm 方孔筛孔后方可使用；液态外加剂应贮存在密闭容器内，应避免防晒和防冻，如有沉淀等异常现象，应经检验合格后方可使用。

（7）纤维应按品种、规格和生产厂家分别标识和贮存。

10.4 配合比管理

混凝土配合比控制包括配合比设计、配合比使用与生产过程调整三个方面。

10.4.1 配合比设计

混凝土配合比设计管理详见第 2 章第 2.13.8 节内容。

10.4.2 配合比使用

（1）混凝土配合比使用管理详见第 2 章第 2.13.9 节内容。

（2）生产配合比的调整原因与要求

由于某种原因，混凝土拌合物工作性不符合要求对生产配合比进行调整是常见的事情，调整主要原因与要求如下：

1）原材料发生变化。

骨料含水率会因所处料堆的区域不同而不一致，如上部含水率比下部小、刚进的一般比存料含水率大，骨料的粒径、颗粒级配含泥量或石粉含量存在一定差距；不同批次（或车次）胶凝材料或外加剂质量存在差距等。这些不稳定因素都可能造成混凝土拌合物工作性发生较大变化，故在生产时应及时按规定要求调整生产配合比，确保混凝土拌合物满足各项要求。

混凝土生产期间，骨料含水率的测定每工作班不宜少于 2 次。当含水率有明显变化时，应增加测定次数，并依据测定结果及时调整用水量及骨料用量。

2）混凝土稠度变化。

由于运输时间、气候变化、材料变化等对混凝土稠度有一定的影响。运输时间长、气候干燥，稠度损失就大，当发生明显变化时应及时调整出厂稠度。

3）现场施工需要。

施工浇筑部位不同时，如楼梯、斜屋面、承台基础等结构构件浇筑时，稠度要求小，应及时调整出厂稠度。

10.5 生产过程管理

生产过程中，同一结构部位、同一强度等级的混凝土，胶凝材料和外加剂、配合比应一致，制备工艺和质量控制水平应基本相同。

10.5.1 供货通知

每一单位工程在预拌混凝土供货前，供需双方应签订书面《预拌混凝土销售合同》，合同内容应符合国家《中华人民共和国民法典》《预拌混凝土》GB/T 14902—2012 等相关规定。当需方提供专用配合比或原材料时，应在合同中明确双方的责任。

（1）浇筑混凝土前，需方应至少提前 24h 按结构设计要求和施工需要向供方提交书面或传真“预拌混凝土供货通知单”，以便供方提前做好材料、技术资料、生产、运输等准备。该通知单内容至少包括合同编号、工程名称、浇筑部位、浇筑方式、混凝土性能要求、交货地点、供货日期及发车时间、供货数量（m^3）以及联系人等。

（2）“预拌混凝土供货通知单”是供需双方履行合同买卖的重要依据，无论以书面或电子版的形式传递，双方均应妥善保留、存档，以免供货完毕发现混凝土技术指标出现错误时无据可查，特别是强度等级，发生错误有可能引发严重的质量事故。

（3）需方应做好混凝土运输车辆到达施工现场时道路通畅及浇筑条件相关的准备工作，路面应平整、坚实。

10.5.2 生产前准备

（1）混凝土企业销售部门负责确认“预拌混凝土供货通知单”内容，并根据供货通知单内容及时向试验室、材料部、生产部等下达“生产任务通知单”，以便相关部门提前做好准备工作。

（2）“混凝土生产配合比通知单”的签发

试验室主任应根据“生产任务通知单”中的内容，结合现有的技术储备，向质检组签发干料生产配合比，即“混凝土生产配合比通知单”。内容包括生产日期、需方名称、工程名称、结构部位、混凝土强度、坍落度、混凝土配合比、原材料的名称、品种、规格等内容。

（3）“混凝土生产配合比调整通知单”的签发

在接到需方具体发送混凝土时间通知后，质检组应立即测定骨料含水率，并根据骨料含水率和“混凝土生产配合比通知单”内容调整为湿料生产配合比，即“混凝土生产配合比调整通知单”。该通知单由质检组组长向生产部签发。

（4）生产部搅拌机操作员按“混凝土生产配合比调整通知单”准确将数据输入电脑计量系统，并应复核二遍，杜绝数据与原材料使用发生错误。

（5）技术资料报审

试验室应根据有关要求在供货前打印好预拌混凝土质量保证技术资料，当需方提出先报审后供货时，应提前送交，否则可随混凝土运输车报送需方。

大批量、连续生产 2000m^3 以上的同一工程项目、同一配合比混凝土，还应提供基本性能试验报告。内容包括稠度、凝结时间、坍落度经时损失、泌水、表观密度等性能；当设计有要求，应按设计提供其他性能试验报告。

（6）供应安排

混凝土生产前，运输车管理人员应根据供应量、施工要求及交货地点合理安排运输车辆，明确运输路线，确保混凝土能连续供应。

10.5.3 计量

（1）计量前，调料技术员应复核搅拌机操作员输入计量系统的配合比及原材料使用是否正确，经确认无误后方可计量生产。

（2）混凝土原材料均应按照质量进行分别计量，计量值应在计量装置额定量程的20%～80%之间。

（3）原材料计量应采用电子计量设备。计量设备应能连续计量不同混凝土配合比的各种原材料，并应具有逐盘记录和贮存计量结果（数据）的功能，其计量精度应满足现行国家标准《建筑施工机械与设备 混凝土搅拌站（楼）》GB 10171—2016 的要求。

（4）生产计量设备应具有有效期内的检定证书，并应定期校验。每月应至少自校一次；每一工作班开始前，应对计量设备进行零点校准。

（5）生产计量设备在检定校准周期内宜按照下列要求进行静态计量校准：

1）间隔时间达到半个月或生产累计超过 10000m^3 时，应对粉料秤、水秤、外加剂秤进行校准。

2）间隔时间达到一个月时，应对骨料秤进行校准。

3）在生产重要工程或有特殊要求的混凝土之前应对计量系统进行校准。

4）每次计量系统检修后，应对生产计量设备进行校准。

5）当混凝土质量出现异常时，宜对生产计量设备进行校准。

静态计量装置校准的方法可参照计量检定方法。一般在计量料斗内逐级加入规定数量的标准砝码，比较计量料斗内标准砝码的数量与搅拌机操作台显示仪上显示的值，由此判定计量装置的计量精度。

静态计量装置校准的加荷总值（计量料斗内标准砝码的数量）应与该计量料斗实际生产时需要的计量值相当。静态计量装置校准加荷时应分级进行，分级数量不少于五级。校准时应有操作员、试验室人员和设备管理人员等共同参与，并签名确认。当校准结果超出规定允许偏差范围时，必须找出原因，必要时应重新检定，同时做好相应记录。

（6）原材料的计量允许偏差不应大于表10-1规定的范围，并应每班检查1次。

混凝土原材料计量允许偏差 **表10-1**

原材料品种	水泥	骨料	水	外加剂	掺合料
每盘计量允许偏差(%)	±2	±3	±1	±1	±2
累计计量允许偏差(%)	±1	±2	±1	±1	±1

注：累计计量允许偏差是指每一运输车中各盘混凝土的每种材料计量和的偏差

（7）粉状外加剂宜采用自动计量方式，当采用人工计量添加方式时，应有视频监控措施。

（8）对于原材料计量，应根据粗、细骨料含水率、细骨料含石率等的变化，及时调整粗、细骨料和拌合用水的称量。

（9）应保存预拌混凝土供货通知单、生产混凝土配合比通知单、生产混凝土配合比调整通知单、计量设备自校记录、计量设备检查记录、生产过程计量记录（逐盘）、生产设备维护保养和维修记录。记录资料保存不应低于5年。

计量记录不仅反映混凝土搅拌系统的计量精度，更能反映出混凝土的实物质量，是一项重要的质量记录。计量逐盘记录可采用电脑存盘或打印，并应备份。

10.5.4 搅拌

（1）混凝土搅拌机应符合现行国家标准《建筑施工机械与设备 混凝土搅拌机》GB/T 9142—2021的有关规定。混凝土搅拌宜采用强制式搅拌机。

（2）原材料投料方式应满足混凝土搅拌技术要求和混凝土拌合物质量要求。

（3）混凝土搅拌的最短时间应符合设备说明书的规定，并且每盘搅拌时间（从全部材料投完算起）不应低于30s，制备高强混凝土或采用引气剂、膨胀剂、防水剂、纤维时应相应增加搅拌时间，且不宜低于45s。

（4）搅拌应保证混凝土拌合物质量均匀；同一盘混凝土的匀质性应符合下列规定：

1）混凝土中砂浆密度两次测值的相对误差不应大于0.8%。

2）混凝土稠度两次测值的误差不应大于表10-2规定的混凝土拌合物稠度允许偏差的绝对值。

混凝土拌合物的稠度允许偏差 **表 10-2**

项目	控制目标值	允许偏差
坍落度(mm)	50～90	±20
	≥100	±30
扩展度(mm)	≥350	±30

(5) 每一工作班不应少于一次进行搅拌抽检，抽检项目主要有拌合物稠度、搅拌时间及原材料计量偏差。

(6) 冬期施工搅拌混凝土时，宜优先采用加热水的方法提高拌合物温度，也可同时采用加热骨料的方法提高拌合物温度。当拌合用水和骨料加热时，拌合用水和骨料的加热温度不应超过表 10-3 的规定；当骨料不加热时，拌合用水可加热到 60℃以上。当水和骨料的温度仍不能满足热工计算要求时，可提高水温到 100℃，但水泥不得与 80℃以上的水直接接触。应先投入骨料和热水进行搅拌，然后再投入胶凝材料等共同搅拌，胶凝材料、引气剂或含气组分外加剂不应与热水直接接触。

拌合用水和骨料的最高加热温度（℃） **表 10-3**

水泥强度等级	拌合用水	集料
小于 42.5	80	60
42.5、42.5R 及以上	60	40

(7) 当标准或合同对混凝土的入模温度有要求时，应采取有效措施保证混凝土的入模温度满足要求。

1) 冬期混凝土的入模温度不应低于 5℃。

2) 夏季混凝土的入模温度不应高于 35℃。

3) 大体积混凝土的入模温度不宜高于 30℃。

10.5.5 出厂质检

混凝土企业应按照有关技术标准和合同的规定对预拌混凝土相关性能进行出厂检验和开盘鉴定，对检验结果进行记录并存档备查。出厂检验工作一般由试验室质检组负责。

(1) 出厂检验人员必须经过专业技术培训，并具有一定的工作经验和相应资格。

(2) 每一单位工程不同结构部位混凝土生产时，检验人员应认真做好“开盘检验”工作，如不符合要求时，应立即分析原因，并严格按有关规定调整配合比，直至拌合物符合要求时方可正式生产。

注：“开盘检验”与“开盘鉴定”的区别在于：开盘检验是对频繁使用的配合比，每次开盘时，对开盘的第二、三盘混凝土拌合物进行性能检验，其目的是确定拌合物能是否满足施工要求，这项工作一般由调料技术员与出厂检验人员负责即可。个别地区将这项工作视为“开盘鉴定”，出现了相同配合比，每次不同楼层浇筑都要求搅拌站出示“开盘鉴定报告”的错误做法。而关于开盘鉴定，《混凝土结构工程施工规范》GB 50666—2011 第 7.4.5 条明确规定：对首次使用的配合比应进行开盘鉴定。而且该条的条文说明是：施工现场拌制的混凝土，其开盘鉴定由监理工程师组织，施工单位项目部技术负责人、混凝土

专业工长和试验室代表等共同参加。预拌混凝土搅拌站的开盘鉴定，由预拌混凝土搅拌站总工程师组织，搅拌站技术、质量负责人和试验室代表等参加，当有合同约定时应按照合同约定进行。开盘鉴定的内容包括：原材料、生产配合比，混凝土拌合物性能、力学性能及耐久性能等。

（3）当同一配合比拌合物工作性能较稳定时，出厂质检员也应每车进行目测检验，保证每车拌合物性能出厂时符合要求。同时，宜核对每车"发货单"记载内容是否正确，特别是施工单位、工程名称、强度等级、结构部位等，一切正常无误应在"发货单"上签字。此时可在运输车辆车头明显位置放置强度等级标识牌，便于现场浇筑时区分标号。

（4）搅拌站总工程师、试验室主任应对生产过程进行不定时监督检查，检查内容包括：使用材料、计量、搅拌时间、拌合物状态、试样留置等是否符合要求。并参与特制品的开盘检验。

（5）首次使用或有特殊技术要求的配合比开盘时，由搅拌站总工程师组织，试验室主任、调料技术员、出厂检验员等参加，做好开盘鉴定的以下工作：

1）应认真核查生产各项数据的输入是否正确，检查使用原材料与配合比设计是否相符，检查设定的搅拌时间是否满足要求等，无误后方可开盘。

2）混凝土出机后，应取样测定拌合物坍落度，观察判断混凝土拌合物工作性，当不符合可适当调整配合比，满足要求方可连续生产。

3）混凝土拌合物工作性满足要求后，应至少留置一组抗压强度试件，必要时进行表观密度、含气量等试验。

4）应有技术人员负责全程跟踪，确定拌合物在运输、泵送、浇筑过程中的工作性，必要时还应跟踪浇筑体的凝结时间、外观质量等，并应做好跟踪记录。

（6）出厂检验项目

出厂检验项目包括对混凝土拌合物的性能检验，同时根据硬化性能要求成型检验试件，并按规定的养护制度养护至规定龄期进行检验。

1）常规品检验混凝土强度、坍落度和设计要求的耐久性能；掺有引气型外加剂的混凝土还应检验其含气量。

2）特制品除检验以上所列项目外，还应按相关标准和检验合同规定检验其他项目。

（7）取样与检验频率

1）出厂检验的混凝土试样应在搅拌地点采集。

2）每个试样量应满足混凝土质量检验项目所需用量的1.5倍，且不宜少于0.02m^3。

3）混凝土强度检验的取样频率：

① 每100盘相同配合比的混凝土取样不得少于一次。

② 每一工作班相同配合比的混凝土不足100盘时应按100盘计。每次取样应至少进行一组试验。

③ 灌注桩取样频率和数量：

直径大于1m或单桩混凝土量超过25m^3，每根桩应留1组试件；直径不大于1m或单桩混凝土量不超过25m^3，每个灌注台班不得少于1组。

④ 大体积混凝土取样频率和数量：

a. 当一次连续浇筑不大于1000m^3同配合比的大体积混凝土时，混凝土强度试件现场取样不应少于 10 组。

b. 当一次连续浇筑 1000～5000m^3 同配合比的大体积混凝土时，超出 1000m^3 的混凝土，每增加 500m^3 取样不应少于一次，增加不足 500m^3 时取样一次。

c. 当一次连续浇筑大于 5000m^3 同配合比的大体积混凝土时，超出 5000m^3 的混凝土，每增加 1000m^3 取样不应少于一次，增加不足 1000m^3 时取样一次。

d. 混凝土坍落度检验取样频率应与强度检验一致。

⑤ 混凝土耐久性能的取样与检验频率应符合国家现行标准《混凝土耐久性检验评定标准》JGJ/T 193—2009 的规定。

⑥ 预拌混凝土的含气量、扩展度及其他项目的取样检验频率应符合国家现行标准和合同的规定。

(8) 应建立退（剩）混凝土台账。预拌混凝土出厂后因各种原因会发生退（剩）混凝土的情况，当发生退（剩）混凝土时，应及时填写退（剩）混凝土处置记录，内容包括退（剩）时间、原因、数量、拌合物性能情况、处理情况及结果等。

(9) 生产调度人员、搅拌机操作人员和调料技术员应分别填写工作日志，准确记录本班次发生的各种质量相关事件，并做好换班时的移交工作。

(10) 预拌混凝土生产时可根据需要制作不同龄期的试件，作为混凝土质量控制的依据。混凝土试件应标明试件编号、强度等级、龄期和制作日期，用于出厂检验的混凝土试件应按年度分类连续编号。试件制作应由专人负责，并建立制作台账。台账内容应包括试件编号、强度等级、坍落度实测值、工程名称、任务量、制作日期、龄期和制作人等信息

10.5.6 运输

预拌混凝土的运输一般由供方负责。供方应做好预拌混凝土从装料、运送至交货的有关工作。

(1) 寒冷或炎热天气，搅拌运输车的搅拌罐应有保温或隔热措施；雨天运输时宜采取措施防止雨水进入罐内。

(2) 搅拌运输车驾驶员应做好运输车的日常维护与保养，每次出车前应对运输车进行检查，存在问题须及时处理，不得带病运行，以免给安全生产和工程质量带来隐患；确定车辆正常方可接受运输任务。

(3) 每次装料前应排尽搅拌罐内的积水，装料后严禁向运输车搅拌罐内的混凝土拌合物中加水。

(4) 每车混凝土出厂时，搅拌运输车驾驶员应认真核对打印的"发货单"内容，确认施工单位、工程名称、强度等级、结构部位等是否与车辆管理人员所安排的一致，准确无误后方可出厂。

(5) 搅拌运输车运送过程中应控制混凝土不离析、不分层，在运输途中及等候卸料时，应保持罐体正常转速，不得停转。

(6) 搅拌运输车卸料前应采用快档旋转搅拌罐不少于 30s，确保混凝土拌合物均匀。

(7) 混凝土的运送时间系指从混凝土由搅拌机卸入运输车开始至该运输车开始卸料为止。运送时间应满足合同规定，当合同未作规定时，采用搅拌运输车运送的混凝土，宜在 90min 内卸料；如需延长运送时间，则应采取相应的技术措施，并应通过试验验证。

（8）“发货单”是供需双方交货检验和结算的重要凭证，也是每个运输车驾驶员薪酬发放主要依据。因此，每车混凝土交货完毕，必须有需方指定的验收负责人在“发货单”上签字，搅拌运输车驾驶员必须做好“发货单”签字工作，并妥善保管，按内部管理要求及时上交结算部门归档。

（9）交货时拌合物坍落度损失或离析严重，现场采取措施无法恢复其工作性能时，不得交货。

（10）加强混凝土运输车辆的调度，确保混凝土的运送频率能够满足施工的连续性；运输车辆应安装 GPS 监管系统等智能系统，实现运输过程在线监控，及时解决车辆积压或断料问题。对于施工速度较慢的部位，运载不宜过多，以防卸料时间过长影响施工及混凝土质量。

（11）在运输过程中应采取措施保持车身清洁，不得洒落混凝土污染道路；在离开工地前，必须将料斗壁上的混凝土残浆冲洗干净后，方可驶出工地。

（12）搞好安全驾驶培训，确保安全行车。市区内最高时速不应超过 40km，重车拐弯时减速慢行，以防侧翻，并按指定路线行走，不得随意变更行车路线。

10.5.7　现场信息反馈

现场交货服务人员应认真履行岗位职责，并准确、及时向厂内有关人员反馈施工现场情况。

1. 质量反馈

当混凝土拌合物由于某些原因导致不能满足施工要求或存在质量隐患时，应及时将情况向值班调料技术员或主管领导汇报。

（1）汇报交付混凝土拌合物工作性不能满足施工要求时，应注意车号及其出厂时间，必要时将拌合物状态视频发到内部群中，以便调料技术员及出厂检验人员准确掌握混凝土拌合物出厂时的工作性能。

（2）及时掌握和汇报混凝土的浇捣部位不同或浇筑工艺不同对混凝土坍落度要求指标。

（3）当现场发生停电、设备故障等导致停止浇筑时，为防止现场的车辆等候时间过长导致混凝土报废或闷罐，现场服务人员应及时与需方沟通，征求需方同意后退货，无论需方是否同意退货，都要及时将情况进行反馈。

（4）施工人员往混凝土拌合物中任意加水，若阻止无效，应及时将情况反馈业务经理、技术负责人或试验室主任，并做好取证工作。

（5）发现混凝土强度等级浇错结构部位时，应立即进行阻止，及时将情况反馈试验室主任。并详细写出书面材料要求需方主要管理人员签字，无论需方人员是否签字，都应将写好的书面材料上交试验室主任保存。

2. 供应速度与供货量反馈

（1）准确掌握现场施工情况，浇筑部位不同往往速度有较大差别，当堵管或运输出现交通不畅时，必须及时将情况反馈运输车辆调度，以便更合理掌握发车速度。

（2）密切配合施工，准确掌控供应速度，确保施工浇筑的连续进行，既不断车也不多压车，出现断车或压车多时应及时提醒生产部门和运输车辆调度人员，以便对供货车辆进行合理调整。

10.5.8 不合格品控制

混凝土企业应建立并保持不合格品控制程序，明确不合格品的评审、处置职责和权限，以防止不合格品的误用或交付。并应建立原材料不合格台账及混凝土不合格台账，应详细记录不合格检验情况、处置情况、使用后质量跟踪等信息。对不合格品可按下列方式处置：

10.5.8.1 原材料不合格

（1）应采取拒收、隔离的方式。

（2）让步接收或降级使用的材料，须经总经理或总工程师签字同意。

（3）不合格、让步接收或降级使用的原材料，应单独存放，并标识清楚。

10.5.8.2 混凝土拌合物不合格

（1）采用同类型外加剂调整，且掺入量在允许范围内，合格后可按原强度等级使用。

（2）当某些性能不能满足结构构件技术要求，如含气量、稠度、出厂温度等，可改送到满足其他工程要求的结构浇筑使用。

（3）拌合物的稠度调整范围较大，水胶比已经发生明显变化，不能保证其强度及耐久性能时，可降低强度等级或非承重结构使用。

（4）严重离析或拌合物快接近初凝时间，应采取报废的方式。

（5）当退（剩）混凝土拌合物稠度变化较大时，应按上述方法进行控制或处理。

以上调整与处理，当事人应及时征求总工程师或试验室主任意见。

10.5.9 生产控制水平

（1）混凝土生产控制水平可按强度标准差（σ）和实测强度达到强度标准值组数的百分率（P）表征。

（2）混凝土强度标准差（σ）应按式10-1计算，并符合表10-4的规定。

$$\sigma = \sqrt{\frac{\sum_{i=1}^{n} f_{\mathrm{cu,i}}^{2} \quad n m_{f_{\mathrm{cu}}}^{2}}{n \quad 1}} \tag{10-1}$$

式中 σ——混凝土抗压强度的标准差，精确到0.1（MPa）；

$f_{\mathrm{cu,i}}$——统计周期内第i组混凝土立方体试件的抗压强度值，精确到0.1（MPa）；

$m_{f_{\mathrm{cu}}}$——统计周期内n组混凝土立方体试件抗压强度的平均值，精确到0.1（MPa）；

n——统计周期内相同强度等级混凝土的试件组数，n值不应少于30。

混凝土强度标准差（MPa） **表10-4**

生产场所	强度标准差 σ		
	＜C20	C20～C40	≥C45
预拌混凝土搅拌站 预制混凝土构件厂	≤3.0	≤3.5	≤4.0
施工现场搅拌站	≤3.5	≤4.0	≤4.5

（3）实测强度达到强度标准值组数的百分率（P）应按式（10-2）计算，且 P 不应小于95%。

$$P=\frac{n_0}{n}\times 100\% \tag{10-2}$$

式中　P——统计周期内实测强度达到强度标准值组数的百分率，精确到0.1%；

n_0——统计周期内相同强度等级混凝土达到强度标准值的试件组数。

（4）预拌混凝土搅拌站和预制混凝土构件厂的统计周期可取一个月；施工现场搅拌站的统计周期可根据实际情况确定，但不宜超过三个月。

• 附录 • 混凝土及砂浆试模校准方法

1. 适用范围

本方法适用于各种混凝土、砂浆试模的校准。

2. 技术要求

（1）组成模腔的各平面应刨光，其不平度应不大于 0.05mm。

（2）承压面与相邻面不垂直度不应超过±0.5°。

（3）模型的内部尺寸要求，按附表 1-1 测量。

模型的内部尺寸 **附表 1-1**

试模尺寸(mm)	边长
100×100×100	100mm±0.2mm
150×150×150	150mm±0.2mm
100×100×300	100mm±0.2mm;300mm±0.4mm
100×100×400	100mm±0.2mm;400mm±0.4mm
150×150×550	150mm±0.2mm;550mm±0.4mm
150×150×515	150mm±0.2mm;515mm±0.4mm
70.7×70.7×70.7	70.7mm±0.2mm

3. 校准用仪器

（1）万能角度尺。

（2）游标卡尺：量程 300mm，分度值 0.02mm。

（3）塞尺。

（4）钢直尺：量程 300mm，分度值 1mm。

4. 校准项目

（1）外观检查。

（2）不平整度。

（3）试模内部尺寸的测量。

5. 校准方法

（1）外观检查：目测试模无明显变形、锈蚀，组合紧密。

（2）用万能角度尺测量模型内部各相邻面的不垂直度。各相邻面选择不同部位测量两点，取算术平均值，准确至 0.1°。

（3）用钢直尺和塞尺在各种模型的两个垂直的方向上测量模型内部表面的不平度，取算术平均值。

（4）用游标卡尺测量各种模型内部的尺寸，在每个方向上选择 2 个测点，取算术平均值，准确至 0.1mm。

6. 校准周期

校准周期一般不超过 3 个月。

7. 结果处理

按附表 1-2 填写校准记录表。

混凝土及砂浆试模校准记录　　　　**附表 1-2**

<table>
<tr><td>设备名称</td><td colspan="4"></td><td colspan="3">设备编号</td><td colspan="3"></td></tr>
<tr><td>规格型号</td><td colspan="4"></td><td colspan="3">校准日期</td><td colspan="3"></td></tr>
<tr><td>生产厂家</td><td colspan="4"></td><td colspan="3">校准环境</td><td colspan="3">温度：　　℃，湿度：　　%</td></tr>
<tr><td>校准器具名称及编号</td><td colspan="10"></td></tr>
<tr><td>项目</td><td colspan="9">校验数据</td><td>结果</td></tr>
<tr><td>不平整度（mm）</td><td colspan="9">（1）A 面（1）______（2）______平均______；
（2）B 面（1）______（2）______平均______；
（3）C 面（1）______（2）______平均______；
（4）D 面（1）______（2）______平均______；
（5）E 面（1）______（2）______平均______；</td><td></td></tr>
<tr><td>相邻面不垂直度（°）</td><td colspan="9">（1）AB 面（1）______（2）______平均______；
（2）AD 面（1）______（2）______平均______；
（3）CD 面（1）______（2）______平均______；
（4）CB 面（1）______（2）______平均______；
（5）AE 面（1）______（2）______平均______；
（6）BE 面（1）______（2）______平均______；
（7）CE 面（1）______（2）______平均______；
（8）DE 面（1）______（2）______平均______；</td><td></td></tr>
<tr><td rowspan="3">模腔各部尺寸（mm）</td><td colspan="3">长（mm）</td><td colspan="3">宽（mm）</td><td colspan="3">高（mm）</td><td rowspan="3"></td></tr>
<tr><td>1</td><td>2</td><td>平均</td><td>1</td><td>2</td><td>平均</td><td>1</td><td>2</td><td>平均</td></tr>
<tr><td></td><td></td><td></td><td></td><td></td><td></td><td></td><td></td><td></td></tr>
<tr><td>外观检查</td><td colspan="10"></td></tr>
<tr><td>校准结果</td><td colspan="10"></td></tr>
</table>

校准：　　　　　　　　　　　　　　　　　　　　　　　　　　　　校核：

参考文献

[1] 张仁瑜，王征，孙盛佩，等．混凝土质量控制与检测技术［M］．北京：化学工业出版社，2008.
[2] 仲晓林，林松涛．《大体积混凝土施工规范》实施指南［M］．北京：中国建筑工业出版社，2011.
[3] 韩素芳，王安岭．混凝土质量控制手册［M］．北京：化学工业出版社，2012.
[4] 黄荣辉．预拌混凝土实用技术简明手册［M］．北京：机械工业出版社，2014.
[5] 张健．建筑材料与检测（第二版）［M］．北京：化学工业出版社，2007.
[6] 田培，刘加平，王玲，等．混凝土外加剂手册［M］．北京：化学工业出版社，2012.
[7] 徐有邻，程志军．混凝土结构工程施工质量验收规程应用指南［M］．北京：中国建筑工业出版社，2006.
[8] 张誉，蒋利学，张伟平，等．混凝土结构耐久性概论［M］．上海：上海科学技术出版社，2003.
[9] 陈建奎．混凝土外加剂原理与应用［M］．北京：中国计划出版社，2004.
[10] 杨绍林，张彩霞．预拌混凝土生产企业管理实用手册（第二版）［M］．北京：中国建筑工业出版社，2012.
[11] 杨绍林．关于防冻混凝土与抗冻混凝土的讨论［J］．商品混凝土，2011（7）：30-32.
[12] 李彦昌．影响预拌混凝土质量若干问题的探讨．混凝土技术，2011（6）.
[13] 游宝坤，李乃珍．膨胀剂及其补偿收缩混凝土［M］．北京：中国建材工业出版社，2005.
[14] 徐定华，冯文元．混凝土材料实用指南［M］．北京：中国建材工业出版社，2005.
[15] 姚大庆，于明．预拌混凝土质量控制实用指南［M］．北京：中国建材工业出版社，2014.
[16] 罗作球，张新胜，陈良，等．117大厦超大体积底板混凝土浇筑施工关键技术．商品混凝土，2013（1）.
[17] 张越，王浩．大体积混凝土配合比设计及工程应用．商品混凝土，2014（4）.
[18] 苗春，韩建军．C40大体积混凝土配合比设计及工程应用．混凝土，2006（12）.
[19] 高先来，孙云．南京南站北广场大体积混凝土质量控制措施．商品混凝土，2011（12）.
[20] 王强，阎培渝，周予启．高性能混凝土在深圳平安金融中心基础底板中的应用．商品混凝土，2012（11）.
[21] 刘桂强，胡帅．粉煤灰和矿粉在大体积混凝土中的应用．商品混凝土，2011（9）.
[22] 余成行，师卫科，宋元旭．大掺量粉煤灰混凝土在中央电视台新台址工程中的应用．混凝土，2006（8）.
[23] 杨绍林，邹宇良，韩红明．预拌混凝土企业检测试验人员实用读本（第三版）［M］．北京：中国建筑工业出版社，2016.
[24] 李秋义，全洪珠，秦原．再生混凝土性能与应用技术［M］．北京：中国建材工业出版社，2010.